U0240806

CAXA 制造工程师 2013
数控加工自动编程教程

徐海军　王海英　主编

机 械 工 业 出 版 社

本书主要围绕CAXA制造工程师2013的三维实体造型及数控加工操作技术展开介绍。全书共分7章，其中第1、2章概述了数控加工技术和数控编程基础知识；第3章介绍了CAXA制造工程师2013软件的主要功能和操作界面；第4～6章根据软件操作流程，分别讲解CAXA制造工程师2013的三维实体造型、常用数控加工操作，以及数控加工后置处理等相关知识；第7章通过5个典型综合应用实例，完整地展示了CAXA制造工程师2013实体造型技术和数控加工操作方法。为便于读者学习，随书赠送光盘，内含实例源文件和操作视频。

本书既可以作为高职、中职院校机械制造、机械设计及数控技术专业的教材，也可以作为广大数控加工技术人员的自学参考书。

图书在版编目（CIP）数据

CAXA制造工程师2013数控加工自动编程教程/徐海军，王海英主编. —北京：机械工业出版社，2014.6（2021.8重印）

ISBN 978-7-111-46727-4

Ⅰ. ①C… Ⅱ. ①徐… ②王… Ⅲ. ①数控机床—加工—计算机辅助设计—应用软件—教材 Ⅳ. ①TG659-39

中国版本图书馆CIP数据核字（2014）第099461号

机械工业出版社（北京市百万庄大街22号 邮政编码100037）
策划编辑：周国萍 责任编辑：周国萍
责任校对：闫玥红 封面设计：马精明
责任印制：郜 敏

北京富资园科技发展有限公司印刷

2021年8月第1版第8次印刷
184mm×260mm · 18印张 · 435千字
9 001—9 500册
标准书号：ISBN 978-7-111-46727-4
ISBN 978-7-89405-386-2（光盘）
定价：49.00元（含1CD）

凡购本书，如有缺页、倒页、脱页，由本社发行部调换

电话服务	网络服务
服务咨询热线：010-88361066	机 工 官 网：http://www.cmpbook.com
读者购书热线：010-68326294	机 工 官 博：http://weibo.com/cmp1952
010-88379203	金 书 网：www.golden-book.com
封面无防伪标均为盗版	教育服务网：www.cmpedu.com

前　言

CAXA制造工程师2013是北航海尔有限公司在CAM领域经过多年的深入研发和探索，结合中国数控加工现状和国际先进技术，在完全消化和吸收的基础上推出的在操作上“贴近中国用户”、在技术上符合“国际技术水准”的最新版CAM操作软件，在机械、电子、航空、航天、汽车、船舶、军工、建筑、轻工及纺织等领域得到广泛的应用，以高速度、高精度、高效率等优越性获得一致的好评。CAXA制造工程师2013主要面向2～5轴数控铣床和加工中心，具有优越的工艺性能。与以往版本相比，CAXA制造工程师2013新增加了部分加工操作，对原有部分功能也进行了增强和优化。

本书主要以实例操作的形式介绍了CAXA制造工程师2013的操作方法和使用技巧。其中，第1、2章概述了数控加工技术和数控编程基础知识；第3～6章全面介绍了CAXA制造工程师2013的三维造型方法与数控加工操作的详细内容，图文并茂地引导读者由浅入深地对CAXA制造工程师2013展开系统性的学习；第7章通过专门设计的5个典型综合实例，完整地展示了CAXA制造工程师2013实体造型技术和数控加工操作方法，便于读者进一步全面掌握CAXA制造工程师2013的数控加工技术。

本书立足于工程实践操作的学习思想，书中所选用的实例大都来自具体的加工实践。在编写形式上，注重数控加工方法和理论知识与数控操作实践的结合，读者可通过随书附赠光盘里的实例源文件，参照书中介绍的操作流程，更好地加深理解并巩固所学的知识内容，提高三维实体造型和数控加工操作的综合能力。

本书既可以作为高职、中职院校机械制造、机械设计及数控技术专业的教材，也可以作为广大数控加工技术人员的自学参考书。

本书由徐海军、王海英主编，参与编写的一线技术人员和院校专业教师还有张宇、刘堃、陈刚、杨小刚、李梅、房凡余，全书由康业鹏审稿。

本书在编写过程中，参考了许多同类型的经典教材，并在数控加工网站和论坛上得到许多网友的无私帮助，在这里一并表示感谢！

由于编著者水平有限，加上时间仓促，书中存在的疏漏和不妥之处在所难免，敬请广大读者批评指正！

编著者

目 录

第1章　数控加工技术概述

1.1　数控加工机床

1.1.1　数控加工技术及机床分类

数控加工，英文为Numerical Control（NC），是通过一系列特定格式的数值与符号构成的代码信息，来控制机床实现自动运转的切削加工方法。经过几十年的发展，尤其是近几年随着计算机技术、控制技术、计算机图形学等发展与更新，数控加工技术已成为当今社会中各个制造领域里的先进制造技术之一。

数控加工技术有两个突出特征：一是可以充分控制加工精度，包括加工质量精度及加工时间误差精度；二是能够极大地保证加工零件品质的重复性，从而稳定加工质量，保证加工零件的一致性及互换性。通俗地讲，数控加工中的零件质量及加工时间是由数控程序决定的，与机床操作人员没有直接关系。

采用数控加工方法具有如下优点：

1）大幅提高生产效率，提高加工精度并且保证加工质量。

2）简化工装夹具的设计与安装。

3）减少各工序间的周转。原来需要用多道工序才能完成的工件，用数控加工可一次装夹完成。

4）便于进行加工过程管理，减少检查工作量。

5）加工过程具有柔性，便于设计变更，降低废、次品率。

6）容易实现操作过程的自动化，一个人可以管理多台机床。

7）操作容易，极大减轻体力劳动强度，对机床操作人员的实际加工操作技能要求不高。

随着制造设备实现数控化的比率不断提高，数控加工技术已在我国得到日益广泛的应用，并且在各行业中发挥了重要的作用。比如在模具行业中，掌握数控技术与否及加工过程中数控化率的高低，已成为企业是否具有竞争力的重要标准。数控加工技术应用的关键在于计算机辅助设计和制造（CAD/CAM）系统的质量。

影响数控加工效率及质量的一个关键技术就是如何进行数控加工程序的编制。传统的手工编程方法复杂、繁琐，不仅容易出错，而且难于检查，无法充分发挥数控机床的加工优势。如在模具加工中，经常遇到形状复杂的零件，其形状用自由曲面来描述而无精确的解析表达式，采用手工编程方法基本上无法完成数控加工程序的编制。近年来，由于计算机软件和硬件技术的迅速发展，计算机的图形处理功能有了很大增强，基于CAD/CAM技术进行图形交互式自动编程方法日趋成熟。这种编程方法具有速度快、精度高、直观、使用简便和便于检查的特点。CAD/CAM 技术在工业发达国家已得到广泛应用，近年来在我国也逐渐得到普及。

20 世纪 40 年代末，美国开始研究数控机床。1952 年，美国麻省理工学院（MIT）伺服机构实验室成功研制出第一台数控铣床，并于 1957 年投入使用。这是先进制造技术发展过程中的一个重大突破，标志着真正意义上的制造领域中数控加工时代的开始。数控加工是现代先进制造技术的基础，MIT 的这一发明对于制造行业而言，具有划时代的意义和深远的影响。自此以后，世界上主要工业发达国家都十分重视数控加工技术的研究。我国于 1958 年开始研制数控机床，成功试制出多套配有数控系统的数控机床，1965 年开始批量生产配有晶体管数控系统的三坐标数控铣床。

经过几十年的发展，目前的数控机床已经在工业界得到广泛应用，在模具制造行业的应用尤其广泛。数控机床种类繁多，一般将数控机床分为以下 15 大类：

1）数控车床（含有铣削功能的车削中心）。

2）数控铣床（含铣削中心）。

3）数控镗床。

4）以铣镗削为主的加工中心。

5）数控磨床（含磨削中心）。

6）数控钻床（含钻削中心）。

7）数控拉床。

8）数控刨床。

9）数控切断机床。

10）数控齿轮加工机床。

11）数控激光加工机床。

12）数控电火花线切割加工机床（含电加工中心）。

13）数控板材成形加工机床。

14）数控管料成形加工机床。

15）其他数控机床。

在模具制造业中，常用的数控加工机床有：数控铣床、数控电火花成形机床、数控电火花线切割加工机床、数控磨床和数控车床等。

数控机床通常由控制系统、伺服驱动系统、检测系统、机械传动系统及其他辅助系统组成。控制系统用于数控机床的动作运算、管理和控制，通过输入端口获取相关控制数据，对这些数据进行解释和运算并对机床产生作用；伺服驱动系统根据控制系统的指令驱动机床，使刀具和零件执行数控代码规定的运动；检测系统则是用来检测机床执行件（工作台、转台、滑板等）的位移和速度变化量，并将检测结果反馈到输入端，与输入指令进行比较，根据其差别调整机床运动；机械传动系统是进给伺服驱动元件至机床执行件之间的机械进给传动装置；辅助系统根据其具体的作用可分为很多种类，如固定循环（能进行重复加工）、自动换刀（可交换指定的刀具）、传动间隙补偿（补偿机械传动系统产生的间隙误差）等。

在数控加工中，数控铣削加工是最为复杂、用途最广的加工种类，数控线切割、数控电火花成形、数控车削、数控磨削等的数控编程各有其特点。由于数控铣削加工的编程对数控加工程序编制具有重要的指导意义，本书将重点讲解数控铣削加工的编程操作方法。

1.1.2 数控加工坐标系

CNC 铣床或加工中心（Machine Center，MC）通过在特定的坐标系统中描述刀具运动的路径，来实现对零件特定外形的加工。坐标系统对 CNC 程序设计极为重要。常见的坐标系有机床坐标系、工件坐标系等。

机床坐标系是数控加工系统中的绝对坐标系，用来描述整个加工过程中的行为和相对位置。不同的控制系统，机床坐标原点位置不同，一般为右上角，如图 1-1 所示。在加工过程中，机床坐标系作为其他坐标系的参照坐标系。数控机床在停机后，由于温度、振动等干扰，机床导轨等零部件会发生一定位移或变形，所以数控机床再起动后，应当先校正机床的坐标原点，以保证坐标系统的正确。

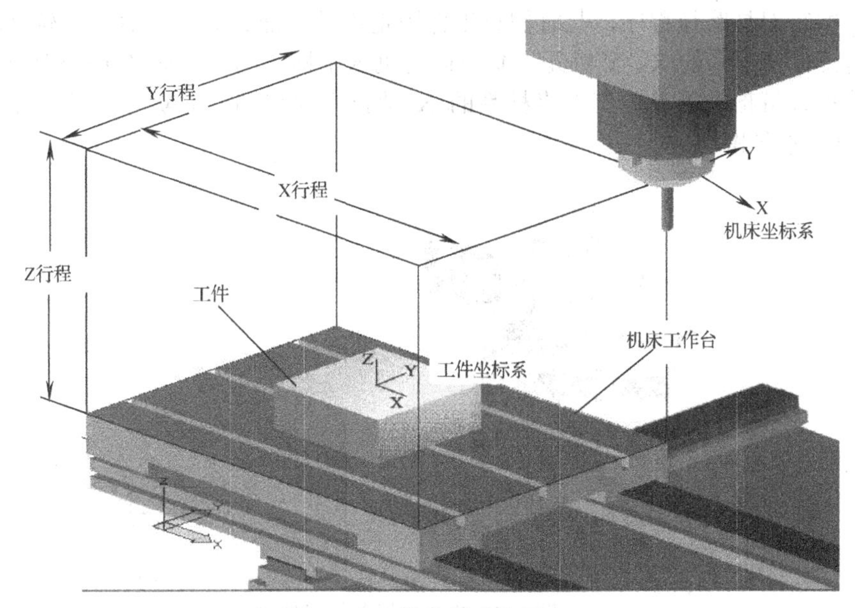

图 1-1　机床坐标系的原点

工件坐标系是设置在被加工零件上的坐标系，用来描述工件外形和尺寸，它建立在机床坐标系之下，以其为参照，可以有任意多个。

CNC 机床上各坐标系轴的标注采用右手直角坐标系（笛卡儿坐标系）。如图 1-2 所示，大拇指表示 X 轴，食指表示 Y 轴，中指表示 Z 轴，且手指所指的方向为坐标轴的正方向。X、Y、Z 轴向用于标注线性移动轴；另外定义三个旋转轴，绕 X 轴旋转者为 A 轴，绕 Y 轴旋转者为 B 轴，绕 Z 轴旋转者为 C 轴。三个旋转轴的正方向皆定义为顺着移动轴正方向看，顺时针转动为正，逆时针转动为负，如图 1-3 所示。

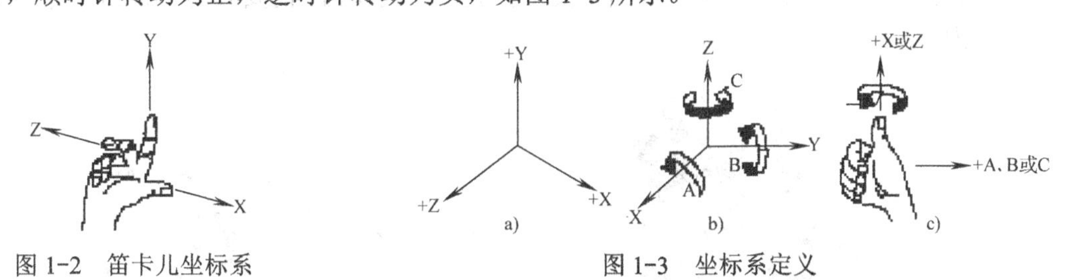

图 1-2　笛卡儿坐标系

图 1-3　坐标系定义

a）右手直角坐标系　b）X、Y、Z 移动轴，A、B、C 旋转轴　c）A、B、C 旋转轴

CNC 机床首先定义 Z 轴，即以机床的主轴线为 Z 轴，再以刀具远离工件的方向为正。以立式 CNC 铣床为例，如图 1-4 所示，定义机床坐标系为：主轴向上为“+Z”方向，向下为“-Z”方向；然后定义 X 轴，以操作者面向床柱，其刀具沿左右方向移动者为 X 轴，

且规定向左为正方向；最后依右手直角坐标系决定 Y 轴，刀具沿前后方向移动者为 Y 轴，向后为“+Y”方向，向前为“–Y”方向，其三轴的交点即为铣床坐标系原点。图 1-4a CNC 机床上的坐标轴所形成的坐标系为机床坐标系。一般的 CNC 铣床或 MC 在机床上会贴上机床坐标系的轴向，方便用户确认。

机床的各个运动是根据机床坐标系来确定的。由于立式 CNC 铣床或 MC 在 X、Y 轴上实际是工件移动而非刀具移动，为了符合编程人员工件固定不动的假设，需要在工件坐标系下来编写刀具路径程序，此时假设工件固定不动，而让刀具沿着工件轮廓移动加工。由此使得工件坐标系的 X、Y 轴正、负方向与机床坐标系相反，如图 1-4b 所示。

编程人员指令刀具向工件坐标系的 X 轴正方向移动，而实际上是工件向机床坐标系的 X 轴负方向移动。

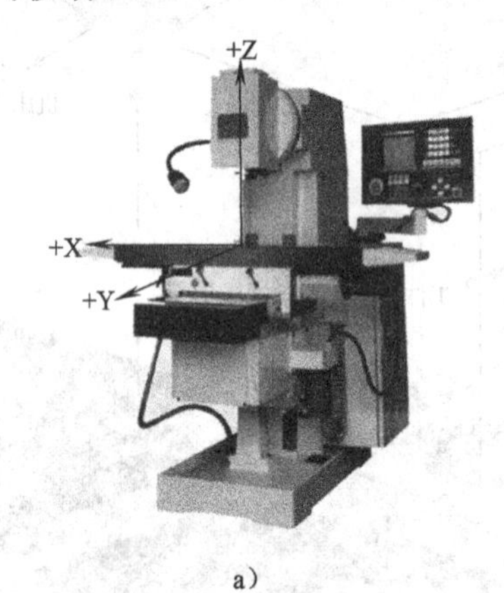

a）

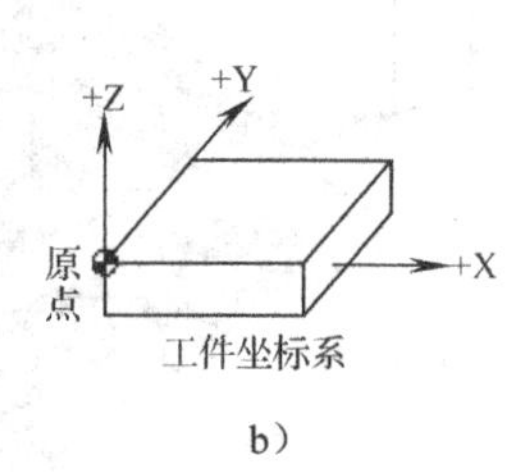

b）

图 1-4　机床坐标系与工件坐标系

a）机床坐标系　b）工件坐标系

1.2　数控铣床的结构与功能

图 1-5 为一种常见的立式数控铣床，因为没有配备自动刀具交换装置（Automatic Tools Changer，ATC）及刀具库，故在加工过程中需要用手动方式换刀。图 1-6 为一种立式加工中心，图 1-7 为加装 A 轴的四轴加工中心，图 1-8 为五轴加工中心。加工中心因具有 ATC 装置及刀具库，故可将使用的刀具预先安排存放在刀具库内，需要时再下换刀指令，由 ATC 自动换刀。

图 1-5　立式数控铣床

图 1-6　立式加工中心

图 1-7　加装 A 轴的四轴加工中心

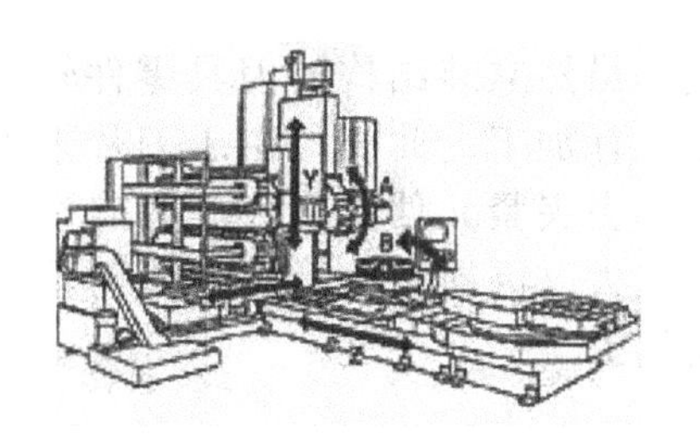

图 1-8　五轴加工中心

1.3　数控铣床刀具参数

根据被加工零件的材料、几何形状、表面质量要求、热处理状态、切削性能及加工余量等不同，数控铣床需要采用不同的加工刀具。通常来说，一般选择的刀具最好为刚性好、寿命长的刀具。图 1-9 给出了几种常见的铣削加工刀具（简称铣刀）。

图 1-9　常见的铣削加工刀具

1.3.1　铣刀类型、结构及其选用

铣刀一般由刀片、定位部分、夹持部分和刀体等组成。由于刀片在刀体上有多种定位与夹紧方式，刀片定位部分的结构又有不同类型，使得铣刀的结构形式有多种，分类方法也较多，主要依据刀片排列方式来选择铣刀。刀片排列方式可分为平装结构和立装结构两大类。

1. *平装结构（刀片径向排列）*

如图 1-10 所示，平装结构铣刀的刀体结构工艺性好，容易加工，并可采用无孔刀片（刀片价格较低，可重磨）。由于需要夹紧元件，刀片的一部分被覆盖，容屑空间较小，且在切削力方向上的硬质合金截面较小，故平装结构的铣刀一般用于轻型和中量型的铣削加工。

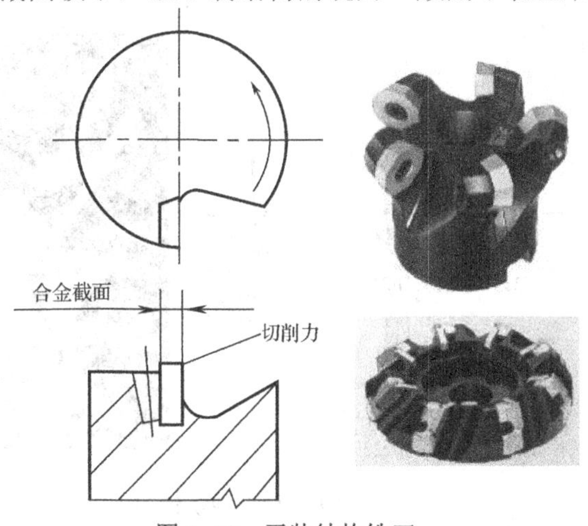

图 1-10　平装结构铣刀

2. *立装结构（刀片切向排列）*

如图 1-11 所示，立装结构铣刀的刀片只用一个螺钉固定在刀槽上，结构简单，转

位方便。虽然立装结构的刀具零件较少，但刀体的加工难度较大，一般需用五坐标加工中心进行加工。此外，由于刀片采用切削力夹紧，夹紧力随切削力的增大而增大，因此可省去夹紧元件，增大了容屑空间。由于刀片切向安装，在切削力方向的硬质合金截面较大，因而可进行大背吃刀量、大进给量切削。这种铣刀适用于重型和中量型的铣削加工。

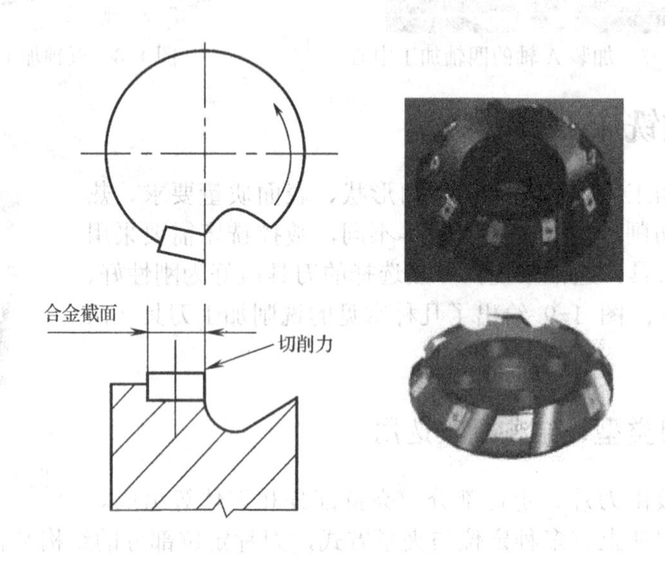

图 1-11　立装结构铣刀

一般需要根据被加工零件的几何形状来选择刀具类型，主要选取原则如下：

1）加工曲面类零件时，为了保证刀具切削刃与加工轮廓在切削点相切，避免切削刃与工件轮廓发生干涉，一般采用球头铣刀。粗加工用两刃铣刀，半精加工和精加工用四刃铣刀，如图 1-12 所示。

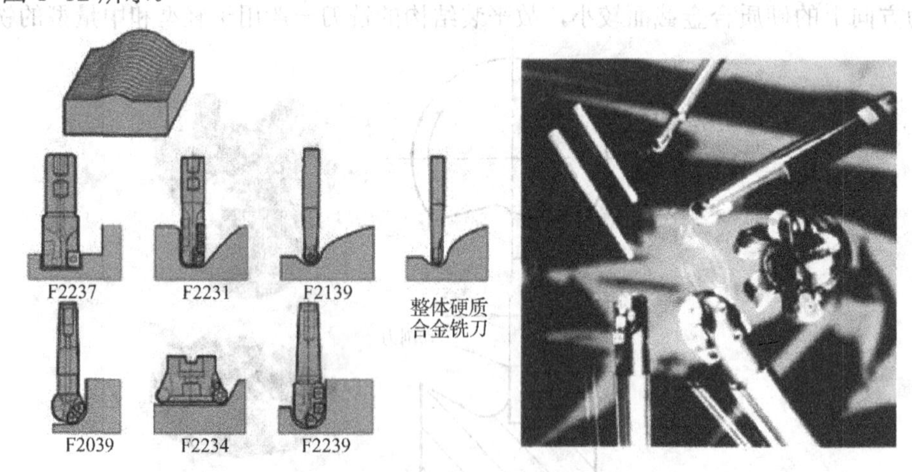

图 1-12　球头铣刀

2）铣较大平面时，为了提高生产效率和降低加工表面表面粗糙度值，一般采用刀片镶嵌式盘形铣刀，如图 1-13 所示。

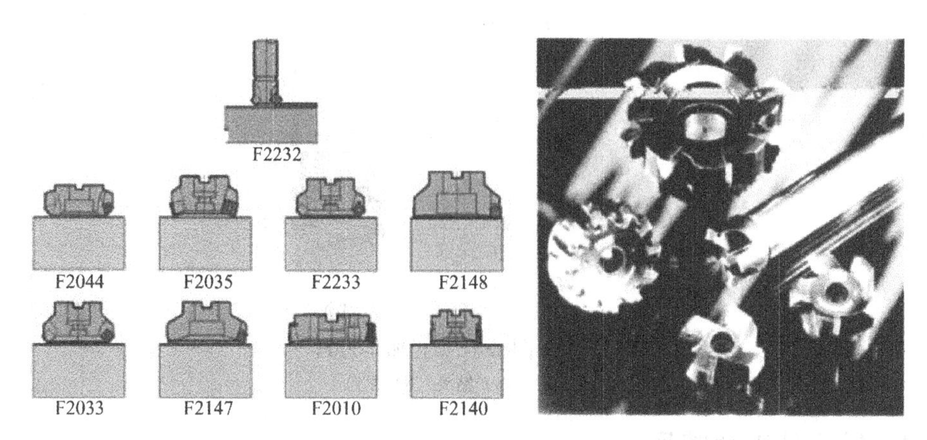

图 1-13　盘形铣刀

3）铣削平面或台阶面时，一般采用通用铣刀，如图 1-14 所示。

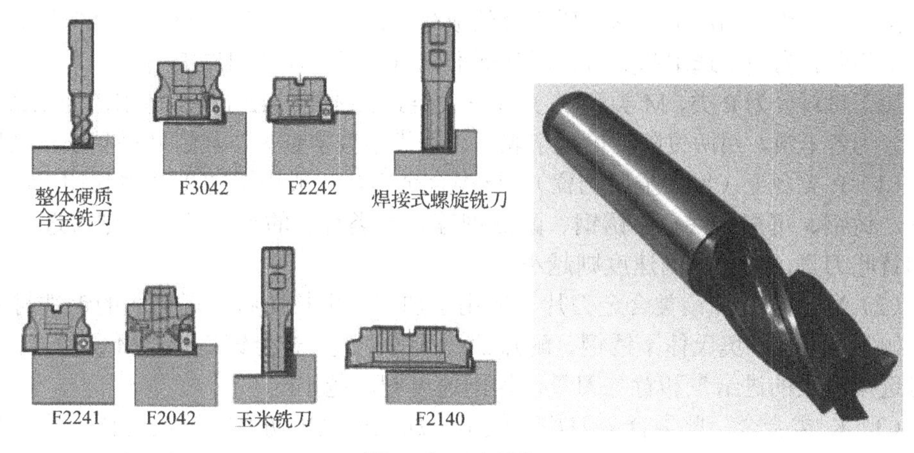

图 1-14　通用铣刀

4）铣键槽时，为了保证槽的尺寸精度，一般用两刃键槽铣刀，如图 1-15 所示。

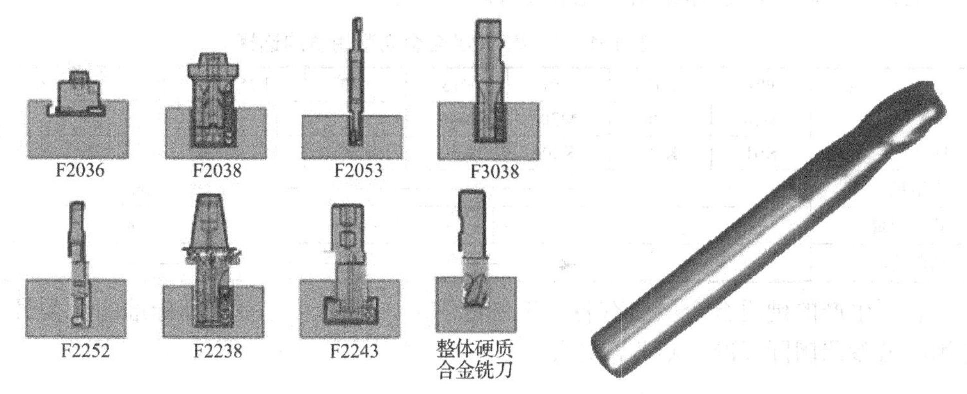

图 1-15　两刃键槽铣刀

5）孔加工时，可采用钻头、镗刀等孔加工刀具，如图 1-16 所示。

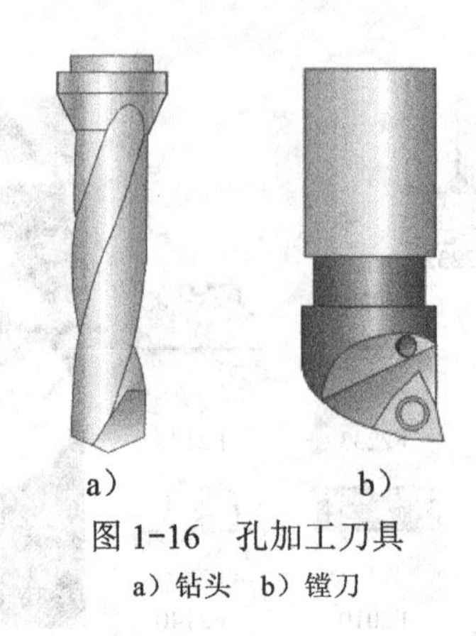

图 1-16　孔加工刀具

a）钻头　b）镗刀

1.3.2　铣刀的刀片牌号

选择刀片硬质合金牌号的主要依据是被加工材料和硬质合金的性能。选用铣刀时，一般可按刀具制造厂商提供的加工材料及加工条件来选取相应牌号的硬质合金刀片。

由于各厂生产的同类用途硬质合金的成分及性能不尽相同，硬质合金牌号的表示方法也不完全相同。为便于选用和交流，国际标准化组织规定，切削加工用硬质合金按其排屑类型和被加工材料分为 P 类、M 类和 K 类等三大类。根据被加工材料及适用的加工条件，每大类中又分为若干组，用两位阿拉伯数字表示。每类中数字越大，其耐磨性越低，韧性越高。

（1）P 类合金（包括金属陶瓷）　该类合金刀片一般用于加工产生长切屑的金属材料，如钢、铸钢、可锻铸铁、不锈钢、耐热钢等。P 类合金的组号越大，则可选用越大的进给量和背吃刀量，相应切削速度则越小。

（2）M 类合金　该类合金刀片一般用于加工产生长切屑和短切屑的钢铁材料或非铁金属，如钢、铸钢、奥氏体不锈钢、耐热钢、可锻铸铁、合金铸铁等。M 类合金的组号越大，则可选用越大的进给量和背吃刀量，切削速度则应越小。

（3）K 类合金　此类合金刀片一般用于加工产生短切屑的钢铁材料、非铁金属及非金属材料，如铸铁、铝合金、铜合金、塑料、硬胶木等。K 类合金的组号越大，则可选用越大的进给量和背吃刀量，切削速度则相应越小。

上述三类牌号的选择原则参见表 1-1。

表 1-1　P、M、K 类合金切削用量的选择

牌号 / 加工条件	P01	P05	P10	P15	P20	P25	P30	P40	P50
	M10	M20	M30	M40					
	K01	K10	K20	K30	K40				
进给量	→（增大）								
背吃刀量	→（增大）								
切削速度	←（减小）								

各厂生产的硬质合金虽然有各自编制的牌号，但都对应有国际标准的分类号，因此在选用时若参照国际标准，则非常方便。

1.3.3　铣刀角度及特点

描述铣刀形状的角度可分为前角、后角、主偏角、副偏角、刃倾角等。为满足不同的

加工需要，铣刀形状可通过多种角度组合而成。各种角度中最主要的是主偏角和前角（制造厂的产品样本中对刀具的主偏角和前角一般都有明确说明）。

1. 主偏角κ_r

主偏角为切削刃与切削平面的夹角，如图 1-17 所示。常见的铣刀的主偏角有 90°、88°、75°、70°、60°、45° 等几种。

主偏角对背向力和背吃刀量影响很大。背向力的大小直接影响切削功率和刀具的抗振性能。铣刀的主偏角越小，加工过程中产生的背向力越小，从而抗振性也越好，但背吃刀量也随之减小。

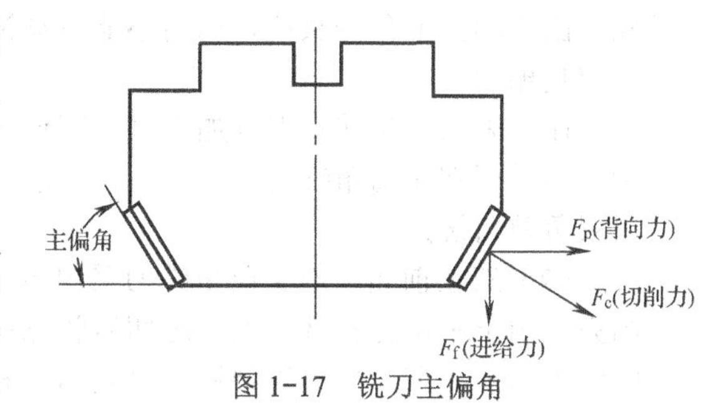

图 1-17　铣刀主偏角

（1）90° 主偏角　该主偏角一般在铣削带凸肩的平面时选用，一般不用于单纯的平面加工。该类刀具通用性好，既可用来加工台阶面，又可以加工平面，一般在单件、小批量的加工中广泛选用。由于该类刀具的背向力等于切削力，进给抗力大，易振动，因而要求机床具有较大功率和足够的刚性。在加工带凸肩的平面时，也可选用 88° 主偏角的铣刀。较之 90° 主偏角铣刀，其切削性能有一定改善。

（2）60° ～75° 主偏角　该主偏角适用于平面铣削的粗加工。由于加工过程中的背向力明显减小（特别是 60° 时），使得刀具的抗振性有较大改善，切削平稳、轻快。在平面加工中应优先选用该主偏角的刀具。60° 主偏角铣刀主要用在镗铣床、加工中心上的粗铣和半精铣加工；75° 主偏角铣刀为通用型刀具，适用范围较广。

（3）45° 主偏角　此类铣刀的背向力大幅度减小，约等于进给力，切削载荷分布在较长的切削刃上，具有很好的抗振性，适用于镗铣床主轴悬伸较长的加工场合。采用该类刀具加工平面时，刀片破损率低，寿命长；在加工铸铁件时，工件边缘不易产生崩刃。

2. 前角γ_o

铣刀的前角可分解为径向前角γ_f和轴向前角γ_p，如图 1-18 所示。径向前角主要影响切削功率；轴向前角则影响切屑的形成和进给力的方向，当γ_p为正值时，切屑即飞离加工面。径向前角和轴向前角正负的判别如图 1-18 所示。常用的前角组合形式如下：

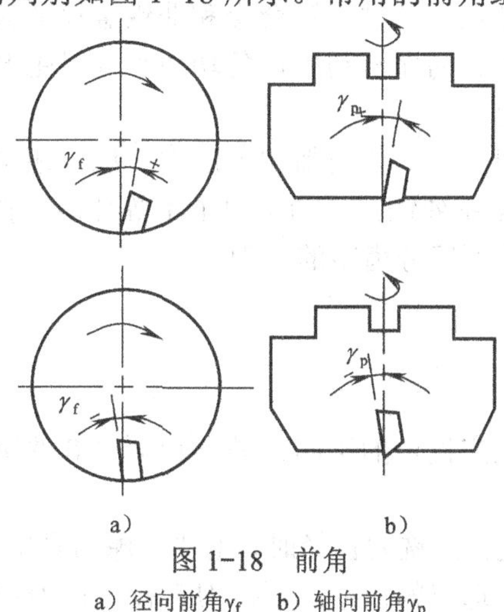

图 1-18　前角
a）径向前角γ_f　b）轴向前角γ_p

（1）双负前角　双负前角的铣刀通常安装有方形（或长方形）的刀片。刀具切削刃多（一般为8个刀片），且强度高、抗冲击性好，适用于铸钢、铸铁的粗加工。由于采用此类铣刀加工时切屑收缩比大，需要较大的切削力，因此要求机床具有较大的功率和较高的刚性。由于轴向前角为负值，切屑不能自动流出，当切削韧性材料时，易产生积屑瘤，并造成刀具振动。

在能采用双负前角刀具加工时，应该优先选用双负前角铣刀，以便充分利用和节省刀片。当采用双正前角铣刀产生崩刃（即冲击载荷大）时，在机床允许的条件下也应优先选用双负前角铣刀。

（2）双正前角　双正前角铣刀采用带有后角的刀片。这种铣刀楔角小，具有锋利的切削刃。由于采用此类铣刀加工时切屑收缩比小，所耗切削功率较小，切屑成螺旋状排出，因此不易形成积屑瘤。这种铣刀最宜用于软材料和不锈钢、耐热钢等材料的切削加工。对于刚性差（如主轴悬伸较长的镗铣床）、功率小的机床和加工焊接结构件时，也应优先选用双正前角铣刀。

（3）正负前角（轴向正前角、径向负前角）　这种铣刀综合了双正前角和双负前角铣刀的优点，轴向正前角有利于切屑的形成和排出；径向负前角可提高切削刃强度，改善抗冲击性能。这种铣刀加工时切削平稳、排屑顺利、金属切除率高，适用于大余量铣削粗加工。如WALTER公司的切向布齿重切削铣刀F2265，就是采用轴向正前角、径向负前角结构的铣刀。

1.3.4　铣刀的齿数或齿距

铣刀齿数较多时，可以提高生产效率，但会对容屑空间、刀齿强度、机床功率及刚性等造成不利影响，不同直径铣刀的齿数均有相应规定。为满足不同的加工需要，同一直径的铣刀一般有粗齿、中齿、密齿三种类型。

（1）粗齿铣刀　适用于普通机床的大余量粗加工，或软材料、切削宽度较大的铣削加工。当机床功率较小时，为使切削稳定，也常选用粗齿铣刀。

（2）中齿铣刀　属于通用系列，使用范围广泛，具有较高的金属切除率和切削稳定性。

（3）密齿铣刀　主要用于铸铁、铝合金和非铁金属的大进给速度切削加工。在专业化生产（如流水线加工）中，为充分利用设备功率和满足生产节奏要求，常选用密齿铣刀，此时多为专用非标准铣刀。

为防止工艺系统出现共振，使切削加工过程平稳，还可采用一种不等分齿距铣刀。如WALTER公司的NOVEX系列铣刀，均采用了不等分齿距技术。在铸钢、铸铁件的大余量粗加工中，应该优先选用不等分齿距的铣刀。

1.3.5　铣刀的直径

铣刀直径随产品及生产批量的不同，差异较大，其选用主要取决于设备的规格和工件的加工尺寸。

（1）面铣刀直径　选择面铣刀直径时，主要考虑刀具所需功率应在机床功率范围之内，也可将机床主轴直径作为选取的依据。面铣刀直径可按$D=1.5d$（d为主轴直径）选取。在批量生产时，也可按工件切削宽度的 1.6 倍选择刀具直径。

（2）立铣刀直径　立铣刀直径的选择应主要考虑工件加工尺寸的要求，并保证刀具所需功率在机床额定功率范围以内。如果是小直径立铣刀，还应主要考虑机床的最高转数能否达到刀具的最低切削速度，如 75m/min。

（3）槽铣刀直径和宽度　槽铣刀的直径和宽度应根据加工工件的尺寸选择，并保证其切削功率在机床允许的功率范围之内。

1.3.6　铣刀的最大背吃刀量

不同系列的可转位面铣刀有不同的最大背吃刀量规定值。最大背吃刀量越大的刀具，所用刀片的尺寸越大，价格也越高。从节约费用、降低成本的角度考虑，选择刀具时，一般应按加工的最大余量和刀具的最大背吃刀量选择合适的规格。此外，还需要考虑机床的额定功率和刚度应能满足刀具使用最大背吃刀量时的需要。

1.4　数控机床的加工流程

数控加工是将待加工的零件以特定的格式进行数字化描述，控制数控机床按设定的数字量操作切削刀具和零件的相对运动，从而实现零件的自动切削加工过程。

被加工零件一般采用线架、曲面、实体等几何符号来描述。CAM 系统在零件几何体基础上根据选定的加工方法自动生成刀具轨迹，经过软件的后置处理生成加工代码，将加工代码通过传输介质传给数控机床的控制系统，控制系统按数字量操控刀具运动，完成零件的加工。其操作流程描述如下：

1）零件几何数据准备。系统通过自身的设计和造型功能，或通用数据接口导入其他软件创建的 CAD 数据，如 STEP、IGES、SAT、DXF、X-T 等格式；在实际的数控加工中，零件几何数据不仅仅来自工程图样，尤其在互联网高速发展的环境下，零件几何数据还可以通过测量或标准数据接口传输等方式获取。

2）确定粗加工、半精加工和精加工等工艺步骤。

3）生成各工艺步骤的刀具加工轨迹。

4）对生成的刀具轨迹进行模拟加工，即加工仿真。

5）对经过仿真的加工轨迹进行后置处理，输出加工代码。

6）输出数控加工工艺技术文件。

7）将加工代码传给数控机床实现加工。

第2章　数控加工工艺基础

2.1　数控加工编程方法

数控机床是按照预先编制好的零件加工控制程序自动对工件进行加工的高效自动化加工设备。在数控机床上进行加工，首先需要根据被加工零件的图样和技术要求、工艺要求等切削加工的必要信息，按数控系统所规定的指令和格式编制成特定格式的文件，即零件加工数控程序。此过程称为零件数控加工方法的程序编制，是数控加工过程中一个极为重要的环节。

好的数控加工程序，不仅应能保证加工出符合图样要求的合格工件，同时应能使数控机床的功能得到充分的发挥，以使数控机床能安全可靠、高效地工作。在编制数控程序之前，编程员应充分了解将要采用的数控机床的规格、性能、CNC系统所具备的功能及编程指令格式等。

编制数控加工程序时，应首先对图样规定的技术特性，零件的几何形状、尺寸及工艺要求进行分析和整理，确定使用的刀具、切削用量及加工顺序和进给路线；再进行特定的数值计算，获得刀位数据；然后按照数控机床规定的代码和程序格式，将工件的尺寸、刀具运动轨迹、位移量、切削参数（转速、进给量、背吃刀量等）以及辅助功能（换刀，主轴正转、反转，切削液开、关等）编制成加工程序，并输入数控系统；最后由数控系统控制数控机床自动进行加工。数控编程的一般流程如图2-1所示。

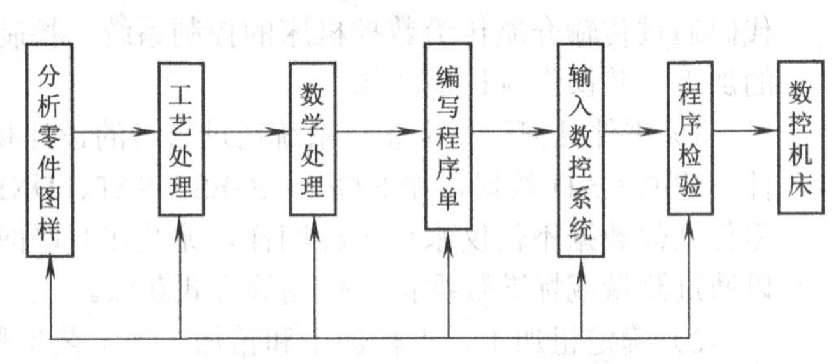

图2-1　数控编程的一般流程

2.1.1　数控加工程序的基本格式

数控机床的加工依据是预先编制好的程序代码。数控程序代码的格式主要有ISO格式和EIA格式两种。目前，大多数数控加工系统采用的是国际通用的ISO格式。许多数控机床的控制系统都提供有一定的编程能力，如循环调用、函数、条件判断等功能。

不同控制系统的指令含义不是完全相同，但基本的直线、圆弧、速度、进给等指令可以在不同的数控系统中通用。

1. 通用加工指令代码

通用加工指令代码包括G指令代码、M指令代码和其他常用到的重要指令代码。

（1）G指令代码及功能　见表2-1。

表 2-1　G 指令代码

快速移动	G00	半径补偿关闭	G40	坐标设定	G54
直线插补	G01	半径左补偿	G41	坐标设定	G55[①]
顺圆插补	G02	半径右补偿	G42	绝对指令	G90
逆圆插补	G03	长度补偿	G43	相对指令	G91

① 有些数控机床没有 G55、G56、G57 等坐标设置指令。

（2）M 指令代码及功能　见表 2-2。

（3）其他指令代码及功能　见表 2-3。

表 2-2　M 指令代码

主轴正转	M03	主轴停止	M05	切削液关	M08 或 M09
主轴反转	M04	程序停止	M30	切削液开	M07

表 2-3　其他指令代码

进给速度	F	主轴转速	S	刀具调用	T

2. *程序的辅助指令代码*

在正式开始数控加工前，还需要设定一些辅助项。如首先要确定编程是按绝对坐标编程还是按相对坐标编程等。在机床控制系统允许的情况下，手工编程经常使用混合方式。

3. *绝对坐标与相对坐标指令代码*

G90 用于设定绝对坐标编程方式指令，G91 用于设定相对坐标编程方式指令。绝对坐标编程是将程序中所有需要表达的点的坐标，按工件坐标系的坐标表示的编程方式；相对坐标编程是将程序中的所有点的坐标，以前一点为坐标原点来表示的编程方式。

4. *工件坐标系指令代码*

G54 是最通用的设定工件坐标系的指令代码。大多数数控机床还支持设置多个工件坐标系，如 G55、G56、G57 等。

5. *刀具调用指令代码*

一般的数控加工中心都自带有刀具库。在数控程序编制中，可以通过特定的指令来指定机床自动使用刀具库中的哪把刀具。一般数控系统中用 T 指令作为刀具调用指令。在 T 后跟随一个数字，代表调用刀具库中的第几号刀，如 T08 代表调用刀具库中的第 8 号刀具。有些数控机床在执行刀具调用指令前，还必须让主轴运行到某一特定换刀位置上，然后才能进行调用刀具操作。有些数控机床的 T 指令则包含了前面的功能，主轴可以在任意位置执行 T 指令。

FANUC 系统换刀指令的操作流程为：

先将主轴抬至安全位置　　G00　Z（起始高度）

关闭主轴旋转　　M05

设置要调用的刀具，并设置刀具补偿　　T（刀具号）G43　H（刀具补偿号）

执行刀具调用　　M06

表 2-4 展示了一个标准数控加工程序的操作流程。

表 2-4　标准数控加工程序的操作流程

步　骤	内　　容	代　　码	宏　指　令
1	坐标方式	G90 或 G91	$G90
2	坐标系选择	G54、G55、G56 等	$WCOORD
3	刀具调用	T	T $TOOL_NO
4	刀具补偿调用	G43　H01 等	$LCMP_LEN $TOOL_NO
5	快速定位到起止高度	G00 Z	$G0 $COORD_Z
6	主轴转速	S	$SPN_SPEED
7	主轴开转	M03	$SPN_CW
8	开切削液或气	G07	$COOL_ON
9	快速定位到下刀点上方	X、Y	（加工参数设置）系统自动给出
10	快速降至慢速下刀点	Z	（加工参数设置）系统自动给出
11	慢速进刀至进给点	Z、F	（加工参数设置）系统自动给出
12	正常进给	X、Y、Z、F	（加工参数设置）系统自动给出
13	快速抬刀至安全高度	Z、F	（加工参数设置）系统自动给出
14	关闭切削液或气	G08 或 G09	$COOL_OFF
15	主轴停转	M05	$SPN_OFF
16	换刀	T	T $TOOL_NO
17	重复 4～15		
18	快速回到起始点	G00　X、Y、Z	（加工参数设置）系统自动给出
19	程序结束	M30	$PRO_STOP

表 2-5 展示了加工一个矩形的数控程序。

表 2-5　矩形加工数控程序

程　　序	说　　明	俯视图形
G54　G90	调用坐标 G54，按绝对坐标加工	（0，55）（65，55）（0，0）（65，0）
G43 H01 G00 Z300.000	调用刀具补偿 H01 后快速移动到 Z300	
X0.000　Y0.000	快速移动到（X0，Y0）位置	
Z50.000	快速移动到 Z50 高度	
S800　M03	设置主轴转速为 800r/min 后开始转动	
G01　Z0.000　F100	以 F100 速度直线进给至 Z0 高度	
X65　F500	以 F500 速度直线进给至 X65	
Y55	以 F500 速度直线进给至 Y55	
X0.000	以 F500 速度直线进给至 X0	
Y0.000	以 F500 速度直线进给至 Y0	
Z300.000　F4000	以 F4000 速度快速抬刀至 Z300	
M05　M30	主轴停止，程序结束	

2.1.2　手工编制数控加工程序

手工编制数控加工程序是指由人工编制零件加工程序。包括从分析零件图样、工艺处理、确定加工路线和工艺参数、计算数控机床所需输入的数据、编写零件的数控加工程序单直至程序的检验，均由人手工来完成。

对于点位加工和几何形状不太复杂的零件，数控编程计算较简单，程序段不多，采用手工方式即可完成数控加工程序的编制。但对轮廓形状很复杂的工件，如直线、圆弧组成的轮廓，尤其是空间复杂曲面零件，以及几何元素虽并不复杂，但程序量很大的零件，采用手工进行数值计算相当繁琐，工作量也大，很容易出错，且校对困难。为缩短加工周期，提高数控机床的利用率，有效地解决各种模具及复杂形状零件的加工问题，自动编程逐渐得到深入的研究和广泛的应用。

2.1.3　自动编制数控加工程序

自动编制数控加工程序是指利用计算机把输入的零件图样信息转换成数控机床能够执行的数控加工程序代码，即数控程序编制的大部分工作量由计算机自动完成。编程人员只需根据图样及工艺要求，使用规定的数控编程语言编写一个较简短的零件程序，并将其输入计算机（或编程机），让计算机（或编程机）自动进行处理，生成刀具中心轨迹，并输出零件数控加工程序。

2.2　数控加工的工艺流程

在 CNC 机床上对加工零件进行编程前，首先需要完成加工工艺的编制。普通机床上加工零件的工艺过程一般为一个工艺过程卡，而机床加工的切削用量、进给路线、工序内的工步安排等具体加工操作，主要由工人现场自行决定；而 CNC 机床是按照程序进行加工的，加工过程是自动的，因此加工中的所有工序、工步、每道工序的切削用量、进给路线、加工余量和所用刀具的尺寸、类型等都要预先设定好，并编入数控程序中。

可以说，一个合格的数控编程员也应该是一个优秀的工艺员，需要对 CNC 机床的性能、特点和应用，切削规范、标准刀具系统参数及特性等非常熟悉，否则无法全面、周到地考虑零件加工的全过程，也就无从编制正确、合理的零件数控加工程序了。

2.2.1　选取 CNC 机床

不同类型的零件需要选取不同的 CNC 机床进行加工，以发挥 CNC 机床的效率和特点。如：

1）CNC 车床适用于加工形状比较复杂的轴类零件和由复杂曲线回转形成的模具内型腔。

2）CNC 立式镗铣床和立式加工中心适合于加工箱体、箱盖、平面凸轮、样板、形状复杂的平面或立体零件，以及模具的内、外型腔等。

3）卧式镗铣床和卧式加工中心适合于加工复杂的箱体类零件、泵体、壳体等。

4）多坐标联动的卧式加工中心可用于加工各种复杂的曲线、曲面、叶轮、模具等。

2.2.2　确定加工工序

在 CNC 机床上，特别是在加工中心上加工零件，工序十分集中，许多零件只需在一次装夹中就能完成全部工序。但是零件的粗加工，特别是铸、锻毛坯零件的基准平面、定位面等的加工，应先在普通机床上完成，之后再装夹到 CNC 机床上进行后续加工。这样可以发挥 CNC 机床的特点，保持 CNC 机床的精度，延长 CNC 机床的使用寿命并降低使用成本。

经过粗加工或半精加工的零件装夹到 CNC 机床上后，机床按数控程序规定的工序一步一步地进行半精加工和精加工。

在 CNC 机床上加工零件，其工序划分方法如下：

1. *刀具集中分序法*

按照所用的刀具划分工序。用同一把刀加工完零件上所有可以完成的部位，再用第二把、第三把刀完成各自可以加工的部位。这种方法可以减少换刀次数，缩减机床空程时间，降低不必要的加工定位误差。

2. *粗、精加工分序法*

单个零件的加工一般要经过粗加工、半精加工，而后再进行精加工；或者一批零件先全部进行粗加工、半精加工，最后再统一进行精加工。粗加工之后，最好隔一段时间再进行精加工，以使粗加工后的零件得以充分的时效处理，有利于提高零件的加工精度。

3. *加工部位分序法*

一般先加工平面、定位面，后加工孔；先加工简单的几何形状，再加工复杂的几何形状；先加工精度要求较低的部位，再加工精度要求较高的部位。

总之，在 CNC 机床上加工零件，具体的加工工序划分要视加工零件的具体情况来合理安排。许多工序的安排是对前面介绍的几种加工方法进行综合使用的。

2.2.3 设计工件装夹方式

在 CNC 机床上加工零件时，工序比较集中，一般在一次装夹中就可完成全部或者大部分工序。对零件的定位、夹紧设计要注意以下几个方面：

1）尽量采用组合类夹具和标准化通用夹具。当工件批量较大、精度要求较高时，可以设计专用夹具，但结构应尽量简单。

2）零件定位、夹紧部位应不妨碍各部位的加工、更换刀具，以及重要部位的测量。尤其要避免加工过程中刀具与工件、刀具与夹具的运动干涉。

3）夹紧力应靠近主要支撑点或在支撑点所组成的三角形内；应靠近切削部位，并在刚性较好的地方；尽量不要在被加工孔的上方，以减小零件变形。

4）零件的装夹、定位要考虑到重复安装的一致性，以减少对刀时间，提高同一批零件加工的一致性。一般同一批零件采用同一定位基准，同一装夹方式。

2.2.4 设定对刀点及换刀点

对刀点是数控加工中刀具相对于工件运动的起点。由于加工也是从这一点开始执行，所以对刀点也可以称为加工起点。选择对刀点的一般原则如下：

1）便于数学处理和简化数控程序编制。

2）在数控机床上容易找正。

3）加工过程中便于检查与测量。

4）造成较小的加工误差。

对刀的目的是确定程序原点在机床坐标系中的位置。对刀点可以设在零件上、夹具上或机床上，但必须与程序原点有固定的坐标关系。当对刀精度要求较高时，对刀点应尽量选在零件的设计基准或工艺基准上。对于以孔定位的零件，可以取孔的中心作为对刀点。

对刀时应使对刀点与刀位点重合。对刀点是指确定刀具位置的基准点，平头立铣刀的刀位点一般为端面中心，球头铣刀的刀位点为球心，车刀的刀位点为刀尖，钻头的刀位点为钻尖。

换刀点应根据零件特点和工序内容合理安排。为了防止换刀时刀具碰伤工件表面，换刀点往往设定在与零件毛坯边界有一定距离的地方。

2.2.5　规划进给路线

进给路线是指数控加工过程中，刀具相对于工件的运动轨迹和方向。每道工序加工路线的确定是非常重要的，因为它与零件的加工效率、加工精度和表面质量等密切相关。设定进给路线的一般原则如下：

1）能够保证零件的加工精度和表面粗糙度。

2）方便数值计算，减少编程工作量。

3）缩短进给路线，减少进/退刀时间和其他辅助时间。

4）尽量减少程序段数，减少占用储存空间。

选择进给路线时，应充分注意下述情况：

1）孔加工时，由于孔的位置精度要求较高，因此安排镗孔路线就比较重要，安排不当就有可能把坐标轴的反向间隙引入，直接影响孔加工的位置精度。

图 2-2 是在一个零件上精镗 4 个孔的两种加工路线示意图。从图 2-2 中左图可以看到，由于 4 孔与 1、2、3 孔的定位方向相反，X 向的反向间隙会使定位误差增加，从而影响 4 孔与 3 孔的位置精度。右图是在加工完 3 孔后不直接在 4 孔处定位，而是多运动了一段距离，然后折回来在 4 孔处进行定位，这样，1、2、3 和 4 孔的定位方向是一致的，4 孔的加工就可以避免反向间隙误差的引入，从而提高 3 孔和 4 孔的孔距精度。

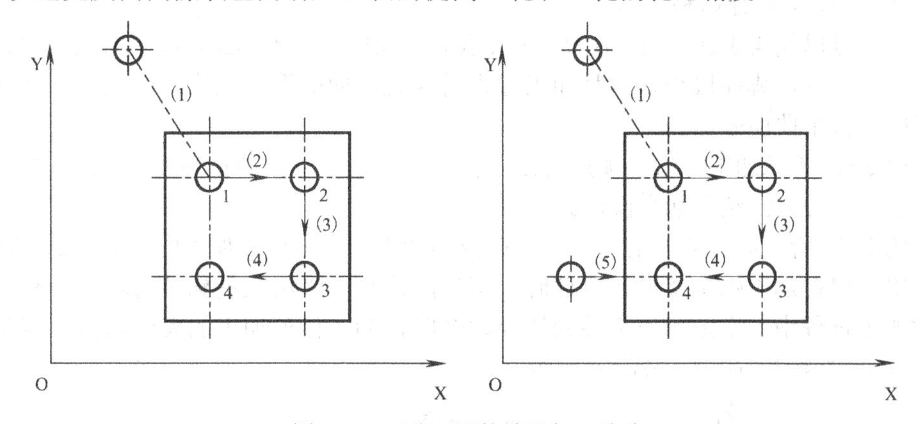

图 2-2　两种不同的镗孔加工路线

2）铣切外圆时，可设置刀具从切向进入圆周铣削加工。当外圆加工完毕之后，不能直接在切点处取消刀补和退刀，而是设置一段沿切线方向让刀具继续运动的距离，这样可以避免由于取消刀补操作，使得刀具与工件相撞而造成工件和刀具报废。

铣切内圆时，也应该遵循从切向切入的原则，最合理的设计是从圆弧过渡到圆弧的加工路线。切出时也应该安排一段过渡圆弧路径后再执行退刀操作，这样可以减小接刀处的接刀痕，提高孔的加工精度。

3）铣削加工零件轮廓时，要尽量采用顺铣加工方式，这样可以降低零件表面粗糙度值和提高加工精度，减少机床“颤振”。要选择合理的进/退刀位置，尽量避免沿零件轮廓法向切入和进给中途停顿。进/退刀位置应设定在工件上不重要的位置。

在铣削加工中，采用顺铣还是逆铣方式是影响加工表面粗糙度的重要因素之一。逆铣时，切削力F_z的水平分力F_h的方向与进给运动v_c方向相反；顺铣时，切削力F_z的水平分力F_h的方向与进给运动v_c的方向相同。铣削方式的选择应视零件图样的加工要求，工件材料的性质、特点，以及机床、刀具等条件综合考虑。一般情况下，由于数控机床传动采用滚珠丝杠结构，其进给传动间隙很小，使得顺铣加工的工艺性优于逆铣加工。

图 2-3a 显示了采用顺铣切削方式精铣外轮廓，图 2-3b 为采用逆铣切削方式精铣型腔轮廓，图 2-3c 为顺、逆铣时的切入和退刀区。

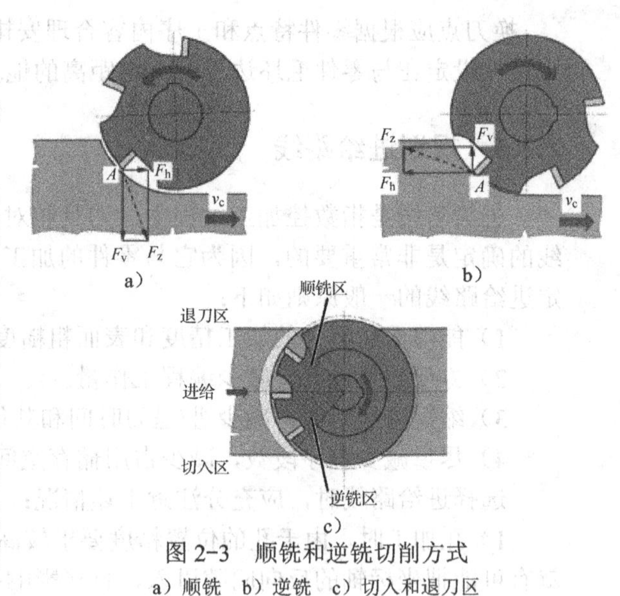

图 2-3 顺铣和逆铣切削方式

a）顺铣 b）逆铣 c）切入和退刀区

此外，为降低表面粗糙度值，提高刀具寿命，使用铝镁合金、钛合金和耐热合金等材料的刀具加工时，尽量采用顺铣加工。但如果零件毛坯为钢铁材料锻件或铸件，表皮硬而且余量较大，则采用逆铣较为合理。

4）立体轮廓的加工。图 2-4 展示了加工一张曲面的三种常用进给路线，即沿参数曲面的 u 向行切、v 向行切和环切。

对于直母线类表面，采用图 2-4b 所示的方式更有利于加工，此时刀具沿直线进给，刀位点计算简单，程序段少，而且加工过程符合直纹面的形成规律，可以精确地保证母线的直线度和整个曲面外形。

图 2-4a 所示加工方法的优点是便于在加工后检验型面的精确度。因此，实际生产中最好将以上两种方法结合起来操作。

图 2-4c 所示的环切方案主要应用在内槽加工中，在型面加工中，由于编程麻烦一般不予采用；但在加工螺旋桨形状零件时，工件刚度小，采用从里到外的环切，有利于减少工件在加工过程中的变形。当工件的边界敞开时，为了保证加工的表面质量，应从工件的边界外进给和退刀，如图 2-4a、b 所示。

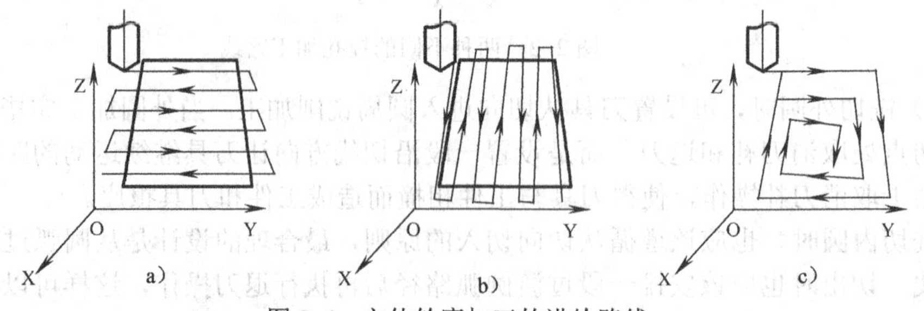

图 2-4 立体轮廓加工的进给路线

a）u 向行切 b）v 向行切 c）环切

5）内槽加工。内槽是指以封闭曲线为边界的平底凹腔。加工内槽时，只能采用平底铣刀，刀具边缘部分的圆角半径应符合内槽的图样要求。内槽的切削分为两步，第一步加工内腔，第二步加工轮廓。轮廓加工通常又分为粗加工和精加工两个过程。粗加工的进给路线如图 2-5 中粗线所示，从内槽轮廓线向里平移铣刀半径 R 并留出精加工余量 y，由此可知粗加工刀位多边形是计算内腔进给路线的重要依据。

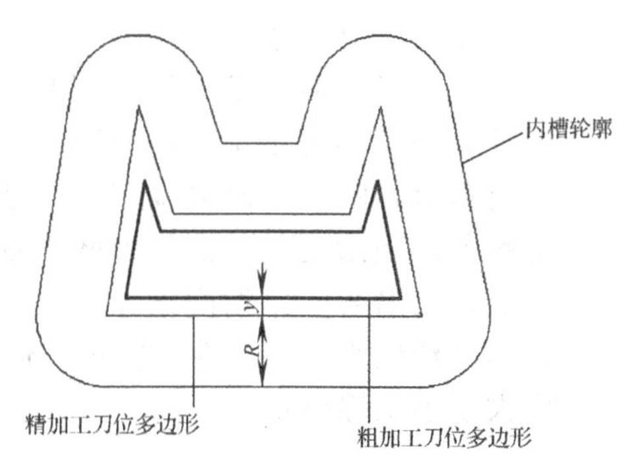

图 2-5　内槽加工路线

切削加工内腔时，环切和行切在生产中都有着广泛的应用。两种进给路线的共同点是都可以切削完内腔中的全部面积，并且不留死角、不伤轮廓，同时尽量减少重复进给的搭接量。环切的刀位点计算稍复杂，需要一次一次向里收缩轮廓线；且算法的应用局限性稍大，例如当内槽中带有局部凸台时，环切就难以设计通用的算法。

从进给路线的长短比较，行切法要略优于环切法。但在加工小面积内槽时，环切的程序量要比行切小。

2.2.6　选取加工刀具

数控机床，特别是加工中心，其主轴转速比普通机床高 1～2 倍，某些特殊用途的数控机床、加工中心，主轴转速更是高达每分钟数万转。高转速加工要求数控刀具具有更高的强度与长的使用寿命。目前，涂层刀具、立方氮化硼刀具等已被广泛用于加工中心，陶瓷刀具与金刚石刀具也在加工中心上得到运用。一般说来，数控机床用刀具应具有较高的寿命和刚度，刀具材料抗脆性好，有良好的切削性能和可调、易更换等特点。

例如，在数控机床上进行铣削加工时，选择刀具要注意：平面铣削应选用不重磨硬质合金面铣刀或立铣刀。一般采用二次进给加工，第一次进给最好用面铣刀粗铣，沿工件表面连续进给，选好每次进给宽度和铣刀直径，使接刀痕不影响精铣精度。加工余量大又不均匀时，要选取小直径的铣刀。精加工时，铣刀直径要选得大些，最好能包容加工面的宽度。

立铣刀和镶硬质合金刀片的面铣刀主要用于加工凸台、凹槽和箱口面。为了提高槽宽的加工精度，减少更换铣刀的种类，加工时可采用直径比槽宽小的铣刀，先铣槽的中间部分，然后用刀具半径补偿功能铣槽的两边。

铣削平面零件的周边轮廓一般采用立铣刀。刀具的结构参数可以参考如下：

1）刀具半径 R 应小于零件内轮廓的最小曲率半径 ρ。一般取 $R=(0.8\sim0.9)\rho$。

2）零件的单层加工高度 $H\leqslant(1/4\sim1/6)R$，以保证刀具有足够的刚度。

3）粗加工内型面时，刀具直径可按下述公式估算：

$$D_{粗}=2(\delta\sin\alpha\Phi/2-\delta_1)/(1-\sin\alpha\Phi/2)+D$$

式中　δ_1—— 槽的精加工余量；

δ—— 加工内型面时的最大允许精加工余量；

Φ—— 零件内壁的最小夹角；

D—— 刀具直径（mm）。

数控加工型面和变斜角轮廓外形时，常用球头刀、环形刀、鼓形刀和锥形刀具。加工曲面时，球头刀应用最广泛，但是越接近球头刀的底部，切削条件越差，近来有用环形刀替代球头刀的趋势。

鼓形刀和锥形刀一般用来加工变斜角零件。鼓形刀的刃口纵剖面磨成圆弧 R_1，加工中控制刀具的上下位置，相应改变切削刃的切削部分，可以在工件上切出从负到正的不同斜角值。圆弧半径 R_1 越小，刀具所能适应的斜角范围越广，但行切得到的工件表面质量越差。鼓形刀的缺点是刃磨困难、切削条件差，而且不适宜加工内缘表面。锥形刀则相反，刃磨容易，切削条件好，加工效率高，工件表面质量也较好；但是加工变斜角零件的灵活性小，当工件的斜角变化范围大时，需要中途分阶段换刀，留下的金属残痕多，增大了手工锉修量。

2.2.7 设定切削参数

编制数控程序时，编程人员必须合理地确定每道工序的切削参数。切削参数一般包括主轴转速、进给速度、背吃刀量和切削宽度等。在设定切削参数时，需要根据机床说明书的规定和要求，以及刀具寿命来计算和选择，此过程中加工实践经验也非常重要。

背吃刀量主要受机床、工件和刀具的刚度限制。在刚度允许的情况下，尽可能使背吃刀量等于零件的加工余量，这样可以减少进给次数，提高加工效率。

对精度和表面质量有较高要求的零件，应留有足够的加工余量。一般加工中心的精加工余量较普通机床的精加工余量少。

主轴转速 n 可根据机床允许的切削速度 v_c 来选择：

$$n = 1000v_c/\pi D$$

式中 n——主轴转速（r/min）；

D——刀具直径（mm）；

v_c——切削速度（m/min），受刀具寿命限制。

进给速度 v_f（mm/min）或进给量 f（mm/r）是切削参数的主要参数。在主轴转速一定的情况下，进给速度 v_f 决定了切削厚度。进给速度的选取需要参考零件加工精度和表面粗糙度的要求，以及刀具和工件材料，并兼顾加工效率。计算进给速度的公式如下：

$$v_f = nZt$$

式中 n——主轴转速（r/min）；

Z——铣刀齿数；

t——每齿切削厚度（mm）。

在设定进给量时，需要考虑零件加工中的某些特殊情况。例如，当加工圆弧时，切削点的实际进给速度并不等于编程设定值。当零件轮廓的圆弧半径为 R、刀具半径为 r 时，加工外圆弧的切削点实际进给速度 v_f*小于编程设定值 F；而在加工内圆弧时，实际进给速度 v_f*大于编程值 F；当 $R \approx r$ 时，切削点的实际进给速度将变得非常大，有可能引起损伤刀具或工件的严重后果。因此，编制数控加工程序时应适当减小进给量。

此外，在轮廓加工中，当零件有突然的拐角时，刀具容易产生“超程”。此时应在接近拐角前适当降低进给速度，经过拐角后再逐渐增加进给速度。

一般数控机床的操作面板上都设置有一个独立的进给速度倍率调节旋钮，可在绝大多数加工情况下（除攻螺纹外）对进给速度进行调节。编制数控程序时，F 值可以设定得高一些，在实际切削加工时使用倍率旋钮进行衰减。

2.2.8　数控编程的误差控制

数控程序编制中的误差主要由以下三部分组成：

1．逼近误差

即用近似计算方法逼近零件实际轮廓时产生的误差，也称一次逼近误差。生产中经常需要仿制已有零件，而又无法得到该零件外形的准确数学表达式。此时只能通过实测一组离散的坐标值，用样条曲线或曲面拟合后编制相应数控加工程序。近似方程所表示的形状与原始零件外形之间有一定的误差，一般情况下该误差很难准确测定。

2．插补误差

即采用直线式圆弧段逼近零件轮廓曲线所产生的理论曲线与插补加工出的线段之间的误差。减小这一误差的最简单的方法是加密插补点，但会造成插补运算量的增加。

3．圆整化误差

即将工件尺寸换算成机床的脉冲当量时，由于圆整化所产生的误差。数控机床的最小位移量是一个脉冲当量，小于一个脉冲的数据不能简单地用四舍五入的办法处理，而应采用累计进位法以避免产生累积误差。

在点位数控加工中，编程误差只包含一项圆整化误差；而在轮廓加工中，编程误差主要由插补误差组成。插补误差相对于零件轮廓的分布形式有三种：在零件轮廓的外侧、在零件轮廓的内侧、在零件轮廓的两侧等，具体选用哪一种取决于零件图样的要求。

零件图上给出的公差，允许分配给编程误差的只能占一小部分。还有其他很多误差，如控制系统误差、传动系统误差、零件定位误差、对刀误差、刀具磨损误差、工件变形误差等。其中，传动系统误差和零件定位误差常常是加工误差的主要来源，因此编程误差一般应控制在零件公差的 10%～20%以内。

2.3　高速切削加工工艺

2.3.1　高速切削技术的诞生与发展

1931 年 4 月，德国物理学家 Garl. J. Saloman 首次明确地提出了高速切削（High Speed Cutting）的理论，并于同年申请了专利。他指出：在常规切削速度范围内，切削温度随着切削速度的提高而升高，但切削速度提高到一定值之后，切削温度不但不会升高反而会降低，这个临界切削速度与工件材料的种类有关。每一种工件材料都存在一个速度范围，在该速度范围内，由于切削温度过高，刀具材料无法承受，切削加工几乎不可能进行。若能超过这个速度范围，高速切削将成为可能，从而大幅度地提高生产效率。受当时的工程技术条件限制，无法开展高速切削工程实践，但这个思想给后人一个非常重要的启示。

高速加工技术经历了理论探索、应用探索、初步应用和成熟应用四个阶段，现已在生产加工中得到一定的推广和应用。特别是 20 世纪 80 年代以来，航空工业和模具工业的需求大大推动了高速加工技术的应用和发展。

飞机零件中大量的薄壁零件，如翼、长桁、框等，它们有很薄的壁和肋，加工中金属切除率很高，容易产生切削变形，加工比较困难；另外，飞机制造厂也迫切要求提高零件的加工效率，从而缩短飞机的交付时间。模具工业和汽车工业中，模具自身的制造是一个关键，缩短模具交货周期，提高模具制造质量，也是工程技术人员长期追求的目标。高速切削为解决这些难题提供了一条重要的途径。自 20 世纪 90 年代起，高速切削加工逐步在制造业中得到推广和应用。目前，据有关数据统计，在美国和日本，大约有 30%的公司已经使用高速加工；在德国，这个比例高于 40%。尤其在飞机制造业中，高速切削已经普遍用于零件的生产加工。

目前，高速切削已经有了一定范围的应用，但要给高速切削下一个准确的定义还较困难。因为高速切削是一个相对概念，它与工件材料、加工方式、刀具、切削参数等有很大的关系。一般，高速切削速度是常规切削速度的 5～10 倍。一些资料给出了常用材料高速切削速度的大致数据：铝合金 1500～5500m/min；铜合金 900～5000m/min；钛合金 100～1000m/min；铸铁 750～4500m/min；钢 600～800m/min。各种材料的高速切削进给速度范围一般为 2～25m/min。

2.3.2 高速切削技术的优点

高速切削技术之所以在工业界得到越来越广泛的应用，是因为它相对传统加工方法具有显著的优点，具体体现在以下几方面：

1. 提高生产效率

高速切削加工允许使用较大的进给速度，比常规切削加工提高 5～10 倍，单位时间材料切除率可提高 3～6 倍。当加工需要大量切除金属的零件时，能使加工时间大大减少。

2. 降低了切削力

由于高速切削采用极浅的背吃刀量和窄的切削宽度，因此切削力较小，与常规切削相比，切削力至少可降低 30%，如图 2-6 所示。这对于加工刚性较差的零件来说，可减少加工变形，使一些薄壁类精细工件的切削加工成为可能。

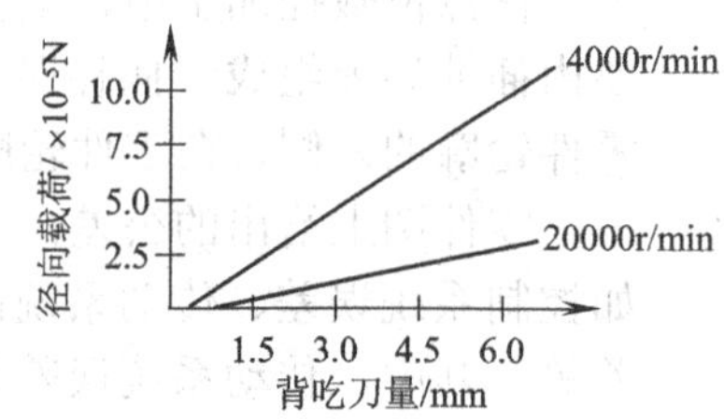

图 2-6 背吃刀量—径向载荷曲线

3. 提高了加工质量

高速旋转时，刀具切削的激励频率远离工艺系统的固有频率，不会造成工艺系统的受迫振动，维持了较稳定的加工状态。由于背吃刀量、切削宽度和切削力都很小，使得刀具、工件变形小，保证了尺寸的精确性，也使得切削破坏变小，残余应力小，实现了高精度、低表面粗糙度值的加工效果。

4. 加工能耗低，节省制造资源

由于单位功率的金属切除率高，能耗低，工件的加工时间短，从而提高了能源和设备的利用率，降低了切削加工在制造系统资源总能量中的比例，符合可持续发展和绿色发展的时代要求。

5. 简化了加工工艺流程

常规切削加工不能加工淬火后的材料，淬火变形必须进行人工修整或通过放电加工解决。高速切削则可以直接加工淬火后的材料，在许多情况下可完全省去放电加工工序，消除了放电加工所带来的表面硬化问题，减少或免除了人工光整加工的工作量。

2.3.3 高速铣削加工工艺

安全、高效和高质量是高速切削加工的主要目标。高速切削加工的目的可分为实现单位时间最大材料去除量，以及实现单位时间最大加工表面积。前者用于粗加工，后者用于精加工。

由于高速铣削要求切削载荷均匀，没有剧烈的变化，因此除铝合金和非铁合金外，粗加工可采用有较高金属切除率的常规铣削；精加工由于余量较均匀，采用高速铣削能达到很高的进给速度，切削更多的表面积。小零件从粗加工到精加工都可以采用高速铣削。

在粗加工后的半成品工件上，需要考虑如何在半精加工时获得余量比较均匀的半成品毛坯，从而为精加工采用高速铣削创造条件；此外，还需要考虑在粗加工和半精加工时，如何选用刀具和设置切削参数，采用何种先进的进给方法等。

高速铣削工艺设计的原则是，把粗加工、半精加工和精加工作为一个整体考虑，设计出一个合理的加工工艺流程，从总体上达到高效和高质量的加工要求，充分发挥高速切削技术的优势。

1. 高速切削粗加工

粗加工的目标是追求单位时间的最大切除量，表面质量和轮廓精度要求不高，重要的是让机床平稳地工作，避免切削方向和载荷急剧变化。

为了防止切削速度矢量方向的突然改变，在刀轨拐角处需要增加圆弧过渡，避免出现尖锐拐角。所有进刀、退刀、步距和非切削运动的过渡也都尽可能圆滑，如在平面铣削中，可采用螺旋或倾斜方式（倾角为 5° 左右）的垂直进/退刀运动等。

刀具通常采用球头铣刀和平底圆角铣刀，采用两轴半的加工方式，充分利用主轴的加工功率。

为了平稳地加工硬化了的材料，步距通常不得大于刀具直径的 6%～8%，深度不超过刀具直径的 10%。

分层切削能控制切削载荷均匀，在粗加工中广泛地采用此法。

2. 高速切削半精加工

半精加工的目的是把前道工序加工后的残留加工面变得平滑，同时去除拐角处的多余材料，加工时留下一层比较均匀的余量，为精加工的高速铣削做准备。半精加工应沿着粗加工后的棱状轮廓进行铣削，以便使切入过程稳定，并减小切削力波动对刀具的不利影响。另外，半精加工时，刀具的切削应尽量连续，避免频繁进/退刀。

以前的 CAM 系统基本上没有基于残留模型的编程功能。粗加工以后，不是针对残留材料作后续加工，而是以一个假设的、估计的“毛坯”作为加工对象，进行半精加工的刀位轨迹计算，这样得到的加工指令在实际切削过程中会出现空切现象，造成切削状态不连续，引起刀具振动或撞击，缩短了刀具寿命，并容易造成加工缺陷。现在，一些较为完善的 CAD/CAM 系统具备了这项功能。如在 UG 软件中，粗加工后可生成工件的残留材料模型（IPW），然后以该残留材料模型为毛坯，生成半精加工操作。这样可去除空刀，减小刀具切入/切出材料时的冲击，延长刀具寿命，并可获得较为均匀的加工余量，为高速铣削精加工创造条件。

3. 高速切削精加工

精加工的目的是按照零件的设计要求，达到较好的表面质量和轮廓精度。精加工的刀位轨迹紧贴零件表面，要求平稳、圆滑，没有剧烈的方向改变。精加工中除需对工艺参数进行优化外，最好采用下面的加工顺序：

外轮廓加工→凸起规范几何体的加工→自由型面的加工→阶梯层面加工等。

第3章 CAXA制造工程师2013基础知识

3.1 CAXA制造工程师2013简介

目前在国内，商品化的CAD/CAM软件多为国外公司推出的产品，并进行了相应的软件汉化。CAXA制造工程师作为国产CAD/CAM软件在国内市场占据了宝贵的一席之地。作为863计划中CIMS目标产品的CAXA制造工程师，在10多年间经历了从工作站到PC、从DOS到Windows、从2000到V2、XP、2008直至2013的长期积累与多次升级，已经发展成具有强大的线架、曲面、实体混合3D造型功能，并针对多种格式3D模型提供丰富、灵活的加工策略、加工套路（知识库加工）、轨迹优化、加工仿真、工艺表单、多轴加工、反向工程等，以及强大后置处理与机床通信等功能的现代数字化设计/制造（CAD/CAM）系统。

CAXA制造工程师2013是面向2～5轴数控铣床与加工中心，具有卓越工艺性能的铣/钻削加工数控自动编程软件，是CAXA制造解决方案的重要构件之一，具有稳定可靠、工艺卓越、易学易用、高效快捷等特点，其功能与工艺性等方面完全可以与国际一流的CAM软件相媲美。

3.1.1 CAXA制造工程师2013运行环境

CAXA制造工程师2013以PC为硬件平台，基本配置要求如下：

1）最低要求：英特尔“奔腾”处理器，1.7GHz的CPU，512MB内存，10GB硬盘。

2）推荐配置：英特尔“酷睿”处理器，2.6GHz以上的CPU，2GB以上的内存，60GB以上的硬盘。

CAXA制造工程师2013可运行于Windows XP、Windows 7、Windows8等操作系统平台上。

注意：

在安装CAXA制造工程师2013之前，最好关闭其他正在运行的Windows应用程序。需要注意的是，先安装好软件，然后再将USB加密锁正确插入计算机的USB接口并安装好相应的驱动程序。

3.1.2 安装CAXA制造工程师2013

CAXA制造工程师2013以光盘介质发布，下面以CAXA制造工程师2013在Windows XP系统中的安装为例，介绍软件的安装。

1）将CAXA制造工程师2013光盘放入光盘驱动器中，待其自动运行。若光驱自动播放功能未启用，则单击鼠标进入【我的电脑】，然后直接运行光盘上的Autorun.exe文件，将出现图 3-1 所示的安装界面。

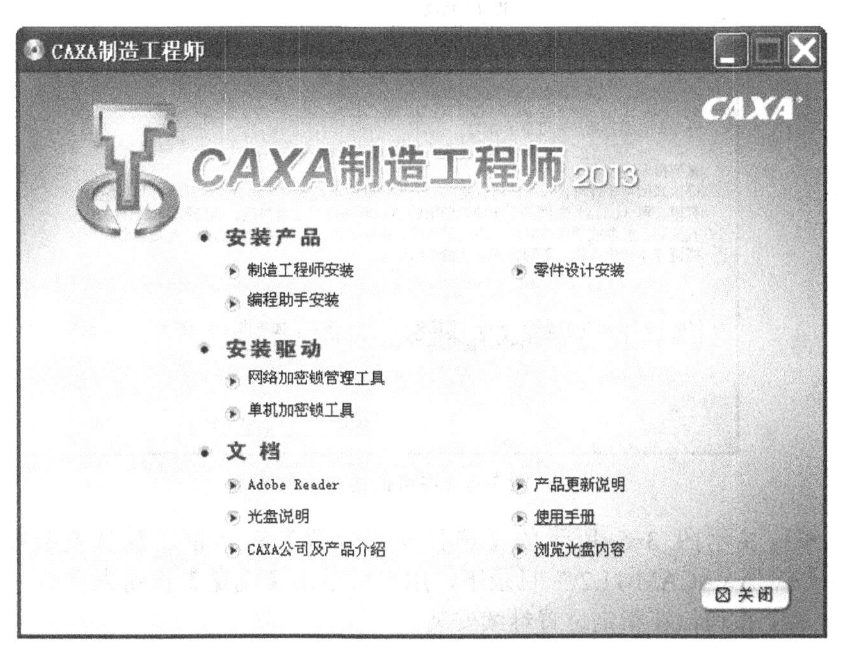

图 3-1　CAXA 制造工程师 2013 安装界面

2）单击【安装产品】目录下的【制造工程师安装】，系统自动配置安装向导，如图 3-2 所示。

3）自动准备完成后，系统将进入 CAXA 制造工程师 2013 的安装向导界面，如图 3-3 所示。单击【下一步】继续安装。

Please wait while Setup is verifying installer: 51%

图 3-2　安装向导配置界面　　图 3-3　CAXA 制造工程师 2013 安装向导

4）系统显示图 3-4 所示的许可证协议安装界面，单击按钮【我接受】，接受许可证协议中的全部条款，继续安装。如果不能接受许可证协议中的全部条款，单击按钮【取消】，系统会退出 CAXA 制造工程师 2013 的安装。

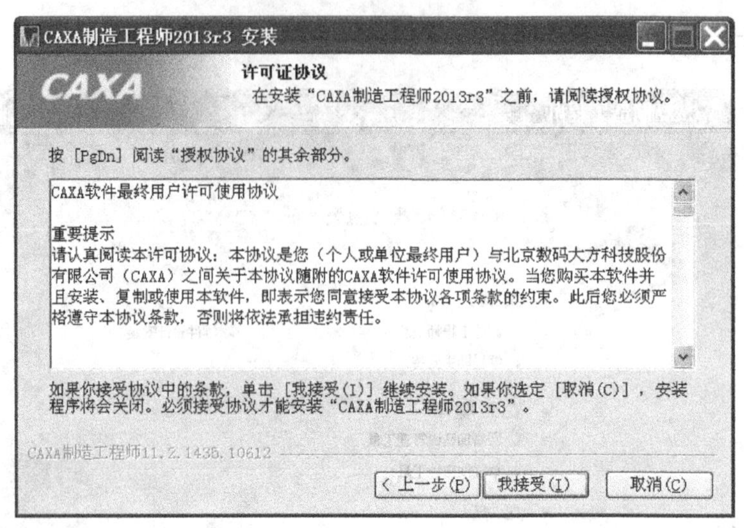

图 3-4　许可证协议安装界面

5）系统显示图 3-5 所示的【选择安装位置】对话框。默认安装在“C:\Program Files\CAXA\CAXACAM\11.2\”目录下，用户可单击【浏览】按钮来重新选择安装路径。单击【安装】按钮，在指定位置继续安装。

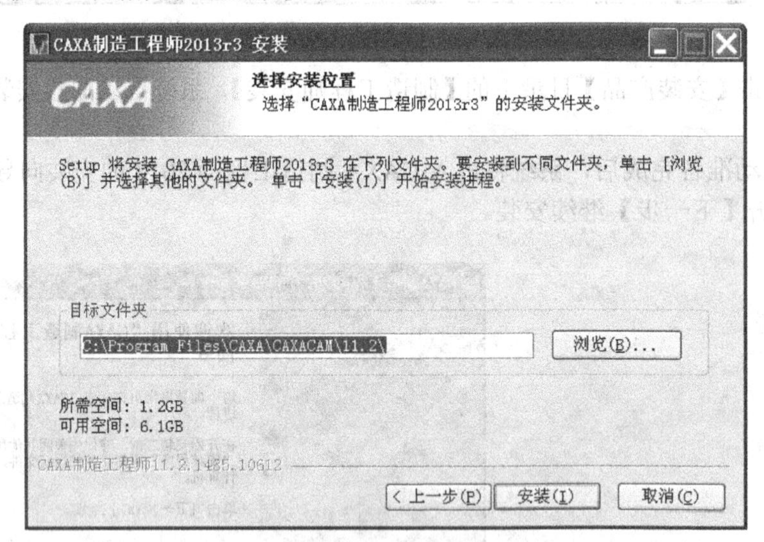

图 3-5　选择安装位置安装界面

6）系统显示图 3-6 所示的正在安装界面，显示当前安装进度。用户可以单击【显示细节】按钮，查看当前安装文件详细内容。

7）在图 3-6 所示界面安装完毕后，安装程序将自动启动【CAXA 电子图板信息提取组件（x86）】安装向导，并弹出【安装语言】对话框，如图 3-7 所示。在下拉列表中选择【中文（简体）】，并单击【确定】按钮，继续安装。

8）系统显示图 3-8 所示的【CAXA 电子图板信息提取组件（x86）安装】对话框，单击【下一步】按钮。

9）在图 3-9 所示的许可证协议界面单击【我接受】按钮，选择接受协议，并继续安装。

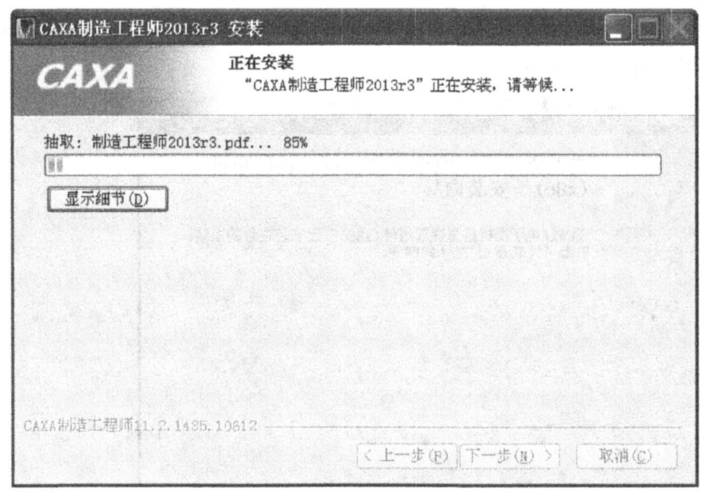

图 3-6　正在安装界面

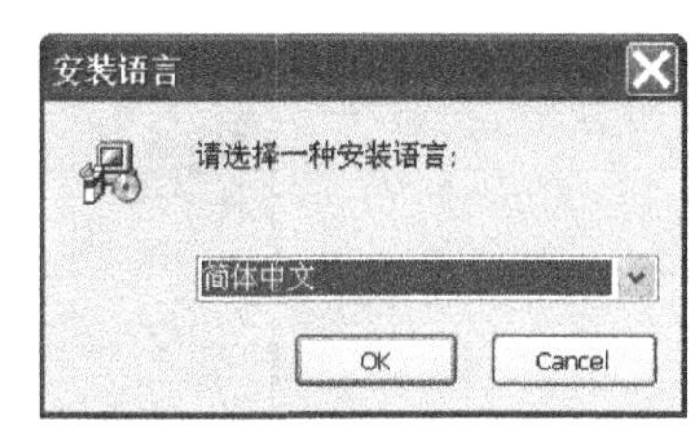

图 3-7 【安装语言】对话框

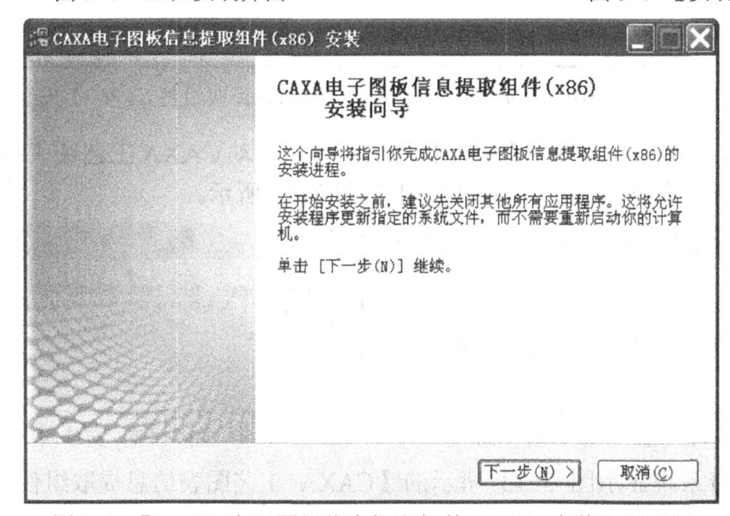

图 3-8 【CAXA 电子图板信息提取组件（x86）安装】对话框

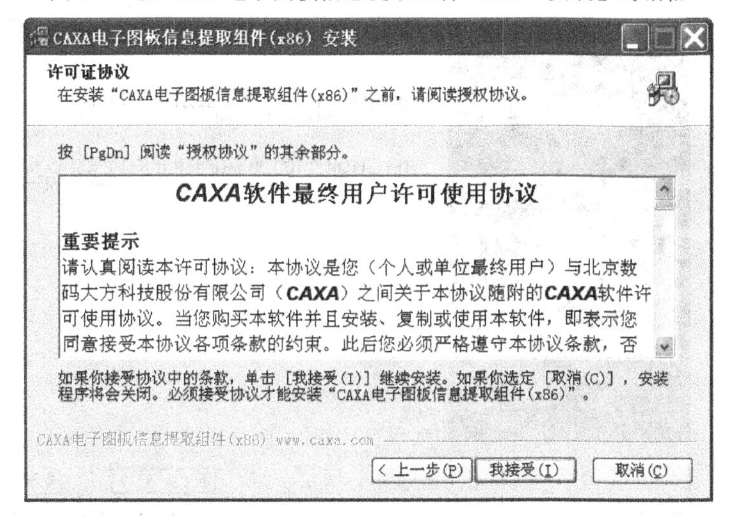

图 3-9　许可证协议安装界面

10）在弹出的对话框中单击【下一步】按钮，直至完成【CAXA 电子图板信息提取组件（x86)】安装，系统显示图 3-10 所示提示。

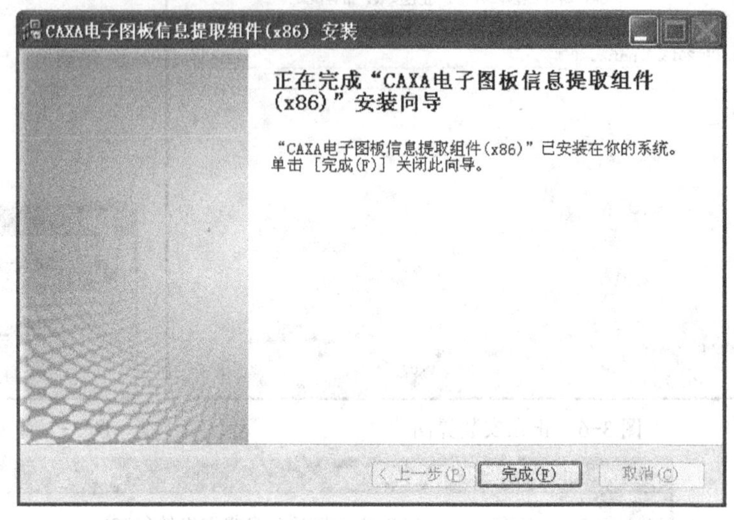

图 3-10 完成【CAXA 电子图板信息提取组件（x86)】安装

11)在图 3-10 中单击按钮【完成】，系统将自动启动 CAXA 工艺图表信息提取组件(x86)安装向导，并准备向导文件，如图 3-11 和图 3-12 所示。

图 3-11 选择安装语言界面

图 3-12 安装向导准备文件

12）接着系统显示图 3-13 所示的【CAXA 工艺图表信息提取组件（x86）InstallShield Wizard】对话框，单击【下一步】按钮，继续安装。

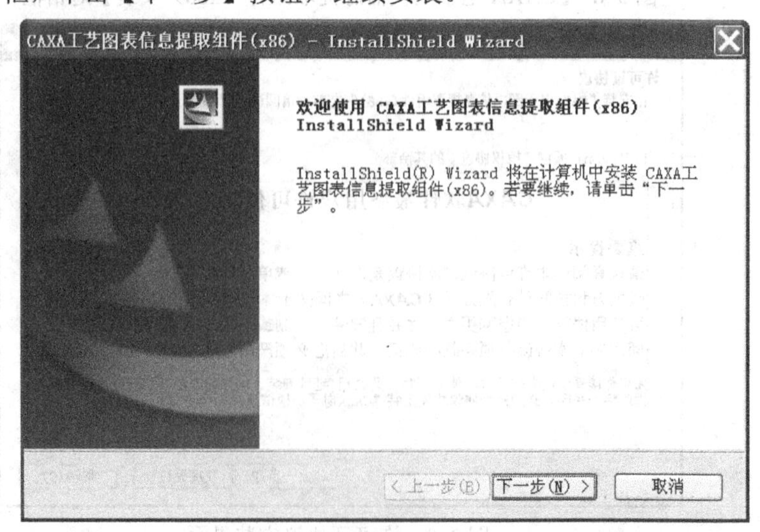

图 3-13 【CAXA 工艺图表信息提取组件（x86）InstallShield Wizard】对话框

13）在图 3-14 所示的许可证协议安装界面中，选择【我接受许可证协议中的条款】，然后单击【下一步】按钮，继续安装；否则退出程序安装。

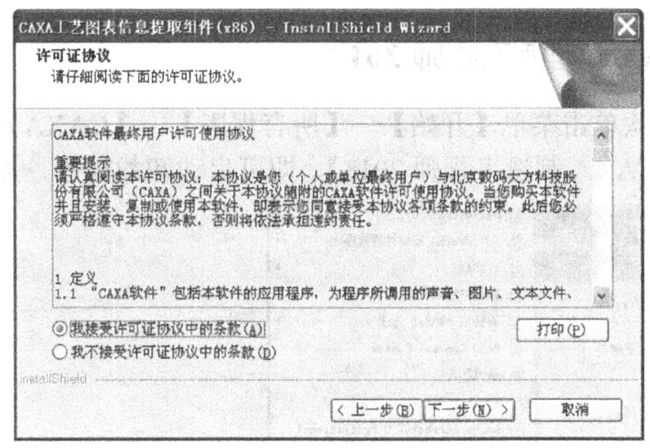

图 3-14　许可证协议安装界面

14）在后续弹出的对话框中单击【下一步】按钮，直至完成 CAXA 工艺图表信息提取组件（x86）的安装，系统显示图 3-15 所示提示。

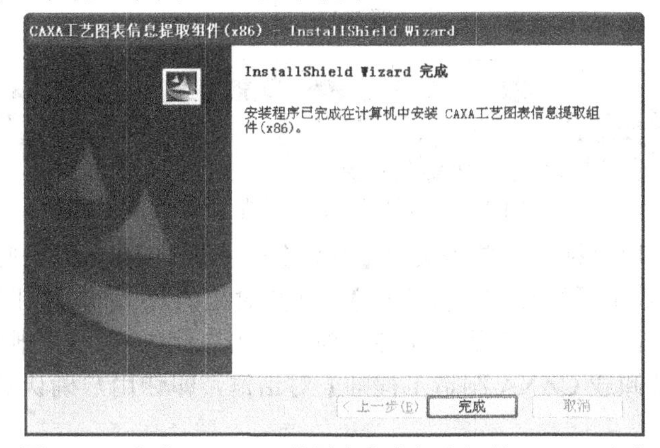

图 3-15　完成 CAXA 工艺图表信息提取组件（x86）安装

15）在图 3-15 中单击【完成】按钮，系统将提示：正在完成“CAXA 制造工程师 2013”安装向导，如图 3-16 所示。单击【完成】按钮，完成主程序的安装。

图 3-16　完成 CAXA 制造工程师 2013 安装

16）将 USB 加密锁插入安装有 CAXA 制造工程师 2013 的计算机 USB 接口，安装相应的加密锁驱动程序后，即可以启动 CAXA 制造工程师 2013 开始工作。

3.1.3 卸载 CAXA 制造工程师 2013

1）用鼠标依次单击菜单【开始】—【所有程序】—【CAXA】—【CAXA 制造工程师 2013】—【卸载 CAXA 制造工程师 2013】，即可启动卸载程序，如图 3-17 所示。

图 3-17 卸载 CAXA 制造工程师 2013 命令

2）用户可以用鼠标依次单击菜单【开始】—【设置】—【控制面板】项，弹出【控制面板】对话框，双击【添加或删除程序】，打开对应的对话框，如图 3-18 所示。

3）选择【CAXA 制造工程师 2013】项，单击右侧的【更改/删除】按钮，将自动显示图 3-19 所示的【卸载 CAXA 制造工程师】对话框，即让用户确认是否要删除 CAXA 制造工程师 2013。

4）单击【是】按钮，系统开始卸载，最后单击【确定】按钮完成卸载；否则单击【否】按钮，保留 CAXA 制造工程师 2013。

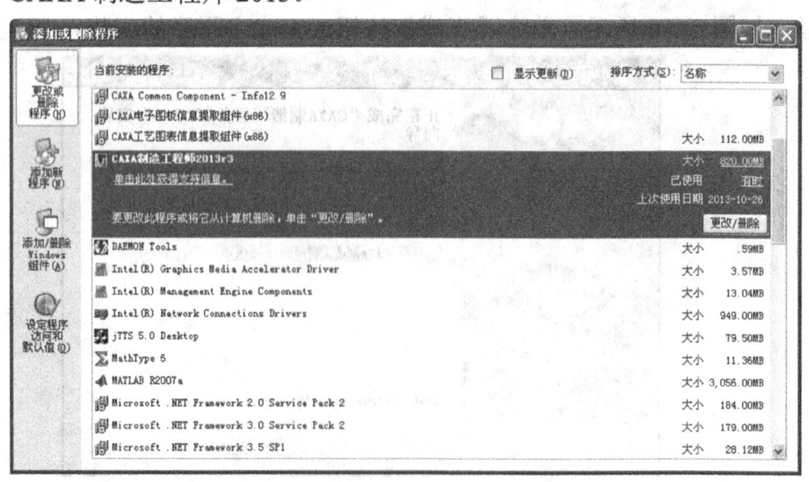

图 3-18 【添加或删除程序】对话框

图 3-19 【CAXA 制造工程师 2013 卸载】对话框

3.1.4　启动 CAXA 制造工程师 2013

用户可通过多种方式来启动已经安装好的 CAXA 制造工程师 2013 程序：

1）依次单击屏幕左下角的【开始】—【所有程序】—【CAXA】—【CAXA 制造工程师 2013】—【CAXA 制造工程师 2013】来进入软件，如图 3-16 所示。

程序安装完成后，将自动在桌面生成 CAXA 制造工程师 2013 的图标，用鼠标双击它即可快速启动 CAXA 制造工程师 2013 程序。

2）进入【我的电脑】中，双击图标为的 mex 或 eb3d 类型的文件，即可启动 CAXA 制造工程师 2013 程序。

3）用户也可以进入“C:\Program Files\CAXA\CAXACAM\11.2\bin”目录，双击 ME.exe 启动 CAXA 制造工程师 2013。如果在安装时更改了存储目录，则到相应目录里双击 ME.exe 即可启动软件。

3.2　CAXA 制造工程师 2013 操作界面

3.2.1　主操作界面

启动 CAXA 制造工程师 2013 后，将显示图 3-20 所示的主操作界面，主要由标题栏、菜单栏、图形窗口、工具栏（由若干工具条组成）、操作导航栏和状态栏等组成。

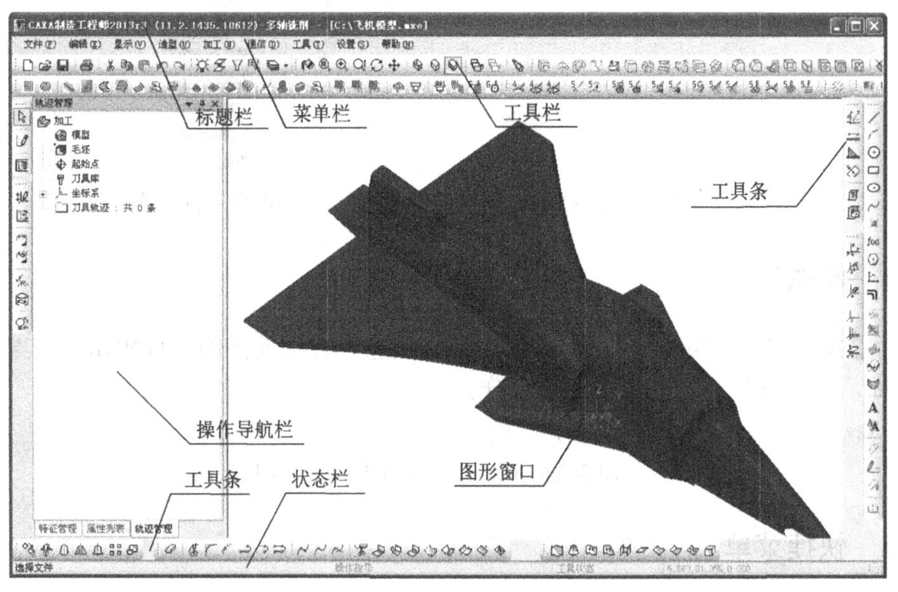

图 3-20　CAXA 制造工程师 2013 主操作界面

图形窗口是三维设计及加工结果的显示区域，即图 3-15 中的空白区域，占据屏幕的大部分。在绘图区的中央设置有一个三维直角坐标系，称为世界坐标系，原点坐标为（0.0000，0.0000，0.0000）。

3.2.2 菜单栏

菜单栏位于屏幕的顶部，分为多个菜单项，每个菜单项下又包括若干个下拉菜单命令，如图 3-21 所示。

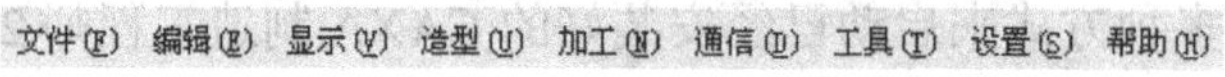

文件(F) 编辑(E) 显示(V) 造型(U) 加工(N) 通信(B) 工具(T) 设置(S) 帮助(H)

图 3-21 CAXA 制造工程师 2013 菜单栏

3.2.3 下拉菜单

下拉菜单由位于菜单栏上的每个菜单项下的若干个多级菜单项组成。根据功能不同，可分为文件、编辑、显示、造型、加工、通信、工具、设置、帮助等菜单项，每个菜单项包括若干个下拉菜单，如图 3-22 所示。

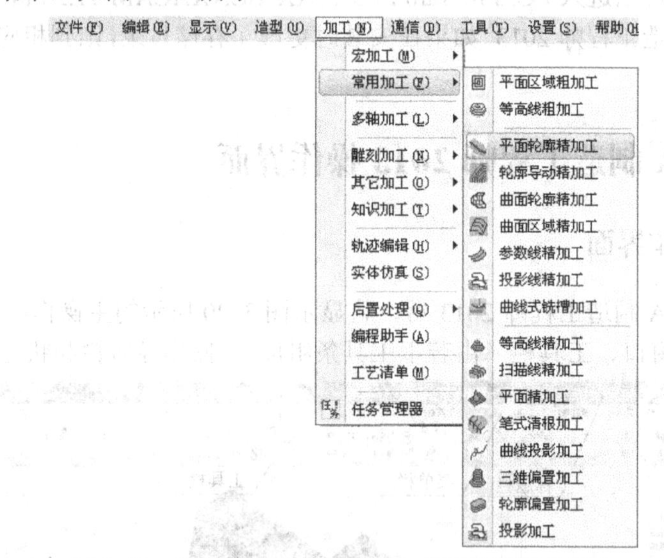

图 3-22 CAXA 制造工程师 2013 菜单项及下拉菜单

3.2.4 状态栏

状态栏位于屏幕底部，如图 3-23 所示。状态栏有当前点的坐标提示区、当前点的拾取状态提示区和操作信息提示区三个部分。

输入圆上一点或半径：当前半径=46.545 操作指导 缺省点 -8.326,61.880,0.000

图 3-23 CAXA 制造工程师 2013 状态栏

3.2.5 快捷菜单

快捷菜单主要包括点选取菜单和元素拾取菜单，用户可以在执行命令的过程中单击鼠标右键调出，如图 3-24 所示。当处于软件界面不同区域，或者在不同命令中，所调出的快捷菜单会有所不同。

点的合理选择对于正确、快捷地绘制图形十分关键，在 CAXA 制造工程师 2013 中选取点时，可充分利用点选取菜单方便地捕捉，如圆心、切点、端点等一系列具有特征的点。利用点选取菜单可以方便地捕捉以下点：

（1）缺省点　屏幕上的任意点或系统默认的特征点。

（2）端点　各种曲线的端点。

（3）中点　各种曲线的中点。

（4）交点　两曲线的交点。

（5）圆心　圆或圆弧的圆心。

（6）垂足点　各种曲线的垂足点。

（7）切点　各种曲线的切点。

（8）最近点　曲线上距离捕捉光标最近的点。

（9）型值点　样条曲线上的特征点。

（10）刀位点　刀具轨迹上的点。

（11）存在点　使用点工具生成的点。

S 缺省点
E 端点
M 中点
I 交点
C 圆心
P 垂足点
T 切点
N 最近点
K 型值点
O 刀位点
G 存在点

W 拾取所有
A 拾取添加
D 取消所有
R 拾取取消
L 取消尾项

图 3-24　点选取菜单及元素拾取菜单

3.2.6　工具栏

工具栏是 CAXA 制造工程师 2013 用户界面的另一个重要部分，由多个不同类型的工具条组成。通过工具条上各命令按钮，可以让用户快速启动一个操作命令，如图 3-25 所示。用户可以根据自己的操作习惯和需求来自定义工具栏中工具条的内容。

当在一个工具条上双击鼠标左键，或者直接拖动工具条到图形窗口，则该工具条脱离工具栏而成为浮动工具条。再次双击浮动工具条的标题栏，则该工具条自动附着于工具栏中。

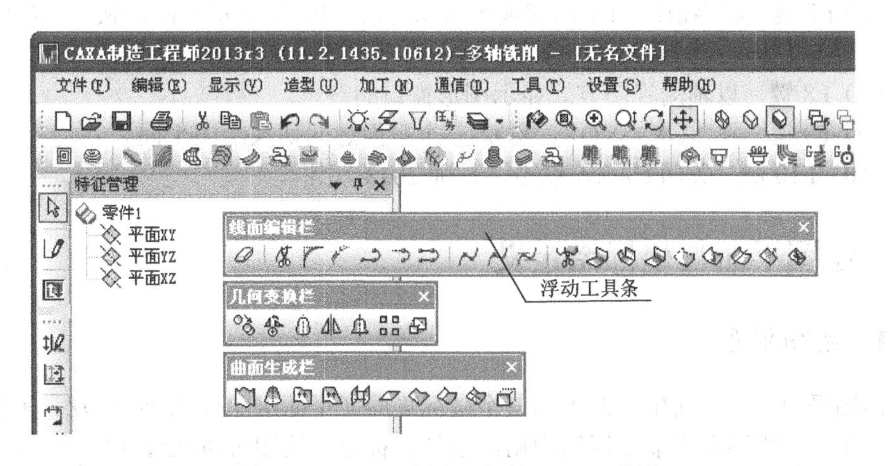

图 3-25　CAXA 制造工程师 2013 工具栏

3.2.7 导航栏

导航栏是CAXA制造工程师2013用户界面的重要部分，用于分类记录用户的各种操作，并显示当前命令设置项。用户执行相应操作时，导航栏将显示相应的操作信息内容。

3.3 CAXA制造工程师2013快捷键

3.3.1 常用键

（1）鼠标　鼠标左键可以用来激活菜单、确定位置点、拾取元素等；鼠标右键用来确认拾取、结束操作、终止命令、重复命令等。

（2）回车键与数值键　回车键与数值键在系统要求输入坐标、长度等数值时，可以激活一个输入条，在输入条中输入数值。如果坐标以@开始，表示是一个相对于前一个输入点的相对坐标，否则是绝对坐标；在某些情况下也可以输入字符串。

（3）空格键　当系统要求输入点、输入矢量方向和选取方式时，按空格键可以弹出图3-24所示的快捷菜单以便于查找选择。例如要输入点时，按空格键可以弹出点选取菜单。

3.3.2 功能热键

CAXA制造工程师2013设置了以下几种功能热键：

（1）F1键　打开系统帮助文档。

（2）F2键　草图状态与非草图状态间的转换。

（3）F3键　在图形窗口中以最大比例显示所有对象。

（4）F4键　刷新当前屏幕。

（5）F5键　将当前绘图平面切换至XOY面，同时将显示平面切换至XOY面，即将图形投影至XOY面内进行显示。

（6）F6键　将当前绘图平面切换至YOZ面，同时将显示平面切换至YOZ面，即将图形投影至YOZ面内进行显示。

（7）F7键　将当前绘图平面切换至XOZ面，同时将显示平面切换至XOZ面，即将图形投影至XOZ面内进行显示。

（8）F8键　以轴测视图方式显示图形窗口的对象。

（9）F9键　在XOY、YOZ、XOZ三个平面之间切换绘图平面。

（10）F10键　关闭CAXA制造工程师2013软件。

3.4 绘图平面与坐标系定义

3.4.1 绘图平面

绘图平面是在空间坐标系下的三个坐标平面（平面XOY、平面YOZ、平面XOZ）中的某一个。此平面在当前坐标系中用红色斜线标志。绘图时可通过F9键，在当前坐标系下切换绘图平面，如图3-26所示。

3.4.2　坐标系

当进入 CAXA 制造工程师 2013 后，在绘图窗口中央将显示一个三维坐标系统，即默认的绘图坐标系。此时坐标系的 Z 轴垂直屏幕并指向用户，如图 3-27 所示。

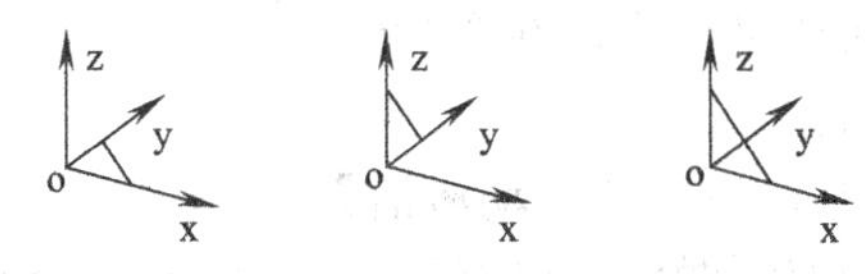

图 3-26　通过 F9 键切换绘图平面

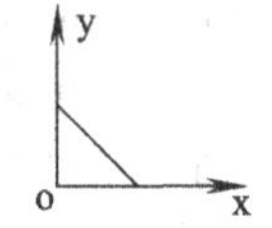

图 3-27　默认的绘图坐标系

3.4.3　用户坐标系的创建

在作图时，常需要将坐标系平移并（或）旋转至某一位置，以便在新坐标系下进行后续操作。可通过创建用户坐标系来实现这一功能。

操作方法为，依次选择菜单项【工具】—【坐标系】—【创建坐标系】，系统提示“输入坐标原点”，选择目标点，系统即创建一个新的坐标系，如图 3-28 所示。图 3-29 为将坐标系的原点移至曲线的右端点，生成一个新的坐标系。

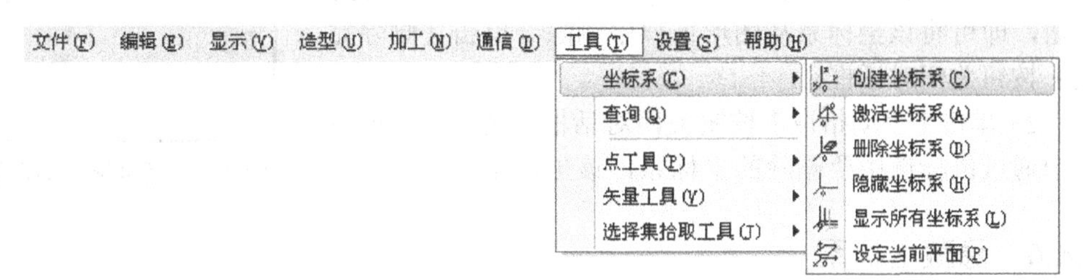

图 3-28　【创建坐标系】菜单项

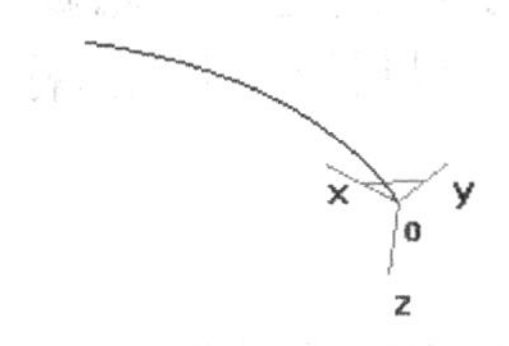

图 3-29　创建用户坐标系统

> **注意：**
>
> 在系统存在多个坐标系的情况下，系统会将当前坐标系显示为红色，而其他坐标系则显示为白色。可以依次选择菜单项【工具】—【坐标系】—【激活坐标系】来切换当前坐标系，或者通过鼠标拾取要选的坐标系来实现坐标系的切换。

3.4.4　激活坐标系

当系统存在多个坐标系时，可以通过激活某一坐标系而将这一坐标系设为当前坐标系，以便于绘图或其他操作。

依次选择菜单项【工具】—【坐标系】—【激活坐标系】，系统将弹出【激活坐标系】对话框，如图 3-30 所示。

可通过以下两种方式激活坐标系：

1）用鼠标在【坐标系列表】中选中坐标系列表中的某一坐标系，单击【激活】按钮，即可激活该坐标系，并变为红色。单击【激活结束】按钮，关闭对话框。

2）需要手动选中坐标系进行激活时，单击【手动激活】按钮关闭对话框，然后在图形窗口中拾取要激活的坐标系，该坐标系变为红色，表明已被激活。

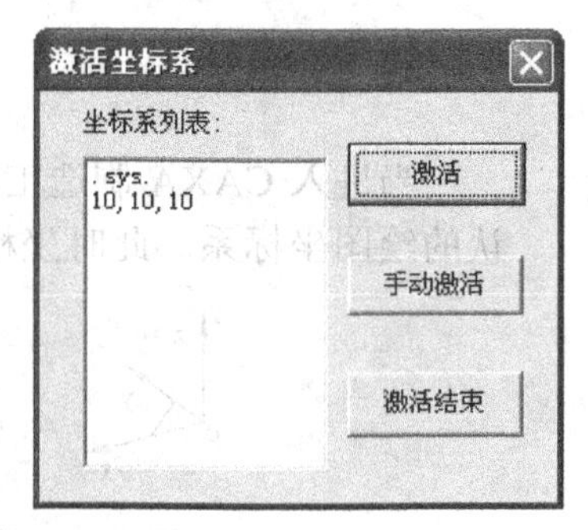

图 3-30 【激活坐标系】对话框

3.4.5 删除坐标系

此命令用于删除用户自己创建的坐标系。

依次选择菜单项【工具】—【坐标系】—【删除坐标系】，系统将弹出【坐标系编辑】对话框，如图 3-31 所示。

用户可通过以下两种方式删除自定义的坐标系：

1）在【坐标系列表】中选中某一坐标系，单击【删除】按钮，即可将该坐标系从图形窗口中删除。单击【删除完成】按钮关闭对话框。

2）单击【手动拾取】按钮关闭对话框，然后在图形窗口中通过鼠标选中要删除的坐标系，该坐标系即被删除。

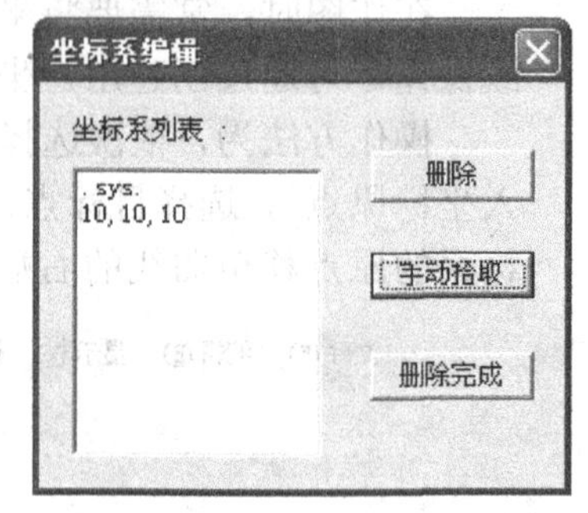

图 3-31 【坐标系编辑】对话框

3.4.6 隐藏坐标系

用户可通过该命令隐藏不需要的坐标系，从而简化图形区域。

依次选择菜单项【工具】—【坐标系】—【隐藏坐标系】，然后在图形窗口中用鼠标选中要隐藏的坐标系即可完成操作，以后操作中该坐标系不可见。

3.4.7 显示所有坐标系

通过该命令可以快速地将所有坐标系可见。

依次选择菜单项【工具】—【坐标系】—【显示所有坐标系】，则图形区域中的所有坐标系都将显示在屏幕上。

3.4.8 设定当前平面

通过该命令可以创建一个与当前坐标系的当前平面平行且相距一定距离的坐标系。

依次选择菜单项【工具】—【坐标系】—【设定当前平面】，将弹出【当前平面】对话框，如图 3-32 所示。在【当前平面】栏中选择参照平面，然后在【当前高度】栏中输入数值，单击【更新】按钮，即可创建平行坐标系，如图 3-33 所示。

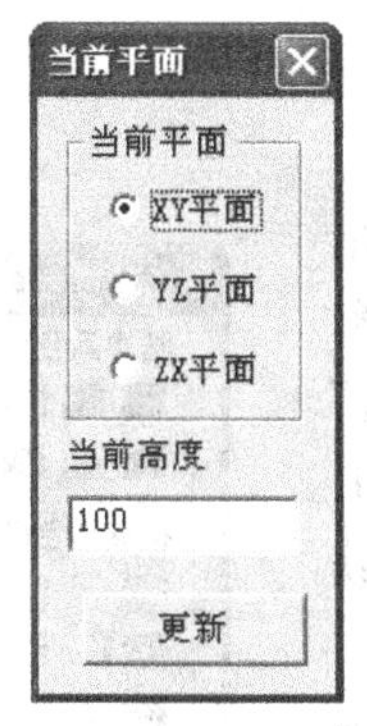

图 3-32 【当前平面】对话框

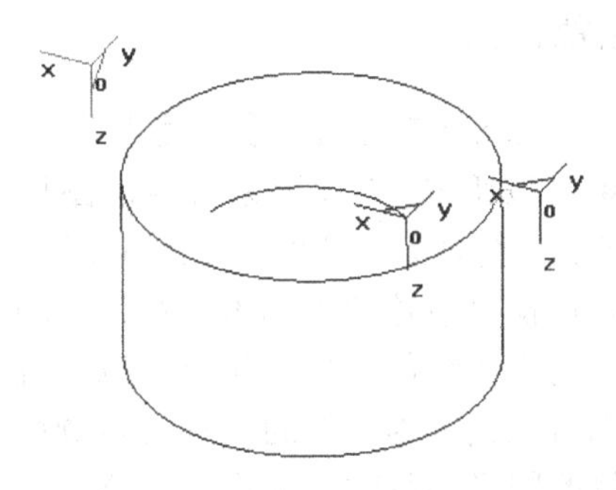

图 3-33　创建平行坐标系

3.5　图层与颜色设置

3.5.1　图层设置

在 CAXA 制造工程师 2013 菜单栏中，依次选择【设置】—【层设置】项，将弹出【图层管理】对话框，如图 3-34 所示。

在【图层管理】对话框中，可以完成新建图层、删除图层及设置当前图层等操作，同时也可以修改图层的名称、颜色、状态、可见性、描述等属性。

通过修改图层的属性，可以快速修改当前图层的图形颜色，控制图形的可见属性等，从而对图形进行高效的管理。

当需要对某些图形的图层属性进行修改，可以通过以下方式进行：

1）依次选择菜单项【编辑】—【层修改】。

2）系统提示“拾取元素”，在图形窗口中用鼠标选中需要修改的图形元素，然后单击鼠标右键确认。

3）系统弹出【图层管理】对话框，选择需要转换到的目标层，然后单击【确定】按钮，即完成被拾取图形的图层属性的修改。

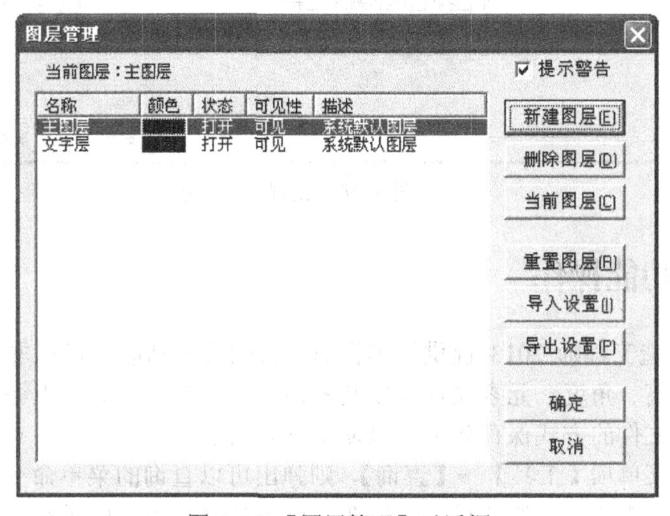

图 3-34 【图层管理】对话框

3.5.2 颜色设置

可依次选择菜单项【设置】—【当前颜色】，或者直接在工具栏中单击按钮来设置系统当前图形的颜色，此时系统将弹出【颜色管理】对话框，如图3-35所示。“当前颜色”是指当前图形窗口中各图形元素正在使用的颜色，即此后生成的各图形均为此颜色。当前颜色可以设置为与当前层的颜色相同，也可以设定为其他的某种特定颜色。

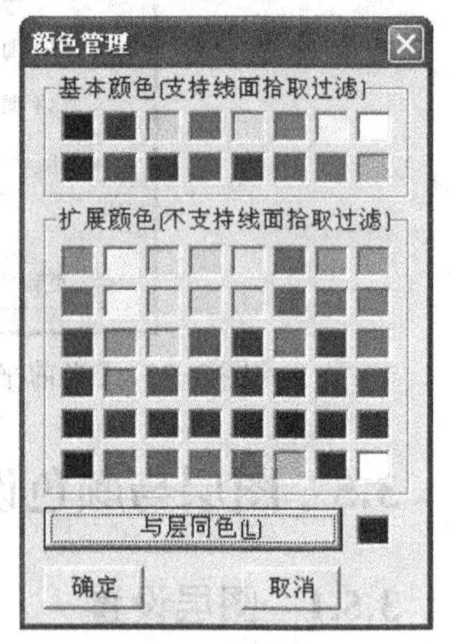

图3-35 【颜色管理】对话框

当要修改图形颜色时，依次选择菜单项【编辑】—【颜色修改】，然后在图形窗口选择要修改颜色的图形，单击鼠标右键确认，此时系统弹出【颜色管理】对话框，选择需要的颜色后，单击【确定】按钮即可完成操作。

当需要修改系统颜色时，依次选择菜单项【设置】—【系统设置】，在弹出的【系统设置】对话框中选择【颜色设置】选项卡，然后根据操作习惯设置相应的颜色，如图3-36所示。

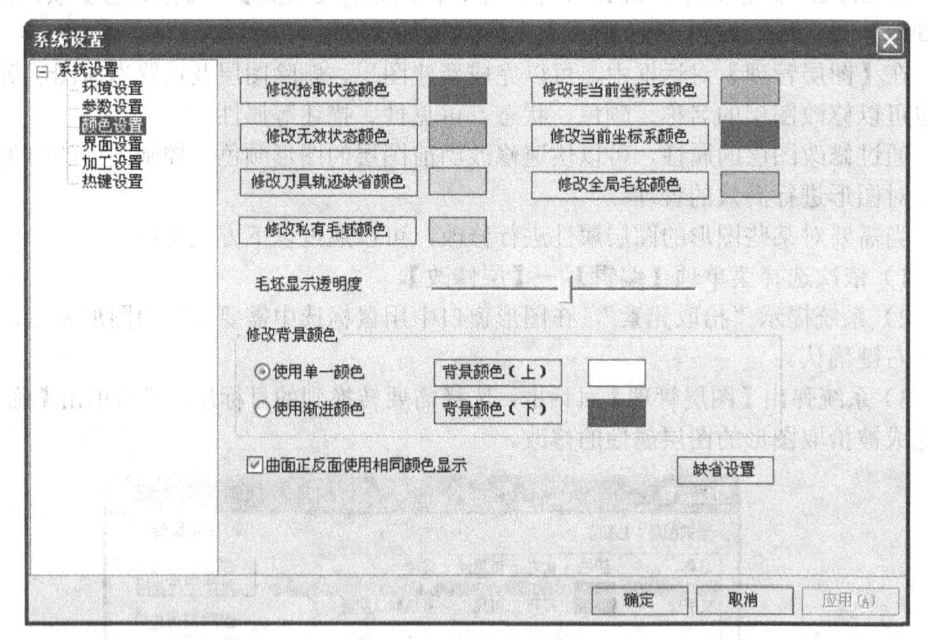

图3-36 设置系统颜色

3.6 查询功能操作

CAXA制造工程师2013提供了丰富而完善的查询功能，可以非常方便地查询点的坐标、两点间距离、角度、元素属性，以及零件体积、重心、惯性矩等内容；还可以将查询的结果以特定文件的方式保存起来，以便于以后的使用。

依次选择菜单项【工具】—【查询】，则弹出可以查询的菜单命令项，如图3-37所示。

在菜单中单击要查询的项目，然后在图形区域用鼠标选择元素，系统在导航栏中显示查询结果，如图 3-38 所示。

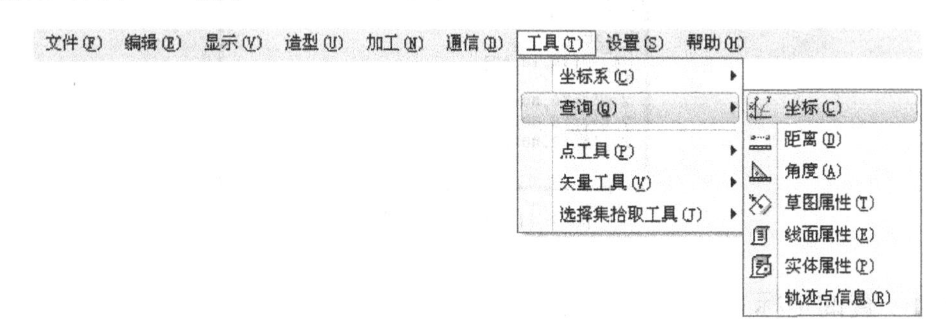

图 3-37 【查询】菜单命令项

如果需保存查询的结果，则在查询结果上单击鼠标右键，在弹出的快捷菜单中选择【数据存盘】，如图 3-39 所示，系统即弹出【另存为】对话框，如图 3-40 所示。系统保存的格式为“*.txt”文本文件，保存后的查询文本文件如图 3-41 所示。

属性名称	属性值
⊟ 坐标查询	
坐标系	10, 10, 10
⊟ 点	
X 坐标	0.0000
Y 坐标	0.0000
Z 坐标	0.0000

图 3-38　显示查询坐标结果

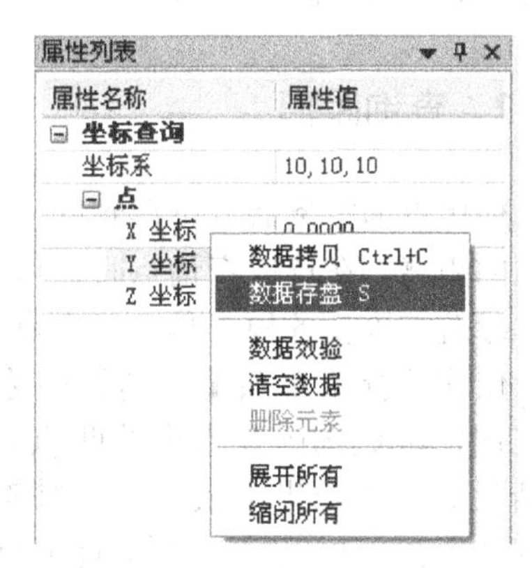

图 3-39　保存查询结果快捷菜单

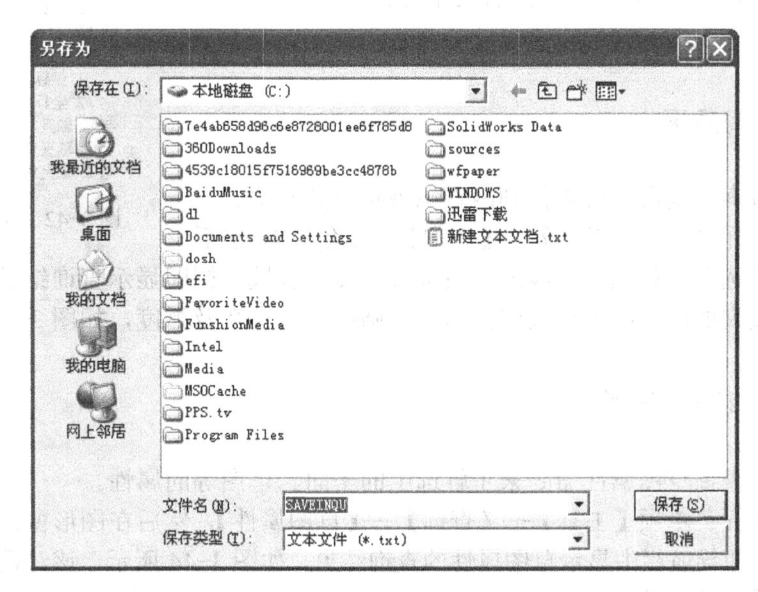

图 3-40 【另存为】对话框

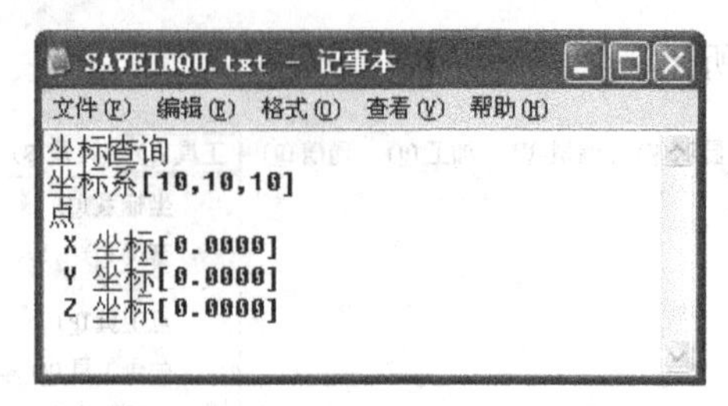

图 3-41 保存的查询文本文件

3.6.1 查询坐标

通过查询坐标命令可以知道点在当前坐标系统中的坐标值。

依次选择菜单项【工具】—【查询】—【坐标】，然后用鼠标在图形窗口中选中需查询的点，在导航栏中即显示查询结果。查询结果中依次列出当前坐标系名称、X 坐标值、Y 坐标值、Z 坐标值，如图 3-38 所示。

3.6.2 查询距离

使用查询距离命令可得到同一个坐标系统下任意两点之间的距离。在选取查询点时，可充分利用智能点、栅格点、导航点以及各种工具点（中点、端点等）的特性。

依次选择菜单项【工具】—【查询】—【距离】，然后在图形区域选中要查询的两点，在导航栏中即显示查询结果。查询结果中依次列出被查询两点的坐标值、两点间的距离，以及第一点相对于第二点 X 轴、Y 轴上的增量，两点连线与 X、Y、Z 轴的夹角等内容，如图 3-42 所示。

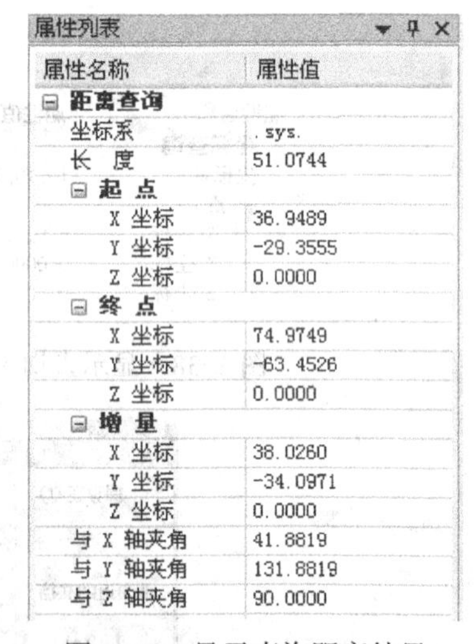

图 3-42 显示查询距离结果

3.6.3 查询角度

使用查询角度命令可以得到两直线夹角或圆心角。

依次选择菜单项【工具】—【查询】—【角度】，然后在图形区域选取两条相交直线或一段圆弧，图形区域左侧即显示查询结果。查询结果依次列出系统查询的两直线夹角或圆弧所对应圆心角的度数及弧度，如图 3-43 所示。

3.6.4 查询草图属性

可通过查询草图属性命令来了解选中的平面、草图等的属性。

依次选择菜单项【工具】—【查询】—【草图属性】，然后在图形窗口选择待查询的平面或草图，即导航栏中显示草图属性的查询结果，如图 3-44 所示。该对话框中显示了选中平面的相关属性参数。

属性列表

属性名称	属性值
⊟ **角度查询**	
角度值(度)	50.6697
补角度值(度)	129.3303

图 3-43 显示查询角度结果

属性名称	属性值
⊟ **草图平面**	
⊟ **法 向**	
X 坐标	0.0000
Y 坐标	0.0000
Z 坐标	1.0000
⊟ **平面上点**	
X 坐标	0.0000
Y 坐标	0.0000
Z 坐标	0.0000
平面公式	z=0

图 3-44 显示查询草图属性结果

3.6.5 查询线面属性

可通过查询线面属性命令来得到选中图形的元素属性，包括点、直线、圆、圆弧、公式曲线、椭圆等。

依次选择菜单项【工具】—【查询】—【元素属性】，然后在图形窗口选择待查询的图形元素，可通过移动鼠标在屏幕绘图区内逐个选择要查询的图形元素，也可以拖动矩形框来选择多个图形元素。选择完毕后单击鼠标右键，在导航栏中即显示查询结果，并将查询到的图形元素按拾取顺序依次列出其属性。图 3-45 为圆弧的线面属性查询结果。

3.6.6 查询实体属性

可通过查询实体属性命令来了解实体的体积、表面积、质量、重心 X 坐标、重心 Y 坐标、重心 Z 坐标、X 轴惯性矩、Y 轴惯性矩、Z 轴惯性矩等属性信息。

依次选择菜单项【工具】—【查询】—【零件属性】，然后在图形区域选择要查询的实体，即在图形区域左侧显示实体属性查询结果。图 3-46 为圆柱实体的属性查询结果。

属性名称	属性值
⊟ **圆 弧(1)**	
坐标系	
⊟ **起 点**	
X 坐标	102.6580
Y 坐标	27.0012
Z 坐标	0.0000
⊟ **终 点**	
X 坐标	101.0830
Y 坐标	52.8421
Z 坐标	0.0000
⊟ **圆 心**	
X 坐标	115.4539
Y 坐标	40.7496
Z 坐标	0.0000
⊟ **法 向**	
X 坐标	0.0000
Y 坐标	0.0000
Z 坐标	1.0000
半 径	18.7817
中心角	272.8655
弧 长	89.4459
面 积	1108.2009

图 3-45 圆弧的线面属性查询结果

属性名称	属性值
⊟ **零 件**	
密度(克/立方...	0.0010
体积(立方毫米)	52148.2556
表面积(平方...	12989.5619
质量(克)	52.1483
⊟ **重 心**	
X 坐标	-0.0000
Y 坐标	0.0000
Z 坐标	5.0000
惯性张量(克*...	在坐标系:原点位...
Lxx, Lxy, Lxz	(22075.189, 0.00...
Lyx, Lyy, Lyz	(0.000, 22075.18...
Lzx, Lzy, Lzz	(0.000, -0.000, 4...

图 3-46 圆柱实体属性查询结果

3.6.7 查询轨迹点信息

可通过查询轨迹点信息命令来了解当前选中的刀具轨迹相关信息。

3.7 CAXA 制造工程师 2013 帮助系统

3.7.1 屏幕提示信息

将鼠标指针移到某按钮之上，系统将在鼠标指针附近以文字形式显示该命令名称及功能说明，如图 3-47 所示。

图 3-47 命令的屏幕提示信息

3.7.2 在线联机帮助

CAXA 制造工程师 2013 在线联机帮助提供了命令摘要和描述信息。按 Alt+h 键或选择菜单项【帮助】—【帮助文档】，即可打开 CAXA 制造工程师 2013 的帮助文档所在文件夹，如图 3-48 所示。用户在该文件夹下可以直接查阅 chm 格式文档，或者 pdf 格式文档。

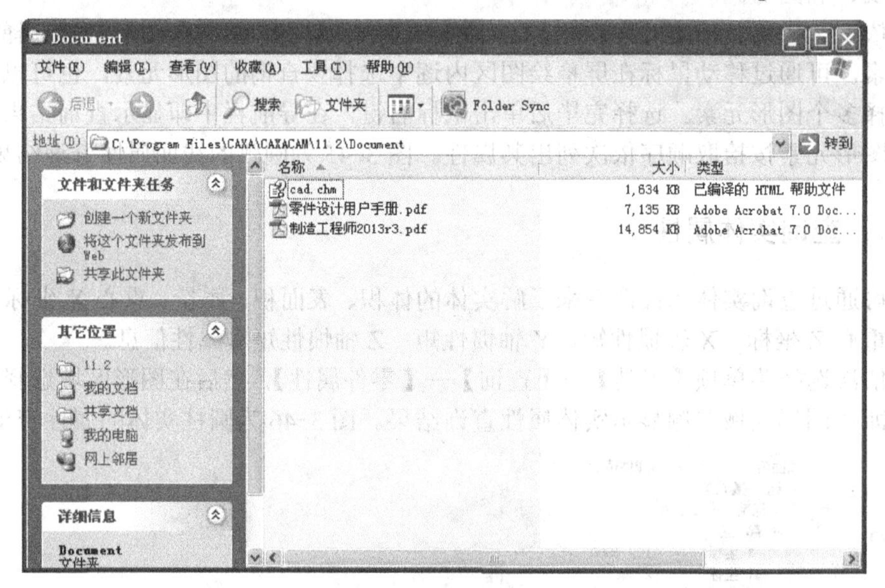

图 3-48 CAXA 制造工程师 2013 帮助文档文件夹

用鼠标双击“制造工程师 2013.pdf”文档，即可打开相关的用户手册文档，在该文档中详细介绍本软件的各种操作命令及使用方法。

第4章　CAXA制造工程师 2013三维造型与编辑

4.1　三维造型术语

CAXA制造工程师2013集三维造型（包括曲线、曲面绘制、实体造型等）、数控加工等功能于一体，三维造型功能是它的重要组成部分。

任何一个常规零件，无论其外形复杂与否，都可看成由一些基本的点、线、面、基本几何体等元素组合而成。通过CAXA制造工程师2013提供的强大三维造型命令，能够进行各种各样复杂的实体造型操作。本章将以一些典型的图形和形体为例，介绍三维造型的命令和操作方法。

如图4-1所示，CAXA制造工程师2013的三维造型操作主要通过菜单栏上的【造型】菜单项下的各个命令完成，可分为线架造型、曲面造型、实体造型三大类。三种造型方法各有特色，可以独立使用，也可以相互结合。

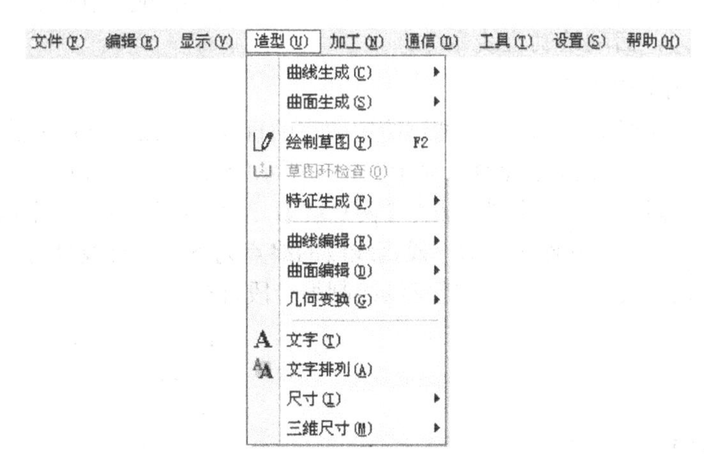

图4-1　【造型】菜单项

（1）线架造型　直接使用空间点、直线、圆弧、样条线等来描述二维形状。

（2）曲面造型　使用各种数学曲面方式来描述零件形状。

（3）实体造型　通过特征实体的交、并、差等布尔运算操作来造型。采用实体造型时，首先在选中的基准面上建立草图，然后对草图进行拉伸、旋转、放样等特征造型操作形成实体。

在操作方式上，CAXA制造工程师2013提供了鼠标和键盘两种输入方式。为便于叙述，在默认情况下，本书内容介绍主要以鼠标操作方式为主。必要时，两者予以兼顾。当然，若能熟练掌握两种操作方式，则可以大大提高工作效率。采用鼠标操作时，通过选择菜单项和单击工具栏中命令按钮的功能完全相同，只是单击工具栏按钮更快捷、方便。若能配合掌握一些 CAXA 制造工程师 2013 快捷键，将会实现一些快速而特殊的操作。

4.2 绘制基本曲线

在 CAXA 制造工程师 2013 中，基本曲线包括直线、圆弧、圆、矩形、椭圆、样条曲线、点、公式曲线、多边形、二次曲线、等距线、曲线投影、图像矢量化、相关线、样条转圆弧，以及线面映射。图 4-2 为【曲线生成栏】工具条。

图 4-2 【曲线生成栏】工具条

下面分别对各种基本曲线的绘制方法展开介绍。

4.2.1 直线

直线是工程图形中最简单、最常见的一种实体图形，是构成各种复杂图形的基本元素。CAXA 制造工程师 2013 的直线绘制功能提供了两点线、平行线、角度线、切线/法线、角等分线和水平/铅垂线等六种方式。

依次选择菜单项【造型】—【曲线生成】—【直线】，或者在【曲线生成栏】工具条上单击直线按钮，启动绘制直线命令。

1.【两点线】方式绘制直线

该命令用于在屏幕上绘制一条通过给定两点的直线段，或绘制连续的直线段。

单击按钮，导航栏中的命令行显示图 4-3 所示的设置项，并在屏幕左下角显示命令提示。在设置项的下拉列表中选取绘制方法为【两点线】，绘制方式为【连续】或【单个】，其中【连续】表示每段直线段相互连接，前一段直线段的终点为下一段直线段的起点；【单个】是指每次只绘制一条直线段，再次按才能继续绘制另一段直线。

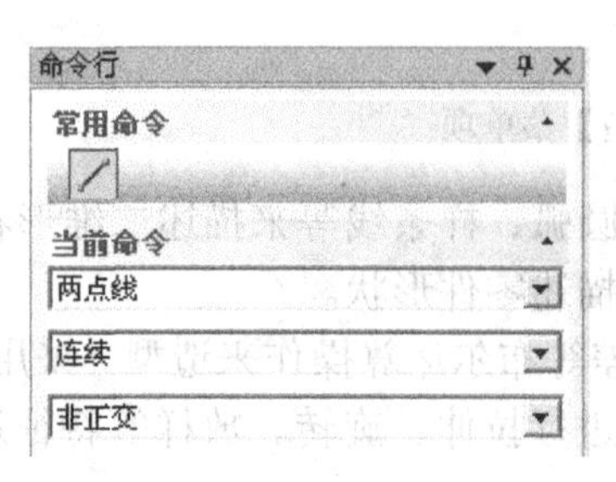

图 4-3 绘制直线设置项

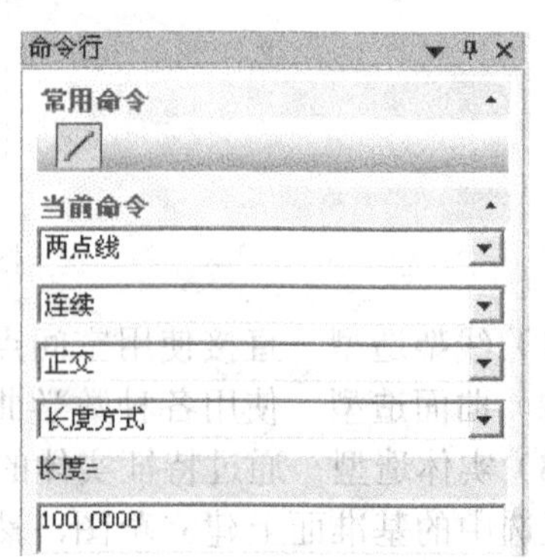

图 4-4 以正交方式绘制两点线

直线方向有【正交】/【非正交】。选择【正交】，表示将要绘制的直线为垂直或者水平的线段，即与坐标轴平行；选择【非正交】，则所绘制的直线段可以与坐标轴不平行。

若选中【正交】，则还可以进一步通过设置以【点方式】或【长度方式】来绘制直线。选择【点方式】，通过鼠标在图形窗口中单击两个不重合的点来绘制水平或垂直直线；选择【长度方式】，首先指定直线段长度，然后鼠标单击确定直线段起始点，移动鼠标确定直线段方向是水平还是垂直，如图 4-4 所示。

提示：

用户也可以在执行命令的过程中进行设置或者更改立即菜单，之后的章节也是如此。

最后按立即菜单的条件和提示要求，用鼠标拾取两点，即可绘制出直线。当需要准确地绘制直线时，必须使用键盘输入两个点的坐标，或者配合使用工具点菜单选择两点坐标。

图 4-5a 是按上述操作绘制的连续非正交直线，图 4-5b 是连续正交直线，图 4-5c 是单个非正交直线。

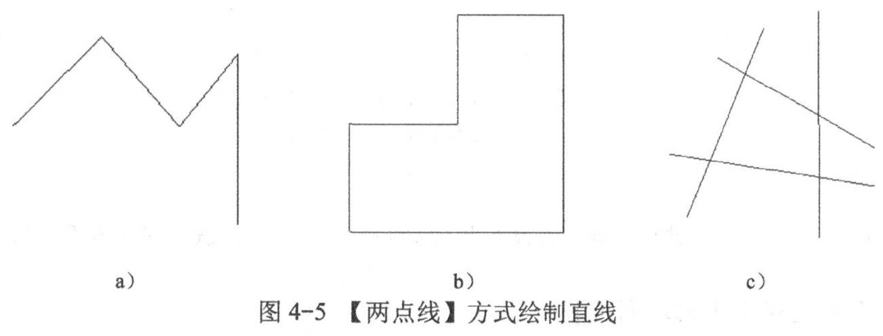

a）　　b）　　c）

图 4-5 【两点线】方式绘制直线

a）连续非正交直线　b）连续正交直线　c）单个非正交直线

2.【平行线】方式绘制直线

该命令用于按给定距离或通过已知点绘制与已知线段平行，且长度相等的平行直线段，有【过点】和【距离】两种绘制方式。图 4-6 为【过点】方式绘制平行线的设置项，图 4-7 为【距离】方式绘制平行线的设置项。

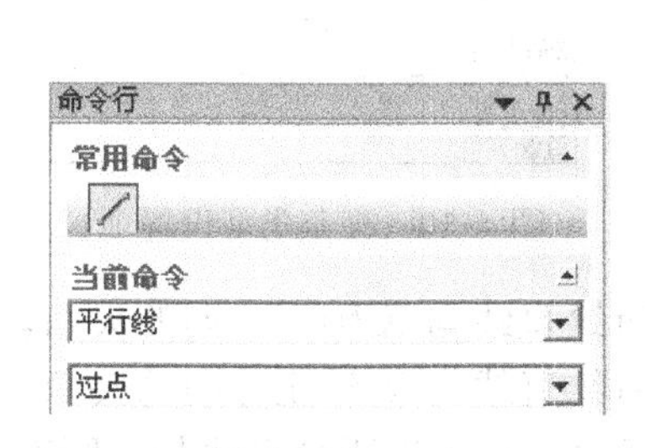

图 4-6　平行线的【过点】设置项

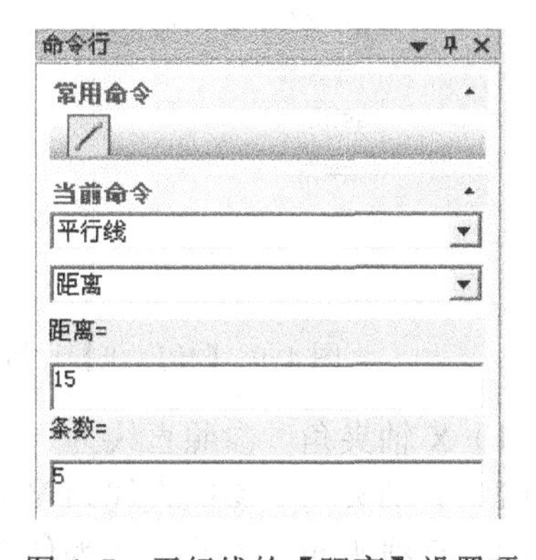

图 4-7　平行线的【距离】设置项

（1）【过点】方式　绘制过一点且与已知直线平行的直线。单击按钮，在导航栏的命令行中依次选择【平行线】和【过点】，然后用鼠标在图形窗口中选择一条直线，移动鼠标到合适位置单击鼠标右键，完成直线绘制。若要绘制多条平行直线，则在合适的位置继续单击鼠标左键即可。

（2）【距离】方式　绘制指定距离且与已知线段平行的线段。单击☐按钮，在导航栏的命令行中依次选择【平行线】和【距离】，然后输入一个距离数值及需要绘制直线的条数，用鼠标选取一条已知直线，并选择等距方向，即可绘制一系列等距平行线。

图4-8a是按【过点】方式绘制的平行线，图4-8b是按【距离】方式绘制的多条平行线。

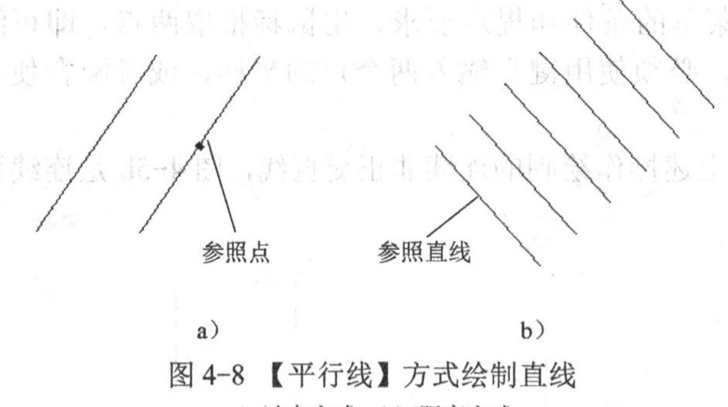

图4-8　【平行线】方式绘制直线

a）过点方式　b）距离方式

提示：

【过点】方式绘制直线时，按空格键弹出点选取快捷菜单，可快速精确地选取参照点。

3.【角度线】方式绘制直线

该命令用于绘制指定长度，且相对于指定坐标轴或参照直线成指定角度的直线，如图4-9所示。

夹角类型设置项包括X轴夹角、Y轴夹角和直线夹角三种，如图4-10所示。

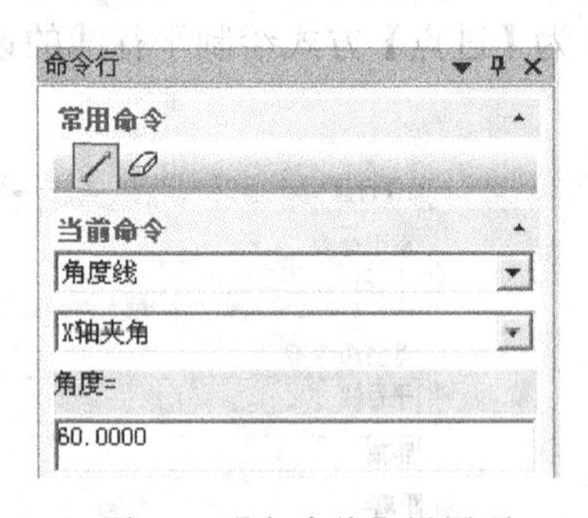

图4-9　【角度线】设置项

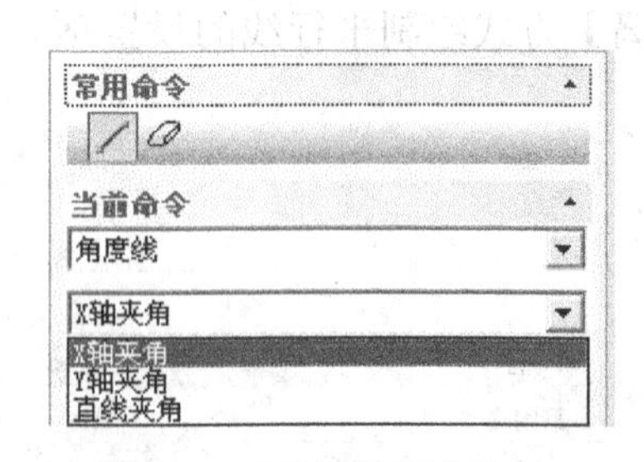

图4-10　夹角类型设置项

（1）X轴夹角　参照直线为X轴，夹角为所绘直线与X轴正方向的夹角。

（2）Y轴夹角　参照直线为Y轴，夹角为所绘直线与Y轴正方向的夹角。

（3）直线夹角　参照直线为任意一条已有直线，夹角为所绘直线与参照直线的夹角。

单击☐按钮，在导航栏命令行中依次选择【角度线】项和【直线夹角】，并输入夹角数值。用鼠标单击确定第一点，然后状态栏提示确定“第二点或长度”。若用键盘输入直线长度数值并回车，则拖动鼠标确定直线正向或反向，完成直线绘制。也可以直接拖动鼠标光标使角度线到合适的长度，单击鼠标左键完成直线绘制。此命令可以重复操作，直至单击鼠标右键退出命令。若通过点选取菜单设置的起始点是切点，将绘制与 X 轴、Y 轴或参照直线成一定角度，且与给定曲线相切的直线。

提示：

在输入直线长度时键入负数值，则系统将在拖动显示的直线的相反方向上生成长度为键入数值绝对值的直线。

图 4-11a 绘制一条与已知直线成 45° 的直线段；图 4-11b 绘制一条与 X 轴成 45°、且与已知曲线相切的直线段，该直线段与已知椭圆在选中的起始点处相切。

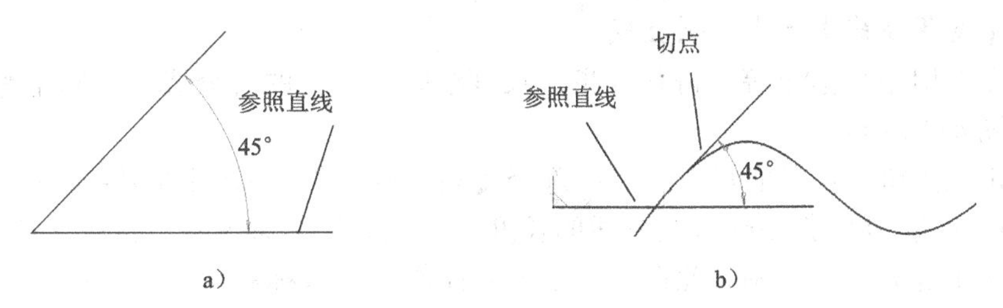

图 4-11 【角度线】方式绘制直线

a）直线 1　b）直线 2

4.【切线/法线】方式绘制直线

该命令用于绘制已有曲线上参照点处的切线或法线。绘制切线的设置项如图 4-12 所示，绘制法线命令的设置项如图 4-13 所示。

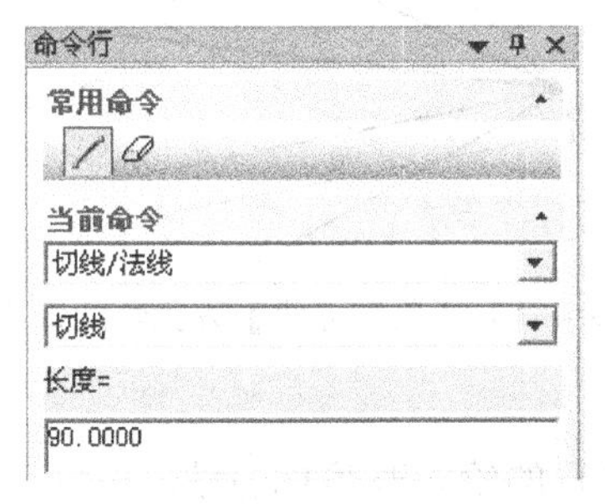

图 4-12 【切线】设置项

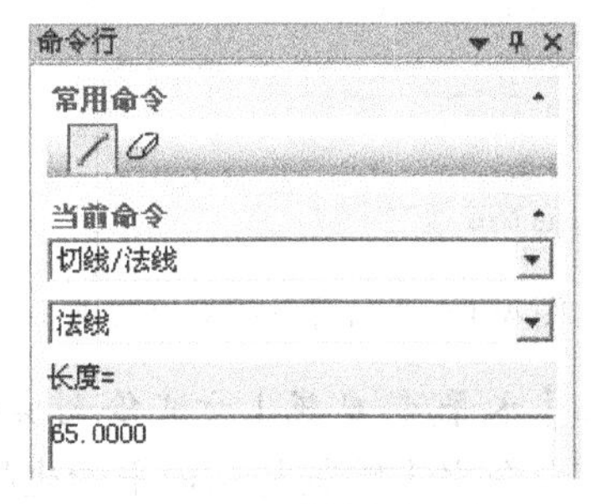

图 4-13 【法线】设置项

单击按钮，在导航栏命令行中选择【切线/法线】项，然后根据作图需要选择【切线】或【法线】项，输入长度值并单击回车键。当设定完毕后，系统状态栏提示“拾取曲线”，用鼠标在图形窗口选取一条已知曲线。系统的状态栏会提示“输入直线中点”，再用鼠标在所选取的曲线上单击，则可绘制出一条在单击点处与该曲线相切的切线（或法线）。此命令可以重复操作，用鼠标右键结束命令。

图 4-14a 绘制的是长度对称到参照直线上，且过该直线中点的法线；图 4-14b 绘制了样条曲线上中点的切线及法线，切点和垂足分别是切线与法线的中点。图 4-14c 绘制的是参照直线外一点的直线，即参照直线的平行线。

提示：

系统一般取曲线上离给定点距离最近的点的切线/法线方向，作为绘制的切线/法线的方向。

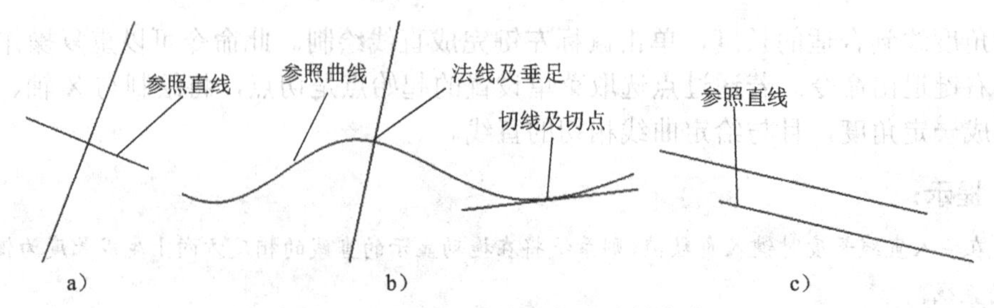

图 4-14 【法线/切线】方式绘制直线

a）直线的法线 b）曲线的切线及法线 c）直线外点的切线

5. 【角等分线】方式绘制直线

该命令用于按给定等分份数及指定长度绘制一个角的等分线。绘制角等分线命令的设置项如图 4-15 所示。

单击▱按钮，在导航栏命令行中选择【角等分线】，并在【份数=】中输入将角度等分的份数；在【长度=】中输入等分线的长度值。然后根据系统提示拾取两条不平行的直线，即可完成角等分线的绘制。此命令可以重复操作，用鼠标右键结束命令。

图 4-16 为绘制的将两参照直线夹角等分为 4 份且长度为 90mm 的等分线。若所选直线不相交，则角等分线以两直线延长后交点为起始点。

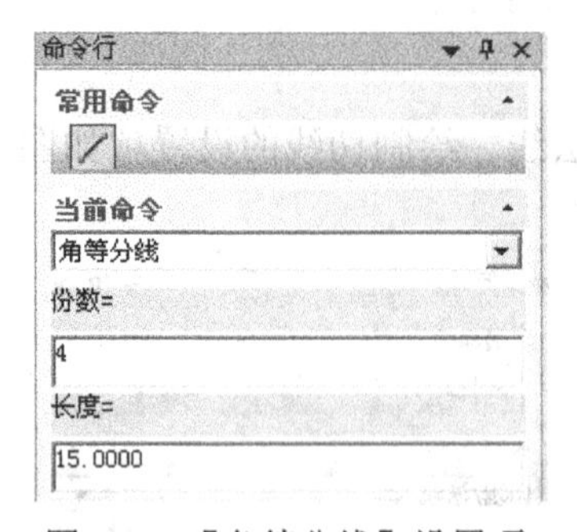

图 4-15 【角等分线】设置项

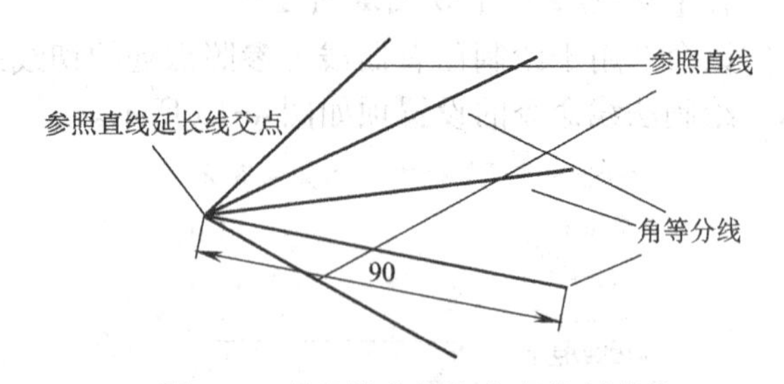

图 4-16 【角等分线】方式绘制直线

6. 【水平/铅垂线】方式绘制实例

该命令用于绘制与当前平面坐标轴平行或垂直的给定长度的直线。

单击▱按钮，在导航栏命令行中选择【水平/铅垂线】项，然后选择直线方式为【水平】或【铅垂】或【水平+铅垂】，在【长度】中输入将要绘制的水平/铅垂线的长度，如图 4-17 所示。在图形窗口中合适位置单击鼠标左键，作为输入直线中点，完成直线的绘制生成，如图 4-18 所示。

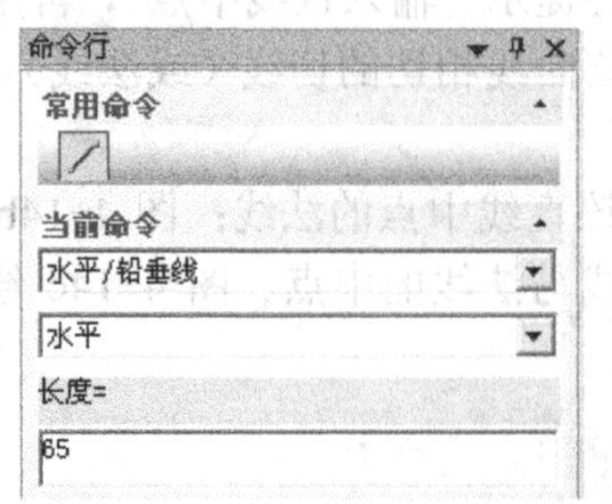

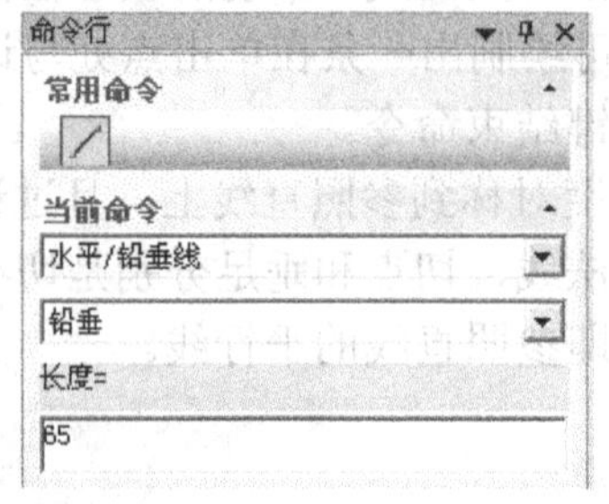

图 4-17 【水平/铅垂线】设置项

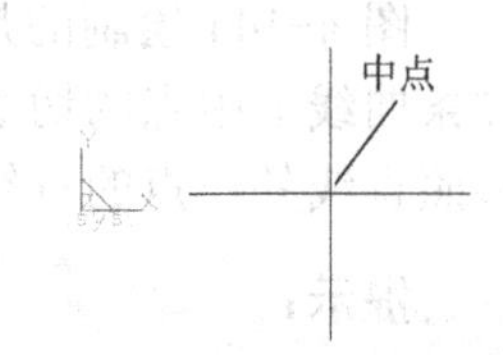

图 4-18 【水平+铅垂线】实例

提示：

点的输入有两种方式：按空格键通过点选取菜单选取特征点，或者按回车键后直接输入坐标值。用户将鼠标移到直线上特殊点附近时，该点将自动以红色凸显。

4.2.2 圆弧

圆弧是另一个重要的图形实体元素，也是构成复杂图形的基本要素之一。CAXA 制造工程师 2013 提供了三点圆弧、圆心_起点_圆心角、圆心_半径_起终角、两点_半径、起点_终点_圆心角和起点_半径_起终角六种绘制圆弧命令方式，如图 4-19 所示。

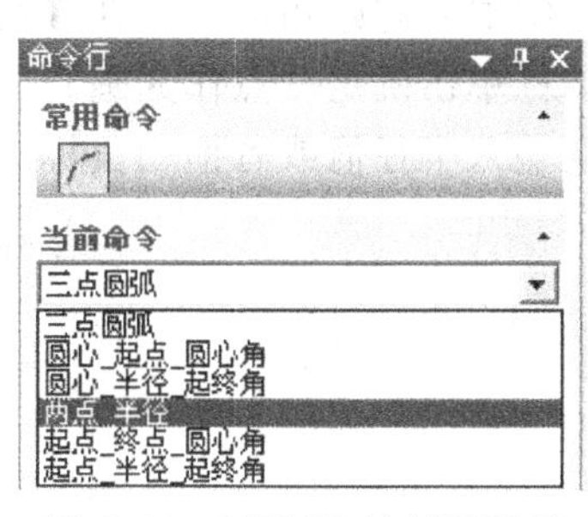

图 4-19 【圆弧】绘制设置项

依次选择菜单项【造型】—【曲线生成】—【圆弧】，或者在【曲线生成栏】工具条上单击圆弧按钮进入绘制圆弧命令。

1. 【三点圆弧】方式绘制圆弧

该命令通过指定三个不重合的、圆弧上的点来绘制圆弧，其中第一点为圆弧起点，第三点为圆弧终点，第二点决定了所绘制圆弧的位置、大小和方向。

单击按钮，在导航栏命令行中选择【三点圆弧】项，根据系统提示用鼠标在图形窗口中单击输入第一点和第二点，此时一条过上述两点且随光标移动的三点圆弧动态地显示在图形窗口中。移动鼠标光标至合适位置并单击，完成圆弧线的绘制，如图 4-20 所示。

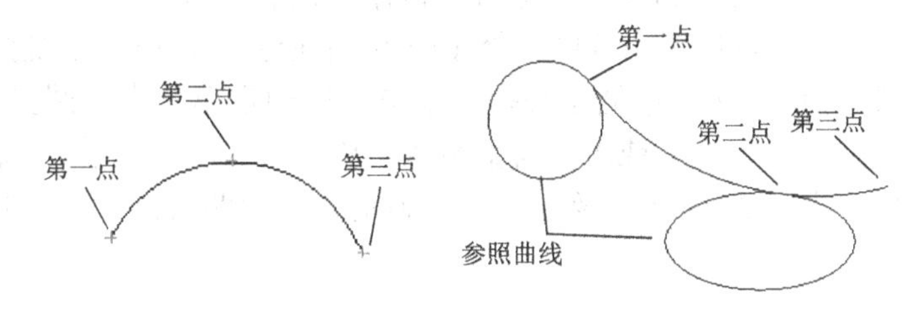

图 4-20 【三点圆弧】方式绘制圆弧

2. 【圆心_起点_圆心角】方式绘制圆弧

当已知圆心点位置、圆弧起点、圆心角或圆弧终点时，可使用该命令绘制圆弧。

单击按钮，在导航栏命令行中选择【圆心_起点_圆心角】项。根据系统提示先单击鼠标确定圆弧的圆心点位置，然后单击鼠标确定圆弧的起始点，最后确定终点，或者通过键盘输入圆弧的圆心角，完成圆弧的绘制，如图 4-21 所示。

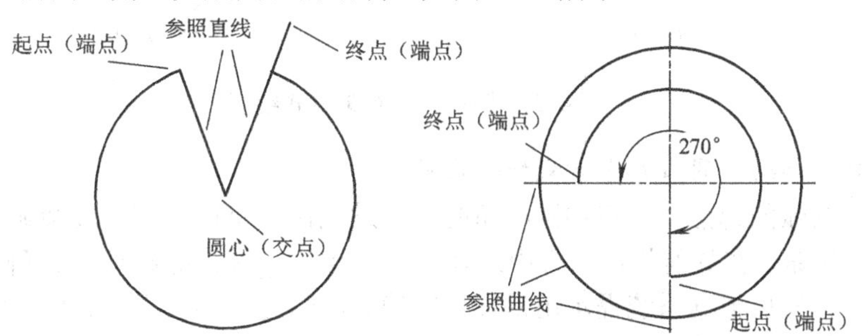

图 4-21 【圆心_起点_圆心角】方式绘制圆弧

3.【圆心_半径_起终角】方式绘制圆弧

当已知圆心点位置、半径及圆弧夹角时，可使用该命令绘制圆弧。

单击按钮，在导航栏命令行中选择【圆心_半径_起终角】项。在设置项【起始角=】中输入起始角的值，在【终止角=】中输入终止角的值。系统提示指定“圆心点”，通过鼠标单击确定一点作为圆心。然后根据系统提示“输入圆上一点（切点）或半径：当前半径=”，输入半径值或者拖动鼠标，完成圆弧的绘制，如图 4-22 所示。

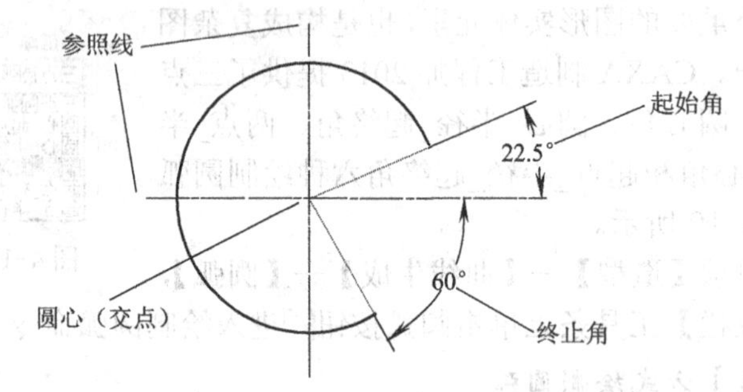

图 4-22 【圆心_半径_起终角】方式绘制圆弧

一个圆弧绘制完毕后，系统绘制出一段新的圆弧并随光标移动，圆弧半径大小也在变化，即可以连续多次绘制同心圆弧。

4.【两点_半径】方式绘制圆弧

若已知圆弧起点、终点和半径，即可用该命令绘制圆弧。

单击按钮，在导航栏命令行中选择【两点_半径】项，根据系统提示先用鼠标单击确定第一点（圆弧起点），然后根据系统提示单击鼠标确定第二点（圆弧终点），最后单击鼠标确定第三点（圆弧上一点）或者由键盘输入圆弧半径值，即可完成圆弧的绘制。图 4-23 绘制的是通过指定半径 R=80mm 及通过鼠标确定大小的两段圆弧，它们分别与椭圆及圆外切和内切。

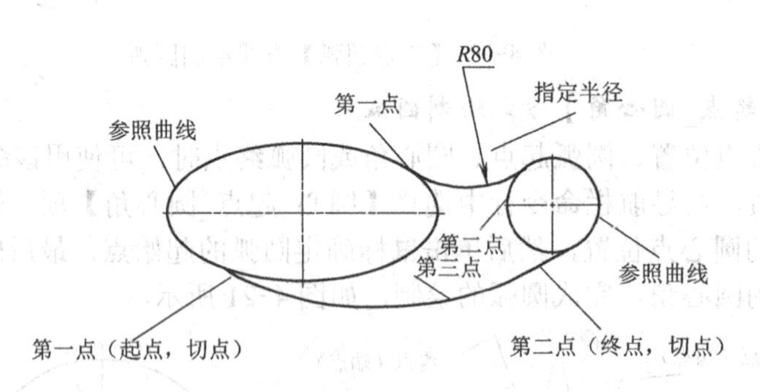

图 4-23 【两点_半径】方式绘制圆弧

5.【起点_终点_圆心角】方式绘制圆弧

当已知圆弧的起点、终点和圆心角时，通过该命令可以绘制一段圆弧。

单击按钮，在导航栏命令行中选择【起点_终点_圆心角】项，在【圆心角=】中输入圆心角大小，然后根据系统提示用鼠标单击确定圆弧起点和终点，完成圆弧绘制。图 4-24 上部绘制的是圆心角为-75° 的圆弧，下部绘制的是圆心角为 75° 的圆弧。

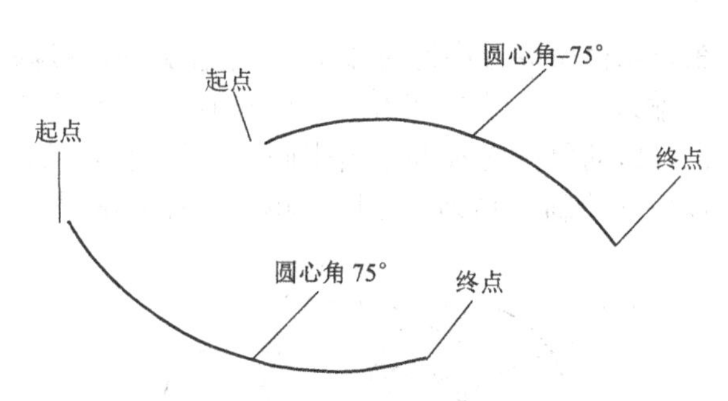

图 4-24 【起点_终点_圆心角】方式绘制圆弧

6. 【起点_半径_起终角】方式绘制圆弧

若已知圆弧的起点、半径、起始角和终止角，可用该命令绘制圆弧。

单击按钮，在导航栏命令行中选择【起点_半径_起终角】项，在【半径=】中输入圆弧半径值，在【起始角=】中输入起始角，在【终止角=】中输入终止角。输入完成后，系统将动态地绘制出一段圆弧，圆弧位置随光标移动而改变。选好起点并按下鼠标左键，完成圆弧的绘制。图 4-25 绘制的是起点为中心线交点，半径为 45mm，圆心起始角为 0°、终止角为 75° 的圆弧。

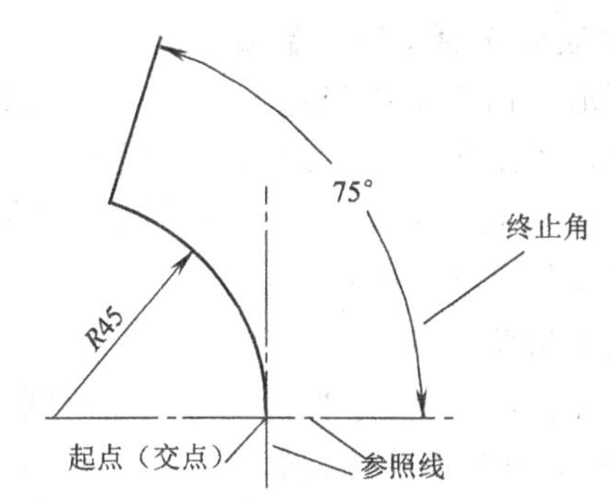

图 4-25 【起点_半径_起终角】方式绘制圆弧

提示：

绘制圆弧或圆时，可通过按下空格键，用弹出的点选取菜单确定圆弧起点位置。

4.2.3 圆

圆是一种常见的实体图形，也是表示柱、轴、孔等三维实体截面的基础图形。CAXA 制造工程师 2013 提供了圆心_半径、三点和两点_半径等三种绘制圆的命令方式，如图 4-26 所示。

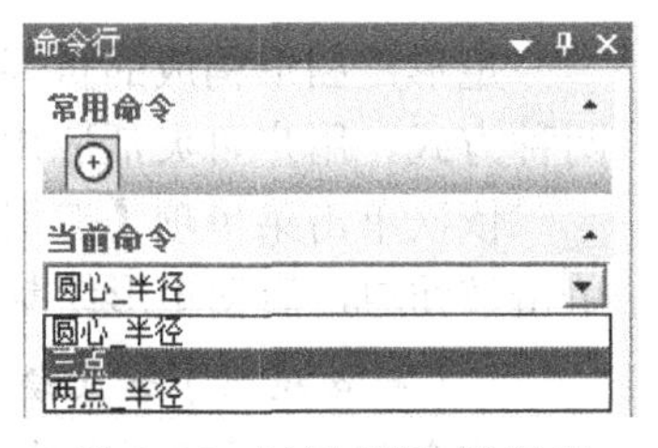

图 4-26 【绘制圆】设置项

依次单击主菜单【造型】—【曲线生成】—【圆】，或者在【曲线生成栏】工具条上单击按钮进入绘制圆命令。

1. 【圆心_半径】方式绘制圆

该命令可以通过给定圆心位置、半径或圆心、圆上一点来绘制圆。

单击按钮，在导航栏命令行中选择【圆心_半径】项，根据系统提示单击鼠标确定圆心，此时系统提示“输入圆上一点或半径：当前半径=”，可以直接通过键盘键入圆的半径并按回车键确认，也可拖动鼠标光标并单击来确定圆的大小，如图 4-27 所示。此命令默认重复操作，由此可以快速绘制一系列同心圆，单击鼠标右键退出命令。

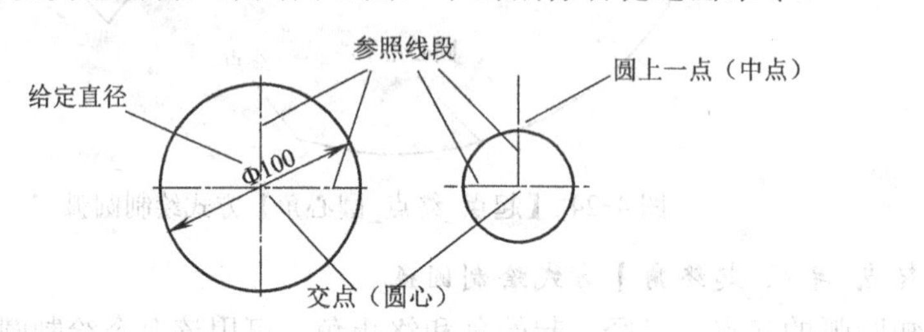

图 4-27 【圆心_半径】方式绘制圆

2.【三点】方式绘制圆

该命令可以通过已知三个点绘制圆。根据系统提示依次单击鼠标确定三个点后，即可完成圆的绘制。输入点时可按空格键，利用系统提供的点工具菜单进行捕捉。

单击按钮，在下拉列表中选择【三点】项，此时系统提示“第一点”，用鼠标在图形窗口中单击确定第一点；系统继续提示“第二点”，单击鼠标确定第二点；最后系统提示“第三点，当前半径=”，单击鼠标确定输入第三点，或用键盘输入半径值，完成圆的绘制，如图 4-28 所示。

切点

图 4-28 【三点】方式绘制圆

3.【两点_半径】方式绘制圆

该命令可以通过已知的两点，并指定半径的方式绘制圆。根据系统提示用鼠标单击确定两个点后，再输入半径值或者单击鼠标确定第三点后，即可完成圆的绘制。此命令默认可重复操作，单击鼠标右键退出命令。

单击按钮，在命令窗口中选择【两点_半径】项，系统提示“第一点”，用鼠标单击确定第一点；根据系统提示单击鼠标确定“第二点”；此时系统将提示“第三点，当前的半径=”，同时绘制出一个大小随光标移动而变化的圆，直接输入半径值或单击鼠标确定第三点，即可完成圆弧的绘制。

4.2.4 矩形

矩形是图形构成的重要要素。CAXA 制造工程师 2013 提供了两点矩形和中心_长_宽等两种方式，用户可灵活应用，以快速绘制各种矩形。

依次单击菜单项【造型】—【曲线生成】—【矩形】，或者在【曲线生成栏】工具条上单击按钮，启动矩形绘制命令。

1.【两点矩形】方式绘制矩形

该命令通过给定对角线上两点绘制矩形。

单击按钮，在导航栏命令行中选择【两点矩形】项，如图 4-29 所示。根据系统提示，单击鼠标确定对角线上的两个点，完成矩形的绘制。还可以直接通过键盘输入对角线两点的绝对坐标或者相对坐标来完成矩形的绘制。

图 4-30 是通过键盘输入坐标值绘制的矩形，其中第一点坐标为（20，55），第二点相对坐标为（@25，50）。

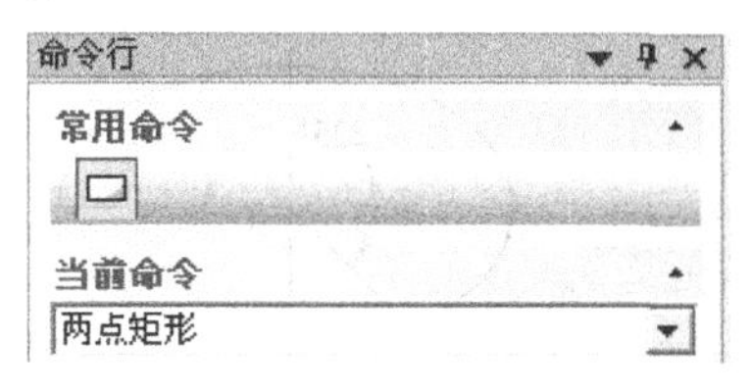

图 4-29 【两点矩形】设置项

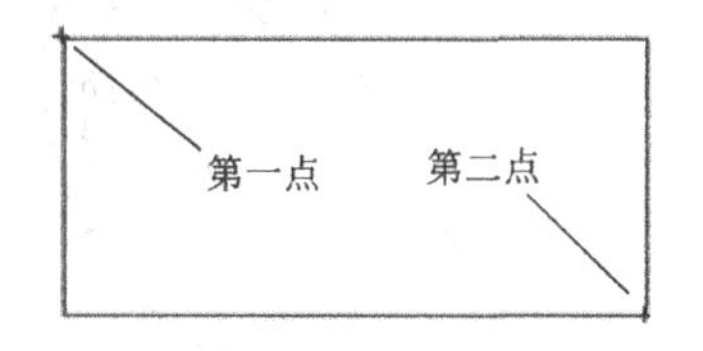

图 4-30 【两点矩形】方式绘制矩形

2.【中心_长_宽】方式绘制矩形

该命令通过给定矩形中心，以及矩形长度和宽度尺寸值来绘制矩形。

单击按钮，在导航栏命令行中选择【中心_长_宽】项，在【长度=】、【宽度=】中分别输入矩形的长度和宽度值，如图 4-31 所示。根据系统提示，单击鼠标确定矩形中心，完成矩形的绘制，如图 4-32 所示。继续在其他位置单击鼠标左键，将绘制等大的矩形，单击鼠标右键结束命令。

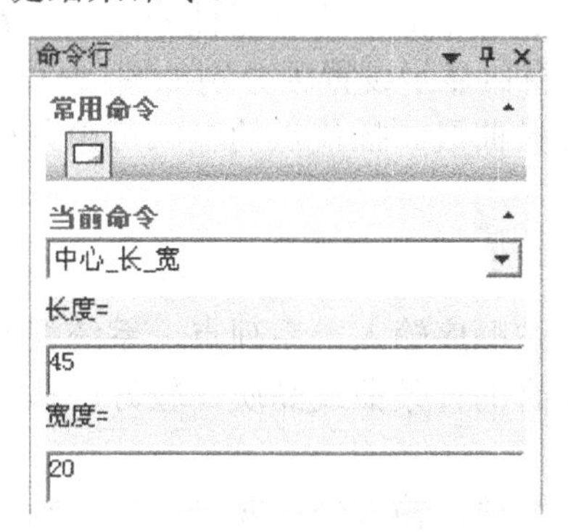

图 4-31 【中心_长_宽】设置项

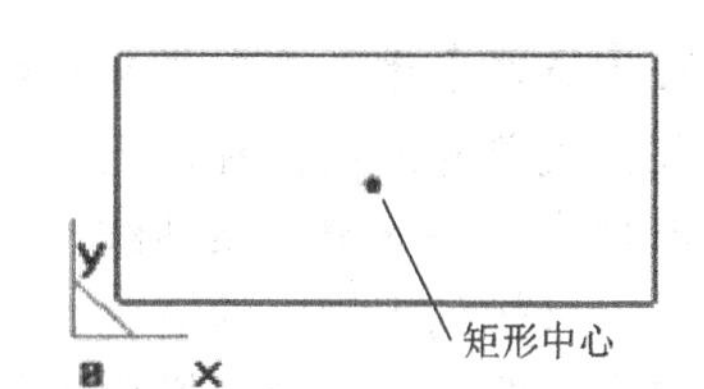

图 4-32 【中心_长_宽】方式绘制矩形

4.2.5　椭圆

依次单击菜单项【造型】—【曲线生成】—【椭圆】，或者在【曲线生成栏】工具条上单击按钮，启动椭圆绘制命令，系统在命令窗口显示绘制椭圆设置项，如图 4-33 所示。

在【长半轴】中输入椭圆长半轴尺寸；在【短半轴】中输入椭圆短半轴尺寸；在【旋转角】中输入椭圆长轴与默认起始基准间夹角；在【起始角】中输入椭圆弧的起始位置与默认起始基准所夹的角度；在【终止角】中输入椭圆弧终止位置与默认起始基准所夹的角度。用鼠标单击或通过键盘输入椭圆中心坐标，即可绘制一个椭圆或椭圆弧。

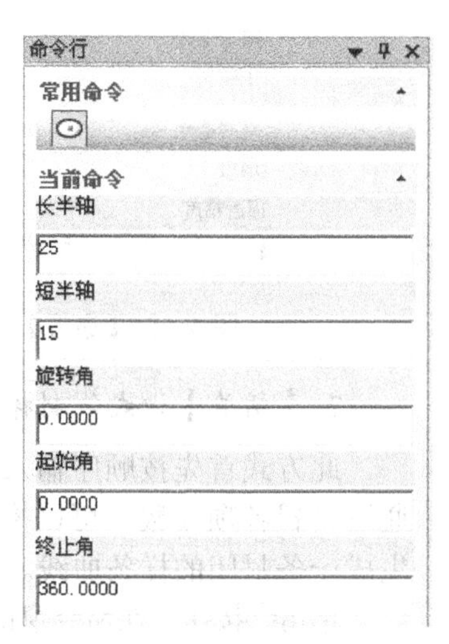

图 4-33　绘制【椭圆】设置项

图 4-34a 绘制了旋转角为 60° 的椭圆，图 4-34b 绘制

了起始角为0°、终止角为225°的椭圆弧。

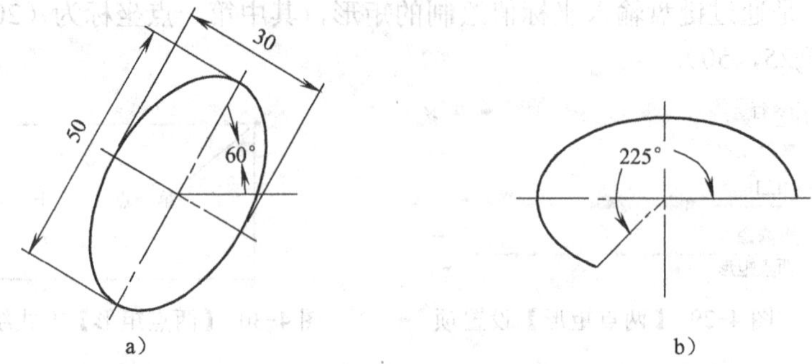

图4-34　椭圆及椭圆弧绘制示例

a）旋转角为60°的椭圆　b）起始角为0°、终止角为225°的椭圆弧

4.2.6 样条曲线

CAXA制造工程师2013提供了逼近和插值两种绘制样条曲线的方法。

依次单击菜单项【造型】—【曲线生成】—【样条】，或者在【曲线生成栏】工具条上单击按钮启动样条曲线绘制命令。系统在命令窗口显示设置项分别如图4-35和图4-37所示，用于绘制过给定顶点（样条插值点）的样条曲线。插值点的输入可由鼠标单击确定输入或通过键盘输入坐标确定。

1.【逼近】方式绘制样条曲线

此方式首先通过鼠标单击或键盘输入坐标来按顺序输入一系列点，系统根据设定的逼近精度拟合一条光滑样条曲线。通过逼近方式拟合的样条曲线品质比较好，适用于数据点比较多，且排列不规则的情况。

单击按钮，在导航栏命令行中选择【逼近】项，输入坐标或单击鼠标确定多个点，按鼠标右键完成样条曲线绘制，如图4-36所示。

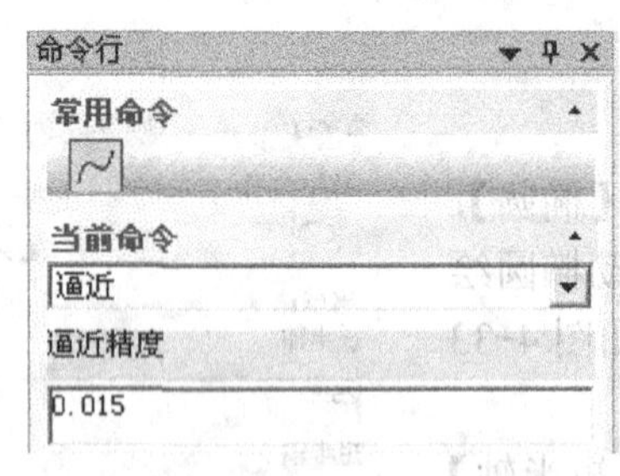

图4-35　【逼近】方式设置项

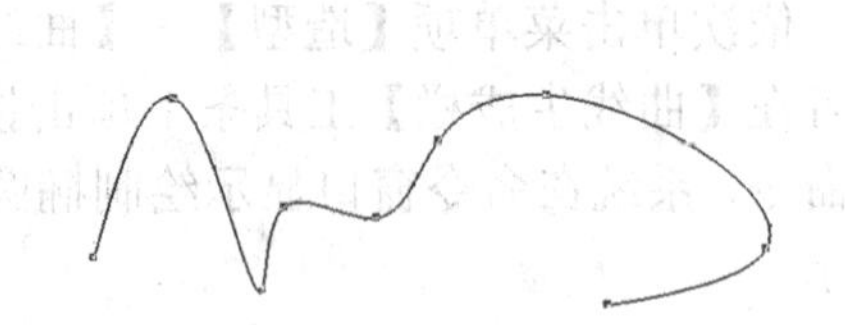

图4-36　【逼近】方式绘制样条曲线

2.【插值】方式绘制样条曲线

此方式首先按顺序输入一系列点，系统将顺序通过这些点生成一条光滑的样条曲线。通过设置各项参数，可以控制生成的样条的端点切矢，使其满足一定的相切条件，也可以生成一条封闭的样条曲线。

单击按钮，在命令窗口中选择【插值】项，然后选择【缺省切矢】或【给定切矢】项，以及【开曲线】或【闭曲线】项。若选择【缺省切矢】项，拾取多个点后按鼠标右键确认，完成样条曲线绘制；若选择【给定切矢】项，选取多个点后按鼠标右键确认，然后给定终点切矢和起点切矢，生成样条曲线，如图 4-38 所示。

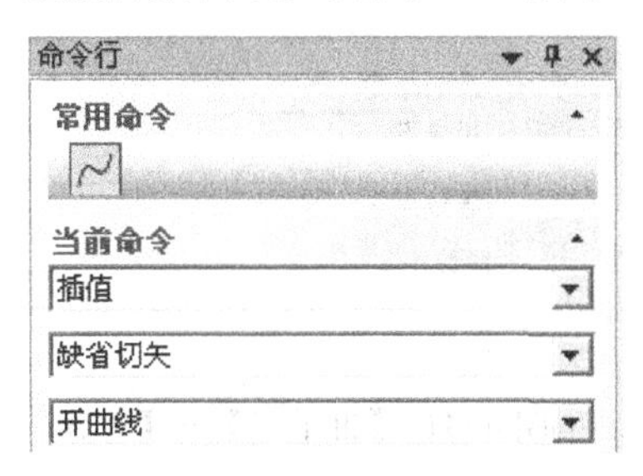

图 4-37 【插值】方式设置项

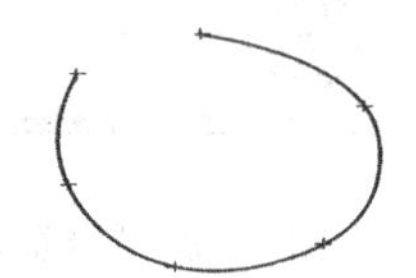

图 4-38 【插值】方式绘制样条曲线

4.2.7　点

该命令用于在屏幕指定位置处绘制单个的孤立点，也可以在已有曲线上绘制分割点。在【曲线生成栏】工具条上单击按钮，即可启动绘制点命令。

1.【单个点】方式绘制点

该命令用于生成单个点，如工具点、曲线投影交点、曲面上投影点和曲线曲面交点。

进入绘制点命令后，在导航栏命令行中选择【单个点】项，然后选择单个点的绘制方式，如图 4-39 所示。

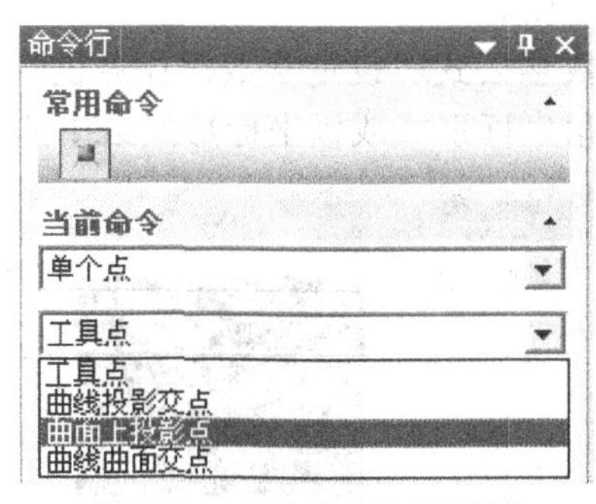

图 4-39 【单个点】设置项

系统提供了四种绘制单个点方式：

（1）工具点　利用点选取菜单确定位置生成单个点，但不能利用切点和垂足点生成单个点。

（2）曲线投影交点　对于两条不相交的空间曲线，如果它们在当前平面的投影有交点，则在先拾取的直线上生成该投影交点。

（3）曲面上投影点　对于一个给定位置的点，通过【矢量工具】菜单给定一个投影方向，在一个已知曲面上生成一个投影点。

（4）曲线曲面交点　通过一条曲线和一张曲面的交点生成点。

2.【批量点】方式绘制点

该命令用于生成多个点，包括等分点、等距点和等角度点等。

启动绘制点命令后，在导航栏命令行中选择【批量点】项，然后在下拉菜单中选择点的绘制方式，如图 4-40、图 4-41 所示。

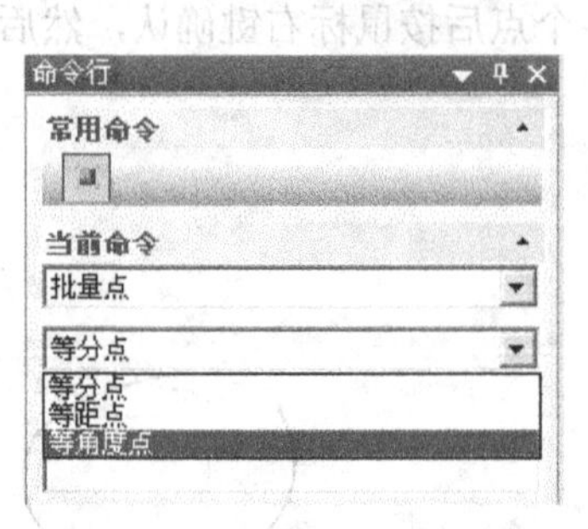

图4-40 【批量点】下拉框

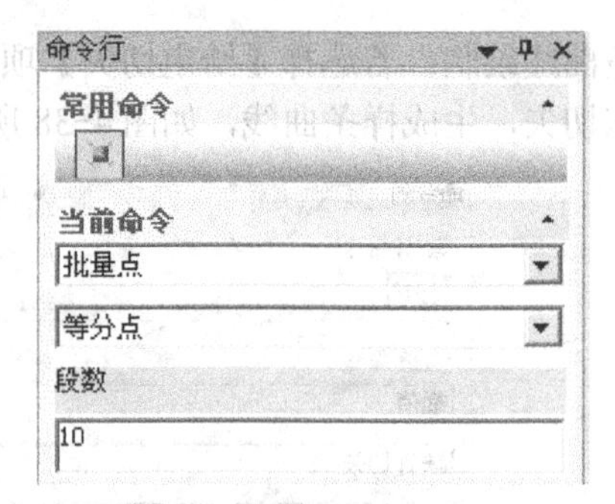

图4-41 【批量点】—【等分点】下拉框

系统提供了三种绘制批量点的方式：

（1）等分点　在曲线上按照指定段数等分的点。

（2）等距点　在曲线上间隔为给定弧长距离的点。

（3）等角度点　在圆弧上等圆心角间隔的点。

4.2.8　公式曲线

公式曲线是受数学表达式约束的曲线图形，也是根据数学公式（或参数表达式）绘制出的相应数学曲线。公式曲线命令提供了一种更方便、更精确的作图手段，以适应某些精确型腔、轨迹线型的作图需要。

用户只需要交互输入数学公式、设定参数，计算机将自动绘制出该公式描述的曲线。所输入的公式可以是用直角坐标形式或极坐标形式给出的，如图4-42所示。

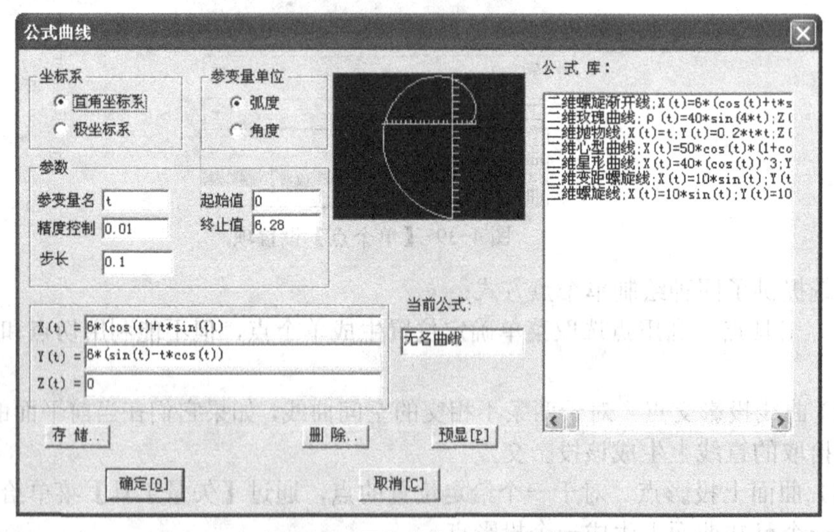

图4-42 【公式曲线】对话框

依次单击菜单项【造型】—【曲线生成】—【公式曲线】，或者在【曲线生成栏】工具条上单击按钮，即可启动公式曲线命令。

单击图标，进入绘制公式曲线命令，系统弹出【公式曲线】对话框。在【公式曲线】对话框的【坐标系】选项组中选择坐标系；在【参变量单位】选项组中给出参数采用的单位；在【参数】选项组中输入参数的变量名称、精度和范围；在公式的文本框中输入参数公式，单击【确定】按钮，系统会提示“给出公式曲线定位点”，用鼠标或键盘给出定位点，即完成绘制公式曲线的操作。在【公式曲线】对话框中，可以对参数进行存储、删除、预显等操作。【存储】按钮可将当前的曲线存入系统中，而且可以存储多个公式曲线；【删除】按钮将存入系统中的某一公式曲线删除；【预显】按钮可将新输入或修改参数的公式曲线在右上角框内显示。

提示：

1）定义变量时，函数的使用格式与 C 语言中的语法相同，所有函数的变量参数须用括号括起来。

2）公式曲线常用数学函数有 sin、cos、tan、arcsin、arccos、arctan、sinh、cosh、sqrt、exp、log、lg 共 12 个函数。

a）三角函数 sin、cos、tan 的参数单位采用角度，如 sin（30°）=0.5、cos（45°）=0.707。

b）反三角函数 arcsin、arccos、arctan 的返回值单位为角度，如 arccos（0.5）=60°，arctan（1）=45°。

c）sinh、cosh 为双曲函数。

d）sqrt（x）表示 x 的平方根，如 sqrt（36）=6。

e）exp（x）表示 e 的 x 次方。

f）log（x）表示 $\log_e x$，即 lnx（自然对数）；log10（x）表示 $\log_{10} x$，即以 10 为底的对数 lgx。

3）幂用^表示，如 x^5 表示 x 的 5 次方。求余运算用%表示，如 18%4=2，2 为 18 除以 4 后的余数。在表达式中，乘号用“*”表示，除号用“/”表示，表达式中没有方括号和花括号，只能用圆括号。

下面的表达式是合法的表达式：

x(t)=7*(t^2*cos(t)+t*sin(t))

y(t)=12*(t*sin(t)–t^0.5/cos(t))

z(t)=x(t)+2*y(t)

如绘制一振幅为 35、周期为 85 的正弦曲线的参数如下（图 4-43a 采用角度单位，图 4-43b 采用弧度单位）：

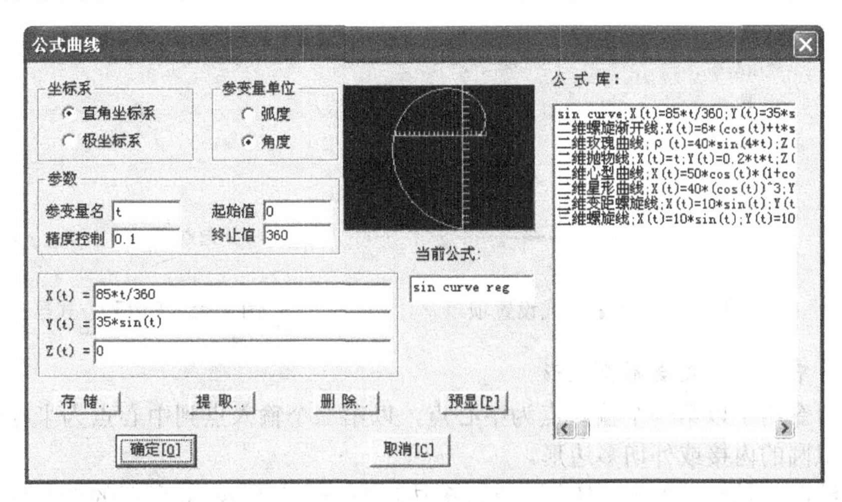

a）

图 4-43　正弦曲线

a）参变量单位为角度

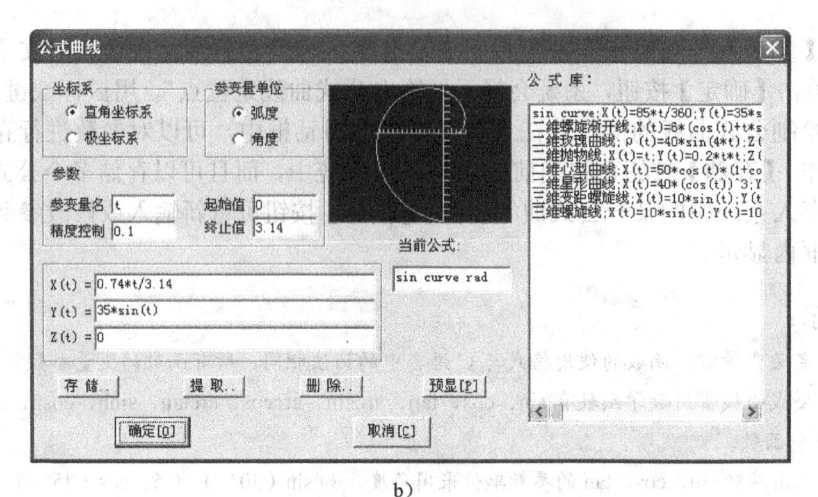

b)

图4-43　正弦曲线（续）

b）参变量单位为弧度

4.2.9　多边形

多边形是指由三条以上的线段首尾相连构成的平面封闭图形。

依次选择菜单项【造型】—【曲线生成】—【多边形】，或者在【曲线生成栏】工具条上单击按钮，启动绘制多边形命令。系统提供了边方式和中心方式两种绘制正多边形的方式。

1.【边】方式绘制多边形

单击按钮图标，进入多边形命令。在图4-44所示命令窗口中选择【边】项，在【边数】中输入需等分的份数值。

系统提示“输入边起点”，可以直接由键盘输入起点坐标，并按回车键确定；也可以移动鼠标并在合适位置单击来确定多边形起点。确定边起点后，系统提示“输入边终点”，同样用键盘或鼠标输入多边形起始边的终点，生成正多边形，如图4-45所示。

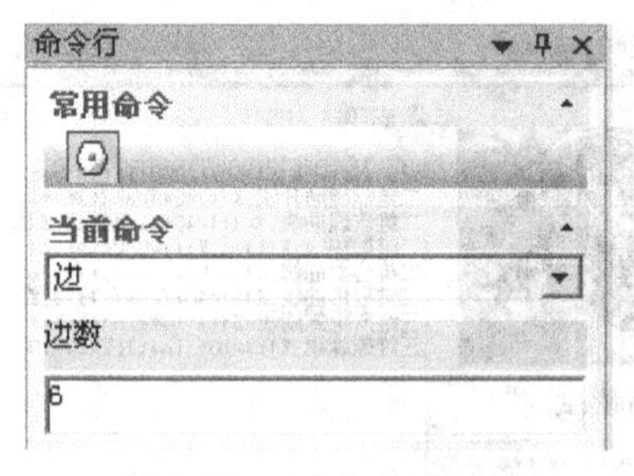

图4-44　【边】方式设置项

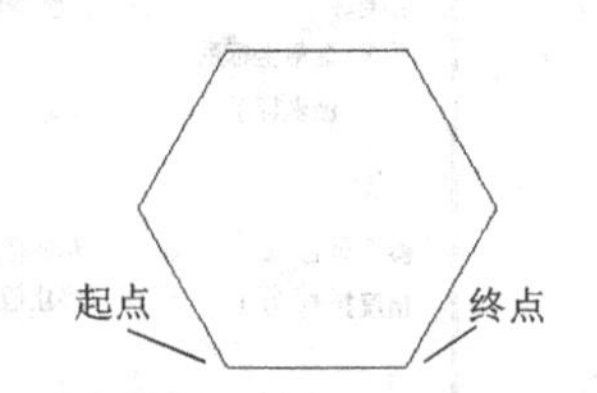

图4-45　【边】方式绘制多边形

2.【中心】方式绘制多边形

该命令用于以第一个输入点为中心点，以第二个输入点到中心点为半径的虚拟圆，绘制该虚拟圆的内接或外切多边形。

在绘图工具栏上单击按钮，进入多边形命令。在图4-46所示的命令窗口设置项中选择【中心】项，在【边数】中输入需等分的份数值，然后选择【内接】或【外切】。若选择【内接】项，系统将提示“输入中心”，此时可直接由键盘输入中心点坐标，并按回车键确定，或者直接用鼠标单击确定中心点；然后根据系统提示“输入边起点”，用键盘或鼠标确定多边形一条边的起点，生成正多边形。若选择【外切】项，此时系统将提示“输入中心”，可直接由键盘输入中心点坐标，并按回车键确定，或者直接用鼠标单击确定中心点；然后根据系统提示“输入边中点”，用键盘输入坐标或通过鼠标单击确定多边形的一条边的中点，生成正多边形，如图 4-47 所示。

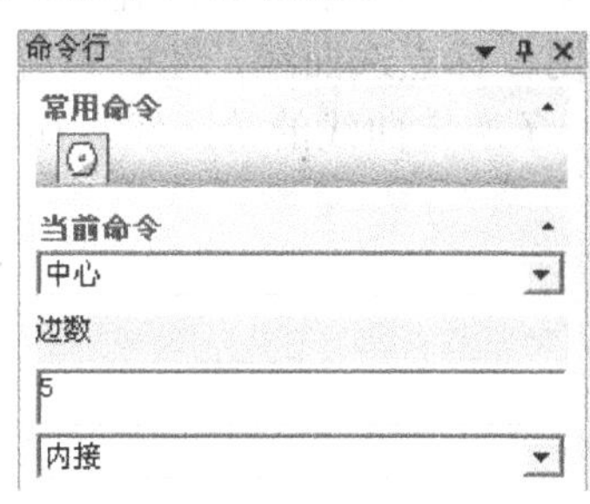

图 4-46 【中心】方式设置项

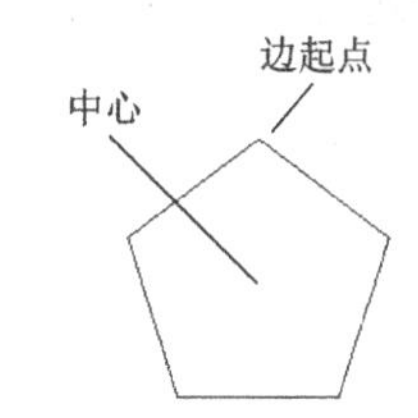

图 4-47 【中心】方式绘制多边形

4.2.10 二次曲线

该命令可以根据给定的方式绘制一条通过二次多项式描述的二次曲线。

依次单击菜单项【造型】—【曲线生成】—【二次曲线】，或者在【曲线生成栏】工具条上单击按钮，进入绘制二次曲线命令。系统提供了定点方式和比例方式两种绘制二次曲线的方式。

1.【定点】方式绘制二次曲线

单击图标，在导航栏命令行中选择【定点】项，如图 4-48 所示，然后用鼠标单击确定二次曲线的起点、终点和方向点，并拖动光标来改变二次曲线形状，最后给定肩点，即完成二次曲线的绘制，如图 4-49 所示。

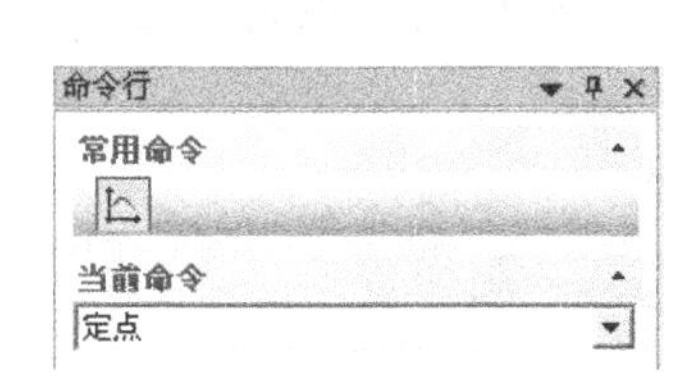

图 4-48 【定点】方式设置项

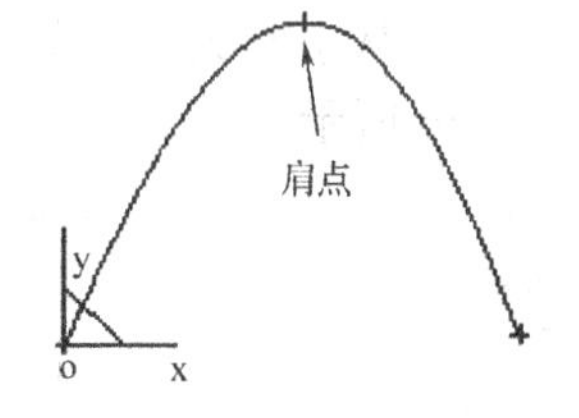

图 4-49 【定点】方式绘制二次曲线

2.【比例】方式绘制二次曲线

单击图标，在导航栏命令行中选择【比例】项，如图 4-50 所示，然后在【比例因子】中设定值，通过单击鼠标确定起点、终点和方向点，完成二次曲线的绘制。

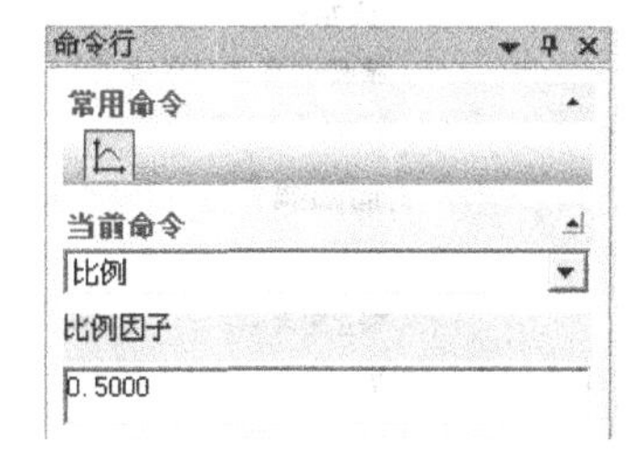

图 4-50 【比例】方式设置项

4.2.11 等距线

该命令用于绘制指定曲线的等距线。

依次单击菜单项【造型】—【曲线生成】—【等距线】，或者在【曲线生成栏】工具条上单击按钮进入等距线命令。系统提供了绘制单根曲线和组合曲线两种等距线方式。

1.【单根曲线】方式绘制等距线

系统提供了等距和变等距的两种方式。

（1）等距　该命令按照给定的距离作曲线的等距线。

在【曲线生成栏】工具条上单击按钮进入等距线命令。如图4-51所示，在命令窗口中依次选择【单根曲线】—【等距】项，在【距离】中输入距离值，在【精度】中设定等距曲线的绘制精度。系统提示“拾取曲线”，用鼠标点选曲线，此时系统提示“选择等距方向:”，用鼠标选择需要等距的方向，即绘制一条选定曲线的等距线，如图4-52所示。

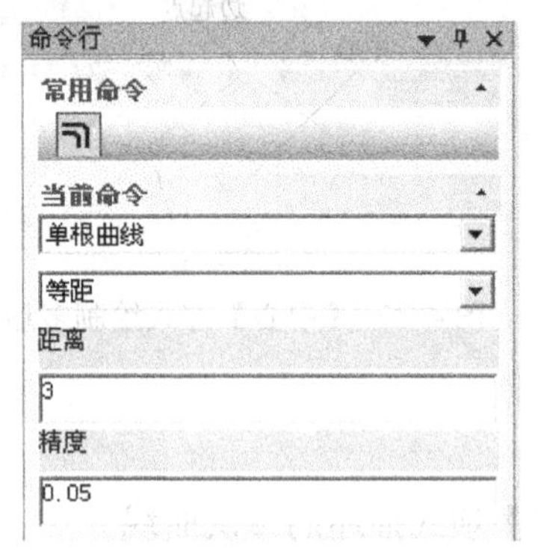

图4-51 【单根曲线】—【等距】方式设置项

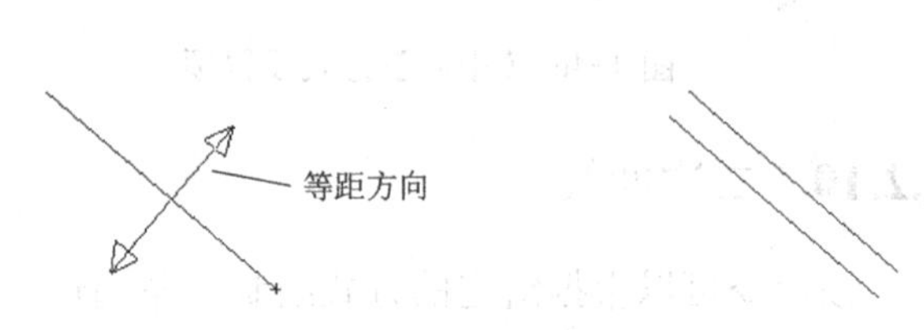

图4-52 【单根曲线】方式绘制等距线

（2）变等距　该命令可以按照给定的起始和终止距离，沿给定方向作距离变化的曲线变等距线。

在【曲线生成栏】工具条上单击按钮进入等距线命令。如图4-53所示，在命令窗口中依次选择【单根曲线】—【变等距】项，在【起始距离】、【终止距离】中分别输入起始距离、终止距离。根据系统提示“拾取曲线”，单击鼠标选取曲线；然后根据系统提示“选择等距方向:”，用鼠标选择需要等距的方向，如图4-54a所示；最后根据系统提示“选择距离变化方向（从小到大）”，如图4-54b所示，用鼠标选择距离变化方向，即生成变等距线，如图4-54c所示。

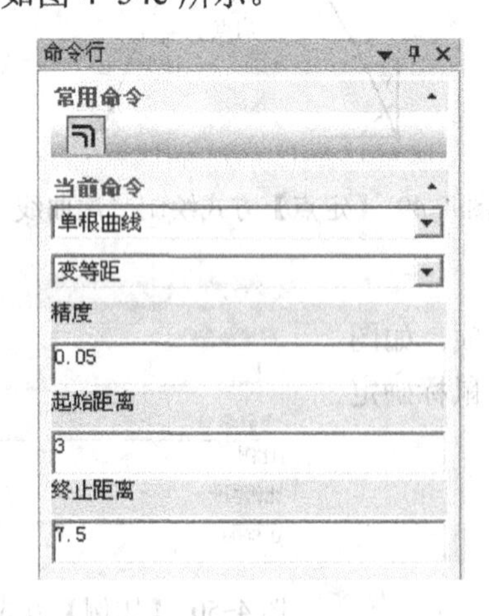

图4-53 【单根曲线】—【变等距】方式设置项

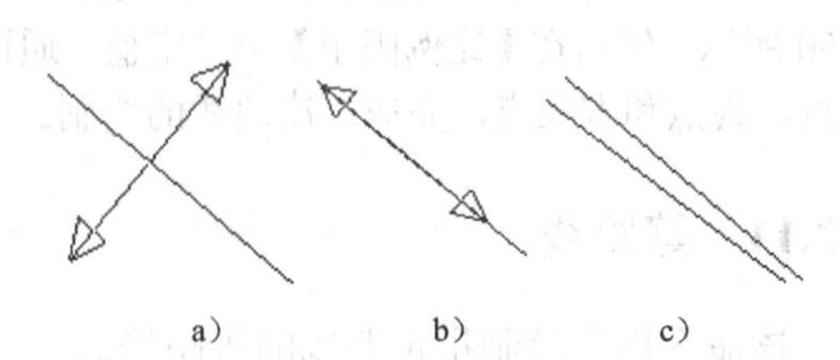

图4-54 【变等距】方式绘制单根曲线等距线
a）选择等距方向　b）选择距离变化方向　c）生成变等距线

2.【组合曲线】方式绘制等距线

该命令可按照给定的距离，绘制组合曲线的等距线。

在【曲线生成栏】工具条上单击按钮进入等距线命令。如图 4-55 所示，在命令窗口中依次选择【组合曲线】—【尖角】—【裁剪】项，在【等距距离】中输入值。根据系统提示“拾取曲线”，单击鼠标选取曲线；根据系统提示“确定链搜索方向:”，用鼠标选择方向，即生成等距线；最后根据系统提示“选择等距方向:”，用鼠标选择需要等距的方向，完成被选择的组合曲线等距线的绘制。

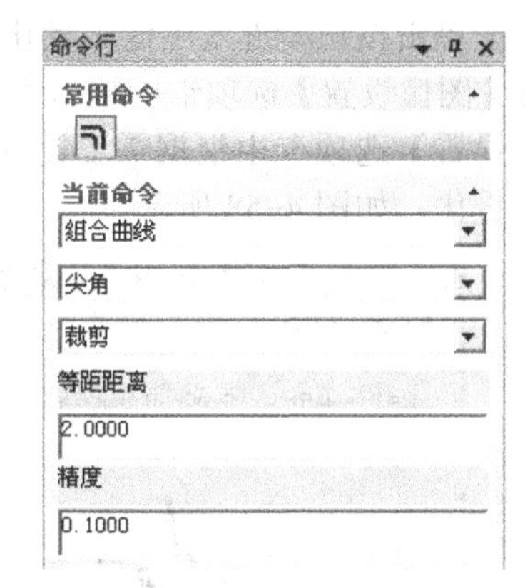

图 4-55　命令行中的【组合曲线】立即菜单

提示：

1）使用【组合曲线】命令时，两条相交曲线的交点处等距方式有【尖角】和【圆角】两种。【尖角】表示保留对应的等距曲线交点为尖角，【圆角】表示在对应等距曲线交点处生成一个圆角过渡。

2）使用【组合曲线】命令时，两条相交曲线的等距线对应交叉点处可能会伸出多余线条，可选择【裁剪】和【不裁剪】两种方式。【裁剪】表示将多余线条自动剪除，【不裁剪】表示保留交叉伸出的线条。

4.2.12　曲线投影

该命令用于沿某一方向，向一个选定的基准平面上绘制指定空间曲线的投影。使用该命令可以充分利用已有的曲线来绘制草图线，投影的对象包括空间曲线、实体边和曲面边。

依次单击菜单项【造型】—【曲线生成】—【曲线投影】，或在【曲线生成栏】工具条上单击按钮进入曲线投影命令。根据系统提示“拾取曲线”，单击鼠标选取曲线，完成操作。图 4-56 为空间曲线 1 和空间曲线 2 在草图平面 XOZ 上的投影线。

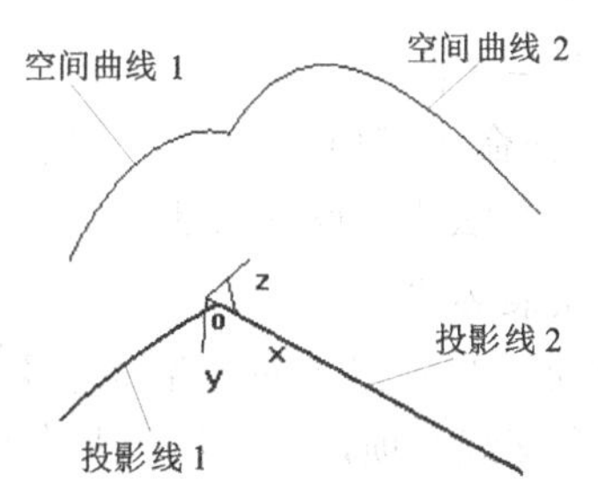

图 4-56　曲线在草图面上的投影

提示：

1）曲线投影功能只能在草图状态下使用。

2）使用曲线投影功能时，可以使用鼠标拖动窗口来选取多个投影元素。

4.2.13　图像矢量化

该命令用于读入 bmp 格式的灰度图像，将图像用直线或者圆弧自动拟合。

依次单击菜单项【造型】—【曲线生成】—【图像矢量化】，或在【曲线生成栏】工具条上单击按钮进入图像矢量化命令，系统将弹出图 4-57 所示的【位图矢量化】对话框，在【图像设置】选项卡中单击【打开】项右侧的按钮，打开需要矢量化的灰度图像；在【参数设置】选项卡中根据需要设置矢量化的一些参数，然后单击【确定】按钮，完成图像的矢量化，如图 4-58 所示。

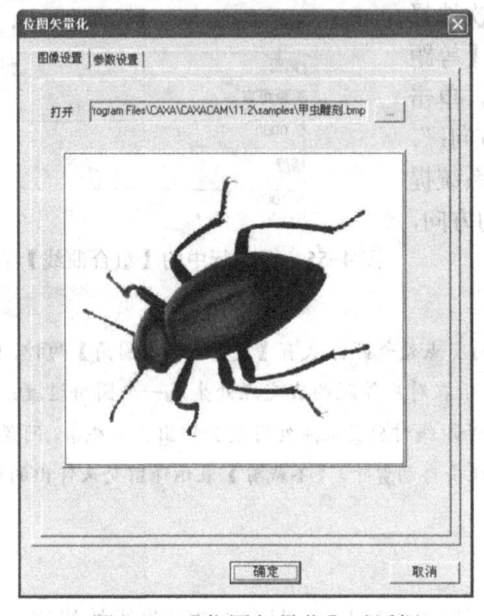

图 4-57 【位图矢量化】对话框

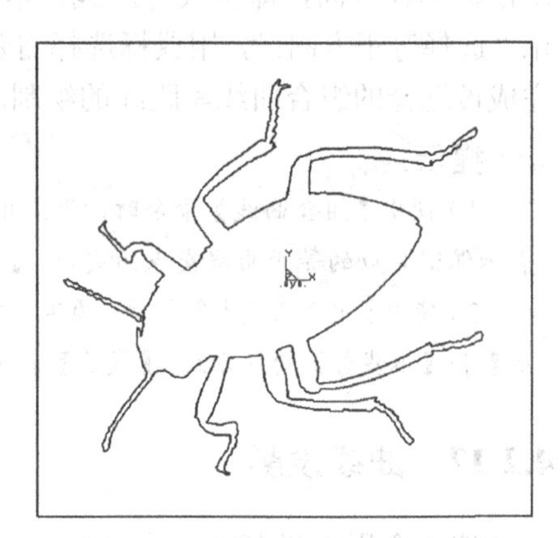

图 4-58 【位图矢量化】对话框

4.2.14 相关线

该命令用于绘制曲面与实体，或实体间的交线、边界线、参数线、法线、投影线和实体边界等。

依次单击菜单项【造型】—【曲线生成】—【相关线】，或在【曲线生成栏】工具条上单击按钮进入相关线命令，在命令窗口显示图 4-59 所示的设置项。系统提供了曲面交线、曲面边界线、曲面参数线、曲面法线、曲面投影线、实体边界等六种相关线。

1. 【曲面交线】方式绘制相关线

该命令用于绘制两曲面的交线。在【曲线生成栏】工具条上单击按钮进入相关线命令，在命令窗口中选择【曲面交线】项，拾取第一张曲面和第二张曲面，即生成曲面交线，如图 4-60 所示。

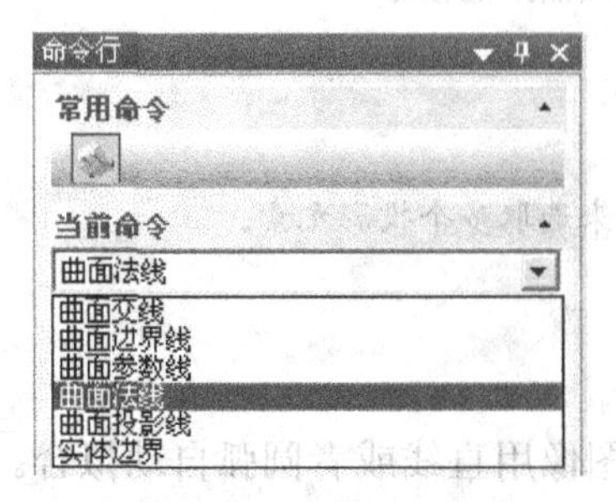

图 4-59 【相关线】设置项

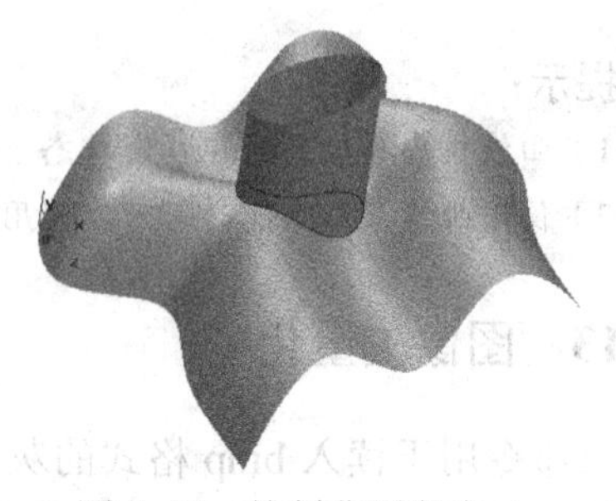

图 4-60 绘制曲面交线

2.【曲面边界线】方式绘制相关线

该命令用于绘制曲面的外边界线或内边界线。在【曲线生成栏】工具条上单击按钮进入相关线命令，在命令窗口中选择【曲面边界线】，然后选择【单根】或【全部】，用鼠标在图形窗口中拾取曲面，生成曲面边界线如图 4-61 所示。

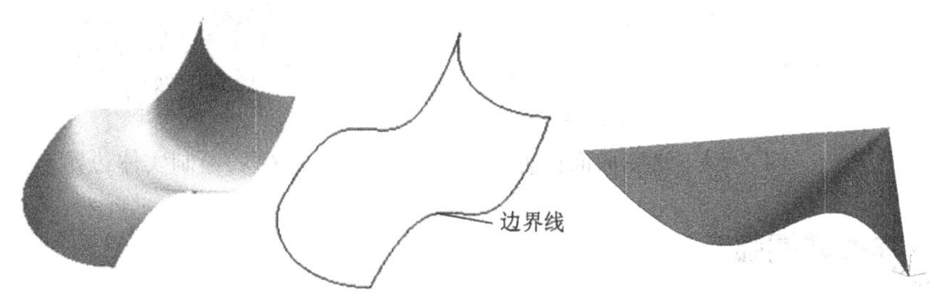

图 4-61 绘制曲面边界线

3.【曲面参数线】方式绘制相关线

该命令用于绘制曲面的 U 向或 W 向的参数线。在绘图工具栏上单击按钮进入相关线命令，在命令窗口中选择【曲面参数线】，然后指定参数线（过点或多条曲线）、等 W 参数线（等 U 参数线）。按状态栏提示操作，生成曲面参数线如图 4-62 所示。

4.【曲面法线】方式绘制相关线

该命令用于绘制曲面指定点处的法线。在【曲线生成栏】工具条上单击按钮进入相关线命令，在命令窗口选择【曲面法线】项，输入法线长度值，然后拾取曲面和曲面上一点，生成曲面法线如图 4-63 所示。

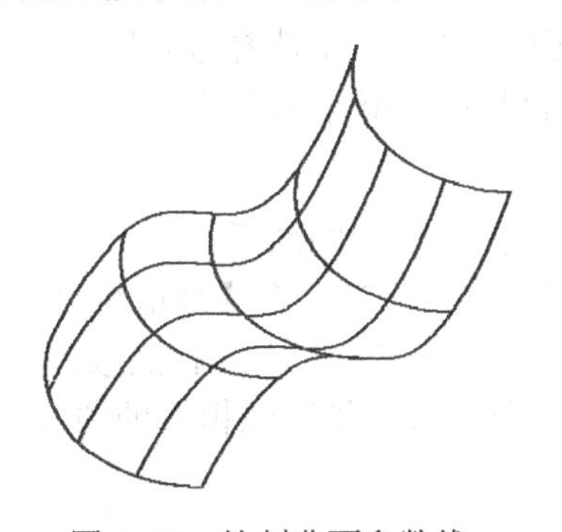

图 4-62 绘制曲面参数线

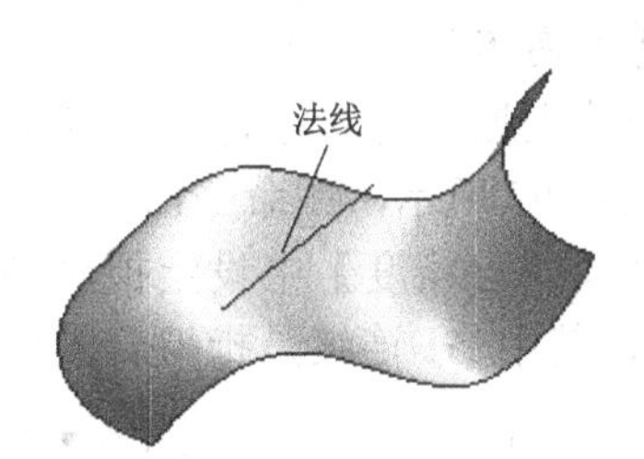

图 4-63 绘制曲面法线

5.【曲面投影线】方式绘制相关线

该命令用于在指定曲面上绘制一条曲线的投影线。在【曲线生成栏】工具条上单击按钮进入相关线命令，在命令窗口中选择【曲面投影线】，然后用鼠标拾取要投影到的曲面，用鼠标给出投影方向并拾取被投影的曲线，生成曲面投影线如图 4-64 所示。

6.【实体边界】方式绘制相关线

该命令用于绘制实体特征生成后的边界线。在【曲线生成栏】工具条上单击按钮进入相关线命令，在命令窗口中选择【实体边界】项，然后用鼠标拾取实体边线，生成的实体边界如图 4-65 所示。

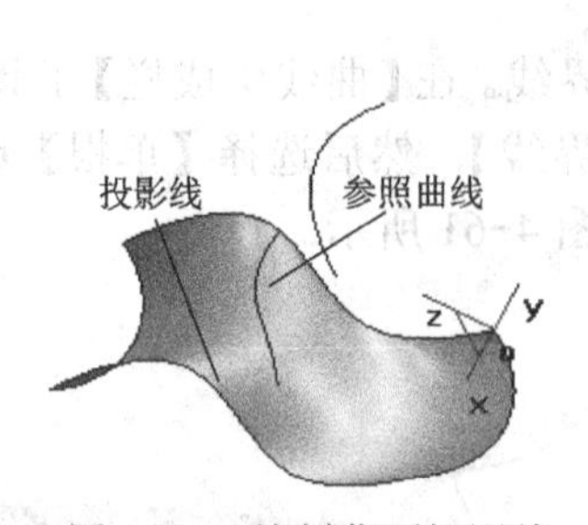

图 4-64　绘制曲面投影线

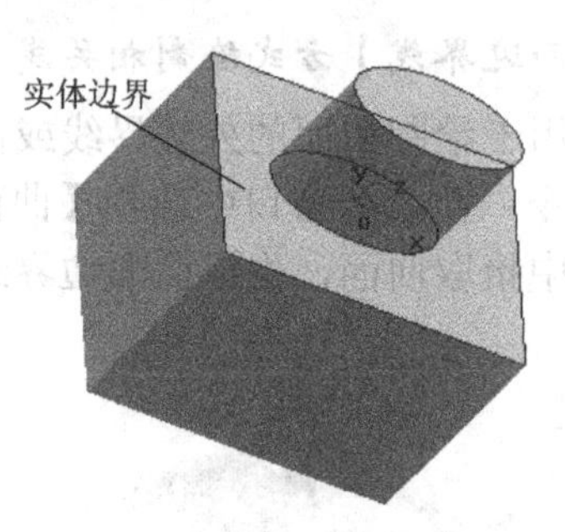

图 4-65　绘制实体边界

4.2.15　样条转圆弧

在数控加工过程中，用圆弧来拟合样条曲线，可使加工时的轨迹更光滑，从而提高数控加工零件的质量，减小刀具磨损，同时使得生成的 G 代码更简洁。【样条转圆弧】命令即可将实体造型中的样条曲线自动离散为圆弧。

依次单击菜单项【造型】—【曲线生成】—【样条=>圆弧】，或在【曲线生成栏】工具条上单击按钮进入样条转圆弧命令。操作时，首先在命令窗口中选择离散方式并设置离散参数，然后拾取需要离散为圆弧的样条曲线，系统将自动在状态栏显示出该样条离散的圆弧段数。

1.【步长离散】方式

此方式采用等步长将样条离散为点，然后将离散的点拟合为圆弧。

如图 4-66 所示，在命令窗口中选择【步长离散】项，在【离散步长】中输入离散步长值，在【拟合精度】中设定拟合精度值。在下拉列表框中选择拟合圆弧的连续类型：【G1】或【G0】，其中 G1 是指圆弧拟合的曲线一阶可导，G0 指圆弧拟合的曲线不可导。

2.【弓高离散】方式

此方式根据设定的弓高误差将样条曲线离散为连续的圆弧。

如图 4-67 所示，在命令窗口中选择【弓高离散】项，在【离散精度】中输入离散精度的值，在【拟合精度】中设定拟合精度值。在下拉列表框中选择连续的类型：G1 连续或 G0 连续，其中 G1 连续是指拟合的曲线一阶可导，G0 指圆弧拟合的曲线不可导。

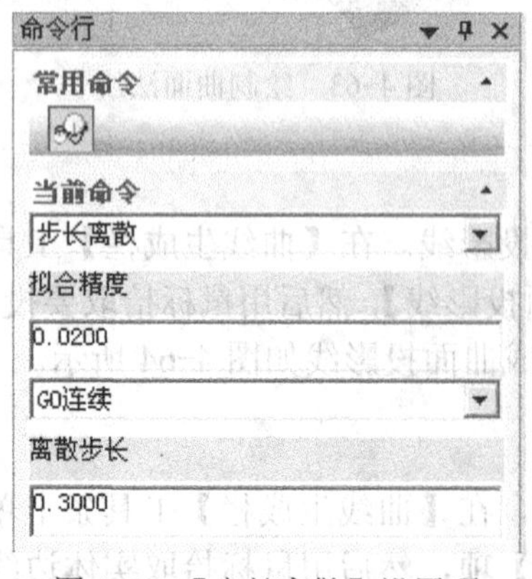

图 4-66　【步长离散】设置项

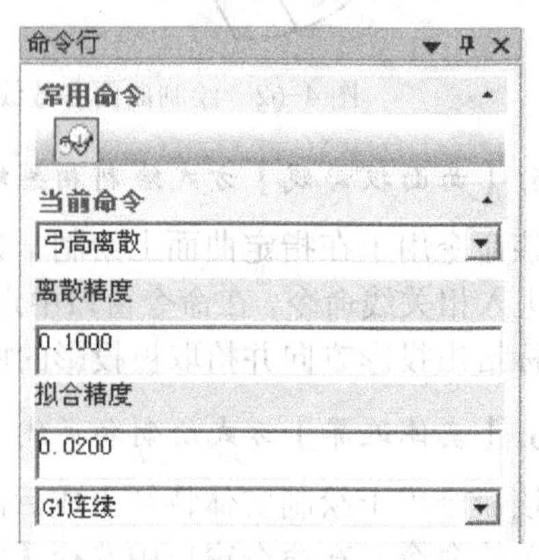

图 4-67　【弓高离散】设置项

4.3　编辑曲线操作

曲线编辑包含了关于曲线操作的常用编辑命令，它是交互式绘图系统重要的功能之一，对于提高绘图速度及质量有着至关重要的作用。

曲线编辑命令包括曲线裁剪、曲线过渡、曲线打断、曲线组合、曲线拉伸、曲线优化、样条型值点、样条控制顶点和样条端点切矢等。下面分别对曲线编辑的各种功能展开介绍。图 4-68 为【曲线编辑】工具条。

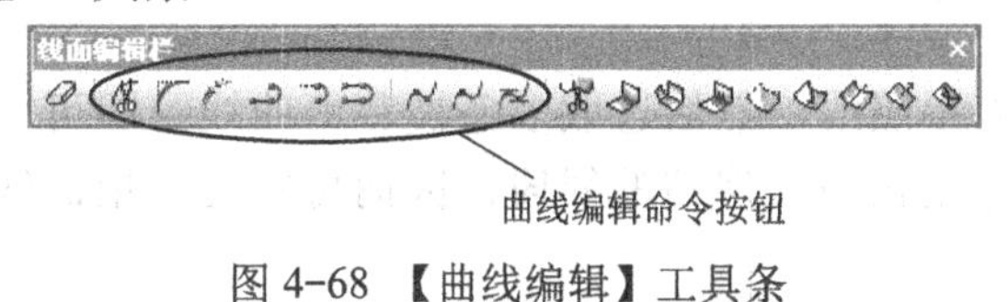

图 4-68　【曲线编辑】工具条

4.3.1　曲线裁剪

此命令使用曲线作剪刀参照线，裁剪掉曲线上多余的部分，即利用一个或多个几何元素（曲线或点，称为剪刀）对给定曲线（称为被裁剪线）进行修整，删除不需要的部分，得到合适的曲线。

依次单击菜单项【造型】—【曲线编辑】—【曲线裁剪】，或直接单击【线面编辑栏】工具条上的按钮，即可启动曲线裁剪命令。

曲线裁剪命令共有四种方式：快速裁剪、修剪、线裁剪、点裁剪，如图 4-69 所示。线裁剪和点裁剪命令的特点：具有延伸特性，即如果剪刀参照线和被裁剪曲线之间没有实际交点，系统将在分别依次自动延长被裁剪线和剪刀线后进行求交运算，在新得到的交点处对被裁剪曲线进行裁剪。

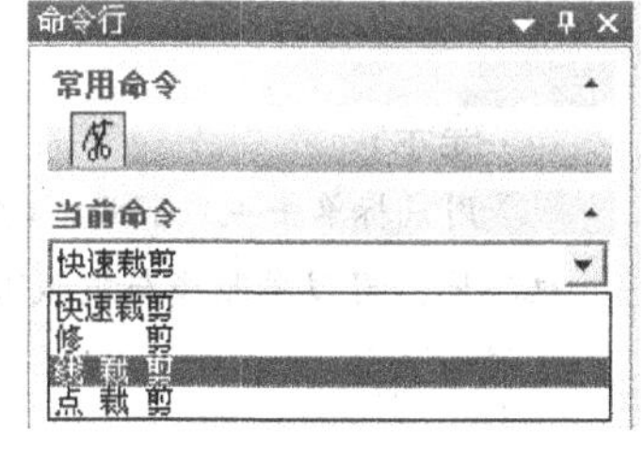

图 4-69　【曲线裁剪】设置项

快速裁剪、修剪和线裁剪中的投影裁剪适用于空间曲线之间的裁剪。曲线在当前坐标平面上投影后，进行求交裁剪，从而实现不共面曲线的裁剪。

1.【快速裁剪】方式

快速裁剪是指系统根据鼠标位置立即对曲线进行裁剪，分为正常裁剪和投影裁剪。正常裁剪适用于裁剪同一平面上的曲线，投影裁剪适用于裁剪不共面的曲线。在操作过程中，拾取同一曲线的不同位置将产生不同的裁剪结果，如图 4-70 所示。

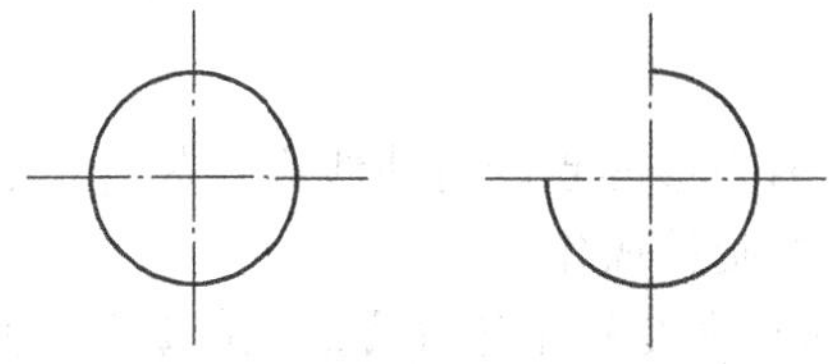

图 4-70　快速裁剪方式示例

提示：

1）当系统中的复杂曲线很多时，不推荐使用快速裁剪命令。因为在大量复杂曲线裁剪运算处理时，系统计算速度较慢，影响工作效率。

2）快速裁剪操作中，拾取同一曲线的不同位置，将产生不同的裁剪结果。

2.【线裁剪】方式

线裁剪是以一条曲线作为剪刀参照线，对其他曲线进行裁剪。线裁剪有正常裁剪和投影裁剪两种方式。正常裁剪以选取的剪刀参照线为参照，对其他曲线进行裁剪。投影裁剪是将曲线在当前坐标平面上进行投影后，进行求交裁剪。

线裁剪具有曲线延伸功能，即如果剪刀参照线和被裁剪曲线之间没有实际交点，系统将分别依次自动延长被裁剪线和剪刀参照线后进行求交运算，在得到的新交点处进行裁剪。延伸的规则是：直线和样条线沿端点切线方向延伸，圆弧自动补绘成整圆。该方法可实现对曲线的延伸。

用鼠标选取剪刀参照线，然后选取多条被裁剪曲线，即可完成线裁剪命令。系统默认鼠标拾取的线段部分是裁剪后保留的线段，因而可实现多根曲线在剪刀线处齐边的效果，如图 4-71 所示。

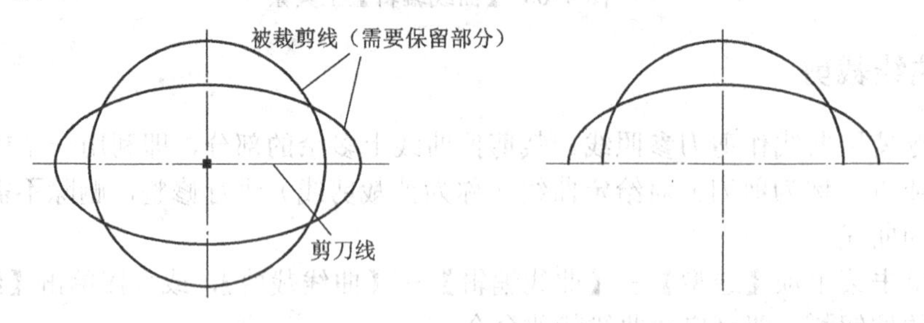

图 4-71 【线裁剪】方式绘图

提示：

用鼠标单击被裁剪曲线的位置，确定裁剪后保留的曲线段。选取剪刀参照线的位置不同，裁剪结果也不同：剪刀参照线与被裁剪线有两个以上的交点时，系统默认选取离剪刀参照线上拾取点较近的交点进行裁剪。

3.【修剪】方式

修剪命令需要选取一条曲线或多条曲线作为剪刀参照线，从而对一系列被裁剪曲线进行裁剪。与线裁剪和点裁剪相反，修剪命令将裁剪掉鼠标选取的曲线部分，而保留剪刀参照线另一侧的部分。

在图 4-69 所示的导航栏命令行中选择【修剪】项，然后用鼠标选取剪刀曲线并按鼠标右键确认，选取的曲线变红显示，最后用鼠标选取被裁剪的线（选取被裁掉部分），完成修剪操作。

4.【点裁剪】方式

点裁剪是利用点作为剪刀参照点，对曲线进行裁剪。点裁剪同样具有曲线延伸功能，可以利用该功能实现曲线的延伸操作。

在图 4-69 所示的导航栏命令行中选择【点裁剪】项，然后用鼠标选取被裁剪的线（单击需要保留的部分），该曲线变红显示，最后用鼠标选取剪刀点，完成点裁剪操作。

提示：

在用鼠标选取了被裁剪曲线之后，可用点选取菜单确定一个剪刀参照点，系统将在离剪刀点最近处对曲线进行裁剪。

4.3.2 曲线过渡

曲线过渡命令是对指定的两条曲线进行圆弧过渡、尖角过渡或对两条直线倒角等操作。

依次单击菜单项【造型】—【曲线编辑】—【曲线过渡】，或直接单击【线面编辑栏】上的按钮启动命令。

曲线过渡共有三种方式：圆弧过渡、倒角过渡和尖角过渡，下面分别进行介绍。

1.【圆弧过渡】方式

该方式在两根曲线的交点处按给定半径添加光滑过渡圆弧。图 4-72 为圆弧过渡设置项。

过渡圆弧在两曲线的哪个侧边生成，取决于鼠标在两根曲线上的选取位置。通过图 4-72 所示的设置项可控制是否对两条曲线进行裁剪操作。此处裁剪参照线是生成的过渡圆弧。系统默认只生成圆心角小于 180° 的过渡圆弧。

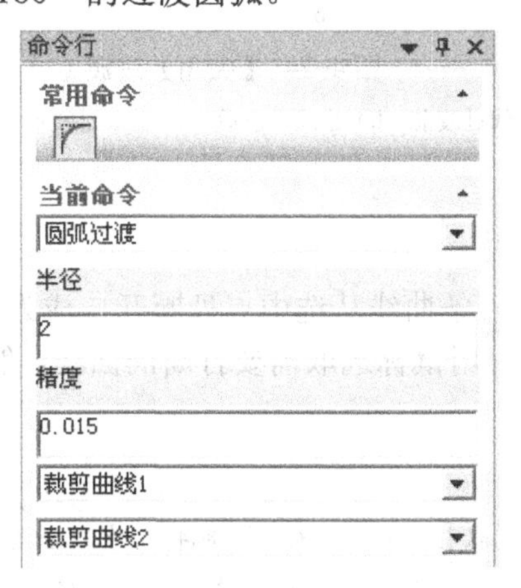

图 4-72 【圆弧过渡】设置项

在【线面编辑栏】上单击按钮进入曲线过渡命令，在命令窗口中选择【圆弧过渡】项，在【半径】中设定过渡圆弧半径，选择是否裁剪曲线 1 和曲线 2。用鼠标在图形窗口选取第一条曲线、第二条曲线，完成圆弧过渡操作，如图 4-73 所示。

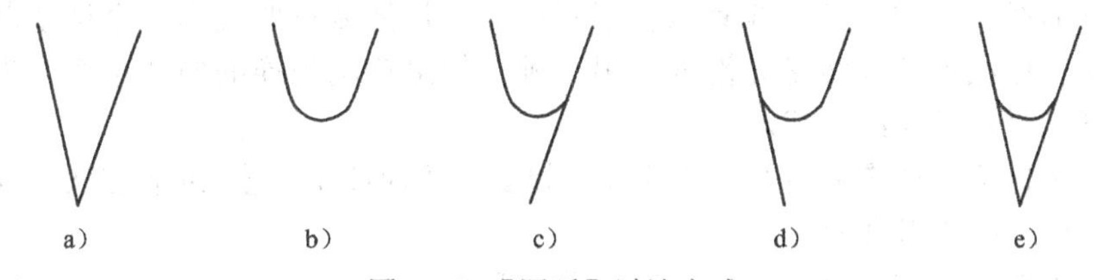

图 4-73 【圆弧】过渡方式

a）过渡前　b）裁剪两条边　c）裁剪起始边　d）裁剪终止边　e）不裁剪

2.【倒角】过渡方式

倒角过渡命令用于在给定的两相交直线之间进行过渡，过渡后在两直线之间有一条给定角度和长度的直线。

在【线面编辑栏】上单击按钮启动曲线过渡命令，在命令窗口中选择【倒角】项，在【角度】和【距离】中分别输入倒角的角度和距离参数值，根据绘图需要选择是否对第一条曲线和第二条曲线进行裁剪，即选择【裁剪曲线 1】和【裁剪曲线 2】。用鼠标依次选取第一条曲线、第二条曲线，完成倒角过渡。

3.【尖角】过渡方式

该命令用于在给定的两根不平行曲线之间进行过渡，过渡后在两曲线的交点处呈尖角。尖角过渡后，两曲线互相裁剪，且曲线上被选取部分保留。

在【线面编辑栏】上单击按钮进入曲线过渡命令，在命令窗口中选择【尖角】项，在【精度】中设定精度值，然后用鼠标依次选取第一条曲线、第二条曲线，完成尖角过渡，如图4-74所示。

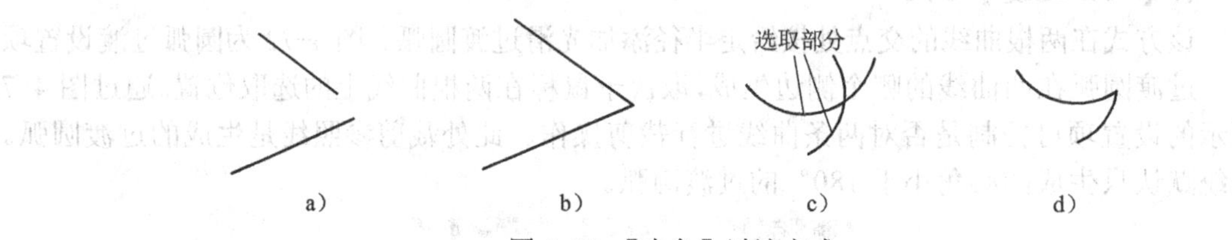

图4-74 【尖角】过渡方式

a）直线过渡前 b）直线过渡后 c）曲线过渡前 d）曲线过渡后

4.3.3 曲线打断

曲线打断命令用于将一条曲线从选中点处断开，成为两条曲线。在【线面编辑栏】上单击按钮进入打断命令，用鼠标选取需要打断的曲线，然后单击曲线上需要打断的地方，完成曲线打断操作。

提示：

可使用点选取菜单辅助选取打断点，从而准确地将曲线在合适的位置打断。打断后的曲线外观与未打断前一样，但若用鼠标选取，则可发现其已经被分割成两部分了。

4.3.4 曲线组合

曲线组合命令可将拾取到的多条首尾相连曲线合并成一条曲线实体，并用样条曲线拟合。多条曲线合并成一条曲线有两种形式：一种是把多条曲线用一个样条曲线表示，这种表示要求首尾相连的曲线是光滑的；另一种是如果首尾相连的曲线中存在尖点，系统将自动用一条光滑样条曲线替代。

依次选择菜单项【造型】—【曲线编辑】—【曲线组合】，或者在【线面编辑栏】上单击按钮进入曲线组合命令。

曲线组合命令有两种结果：保留原曲线和删除原曲线。前者在命令结束后保留原有各部分曲线，后者则在命令结束后将组合前的各曲线删除。

设置完是否保留原曲线后，根据状态栏提示用鼠标选取要组合的曲线，单击鼠标右键确认，完成曲线组合命令。

4.3.5 曲线拉伸

通过曲线拉伸命令可以将已有曲线拉伸到指定点，有伸缩和非伸缩两种方式。伸缩方式是沿曲线的（切）方向进行拉伸，而非伸缩方式是以曲线的一个端点为定点，不受曲线原（切）方向的限制而可以自由拉伸。

依次选择菜单项【造型】—【曲线编辑】—【曲线拉伸】，或者在【曲线编辑栏】上单击按钮进入曲线拉伸命令。图 4-75 为圆弧的曲线拉伸例子。

4.3.6 曲线优化

曲线优化用于对控制顶点过密的样条曲线在给定的精度范围内进行优化处理，减少控制顶点数量。

依次选择菜单项【造型】—【曲线编辑】—【曲线优化】，或者在【曲线编辑栏】上单击按钮进入曲线优化命令。

如图 4-76 所示，在导航栏命令行中的【曲线优化精度】中设定优化精度值，然后用鼠标选取样条曲线，完成曲线优化。曲线优化命令同样有两种结果：保留或删除原曲线，可根据需要设置。

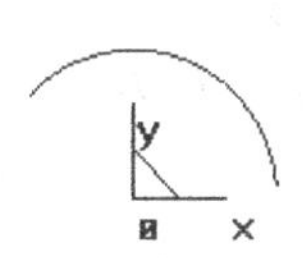

图 4-75 圆弧的曲线拉伸

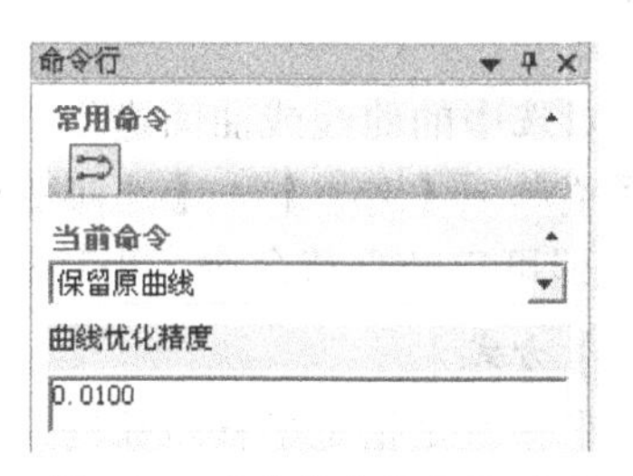

图 4-76 【曲线优化】设置项

4.3.7 样条型值点

本命令用于对已经生成的样条进行修改，编辑样条的型值点。

依次选择菜单项【造型】—【曲线编辑】—【样条型值点】，或在【曲线编辑栏】上单击按钮进入编辑型值点命令。

用鼠标在图形窗口中选取需要编辑的样条曲线，然后选取样条线上某一插值点，拖动鼠标到新位置或直接输入点的坐标，结束编辑型值点命令。

4.3.8 样条控制顶点

使用本命令可对已经生成的样条曲线进行修改，即编辑控制顶点位置。

依次选择菜单项【造型】—【曲线编辑】—【样条控制顶点】，或在【曲线编辑栏】上单击按钮进入编辑控制顶点命令。

用鼠标在图形窗口中选取需要编辑的样条曲线，然后选取样条曲线上某一插值点，拖动鼠标到新位置或直接输入点的坐标，结束编辑控制顶点命令。

4.3.9 样条端点切矢

使用本命令可对已经生成的样条曲线进行修改，即编辑样条的端点切矢方向。

依次选择菜单项【造型】—【曲线编辑】—【样条端点切矢】，或在【曲线编辑栏】上单击按钮进入编辑端点切矢命令。

用鼠标在图形窗口中选取需要编辑的样条曲线，然后选取样条曲线上某一端点，拖动鼠标到新位置或直接输入点的坐标，结束编辑端点切矢命令。

4.4　几何变换操作

几何变换对于编辑几何图形和曲面有着重要的作用，可以极大地提高作图效率。几何变换一般指对线、面图形元素进行变换，而对造型实体无效，变换前后线、面的颜色、图层等属性不发生变化。几何变换命令有平移、平面旋转、旋转、平面镜像、镜像、阵列和缩放等七种。图 4-77 为【几何变换栏】工具条。

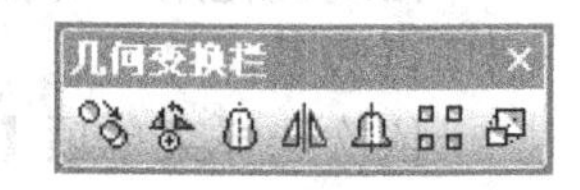

图 4-77 【几何变换栏】工具条

4.4.1　平移

本命令可对选中的曲线或曲面进行平移或拷贝操作。

依次选择菜单项【造型】—【几何变换】—【平移】，或者在【几何变换栏】工具条上单击按钮，即可启动平移命令。平移有两点或偏移量两种方式。

1.【两点】方式

两点方式平移就是指定平移对象的基点和目标点，完成曲线或曲面的平移或拷贝。

单击【几何变换栏】上的按钮，在导航栏命令行中选取【两点】方式，然后选择【拷贝】或者【移动】，最后选择平移方向为【正交】或【非正交】，如图 4-78 所示。

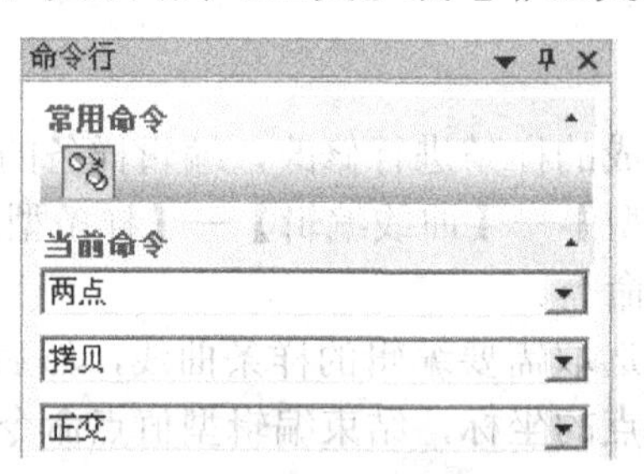

图 4-78 【两点】方式设置项

在图形窗口中用鼠标选取要平移的曲线或曲面，单击鼠标右键确认。根据系统提示用鼠标选取基点，移动鼠标即可拖动图形。在合适的地方单击鼠标左键，或者用键盘输入目标点，完成平移操作，如图 4-79 和图 4-80 所示。

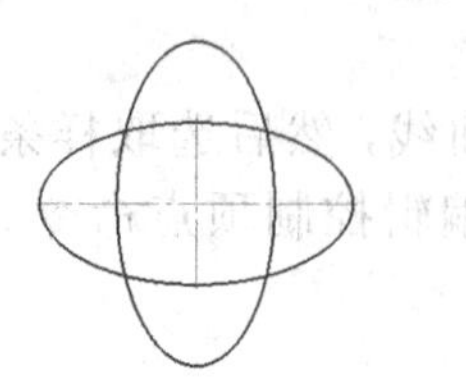

图 4-79　被平移图形

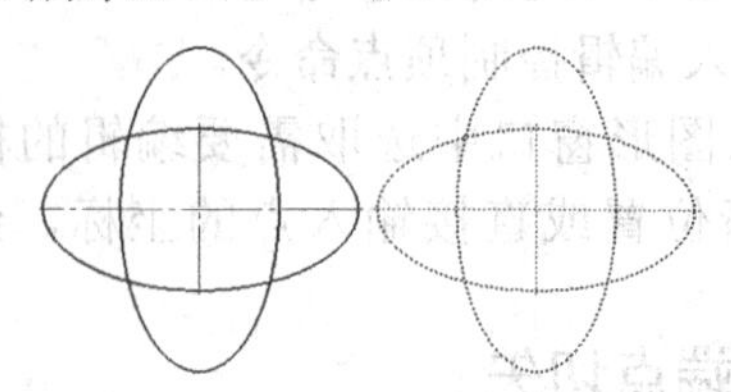

图 4-80　正交拷贝平移实例

2.【偏移量】方式

偏移量方式通过给出被平移对象在 X、Y、Z 三轴上的偏移量，来实现曲线或曲面的平移或拷贝。

单击【几何变换栏】上的按钮，如图 4-81 所示，在导航栏命令行中选择【偏移量】方式，选择【移动】或【拷贝】来确定对图形进行拷贝或平移操作，分别在【DX=】、【DY=】、【DZ=】中输入沿 X、Y、Z 三轴的偏移量。根据状态栏提示，用鼠标选取要平移的曲线或曲面，按鼠标右键确认，完成平移操作。

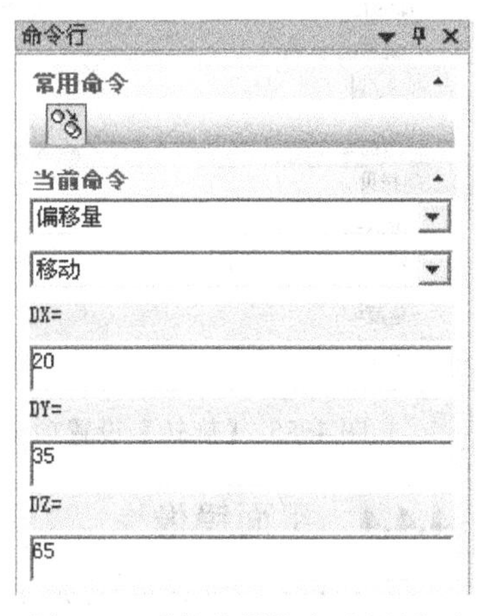

图 4-81 【偏移量】方式设置项

4.4.2 平面旋转

本命令对选中的曲线或曲面在同一个平面内进行二维旋转或旋转拷贝操作。平面旋转有固定角度和动态旋转两种方式，前者需要输入精确的旋转角度值，后者则可以通过鼠标拖动确定旋转位置。平面旋转的结果有拷贝和移动两种方式，其中拷贝方式需要指定拷贝份数。

依次选择菜单项【造型】—【几何变换】—【平面旋转】，或者在【几何变换栏】上单击按钮，启动平面旋转命令。如图 4-82 所示，在命令窗口的【固定角度】选择【移动】或【拷贝】，在【角度=】中输入角度值；如选择【拷贝】选项，在【份数=】中输入拷贝份数。指定旋转中心，按鼠标右键确认，平面旋转完成。图 4-83 和图 4-84 为图形的平面旋转示例。

图 4-82 【平面旋转】设置项

CAXA制造工程师2013

图 4-83　需要平面旋转的图形

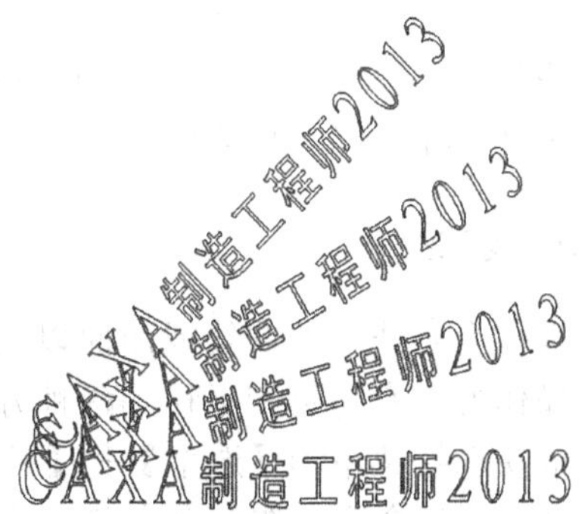

图 4-84　平面旋转操作结果

4.4.3 旋转

本命令对选中的曲线或曲面进行空间旋转或旋转拷贝，操作方式有拷贝和平移两种。拷贝方式除了可以设定旋转角度外，还可以设定拷贝份数。

依次选择菜单项【造型】—【几何变换】—【旋转】，或者在【几何变换栏】上单击按钮进入旋转命令。如图 4-85 所示，在命令窗口中选择【移动】或【拷贝】，在【角度=】中输入旋转角度。如果选择旋转方式为【拷贝】，则在【份数=】中输入拷贝份数。单击鼠标或者通过输入点坐标来给出旋转轴起点、旋转轴末点，然后用鼠标选取要旋转的元素，按鼠标右键确认，完成旋转操作。图 4-86 和图 4-87 为对曲面进行旋转操作实例。

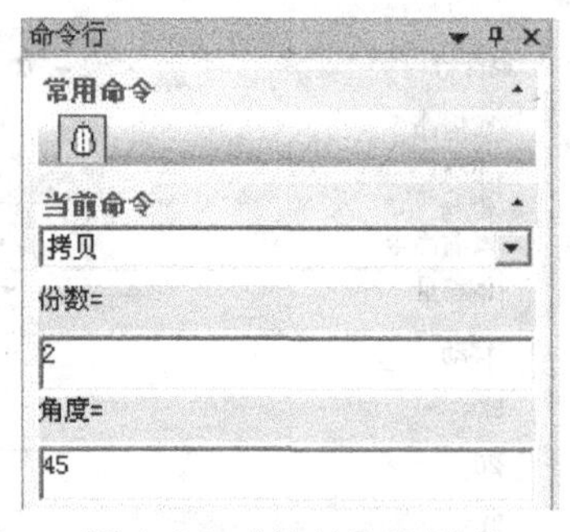

图 4-85 【旋转】设置项

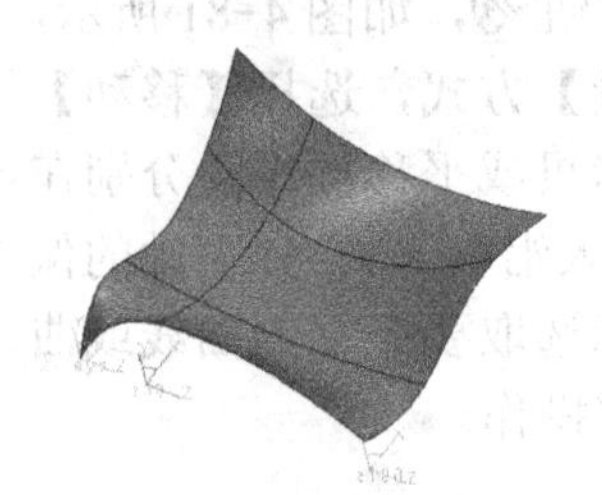

图 4-86 待旋转的曲面

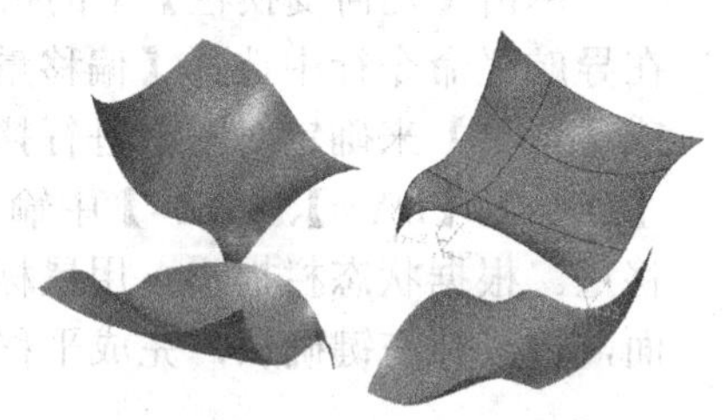

图 4-87 拷贝旋转结果

4.4.4 平面镜像

本命令对选中的曲线或曲面以某一条直线为对称轴，进行同一个平面内的二维对称镜像或对称拷贝，操作方式有镜像和平移两种。

依次选择菜单项【造型】—【几何变换】—【平面镜像】，或者在【几何变换栏】上单击按钮。如图 4-88 所示，在命令窗口中选择【移动】或【拷贝】，然后选择【轨迹坐标系阵列】，或者【轨迹坐标系不阵列】。根据系统状态栏提示，单击鼠标或通过键盘输入点坐标来确定镜像轴首点、镜像轴末点，然后用鼠标选取要镜像的元素，按鼠标右键确认，完成平面镜像操作。图 4-89 和图 4-90 为对文字的平面镜像拷贝。

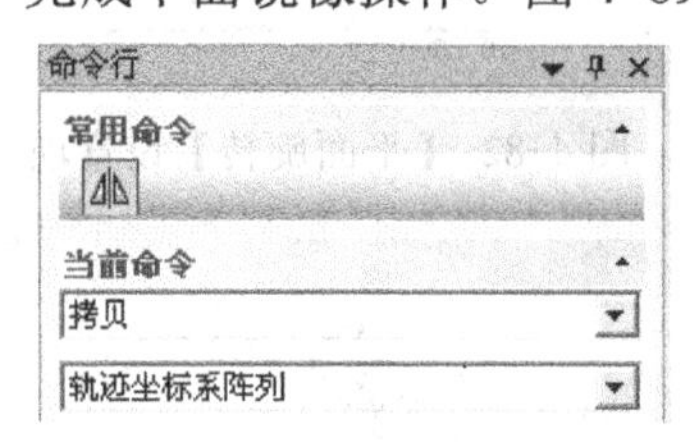

图 4-88 【平面镜像】立即菜单

CAXA制造工程师2013

图 4-89 待平面镜像的图形

图 4-90 平面镜像的拷贝方式实例

4.4.5 镜像

本命令对选中的曲线或曲面以某一条直线为对称轴，进行空间上的对称镜像或对称拷贝，操作方式有拷贝和平移等两种方式。

依次选择菜单项【造型】—【几何变换】—【镜像】，或者在【几何变换栏】上单击按钮进入镜像命令。在命令窗口中选择【移动】或【拷贝】。根据状态栏提示，单击鼠标或者通过键盘输入确定镜像平面上的第一点、第二点、第三点，三点确定镜像平面。然后根据状态栏提示，用鼠标选取要镜像的元素，按鼠标右键确认，完成元素对三点确定的平面镜像操作。图 4-91 和图 4-92 为对曲面的镜像拷贝操作实例。

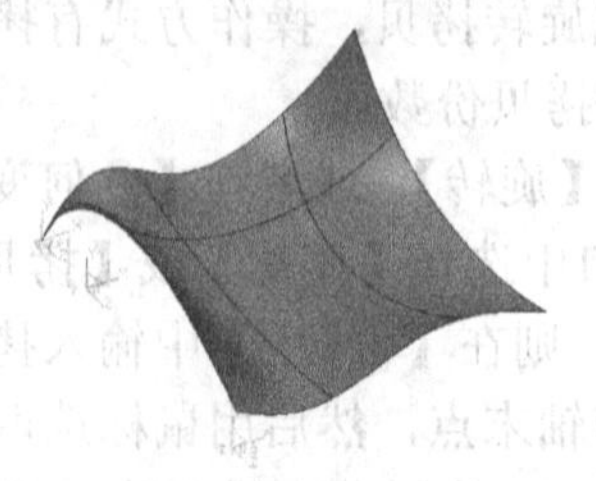

图 4-91 待镜像的曲面

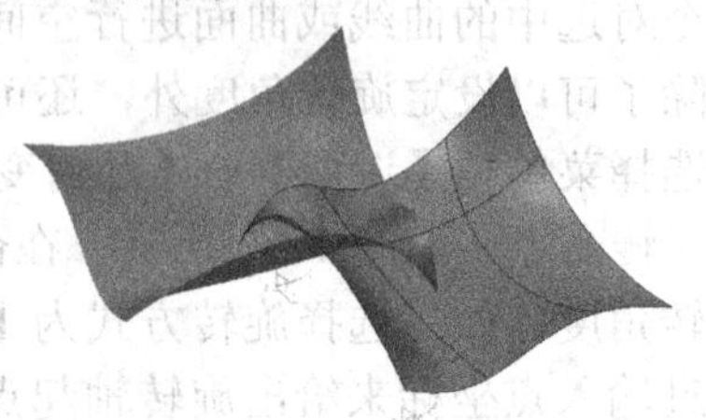

图 4-92 镜像拷贝操作实例

4.4.6　阵列

通过本命令可对选中的曲线或曲面，按圆形或矩形方式进行阵列拷贝操作。

依次选择菜单项【造型】—【几何变换】—【阵列】，或者在【几何变换栏】上单击按钮即可进入阵列命令。阵列命令有圆形阵列和矩形阵列两种操作方式。

1.【圆形】阵列

圆形阵列可对选中的曲线或曲面，按圆周上分布的方式进行拷贝操作。

单击【几何变换栏】上按钮进入阵列命令，如图 4-93 所示，在命令窗口中选择阵列方式为【圆形】，选择拷贝分布方式为【夹角】或【均布】。若选择【夹角】，则需要设定【邻角=】和【填角=】值；若选择【均布】，只需给出拷贝【份数】。

用鼠标选取需阵列的元素，然后按鼠标右键确认，根据状态栏提示，单击鼠标或者用键盘输入坐标来确定阵列的中心点，完成阵列操作。图 4-94 和图 4-95 为对椭圆进行圆形夹角阵列的操作实例，操作效果等同于进行圆形均布阵列，且拷贝份数为 8 份。

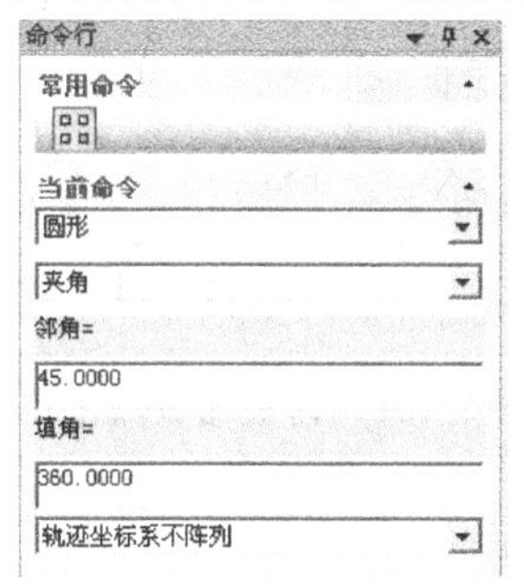

图 4-93 【圆形】阵列设置项

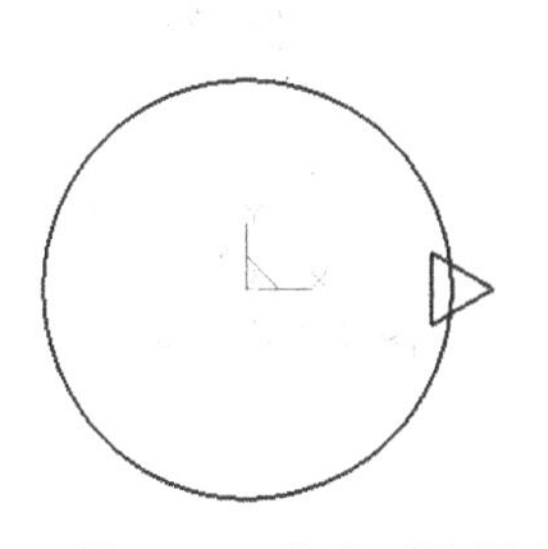

图 4-94　待阵列的图形

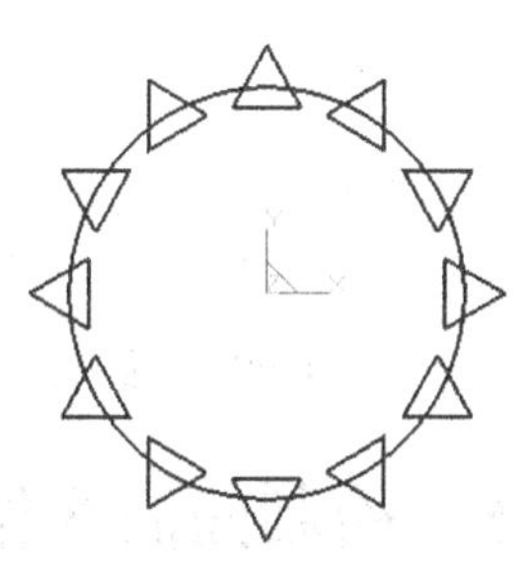

图 4-95　圆形阵列操作实例

2.【矩形】阵列

矩形阵列可对选中的曲线或曲面，按矩形分布方式进行拷贝操作。

单击【几何变换栏】上按钮进入阵列命令，如图 4-96 所示，在命令窗口中选择【矩形】项，分别在【行数=】、【行距=】、【列数=】、【列距=】中输入矩形阵列的参数值。然后根据状态栏提示，用鼠标选取需阵列的元素，按鼠标右键确认，完成阵列操作。图 4-97 和图 4-98 为对椭圆进行的 2 行 3 列矩形阵列操作。

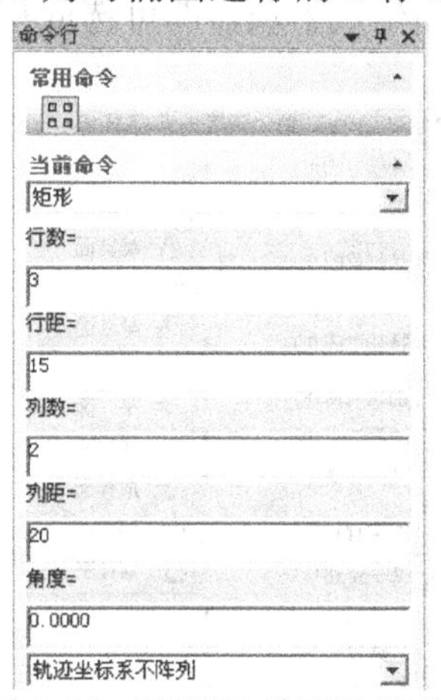

图 4-96 【矩形】阵列设置项

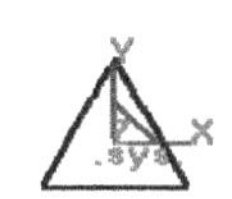

图 4-97　待阵列椭圆

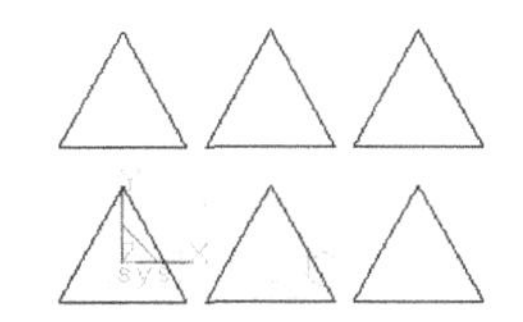

图 4-98　椭圆矩形阵列结果

4.4.7 缩放

使用缩放命令可对选中的曲线或曲面按设定的比例放大或缩小。

依次选择菜单项【造型】—【几何变换】—【缩放】，或者在【几何变换栏】上单击按钮即可进入缩放命令，该命令有拷贝和移动两种方式。

单击【几何变换栏】上按钮启动缩放命令，如图 4-99 所示，在命令窗口中选择缩放方式为【拷贝】或【移动】，分别在【X 比例=】、【Y 比例=】、【Z 比例=】中输入沿 X、Y、Z 三轴的缩放比例。如果选择【拷贝】缩放方式，则需要在【份数=】中输入拷贝份数。根据状态栏提示，单击鼠标或通过键盘输入坐标来确定缩放的基点，然后用鼠标选取需要缩放的元素，按鼠标右键确认，完成缩放操作。图 4-100 和图 4-101 为对待缩放图形的拷贝缩放。

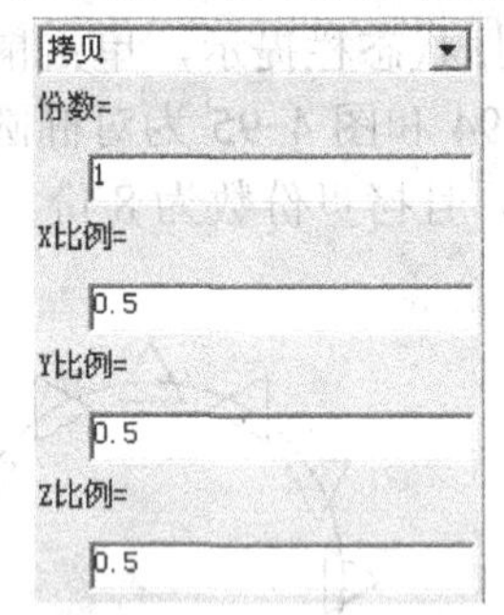

图 4-99 【缩放】设置项

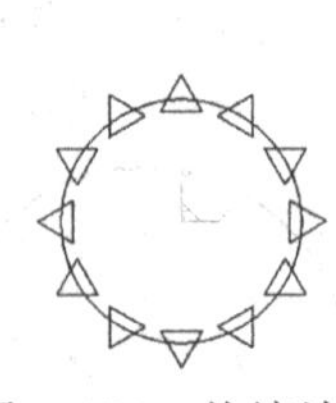

图 4-100 待缩放图形

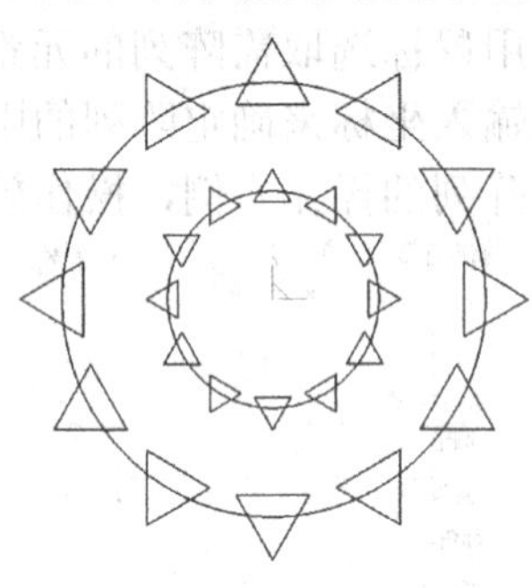

图 4-101 拷贝缩放操作实例

4.5 绘制曲面操作

数控加工的优势之一就是可以对曲面进行高效的加工。CAXA 制造工程师 2013 提供了丰富的曲面造型工具，可在该软件内一次性完成曲面造型操作。在绘制完构成曲面的关键线框后，即可在线框基础上，通过各种曲面的生成和编辑方法，构造描述零件的外表面。

根据曲面特征线的不同组合方式，可以实现不同的曲面生成方式。CAXA 制造工程师 2013 提供了十种曲面生成方式：直纹面、旋转面、扫描面、导动面、等距面、平面、边界面、放样面、网格面和实体表面等。图 4-102 为【曲面生成栏】工具条。

单击菜单项【造型】，在弹出的下拉菜单中选择【曲面生成】项，即可选取相应的曲面生成命令，如图 4-103 所示。

图 4-102 【曲面生成栏】工具条

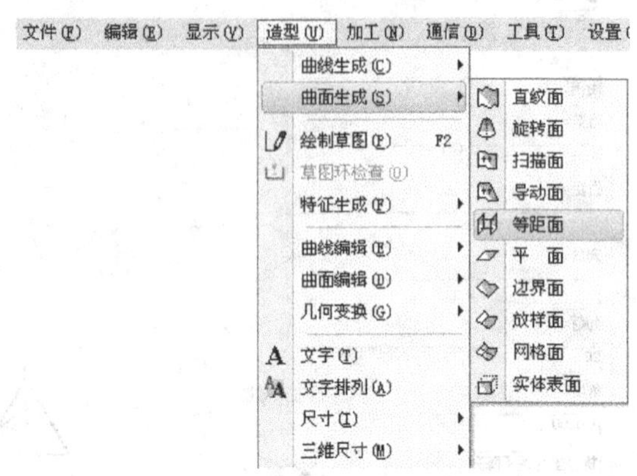

图 4-103 【曲面生成】菜单项

4.5.1 直纹面

直纹面是由两个端点分别在两曲线上匀速运动的直线形成的轨迹曲面，其中直线是母线，曲线为导线。CAXA 制造工程师 2013 提供了曲线+曲线、点+曲线和曲线+曲面三种生成直纹面的方式。

依次选择菜单项【造型】—【曲面生成】—【直纹面】，或者在【曲面生成栏】上单击按钮，进入直纹面绘制命令。

1.【曲线+曲线】方式

此方式下直线的两个端点运动轨迹受曲线约束，由此在两条自由曲线之间生成直纹面。

在【曲面生成栏】上单击按钮进入直纹面命令，如图 4-104 所示，在导航栏命令行中选择【曲线+曲线】项，系统提示“拾取第一条曲线”，用鼠标拾取第一条空间曲线。接着系统提示“拾取第二条曲线”，用鼠标拾取第二条空间曲线，拾取完毕后立即生成直纹面，如图 4-105 和图 4-106 所示。

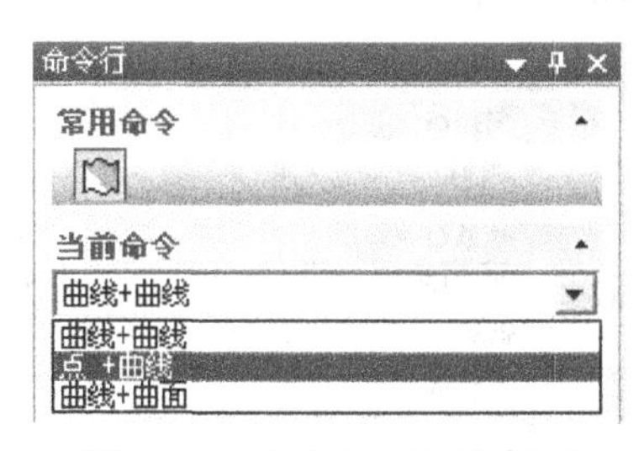

图 4-104 【直纹面】设置项

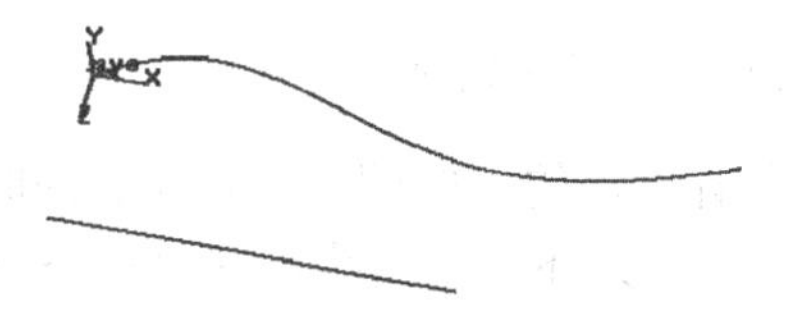

图 4-105 绘制空间曲线

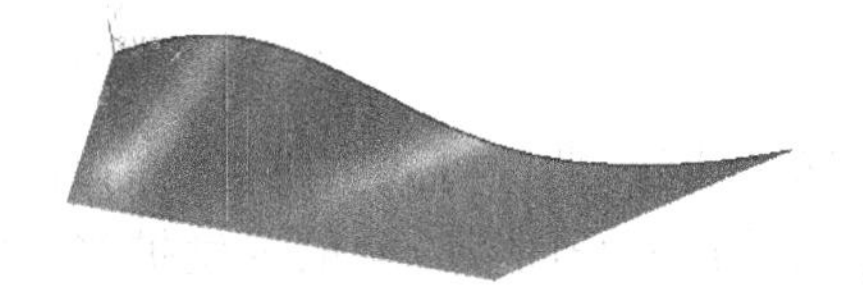

图 4-106 生成直纹面

提示：

1）在选取曲线时，应注意选取点的位置，应选取曲线的同侧对应位置，否则将使生成的直纹面发生扭曲。

2）若系统提示“拾取失败”，可能是由于选取设置中没有添加这种类型的曲线。解决方法是选取【设置】菜单中的【拾取过滤设置】，在【拾取过滤设置】对话框的【图形元素的类型】栏中单击 选中所有类型(A) 。

2.【点+曲线】方式

此方式通过指定一个点和一条曲线来生成直纹面。

在【曲面生成栏】上单击按钮进入直纹面命令，在导航栏命令栏中选择【点+曲线】项，系统提示“拾取点”，单击鼠标或键盘输入坐标来选取空间点。接着系统提示“拾取曲线”，用鼠标选取曲线，完成直纹面的绘制，如图 4-107 和图 4-108 所示。

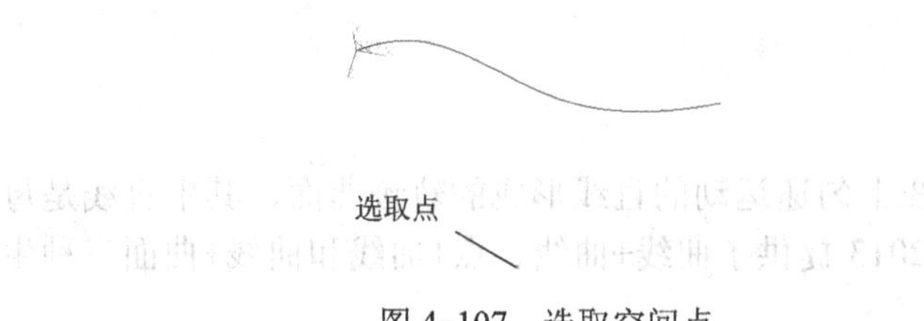

图 4-107　选取空间点

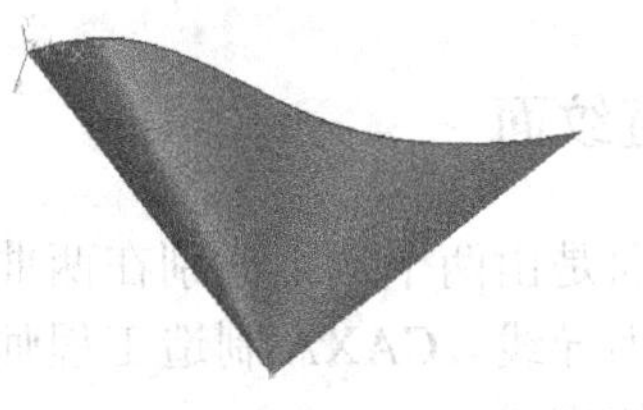

图 4-108　生成直纹面

3.【曲线+曲面】方式

此方式可在一条曲线和一个曲面之间生成直纹面。

在【曲面生成栏】上单击按钮进入直纹面命令，在导航栏命令行中选择【曲线+曲面】项，如图 4-109 所示，在【角度】中填写角度，即母线与输入方向矢量的夹角；在【精度】中填写精度值。根据状态栏提示“拾取曲面”，用鼠标选取曲面；根据状态栏提示“拾取曲线”，用鼠标选取空间曲线；根据状态栏提示“输入投影方向”，单击空格键调出【矢量工具】菜单，选择投影方向；最后根据状态栏提示“选择锥度方向”，用鼠标单击箭头方向确定曲面延伸方向，完成直纹面绘制。

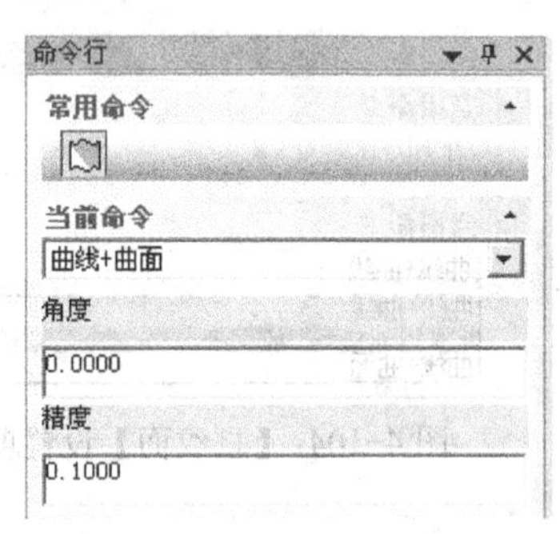

图 4-109　【曲线+曲面】方式设置项

通过曲线+曲面方式生成直纹面时，曲线沿着设定的方向朝曲面投影，同时曲线在与这个方向垂直的平面以一定的锥度扩张或收缩，生成另外一条曲线，在这两条曲线之间生成直纹面，如图 4-110 和图 4-111 所示。

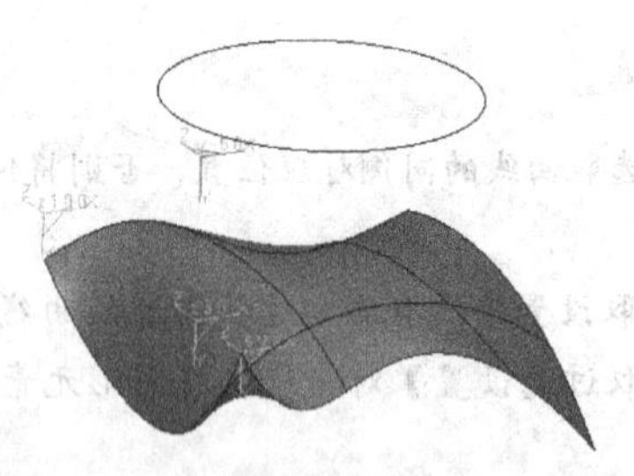

图 4-110　选取空间曲面和曲线

图 4-111　生成直纹面

提示：

1）输入方向矢量时，可利用【矢量工具】菜单命令，按空格键或鼠标中键即可弹出工具菜单。

2）当曲线沿指定方向，以一定的斜度向曲面投影作直纹面时，如果曲线的投影不能全部落在曲面内时，直纹面将无法作出。

3）曲线必须是单根曲线，如有必要，可对多根曲线先组合。

4.5.2　旋转面

此命令通过设定起始角、终止角，将曲线绕一旋转轴旋转而生成轨迹曲面。

依次选择菜单项【造型】—【曲面生成】—【旋转面】，或者在【曲面生成栏】上单击按钮进入旋转面绘制命令。

如图 4-112 所示，在导航栏命令行的【起始角】中设定旋转面起始角，在【终止角】中设定旋转面终止角。其中，起始角是指生成曲面的起始位置与母线和旋转轴构成平面的夹角，终止角是指生成曲面的终止位置与母线和旋转轴构成平面的夹角。根据状态栏提示“拾取旋转轴（直线）”，用鼠标选取一条空间直线作为旋转轴；根据状态栏提示“选择方向”，用鼠标选取旋转方向；最后根据系统提示“拾取母线：”，用鼠标选取空间曲线作为母线，完成旋转面绘制。图 4-113 和图 4-114 是起始角为 0°、终止角为 270° 旋转面的绘制。

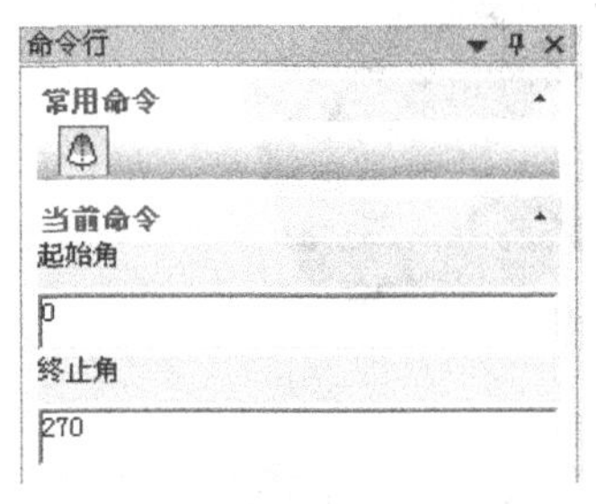

图 4-112　【旋转面】设置项

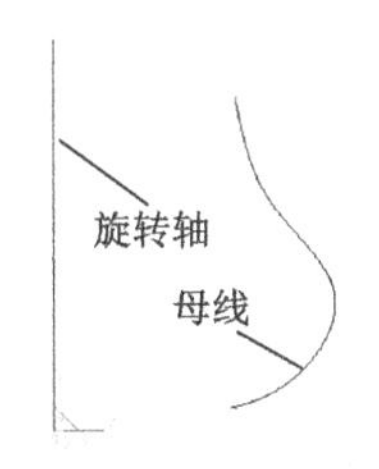

图 4-113　选取旋转轴和母线

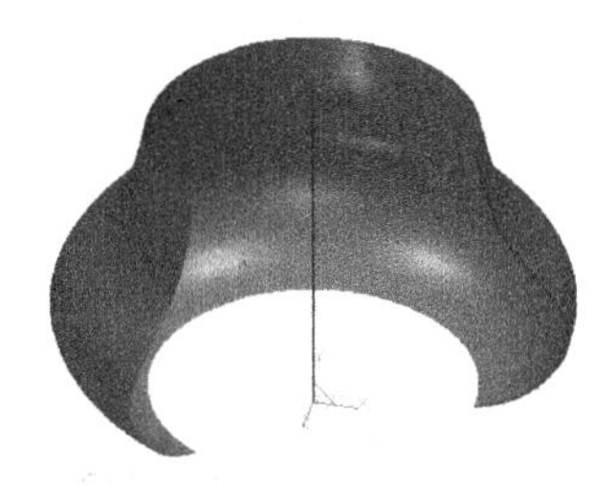

图 4-114　生成旋转面

提示：

选取的箭头方向与曲面旋转方向遵循右手螺旋法则。

4.5.3　扫描面

扫描面是按照给定的起始位置和形状，以及扫描路径，将曲线沿指定方向以一定的斜度运动生成的曲面。

依次选择菜单项【造型】—【曲面生成】—【扫描面】，或者在【曲面生成栏】上单击按钮进入扫描面绘制命令。

如图 4-115 所示，在导航栏命令行的【起始距离】、【扫描距离】、【扫描角度】、【精度】中分别输入扫描面的起始距离、扫描距离、扫描角度和精度等参数。其中，起始距离是指沿扫描方向上生成曲面的起始位置与曲线平面的间距；扫描距离是指沿扫描方向上生成曲面的起始位置与终止位置的间距；扫描角度是指曲面母线与扫描方向的夹角。

根据系统提示“输入扫描方向：”，用鼠标选取空间曲线作为扫描路径，并单击箭头方向确定扫描方向；或者按空格键弹出图 4-116 所示的【矢量工具】菜单，选择扫描方向。根据系统提示“拾取曲线”，拾取空间曲线作为母线。若设定扫描角度为零，即生成扫描面；若扫描角度不为零，根据系统提示“选择扫描夹角方向”，用鼠标单击箭头方向确定扫描夹角方向，完成扫描面绘制。图 4-117 和图 4-118 为扫描面的生成。

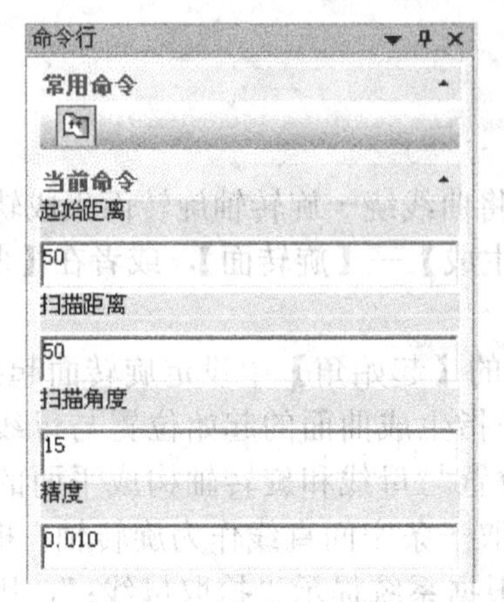

图4-115 【扫描面】设置项

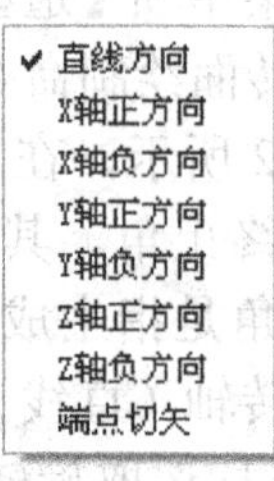

图4-116 【矢量工具】菜单

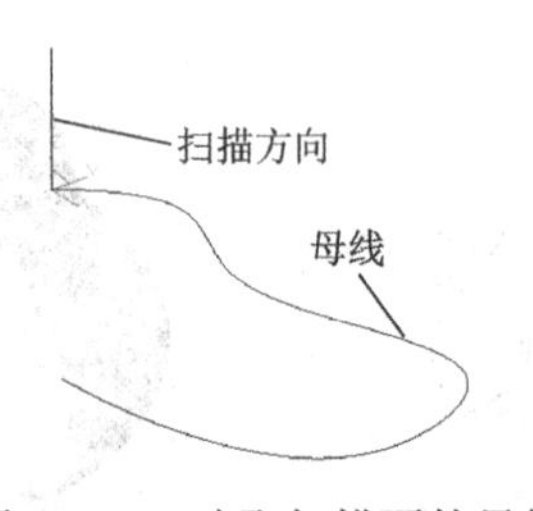

图4-117 选取扫描面的母线

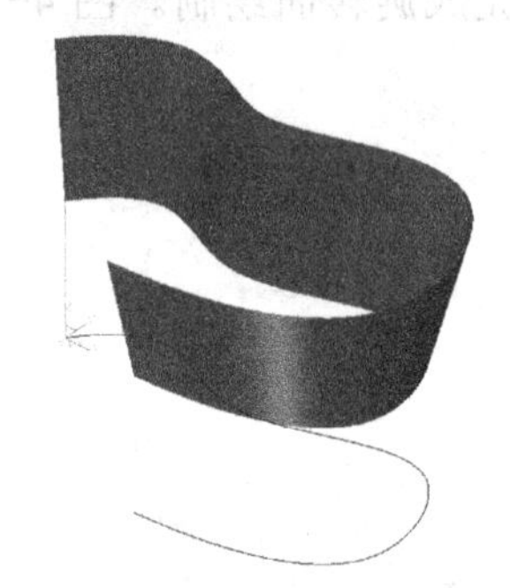
图4-118 生成扫描面

提示：

选择不同的扫描夹角方向，可以产生不同的扫描面效果。

4.5.4 导动面

导动面是让特征截面线沿特征轨迹线的某一方向，以特定方式扫动生成的曲面。CAXA制造工程师2013提供了六种生成导动面的方式：平行导动、固接导动、导动线&平面、导动线&边界线、双导动线和管道曲面。生成导动面的基本原理是：先选取截面曲线或轮廓线，然后沿着另外一条轨迹线扫动生成曲面。为了满足不同形状的要求，可以在扫动过程中，对截面线和轨迹线之间施加不同的几何约束，让截面线和轨迹线之间保持不同的位置关系，即可生成形状变化多样的导动面。

依次选取菜单项【造型】—【曲面生成】—【导动面】，或者在【曲面生成栏】上单击按钮进入导动面命令。图4-119为【导动面】设置项。

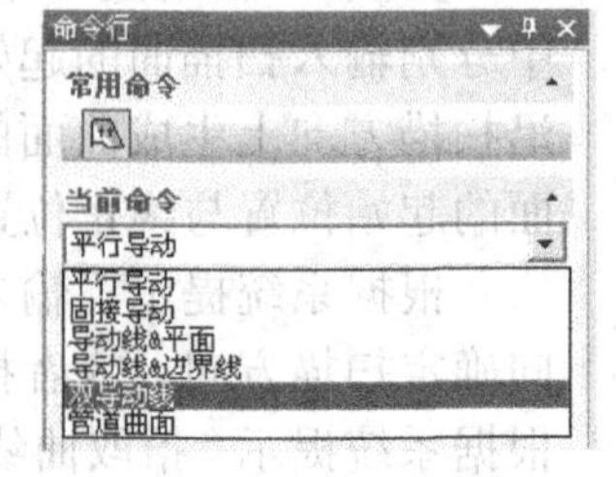

图4-119 【导动面】设置项

1.【平行导动】方式

平行导动是指截面线沿导动线方向扫动过程中，始终相对于初始位置平动而生成的曲面，即截面线在运动过程中没有任何旋转。

在【曲面生成栏】上单击按钮进入导动面命令，在导航栏命令行中选择【平行导动】

项，根据系统提示“拾取导动线”，用鼠标选取导动线并选择扫动方向；根据系统提示“拾取截面曲线:”，用鼠标拾取截面线，完成导动面的绘制，如图 4-120 和图 4-121 所示。

从图 4-121 可以看出，椭圆截面线始终沿导动线平行于它自身的方向移动，在生成曲面的过程中，椭圆截面线在运动过程中没有任何旋转。

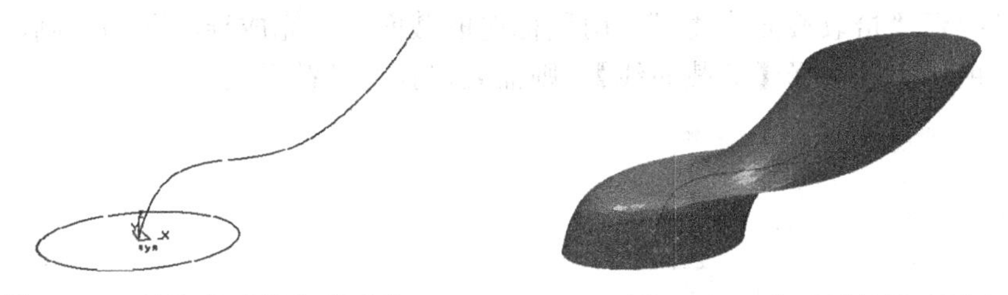

图 4-120　选取导动线和截面线　　　　图 4-121　生成平行导动面

提示：

平行导动时，素线平行于母线。导动线方向选取的不同，产生的导动面的效果也不相同。

2.【固接导动】方式

固接导动是指在导动过程中，截面线和导动线保持固接关系，即让截面线平面与导动线的切矢方向保持相对角度不变，且截面线在自身相对坐标系中的位置关系保持不变，而截面线沿导动线扫动而生成曲面。固接导动方式有单截面线和双截面线两种，即截面线可以是一条或两条。

在【曲面生成栏】上单击按钮进入导动面命令，在导航栏命令行中选择【固接导动】项，并选择【单截面线】或者【双截面线】。根据系统提示“拾取导动线”，用鼠标选取导动线并选择方向；根据系统提示“拾取截面曲线:”，用鼠标选取截面曲线，完成导动面的绘制，如图 4-122 和图 4-123 所示。若选择【双截面线】，则需要选择两条截面线。

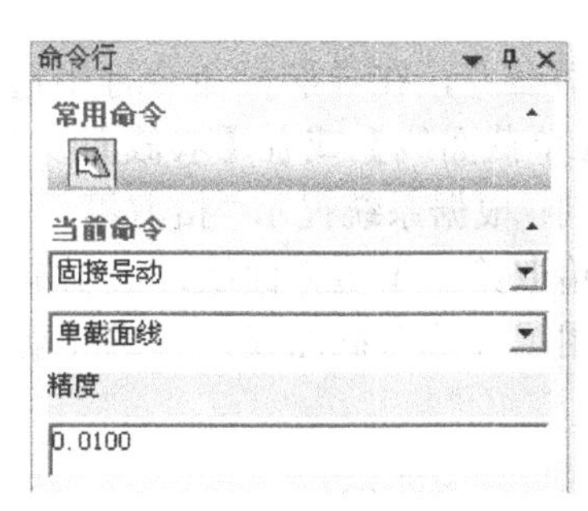

图 4-122 【固接导动】设置项

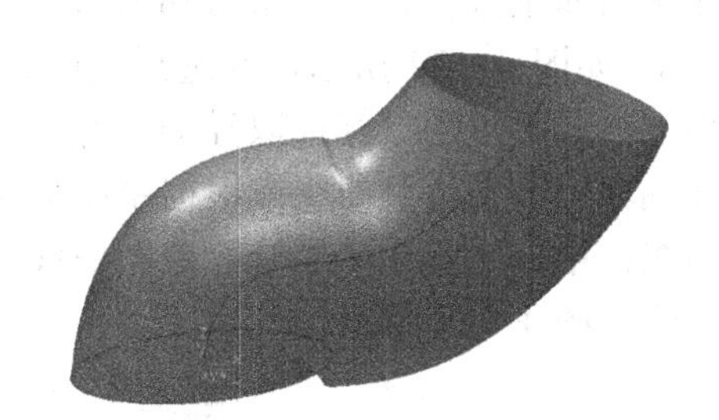

图 4-123 【固接导动】方式实例

从图 4-123 可以看出，在固接导动中，封闭样条曲线截面线沿导动线发生了旋转，椭圆截面线平面与导动线的切矢方向的相对角度没有变化。

3.【导动线&平面】方式

导动线&平面是指在导动过程中，截面线按照截面线平面的方向与导动线上每一点的切矢方向之间相对夹角始终保持不变，或者截面线的平面方向与所定义的平面法矢的方向始终保持不变的规则，沿一条平面或空间导动线（脊线）扫动生成曲面。这种导动方式非常适用于导动线是空间曲线的情形，截面线可以是一条或两条。

在【曲面生成栏】上单击按钮进入导动面命令，在导航栏命令行中选择【导动线&平面】，如图4-124所示，并选择【单截面线】或者【双截面线】，在【精度】中设定曲面精度。根据系统提示“输入平面法矢方向”，用键盘输入矢量方向，或者按空格键调出【矢量工具】菜单来确定方向；根据系统提示“拾取导动线”，用鼠标选取导动线并选择方向；根据系统提示“拾取截面曲线：”，用鼠标选取截面线，完成导动面的绘制，如图4-125和图4-126所示。若选择【双截面线】，则需要选择两条截面线。

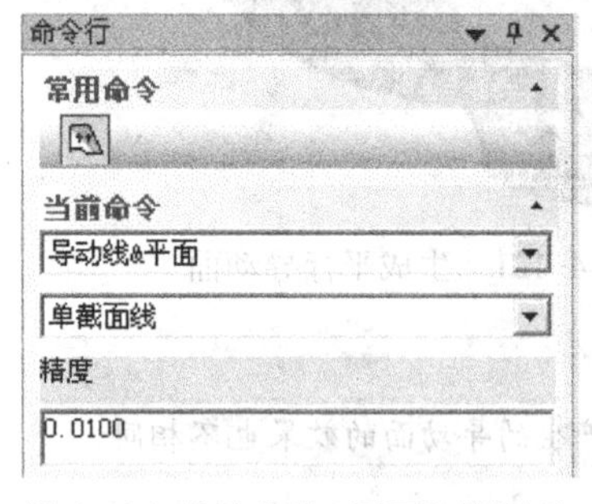

图4-124 【导动线&平面】设置项

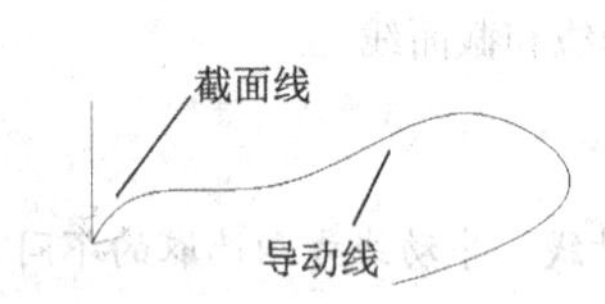

图4-125 选取导动线和截面线

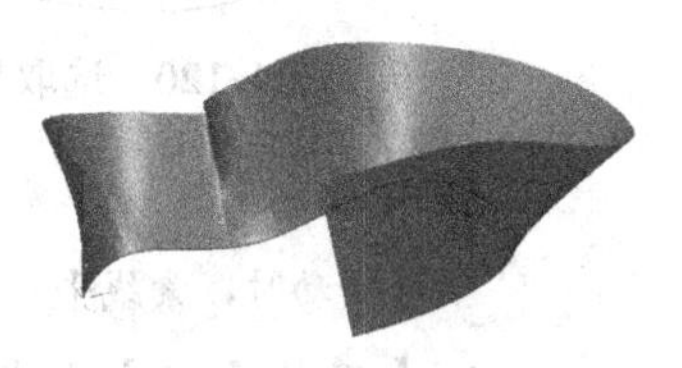

图4-126 【导动线&平面】方式实例

4.【导动线&边界线】方式

导动线&边界线是指截面线按照一定的边界规则沿一条导动线扫动生成曲面。这些规则包括：

1）导动过程中，截面线平面始终与导动线垂直。

2）导动过程中，截面线平面与两边界线需要有两个交点。

3）对截面线进行放缩，将截面线横跨于两个交点上。截面线沿导动线如此运动时，将受两条边界线约束而生成曲面。

在对截面线进行放缩变换时，如果仅变化截面线的长度，而保持截面线的高度不变，称为等高导动。

在【曲面生成栏】上单击按钮进入导动面命令，在导航栏命令行中选择【导动线&边界线】，如图4-127所示，并选择截面线为【单截面线】或者【双截面线】。根据系统提示“拾取导动线”，用鼠标选取导动线并选择方向；根据系统提示“拾取第一条边界曲线：”，用鼠标选取第一条边界曲线；根据系统提示“拾取第二条边界曲线：”，用鼠标选取第二条边界曲线；根据系统提示“拾取截面曲线：”，用鼠标选取截面线，完成导动面的绘制，如图4-128和图4-129所示。

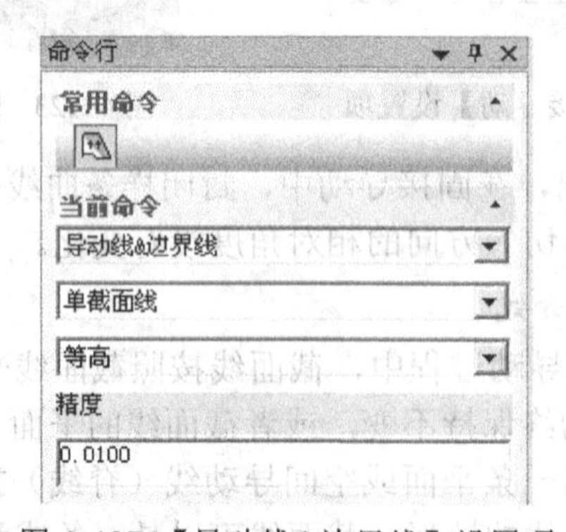

图4-127 【导动线&边界线】设置项

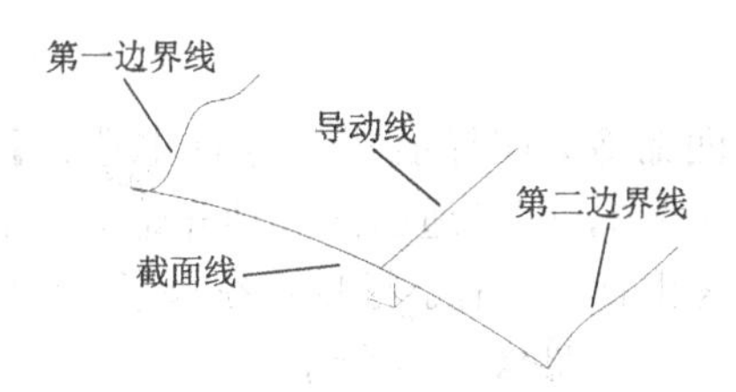

图 4-128　选取截面线、边界线和导动线

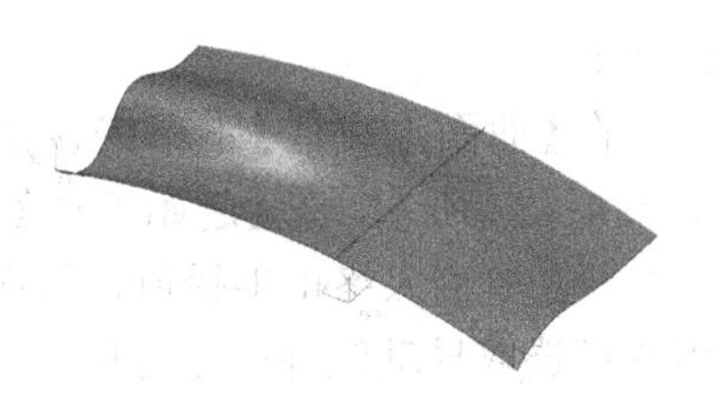

图 4-129 【导动线&边界线】方式实例

提示：

在导动过程中，截面线始终在垂直于导动线的平面内摆放，并求得截面线平面与边界线的两个交点。在两截面线之间进行混合变形，通过对混合截面的放缩变换，使截面线正好横跨在两个边界线的交点上。

5.【双导动线】方式

双导动线方式是将一条或两条截面线沿着两条导动线均匀地扫动生成曲面。

在【曲面生成栏】上单击按钮进入导动面命令，在导航栏命令行中选择【双导动线】，如图 4-130 所示，并选择截面线方式为【单截面线】或者【双截面线】。根据系统提示“拾取第一条导动线：”，用鼠标选取第一条导动线并确定方向；根据系统提示“拾取第二条导动线：”，用鼠标选取第二条导动线并确定方向；根据系统提示“拾取截面曲线（在第一条导动线附近）：”，用鼠标选取第一条导动线附近的截面线，完成导动面绘制，如图 4-131 和图 4-132 所示。

双导动线导动支持等高导动和变高导动，其中变高导动生成的曲面更为光滑，如图 4-133 所示。

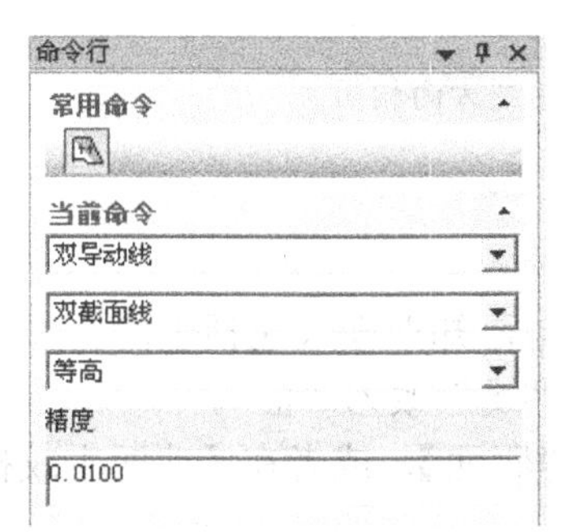

图 4-130 【双导动线】设置项

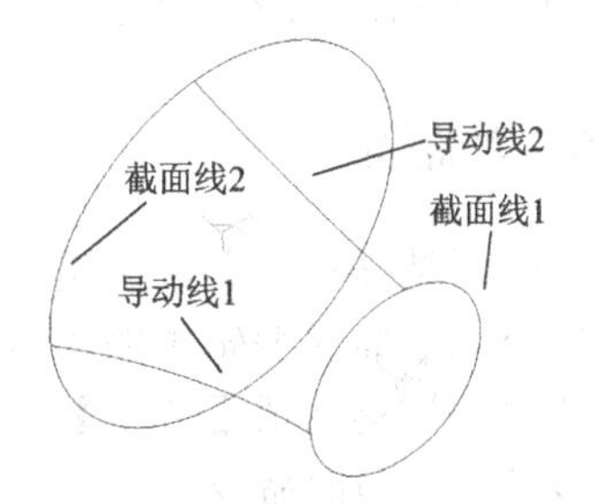

图 4-131　选取导动线和截面线

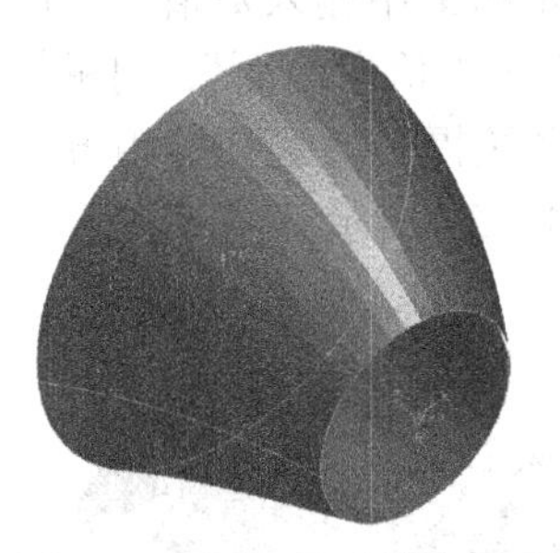

图 4-132 【双导动线】方式实例

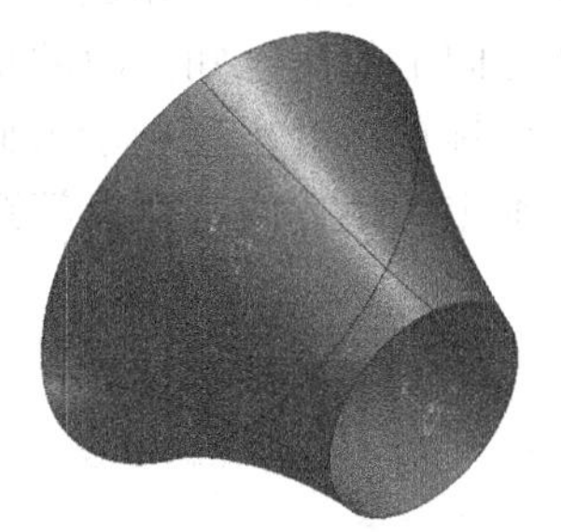

图 4-133 【双导动线】的变高方式实例

6.【管道曲面】方式

管道曲面是通过给定起始半径和终止半径，将圆形截面沿指定的中心轨迹线扫动生成

的曲面。

在【曲面生成栏】上单击按钮进入导动面命令，在导航栏命令行中选择【管道曲面】，如图 4-134 所示，在【起始半径】中输入起始半径值，即管道曲面导动开始圆的半径；在【终止半径】中输入终止半径值，即管道曲面导动终止时的半径。根据系统提示“拾取导动线:”，用鼠标选取导动线并确定方向，完成导动面绘制，如图 4-135 所示。

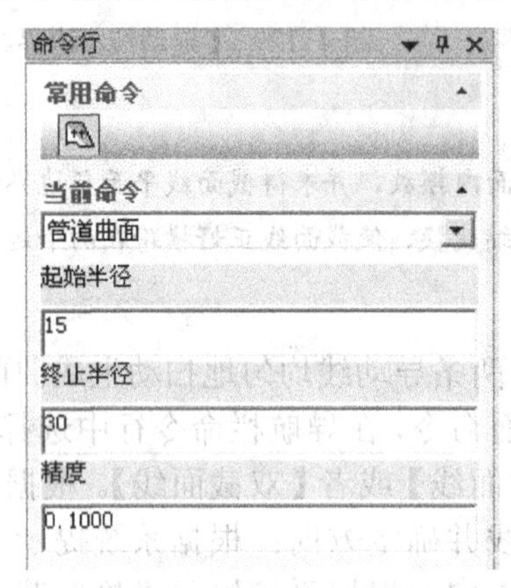

图 4-134 【管道曲面】设置项

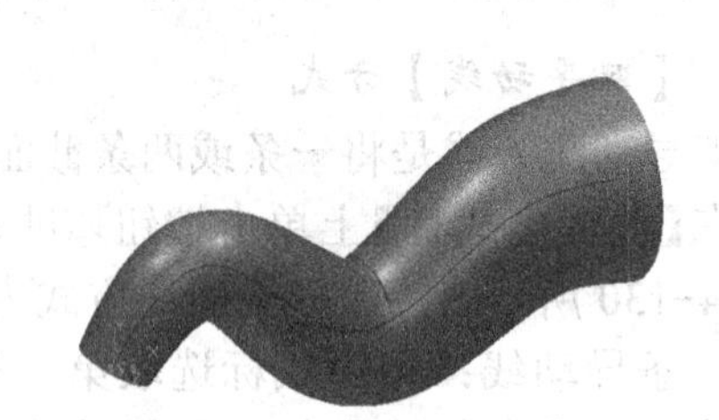

图 4-135 【管道曲面】方式实例

提示：

1）导动线、截面线应均为光滑曲线。

2）在两条截面线之间进行导动时，选取两根截面线时应使得它们的方向一致，否则会生成形状扭曲的曲面。

3）导动线&平面方式中的平面法矢一般不要和导动线切矢方向相同。

4.5.5 等距面

等距面是按给定距离和选定的等距方向，生成与已知曲面（包括平面）等距的曲面。其作用类似于曲线编辑中的“等距线”命令，只是“线”改为“面”。

依次选择菜单项【造型】—【曲面生成】—【等距面】，或者在【曲面生成栏】上单击按钮进入等距面命令。

如图 4-136 所示，在导航栏命令行的【等距距离】中输入数值。等距距离是指生成曲面在所选方向上的离已知曲面的距离。根据系统提示“拾取曲面”，用鼠标选取被等距的曲面，此时鼠标单击处出现指示方向的箭头；根据系统提示“选择等距方向:”，用鼠标单击箭头方向确定等距方向，完成等距面绘制，如图 4-137 所示。

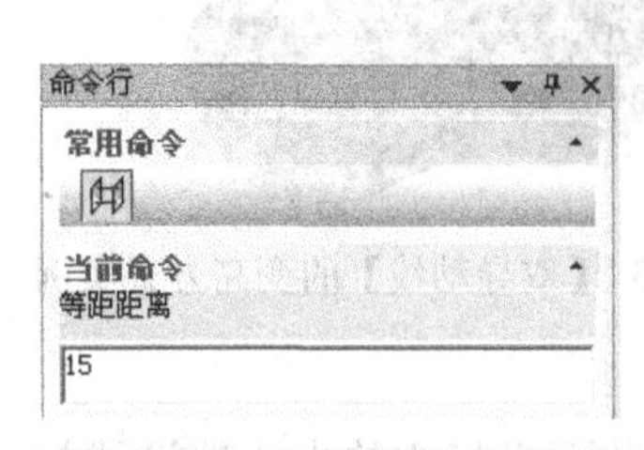

图 4-136 【等距面】设置项

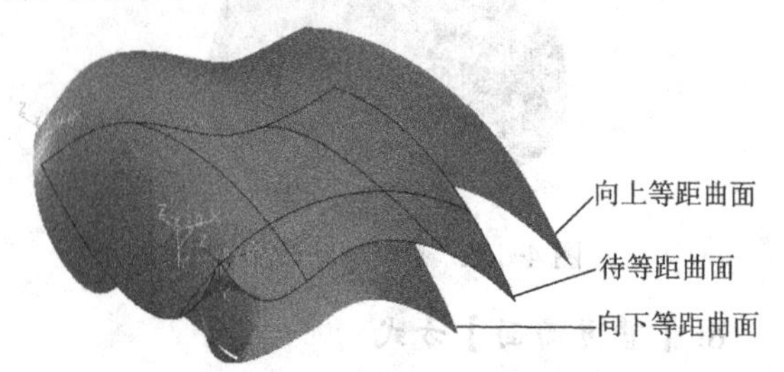

图 4-137 等距面绘制实例

提示：

如果曲面的曲率变化太大，等距的距离应当小于最小曲率半径。

4.5.6　平面

平面命令可利用多种方式生成所需平面。平面与基准面不同，基准面是在绘制草图时的参考面，不单独存在；而平面是一个实体，是一个实际存在的几何面。CAXA 制造工程师 2013 提供了裁剪平面和工具平面两种方式来生成平面。

依次选择菜单项【造型】—【曲面生成】—【平面】，或者在【曲面生成栏】上单击按钮进入平面命令。

1.【**裁剪平面**】**方式**

裁剪平面命令用于对平面内的封闭内轮廓进行裁剪，形成有一个或者多个边界的平面。封闭内轮廓可以有多个。

在【曲面生成栏】上单击按钮进入平面命令，在导航栏命令行中选择【裁剪平面】，如图 4-138 所示，根据状态栏提示“拾取平面外轮廓线”，用鼠标单击选取平面外轮廓线并确定链搜索方向；根据状态栏提示“拾取第 1 个内轮廓线”，用鼠标选择箭头方向以确定链搜索方向。如果有多个内轮廓线，则每选取一个内轮廓线，确定一次链搜索方向。所有内轮廓选取完后，单击鼠标右键，完成裁剪平面的生成操作，如图 4-139 和图 4-140 所示。

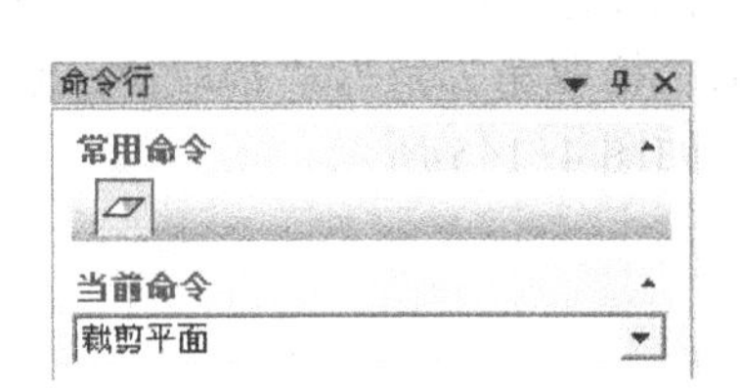

图 4-138 【裁剪平面】设置项

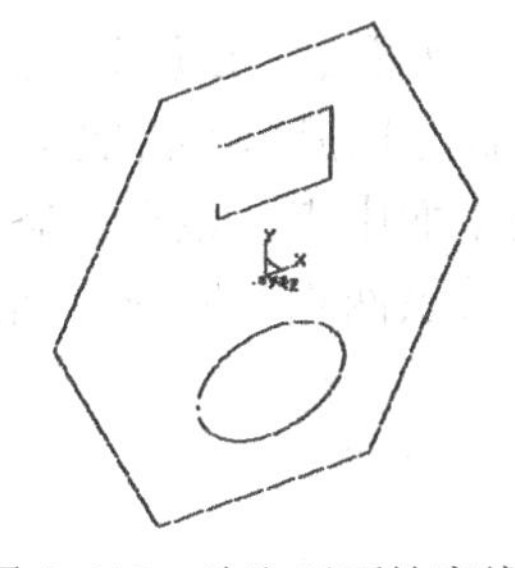

图 4-139　选取平面轮廓线

图 4-140 【裁剪平面】生成实例

2.【**工具平面**】**方式**

工具平面包括 XOY 平面、YOZ 平面、ZOX 平面、三点平面、矢量平面、曲线平面和平行平面等七种方式，如图 4-141 所示。XOY 平面是通过绕 X 或 Y 轴旋转一定角度生成的指定长度和宽度的平面；YOZ 平面是通过绕 Y 或 Z 轴旋转一定角度生成的指定长度和宽度的平面；ZOX 平面是通过绕 Z 或 X 轴旋转一定角度生成的指定长度和宽度的平面；三点平面是通过给定三点生成的指定长度和宽度的平面，其中第一点为平面几何中点；矢量平面是通过指定平面法线的起点和终点，生成一个指定长度和宽度的平面；曲线平面是在给定曲线的指定点上，生成一个指定长度和宽度的法平面或切平面，有法平面和包络面两种方式；平行平面是按给定距离移动已有平面或生成一个拷贝平面。

（1）XOY 平面、YOZ 平面、ZOX 平面的绘制　在【曲面生成栏】上单击按钮进入平面命令，在导航栏命令行中选择【工具平面】，并选择工具平面的类型为【XOY 平面】或【YOZ 平面】或【ZOX 平面】，在【角度】、【长度】、【宽度】中分别设定旋转角度、平面长度和平面宽度等数值，如图 4-142 所示。根据状态栏提示“输入平面中点”，在图形窗口上单击鼠标或通过键盘输入坐标来确定平面中点，完成平面绘制，如图 4-143 所示。

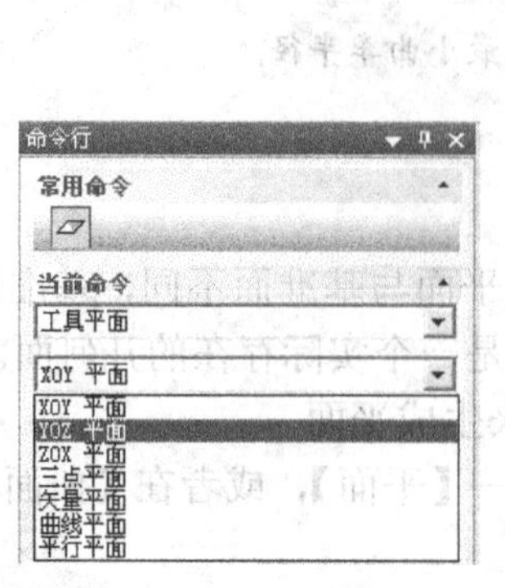

图 4-141 【工具平面】选项

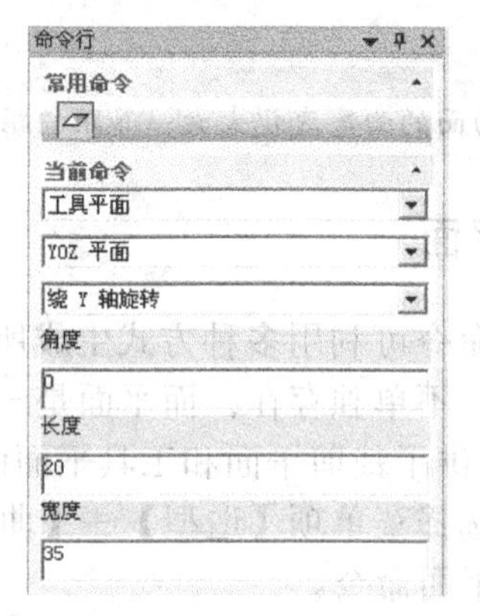

图 4-142 【YOZ 平面】设置项

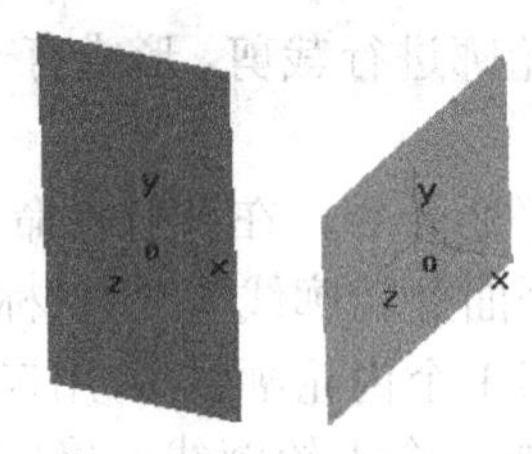

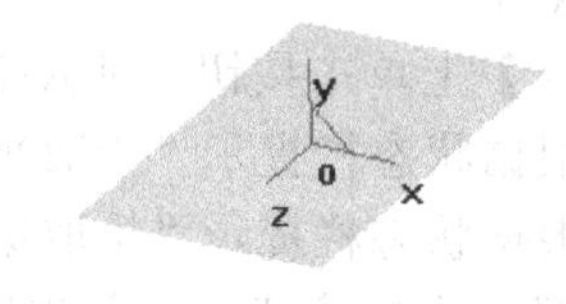

图 4-143 【XOY 平面】、【YOZ 平面】、【ZOX 平面】绘制实例

（2）三点平面的绘制　在【曲面生成栏】上单击按钮进入平面命令，在导航栏命令行中选择【工具平面】和【三点平面】，在【长度】、【宽度】中分别输入平面的长度和宽度数值，如图 4-144 所示。根据状态栏提示“拾取第一点为平面的中点”，在图形窗口上单击鼠标或用键盘输入坐标来确定平面中点。根据状态栏提示“拾取第二点”，“拾取第三点”，单击鼠标或用键盘输入来确定其余两点，完成平面绘制，如图 4-145 所示。

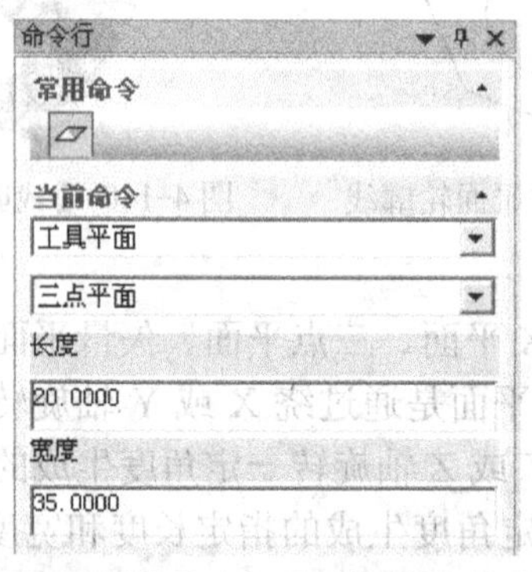

图 4-144 【三点平面】设置项

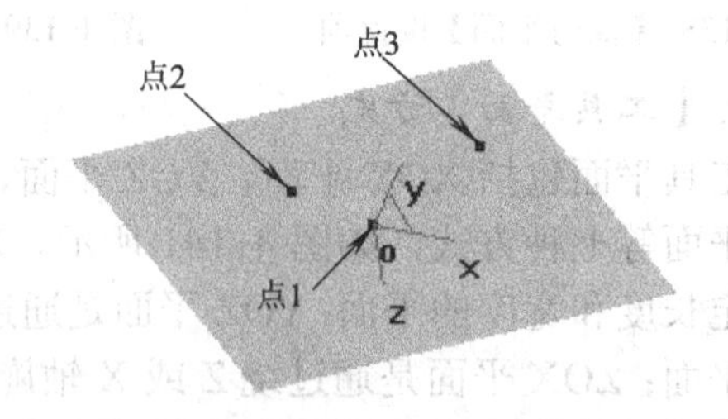

图 4-145 【三点平面】绘制实例

（3）矢量平面的绘制　在【曲面生成栏】上单击按钮进入平面命令，在导航栏命令行中选择【工具平面】和【矢量平面】，在【长度】与【宽度】中分别输入平面长度和宽度数值，如图 4-146 所示。根据状态栏提示“起点”，在图形窗口上单击鼠标或用键盘输入坐标来确定起点，然后根据状态栏提示“终点”，选择确定终点，完成矢量平面的绘制。

（4）曲线平面的绘制　系统提供了法平面和包络面两种绘制曲线平面的方式。

在【曲面生成栏】上单击按钮进入平面命令，在导航栏命令行中选择【工具平面】、【曲线平面】和【法平面】，在【长度】与【宽度】中分别输入平面长度和宽度的数值，如图 4-147 所示。根据状态栏提示“拾取曲线”，用鼠标选取曲线；根据状态栏提示“拾取曲线上的点”，在图形窗口上单击鼠标或用键盘输入坐标来确定曲线上的点，即可生成与曲线在选中点处的法平面。

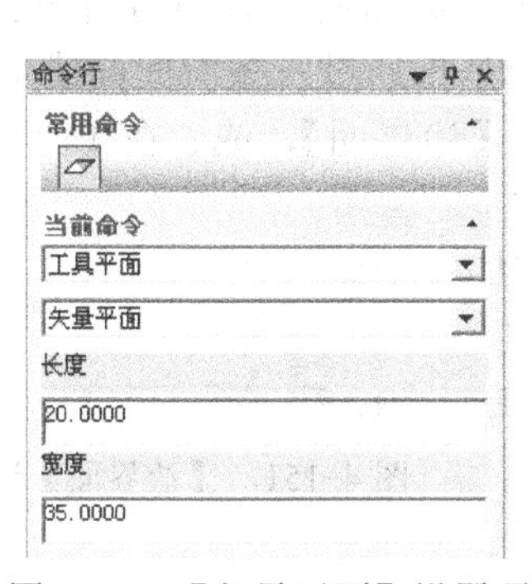

图 4-146 【矢量平面】设置项

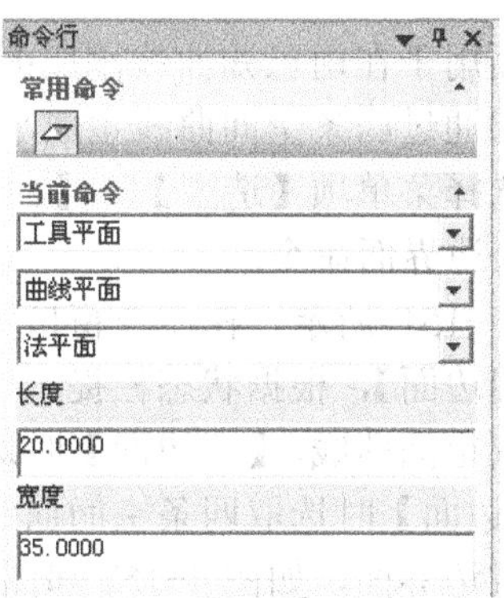

图 4-147 【曲线平面】设置项

在导航栏命令行中依次选择【工具平面】、【曲线平面】和【包络面】，根据状态栏提示“拾取曲线”，用鼠标拾取曲线后系统即生成包络整个曲线的平面，如图 4-148 所示。

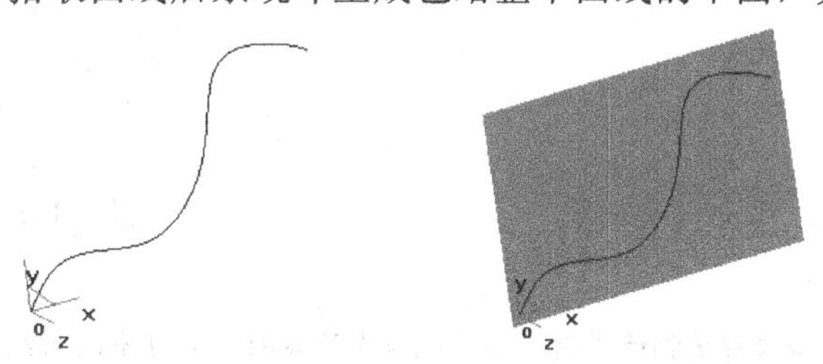

图 4-148 【包络面】方式的曲线平面绘制

提示：

只有平面曲线才能生成包络面。

（5）平行平面的绘制　平行平面功能与等距面功能相似，但等距面后的平面（曲面）不能再对其使用平行平面，只能使用等距面；而平行平面后的平面（曲面）可以再对其使用等距面或平行平面。平行平面的绘制有移动或拷贝两种方式。

如图 4-149 所示，在【曲面生成栏】上单击按钮▱进入平面命令，在导航栏命令行中选择【工具平面】和【平行平面】；在【距离】中输入平面需要移动或拷贝的距离值；根据状态栏提示“拾取平面”，用鼠标选取平面，在被选择的平面上将出现指示方向的箭头；根据状态栏提示“选择方向”，用鼠标选择箭头方向来确认移动或拷贝的方向，完成平行平面的绘制，如图 4-150 所示。

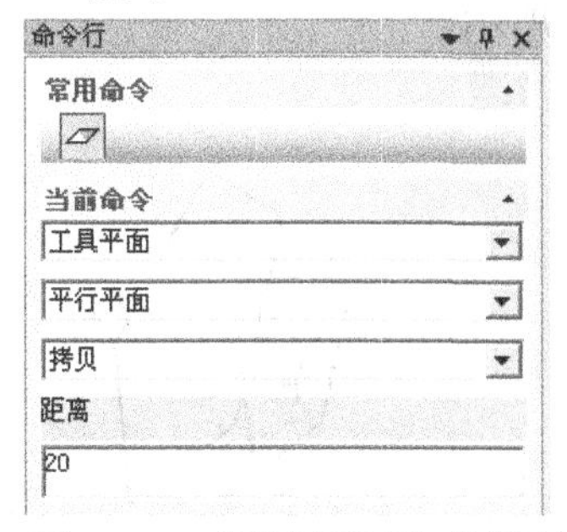

图 4-149 【平行平面】设置项

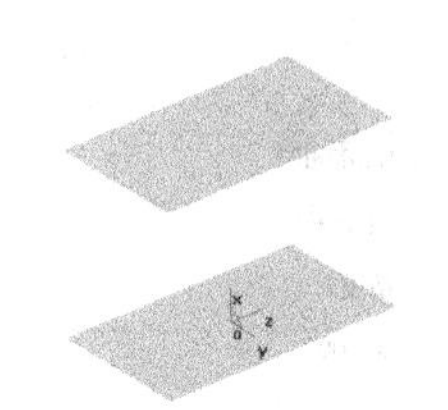

图 4-150 【平行平面】方式实例

4.5.7 边界面

边界面用于在由已知曲线围成的边界区域上生成曲面，有四边面和三边面两种类型。四边面是指通过四条空间曲线生成平面；三边面是指通过三条空间曲线生成平面。

依次选择菜单项【造型】—【曲面生成】—【边界面】，或者在【曲面生成栏】上单击按钮进入边界面命令。

如图 4-151 所示，在命令窗口中选择【三边面】或【四边面】，根据状态栏提示“拾取曲线”，用鼠标选取空间曲线，【三边面】时选取三条空间曲线，【四边面】时选取四条空间曲线。曲线选取完后即生成边界面，如图 4-152 和图 4-153 所示。

图 4-151 【边界面】设置项

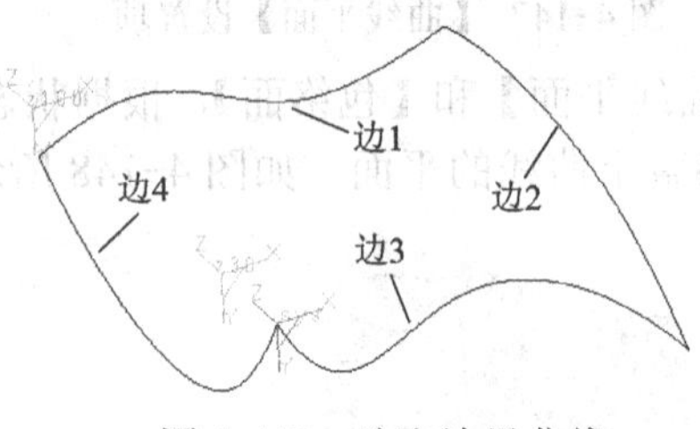

图 4-152 选取边界曲线

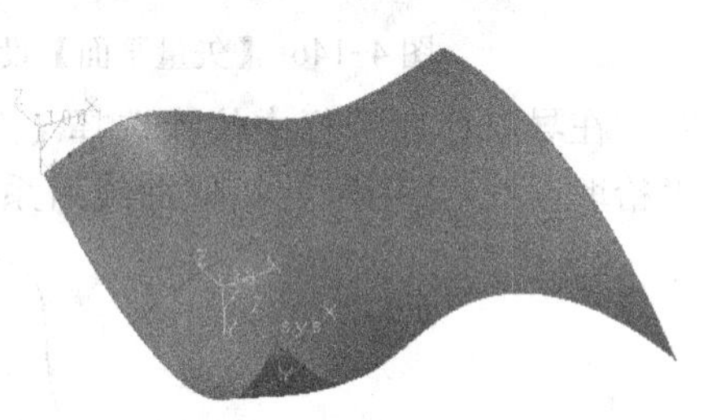

图 4-153 生成边界面

提示：

选取的空间曲线必须首尾相连成封闭环才能作出边界面，并且空间曲线应是光滑曲线。

4.5.8 放样面

放样面是指以一组互不相交、方向相同、形状相似的特征线（或截面线）为关键边线来控制形状，通过这些曲线生成的曲面有截面曲线和曲面边界两种生成方式。

依次选择菜单项【造型】—【曲面生成】—【放样面】，或者在【曲面生成栏】上单击按钮进入放样面命令。

1.【截面曲线】方式

截面曲线方式是通过一组空间曲线作为截面来生成封闭或者不封闭的曲面。

如图 4-154 所示，在导航栏命令行中选择【截面曲线】，根据状态栏提示选择【封闭】或者【不封闭】，用鼠标选取空间曲线为截面曲线，选取完毕后按鼠标右键确定，完成放样面的绘制。操作过程如图 4-155～图 4-157 所示。

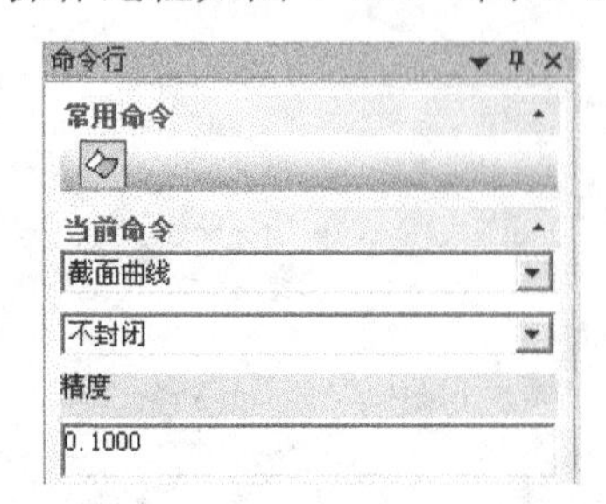

图 4-154 【截面曲线】设置项

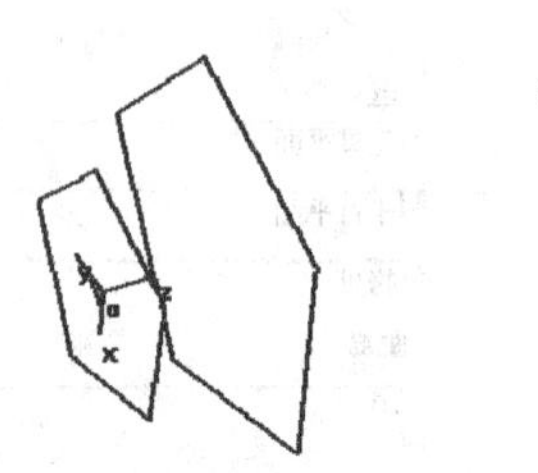

图 4-155 选取截面曲线

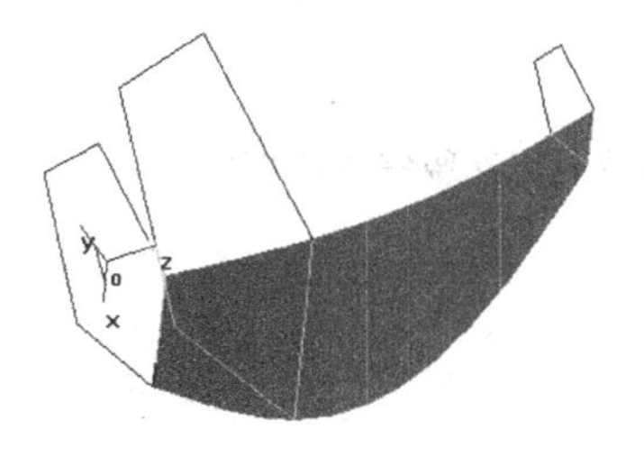
图 4-156　生成一个放样面

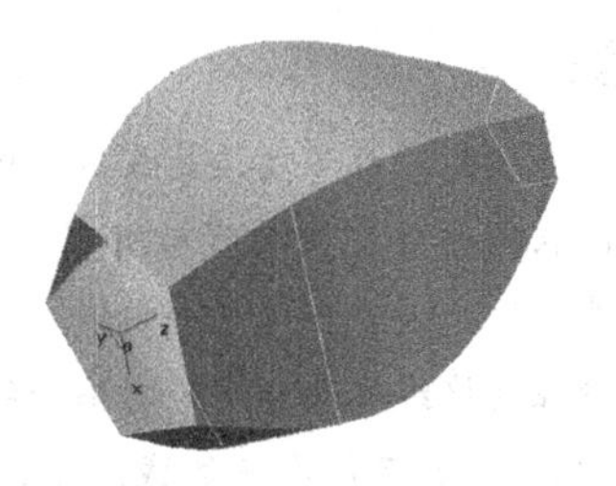
图 4-157　生成所有的放样面

2.【曲面边界】方式

曲面边界方式是以已知曲面的边界线和截面线为骨架，来生成与已知曲面相切的曲面。

在图 4-154 中选择【曲面边界】，根据状态栏提示，在第一条曲面边界线上选取其所在平面，选取空间曲线为截面曲线，选取完毕后按鼠标右键确定；在第二条曲面边界线上选取其所在平面，完成放样面的绘制。

提示：

选取的一组特征曲线应该互不相交、方向一致、形状相似，否则生成的曲面将发生扭曲。此外，选取截面线需具有光滑性；按截面线摆放的方位顺序选取曲线；选取曲线时需保证截面线方向的一致。

4.5.9　网格面

网格面是指以网格曲线为骨架，蒙上自由曲面生成的曲面。网格曲线是由特征线组成的横竖相交线。在构造网格面时，首先构造曲面的特征网格线确定曲面的初始外形，然后用自由曲面插值特征网格线生成曲面。特征网格线可以是曲面边界线或曲面截面线。由于一组截面线只能反映一个方向的变化趋势，还可以引入另一组截面线来限定另一个方向的变化，从而形成一个网格骨架，控制两个方向（U 和 V 方向）的变化趋势（见图 4-158），使特征网格线基本上反映出需要设计的曲面形状。

依次选择菜单项【造型】—【曲面生成】—【网格面】，或者在【曲面生成栏】上单击按钮进入网格面命令。在命令窗口的【精度】中设定网格面的精度；根据状态栏提示“拾取 U 向截面线”，从靠近曲线端点的位置依次选取 U 向截面线，单击鼠标右键结束；根据状态栏提示“拾取 V 向截面线”，从靠近曲线端点的位置依次选取 V 向截面线，单击鼠标右键结束，完成网格面的绘制，如图 4-158 和图 4-159 所示。

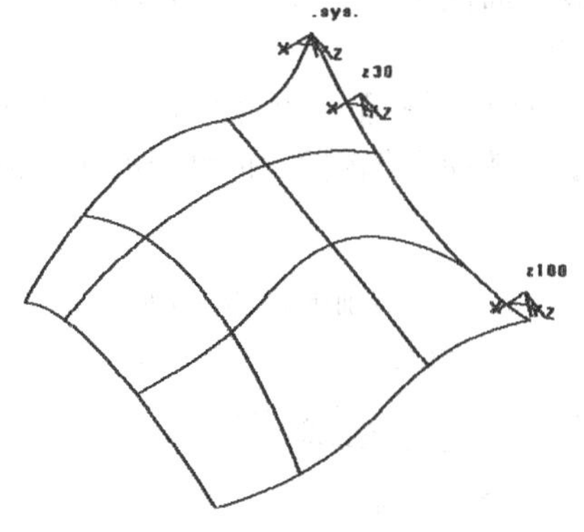

图 4-158　选取 U 向和 V 向截面线

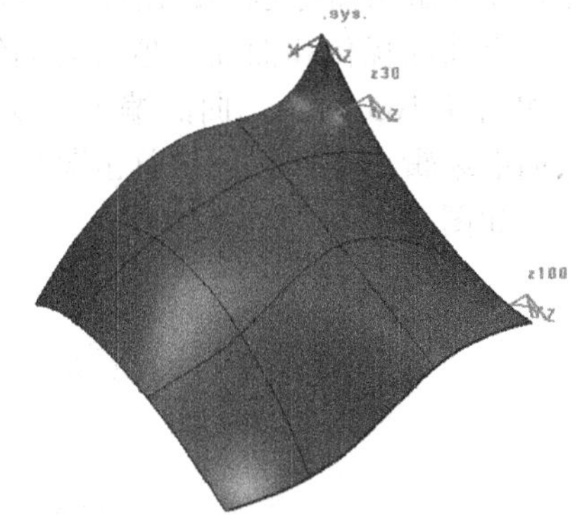

图 4-159　生成网格面

注意：

1）每一组曲线都必须按其方位顺序选取，而且曲线的方向必须保持一致。

2）选取的每条U向曲线与所有V向曲线均有交点。

3）选取的曲线应当是光滑曲线。

4）特征网格线要求如下：网格曲线组成四边形网格，四边形网格规则与否均可。插值区域是四条边界曲线围成的，不能有三边域、五边域和多边域。

4.5.10 实体表面

实体表面命令可以将实体的表面分离出来而形成一个独立的面。

依次选择菜单项【造型】—【曲面生成】—【实体表面】，或者在【曲面生成栏】上单击按钮进入实体表面命令。

如图 4-160 所示，在命令窗口中选择表面类型为【拾取表面】或【全部表面】。根据状态栏提示“拾取实体表面:”，用鼠标选取实体表面，即可将选取的表面形成一个独立的面，如图 4-161 和图 4-162 所示。

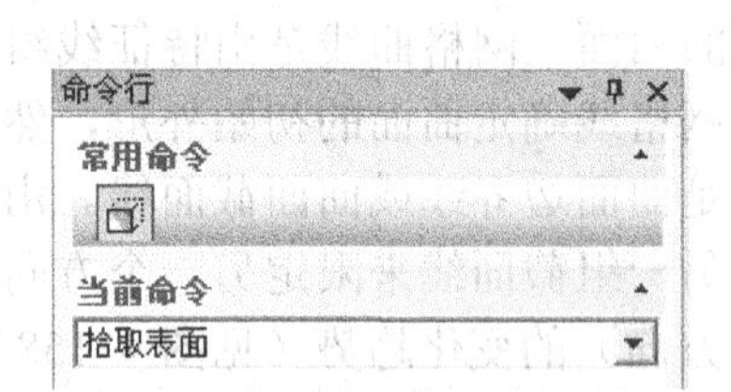

图 4-160 【实体表面】立即菜单

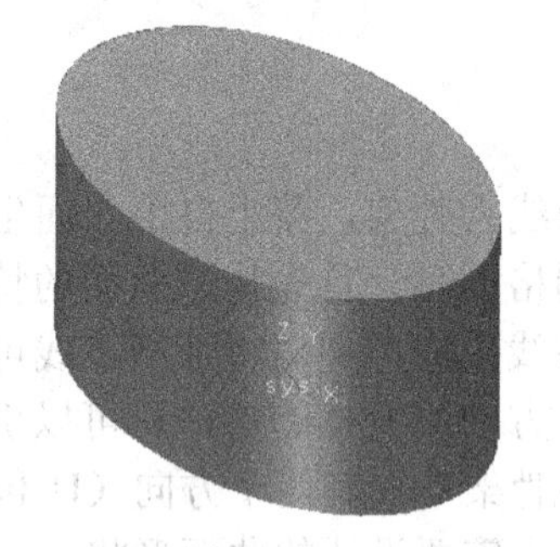

图 4-161 拾取实体表面

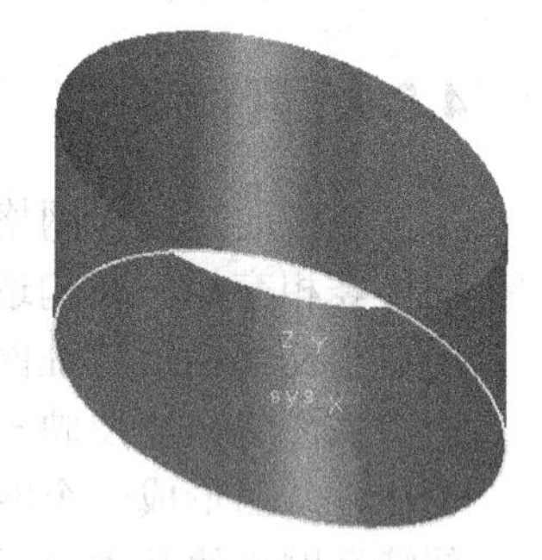

图 4-162 生成独立的面

4.6 编辑曲面操作

CAXA 制造工程师 2013 提供了丰富的曲面编辑命令，可以方便地对曲面进行各种编辑操作。曲面编辑命令包括：曲面裁剪、曲面过渡、曲面缝合、曲面拼接和曲面延伸等五种，另外还有曲面优化和曲面重拟合等高级编辑功能。

如图 4-163 所示，曲面编辑命令按钮在【线面编辑栏】工具条中，单击相应按钮即可进入曲面编辑命令；或依次单击菜单项【造型】—【曲面编辑】，也可选取相应的曲面编辑命令，如图 4-164 所示。

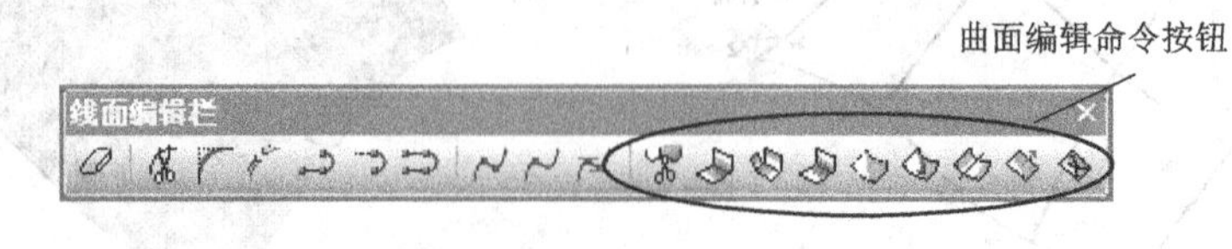

图 4-163 【线面编辑栏】工具条

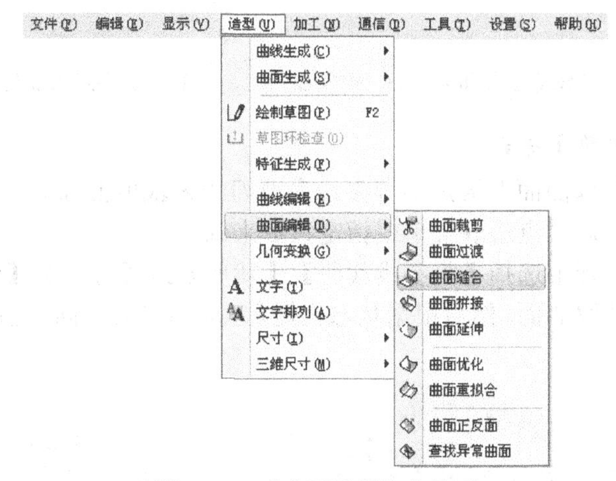

图 4-164 【曲面编辑】菜单项

4.6.1 曲面裁剪

曲面裁剪命令用于对生成的曲面进行修剪，去除不需要的曲面部分。在曲面裁剪功能中，可以选用各种曲线和曲面元素作为裁剪边界（即剪刀线），来修整和剪裁曲面，从而得到需要的曲面形态。

曲面裁剪有五种方式：投影线裁剪、等参线裁剪、线裁剪、面裁剪和裁剪恢复等，如图 4-165 所示。

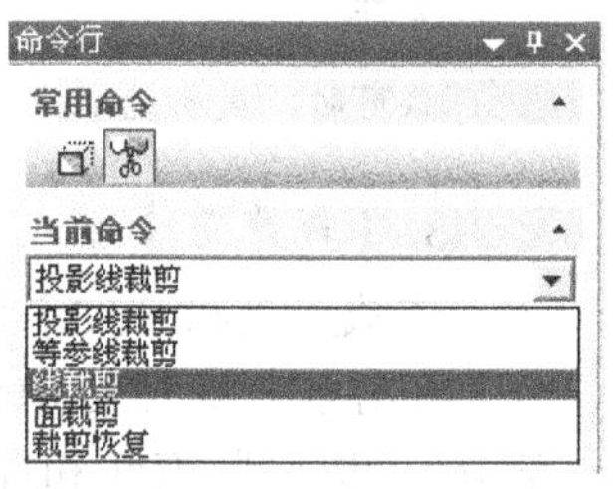

图 4-165 【曲面裁剪】方式

在各种曲面裁剪方式中，均可以进一步设置采用【裁剪】或【分裂】方式进行操作。其中，【分裂】方式是指系统用剪刀线将曲面分成多个部分，并保留裁剪生成的所有曲面部分；【裁剪】方式是指系统只保留需要的曲面部分，其余部分将被裁剪去掉。系统根据选取曲面时鼠标的位置，来确定需要保留的曲面部分，即剪刀线将曲面分成多个部分的同时，鼠标单击在哪个曲面部分上，就保留哪部分。

1.【投影线裁剪】方式

投影线裁剪是将空间曲线沿给定的固定方向投影到曲面上，作为剪刀线来裁剪曲面。

在导航栏命令行中选择【投影线裁剪】和【裁剪】，根据状态栏提示，用鼠标选取被裁剪的曲面（单击需保留的部分），输入投影方向，如图 4-166 所示。用键盘输入投影方向矢量，或者按空格键调出【矢量工具】菜单来选择投影方向，选取剪刀线后再选取曲线，完成裁剪操作，如图 4-167 所示。

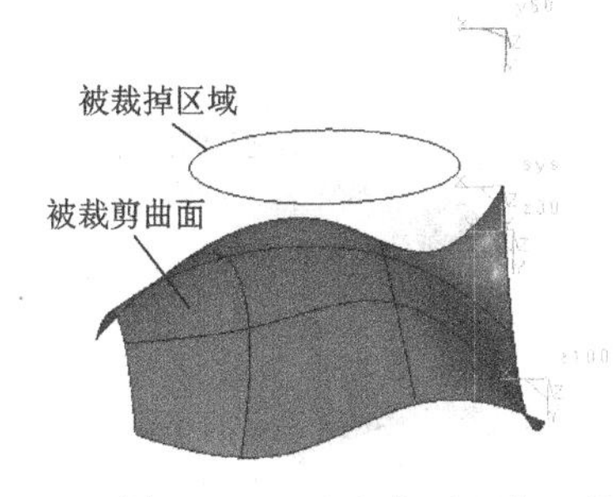

图 4-166　选取曲面和剪刀线

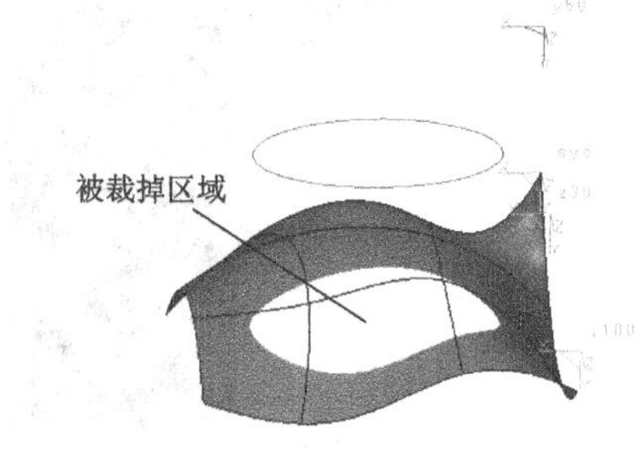

图 4-167　曲面裁剪实例

提示：

剪刀线与曲面边界线重合或部分重合，以及相切时，可能无法得到正确的裁剪结果。

2.【等参线裁剪】方式

等参线裁剪是以曲面上给定的等参线为剪刀线来裁剪曲面。有裁剪和分裂两种方式。等参线的给定可以通过点选取菜单或指定参数来确定。

在导航栏命令行中选择【等参线裁剪】、【裁剪】或【分裂】、【过点】或【指定参数】，根据状态栏提示选取曲面，然后根据状态栏提示，选择裁剪方向，完成裁剪操作，如图4-168和图4-169所示。

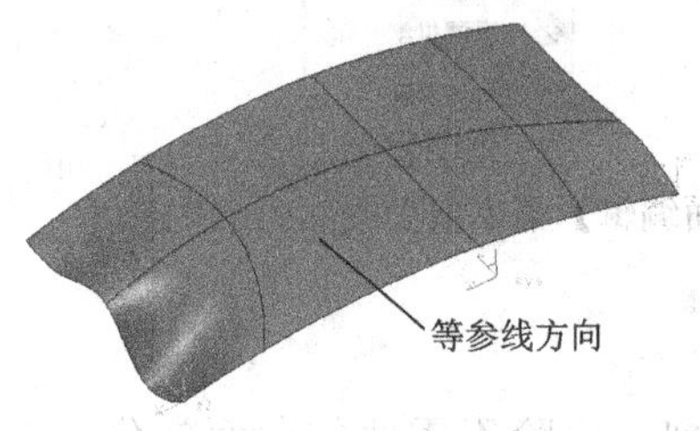

图4-168　拾取曲面

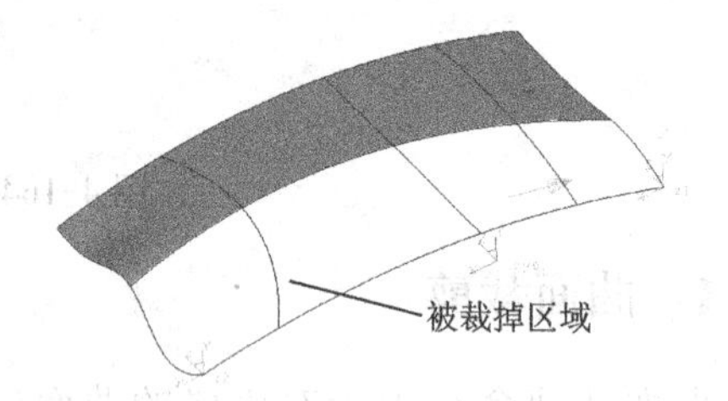

图4-169　裁剪后的曲面

提示：

裁剪时，鼠标选取点所在的曲面部分将被保留。

3.【线裁剪】方式

线裁剪是将曲面上的曲线沿曲面法矢方向投影到曲面上，形成剪刀线来裁剪曲面。

在导航栏命令行中选择【线裁剪】和【裁剪】，然后选取被裁剪的曲面（单击需保留的部分），选取剪刀线和曲线，完成裁剪操作。

提示：

与曲面边界线重合或部分重合，以及相切的曲线对曲面进行裁剪时，将无法得到正确的裁剪结果。应尽量避免这种情况。

4.【面裁剪】方式

面裁剪是将剪刀曲面和被裁剪曲面求交，用求得的相关线作为剪刀线来裁剪曲面。

在导航栏命令行中选择【面裁剪】、【裁剪】或【分裂】，选取被裁剪的曲面（单击需保留的部分），如图4-170所示。根据状态栏提示，选取剪刀曲面，完成裁剪操作，如图4-171所示。

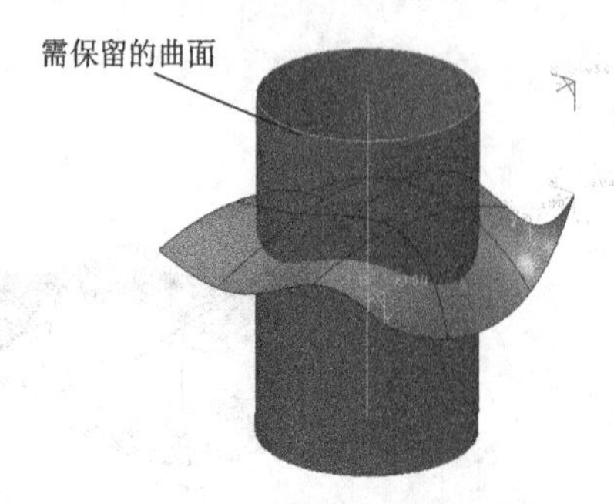

图4-170　拾取被裁剪的曲面

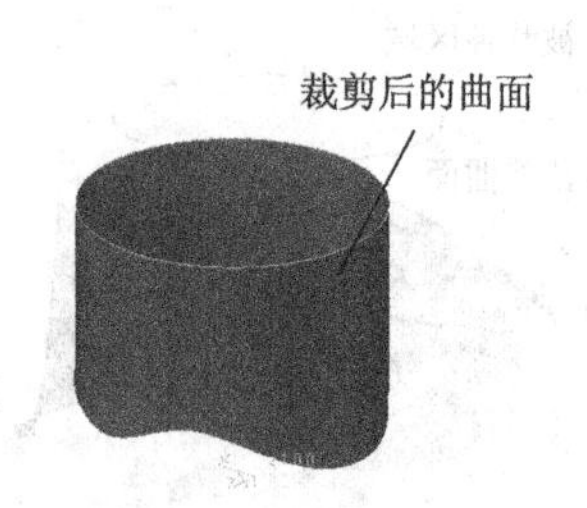

图4-171　裁剪后的曲面

提示：

1）两曲面在边界线处相交或部分相交，以及相切时，将无法得到正确的裁剪结果，应尽量避免。

2）若曲面相关线与被裁剪曲面边界无交点，且不在其内部封闭，则系统将交线延长到被裁剪曲面边界后实行裁剪。一般应尽量避免这种情况。

5.【裁剪恢复】方式

将选中的曲面裁剪部分恢复到没有裁剪的状态。如选取的裁剪边界是内边界，系统将取消对该边界施加的裁剪；如选取的是外边界，系统将把外边界恢复到原始边界状态。

4.6.2　曲面过渡

曲面过渡是在给定的多个曲面之间以一定的方式作给定半径或半径变化规律的圆弧过渡面，实现曲面之间的光滑过渡。该命令采用截面是圆弧的曲面将两张曲面光滑连接起来，过渡面不一定过原曲面的边界。

曲面过渡有两面过渡、三面过渡、系列面过渡、曲线曲面过渡、参考线过渡、曲面上线过渡和两线过渡等七种方式，如图 4-172 所示。

曲面过渡支持等半径过渡和变半径过渡两种方式。变半径过渡是指沿着过渡面半径是变化的过渡方式，半径的变化可以是线性的，也可以是非线性的。通过给定导引边界线或给定半径变化规律的方式来实现变半径过渡。

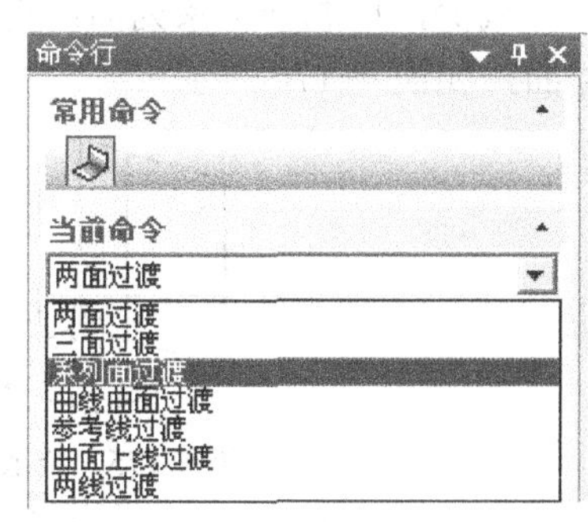

图 4-172 【曲面过渡】选项

1.【两面过渡】方式

两面过渡是在两个曲面之间进行给定半径或半径变化规律的过渡，生成的过渡面截面将沿两曲面的法矢方向摆放，如图 4-173 和图 4-174 所示。它有等半径过渡和变半径过渡两种方式。

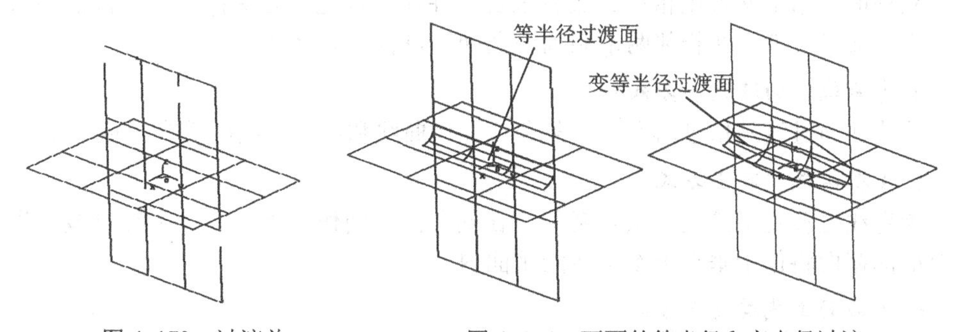

图 4-173　过渡前　　图 4-174　两面的等半径和变半径过渡

变半径两面过渡可以通过选取参考线来定义半径变化规律，过渡面将从一端到另一端设定的半径变化规律来生成。此过程中，依靠拾取的参考线和过渡面中心线之间弧长的相对比例关系来映射半径变化规律。因此，参考曲线越接近过渡面的中心线，就越能在需要的位置上获得给定的精确半径。变半径两面过渡有裁剪曲面、不裁剪曲面和裁剪指定曲面三种方式。

提示：

1）首先需要正确地指定曲面方向，方向不同会导致不同的过渡效果。

2）将要过渡的两曲面在指定方向上必须与距离等于半径的等距面相交，否则曲面过渡失败。

3）若曲面形状复杂，变化过于剧烈，使得曲面的局部曲率小于过渡半径时，过渡面自身将发生干涉，形成畸形。应避免这种情形。

2.【三面过渡】方式

三面过渡用于在三张曲面之间对两两曲面进行过渡处理，并用一张曲面将所得的三张过渡面连接起来。

三面过渡的操作过程是：首先选取曲面1、曲面2和曲面3三个曲面，如图4-175所示，同时确定每个曲面的过渡方向；然后设定两两曲面之间的三个过渡半径。系统首先选取三个过渡半径中的最大半径和它对应的两张曲面，对这两张曲面进行两面过渡并自动进行裁剪，形成一个系列面；再用此系列面与另外的曲面分别进行过渡处理，生成三面过渡面，如图4-176所示。

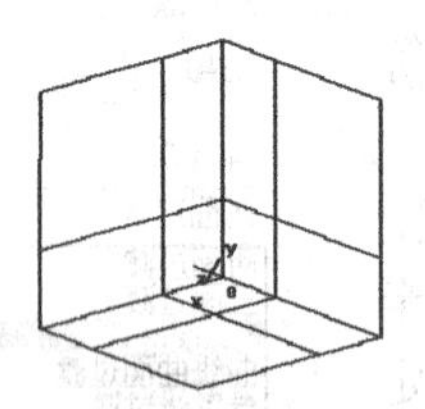

图4-175　拾取三个面

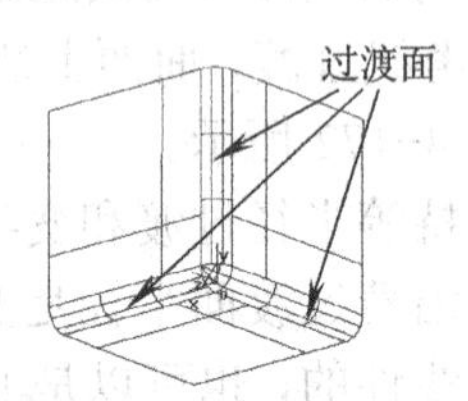

图4-176　三面过渡

提示：

1）首先需要正确地选定曲面方向。

2）若曲面形状复杂，使得曲面的局部曲率小于过渡半径时，过渡面自身将发生干涉，形成畸形。

3.【系列面过渡】方式

系列面是指依次首尾相接、边界重合，并在重合边界处保持光滑连接的多张曲面的集合。系列面过渡就是在相邻两个系列面之间都进行过渡处理。

4.【曲线曲面过渡】方式

曲线曲面过渡是指过曲面外一条曲线，作曲线和曲面之间的等半径或变半径过渡面。

5.【参考线过渡】方式

参考线过渡是指给定一条参考线，在两曲面之间作等半径或变半径过渡，生成的相切过渡面的截面将位于垂直于参考线的平面内。

6.【曲面上线过渡】方式

曲面上线过渡是指在两曲面间作过渡时，指定第一曲面上的一条线为过渡面的导引边界线。系统生成的过渡面将和两张曲面相切，并以导引线为过渡面的一个边界，即过渡面过此导引线和第一曲面相切。

7.【两线过渡】方式

两线过渡是指两曲线间作过渡时，生成给定半径的过渡面以两曲面的两条边界线，或者以一个曲面的一条边界线和一条空间脊线为边界线。

4.6.3 曲面拼接

曲面拼接命令是将多个曲面进行光滑连接的一种方式，可以通过多个曲面的对应边界，生成一张与这些曲面光滑相接的曲面。在许多实体造型中，通过曲面生成、曲面过渡、曲面裁剪等工具生成物体的型面后，可能在一些区域留下一片空缺，称之为“洞”。曲面拼接命令可以对这种情形进行“补洞”处理。

曲面拼接有两面拼接、三面拼接和四面拼接三种方式，如图 4-177 所示。

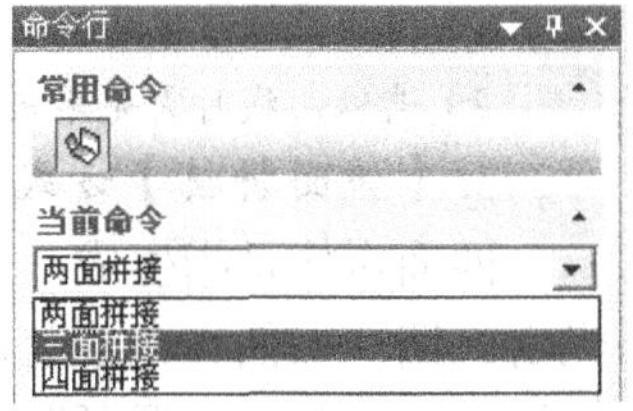

图 4-177 【曲面拼接】选项

1.【两面拼接】方式

两面拼接是生成一个曲面，使其连接两给定曲面的指定边界，并在连接处保持光滑。而使用曲面过渡命令无法保证连接处的光滑，且过渡面不一定通过给定曲面的指定边界。

操作时在需要拼接的曲面边界附近单击曲面，保证两曲面的拼接边界方向一致，由鼠标选取点在边界线上的位置决定，即选取点与边界线的哪一个端点距离最近，哪一个端点即为边界的起点。两个边界线的起点应该一致，才能保证两个边界线的方向一致；如果两个曲面边界线方向相反，拼接的曲面将发生扭曲变形。图 4-178 为曲面拼接前，图 4-179 为生成拼接面。

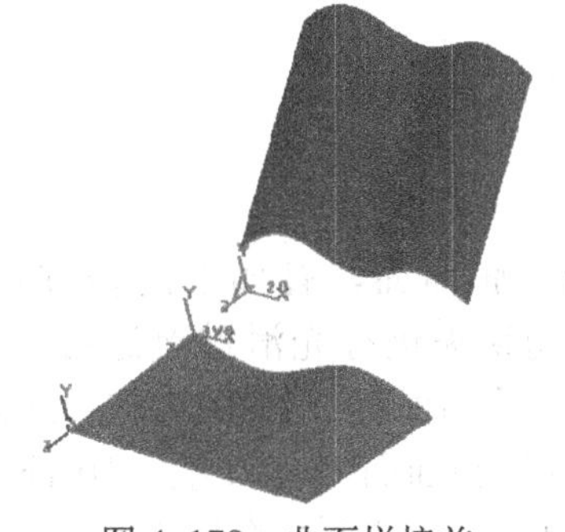

图 4-178 曲面拼接前

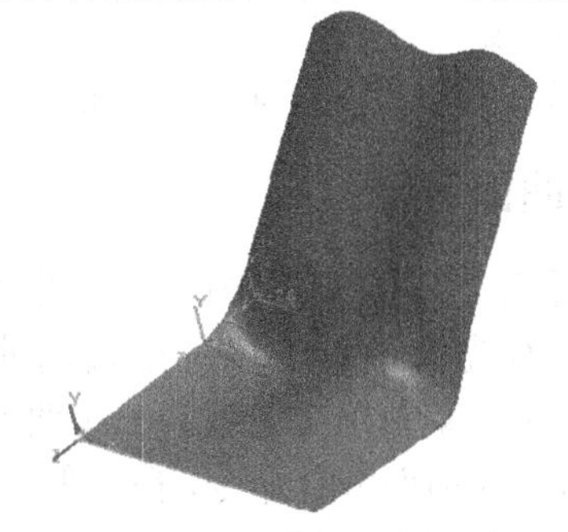

图 4-179 【两面拼接】方式

2.【三面拼接】方式

三面拼接是生成一个曲面，使其连接三个给定曲面的指定边界，并在连接处保证曲面光滑。三个曲面在角点处两两相接，形成一个封闭区域，中间留下一个“洞”，三面拼接功能可以光滑地拼接三张曲面并对边界进行“补洞”处理。

在三面拼接中，使用的元素可以是曲面，也可以是曲线，即要拼接的曲面和曲线围成的区域，拼接面和曲面保持光滑相接，并以曲线为边界。如图 4-180 所示，【三面拼接】方式可以对两张曲面和一条曲线围成的区域、一张曲面和两条曲线围成的区域进行三面拼接。系统将根据拼接条件自动确定拼接曲面的边界形状，拼接的结果如图 4-181 所示。

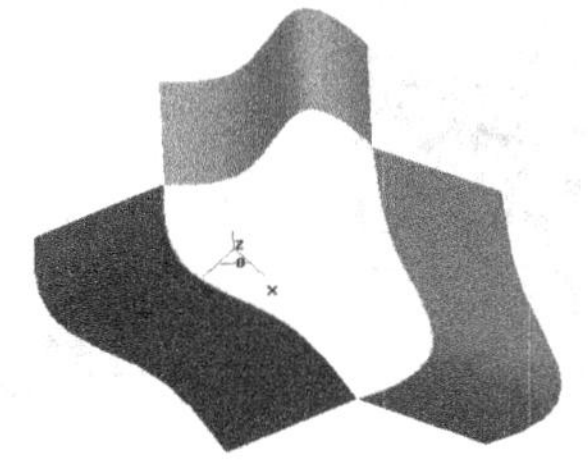

图 4-180 选取三面

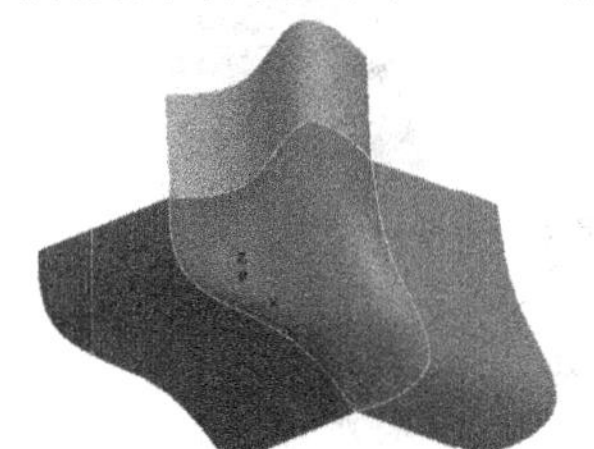

图 4-181 【三面拼接】方式

操作时，在导航栏命令行中选择【三面拼接】，然后根据状态栏提示，依次选取第一张曲面、第二张曲面、第三张曲面，单击鼠标右键完成曲面拼接操作。

提示：

1）待拼接的三个曲面必须在角点处相交，且三个边界线应该首尾相连，形成一串封闭的曲线。

2）选取曲线时需先单击鼠标右键，再单击曲线才能选择曲线。

3.【四面拼接】方式

四面拼接是指生成一个曲面，使其连接四个给定曲面的指定边界，并在连接处保证曲面光滑。四个曲面在角点处两两相接，由此形成一个封闭区域，中间留下一个“洞”，四面拼接通过“补洞”处理可以光滑地拼接四张曲面及其边界。

在四面拼接操作中，使用的元素可以是曲面，还可以是曲线。拼接面和曲面保持光滑相接，并以曲面和曲线围成的区域曲线为边界。【四面拼接】方式可以对三张曲面和一条曲线围成的区域、两张曲面和两条曲线围成的区域、一张曲面和三条曲线围成的区域进行四面拼接。

操作时，在命令窗口中选择【四面拼接】，然后根据状态栏提示，依次选取第一张曲面、第二张曲面、第三张曲面和第四张曲面，完成曲面拼接操作。

提示：

1）待拼接的四个曲面必须在角点两两相交，且四个边界应该首尾相连，形成一串封闭曲线，围成一个封闭区域。

2）选取曲线时需先单击鼠标右键，再单击曲线才能选择曲线。

4.6.4 曲面缝合

曲面缝合是指将两张曲面光滑地连接为一张曲面，有如下两种方式：通过曲面1的切矢进行光滑过渡连接；通过两曲面的平均切矢进行光滑过渡连接。

依次选择菜单项【造型】—【曲面编辑】—【曲面缝合】，或者在【线面编辑栏】上单击按钮进入曲面缝合命令，在导航栏命令行中选择曲面缝合的方式为【曲面切矢1】或【平均切矢】，根据状态栏提示，选取被缝合的曲面，完成曲面缝合操作。

1.【曲面切矢1】方式

采用曲面切矢1方式进行曲面缝合时，将在第一张曲面的连接边界处（图4-182）按曲面1的切向和第二张曲面进行连接，使得最后生成的过渡曲面仍保持有曲面1的形状部分，如图4-183所示。

2.【平均切矢】方式

采用平均切矢方式对曲面进行缝合时，将在第一张曲面的连接边界处按两曲面切矢的平均方向进行光滑连接。最后生成的曲面综合了曲面1和曲面2的形状，如图4-184所示。

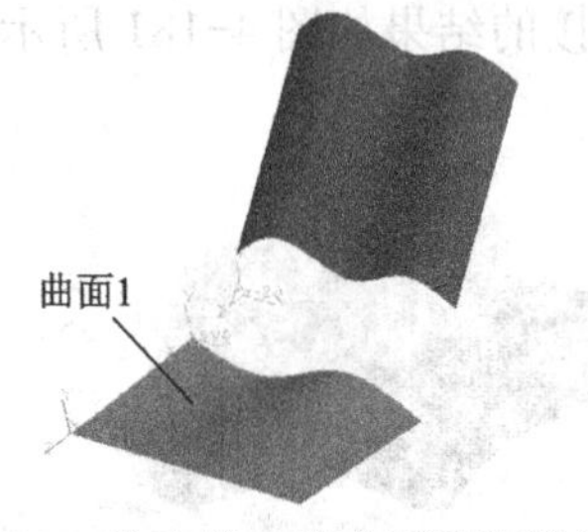

图4-182 选取第一张曲面及连接边界

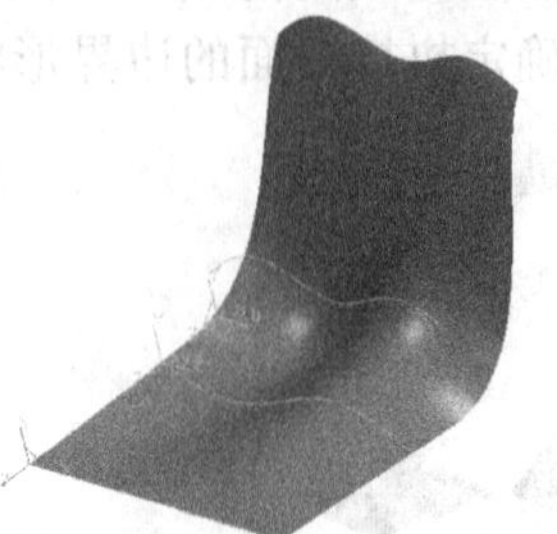

图4-183 【曲面切矢1】方式

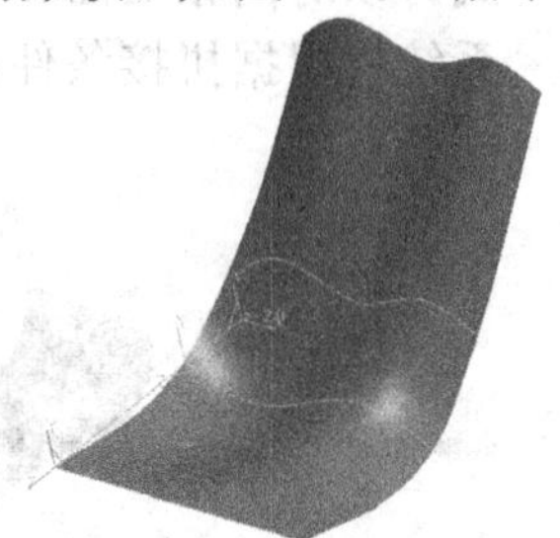

图4-184 【平均切矢】方式

4.6.5　曲面延伸

在三维建模过程中，有时会发现先前创建的曲面尺寸不够，需要将曲面沿它的某一个边进行延伸，从而扩展该曲面，此时可以使用曲面延伸命令。该命令可以将原曲面按所给长度沿相切的方向延伸出去，扩大曲面，以便下一步操作。图 4-185 为【曲面延伸】设置项。图 4-186 和图 4-187 分别为按比例延伸前后的曲面。

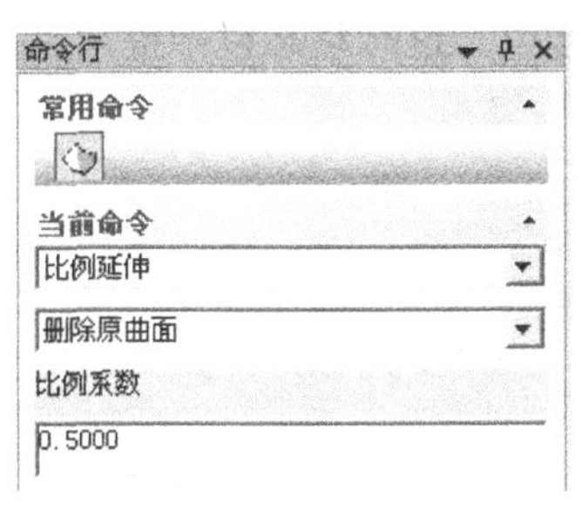

图 4-185 【曲面延伸】设置项

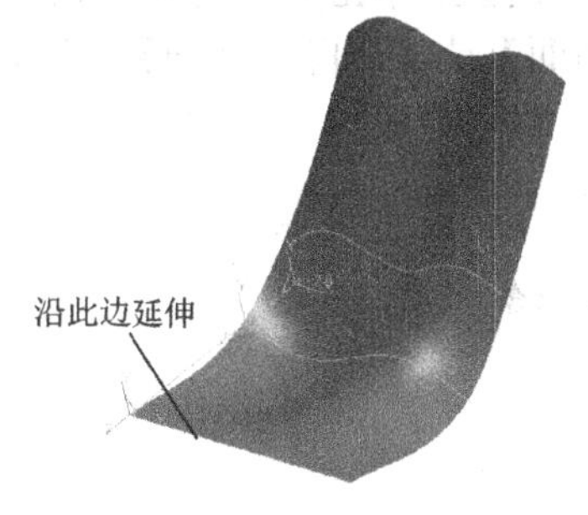

图 4-186　延伸前的曲面

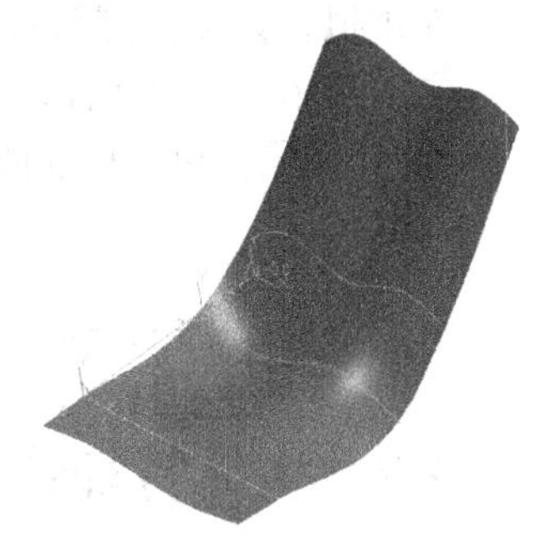

图 4-187　延伸后的曲面

依次选择菜单项【造型】—【曲面编辑】—【曲面延伸】，或者在【线面编辑栏】上单击按钮进入曲面延伸命令。在图 4-185 所示的命令窗口中选择【长度延伸】或【比例延伸】，并设定长度或比例值。根据状态栏提示“拾取曲面”，用鼠标选取曲面上靠近延伸方向的部分，完成操作。

提示：
裁剪曲面不能使用曲面延伸功能。

4.6.6　曲面优化

在三维建模过程中，有时创建的曲面控制顶点很密，将导致软件对其处理很慢，甚至会出现不可预料的问题。曲面优化功能就是在给定的精度范围之内，尽量去掉多余的控制顶点，使软件关于曲面的运算效率大为提高。图 4-188 为【曲面优化】设置项。

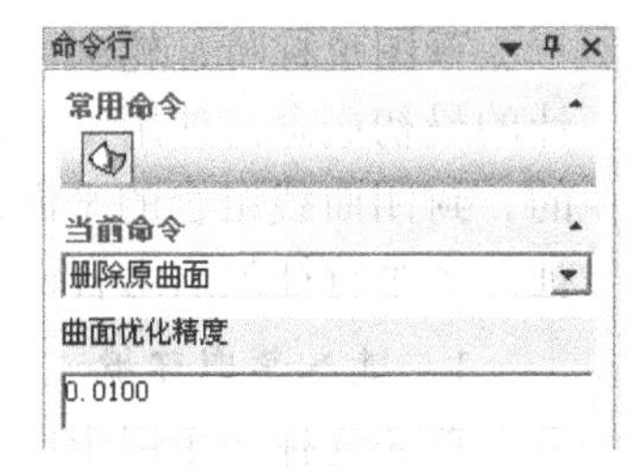

图 4-188 【曲面优化】设置项

依次单击菜单项【造型】—【曲面编辑】—【曲面优化】，或者在【线面编辑栏】上单击按钮进入曲面优化命令。在命令窗口中选择【保留原曲面】或【删除原曲面】，在【曲面优化精度】中输入拟合精度值。根据状态栏提示“拾取曲面”，用鼠标选取曲面，完成操作。

提示：
裁剪曲面不能使用曲面优化功能。

4.6.7　曲面重拟合

很多情况下，CAXA 制造工程师 2013 中生成的曲面是控制顶点的权因子不全为 1 的

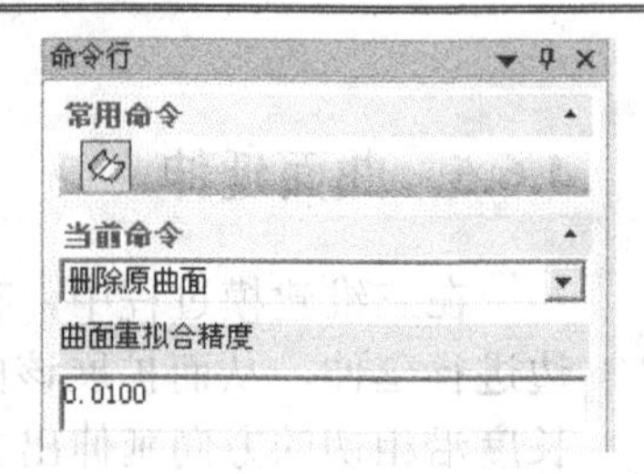

图4-189 【曲面重拟合】设置项

NURBS曲面，其中存在重节点。在某些情况下，这种曲面无法完成一些运算操作。此时需要将曲面修改为没有重节点，控制顶点权因子全部是1的B样条表达形式。曲面重拟合命令可以将NURBS曲面在给定的精度条件下拟合为B样条曲面。图4-189为【曲面重拟合】设置项。

操作时，依次单击菜单项【造型】—【曲面编辑】—【曲面重拟合】，或在【线面编辑栏】上单击按钮启动命令。在立即菜单中选择【保留原曲面】或【删除原曲面】，输入精度值。这时状态栏中提示“拾取曲面”，用鼠标单击拾取曲面，拟合完成。

提示：

裁剪曲面无法使用曲面重拟合功能。

4.7 实体特征造型

CAXA制造工程师2013采用精确特征造型的方法来完成实体特征造型，这是它最显著的特点之一。在实体造型过程中，每一步操作都将建立一个“特征”，“特征”的类型和名称在导航栏中的特征管理栏上显示。单击菜单项【造型】下的【特征生成】，可以调用各种造型命令。本节将介绍草图以及各种特征的造型。图4-190为【特征工具栏】工具条。

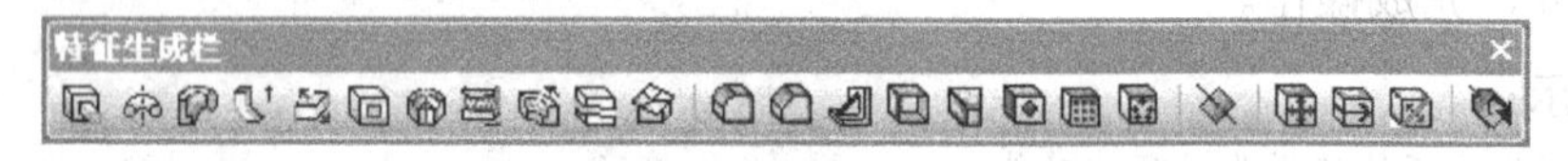

图4-190 【特征工具栏】工具条

4.7.1 绘制草图

草图也称特征轮廓，是一份图稿的最初状态，它描述了整个图稿的大概轮廓及整个设计的最初概念。使用CAXA制造工程师2013建立实体模型时，需要先在草图上绘制二维的、封闭曲线组合的平面图，再利用其他特征造型功能将此二维平面图延伸成三维实体特征，多个特征最后组合而成实体。草图是特征造型前的一个平面图形。

1. 进入草图环境

首先选择一个用于绘制草图的平面或已经绘制的草图，然后依次选择菜单项【造型】—【绘制草图】，或直接单击【状态控制栏】上的按钮，即可进入草图绘制环境。此时将在导航栏的特征管理栏上出现草图1的图标，如图4-191所示，表示已经完成了一个草图的建立。

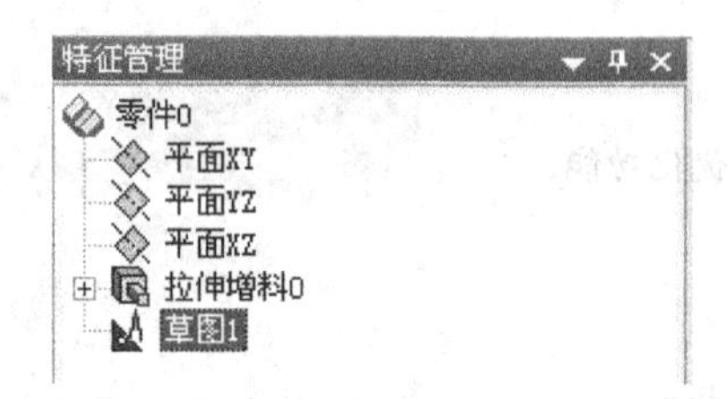

图4-191 特征管理栏中的草图及特征图标

提示：

草图曲线与空间曲线是不同的。草图曲线是在草图状态下绘制的二维曲线，空间曲线是指在非草图状态下绘制的曲线，一般为三维的；且系统对草图曲线和空间曲线的显示是不同的，如草图曲线的显示是用粗实线。

2. 构造基准平面

基准平面是草图和实体赖以依附的平面基础，它的作用是确定草图所处的空间位置。基准面可以是特征管理栏中已有的坐标平面，也可以是实体的某个平面，还可以是通过某特征构造出的平面。

依次选择菜单项【造型】—【特征生成】—【基准面】，或者在【特征生成栏】上单击按钮，系统弹出【构造基准面】对话框，如图 4-192 所示。

构造基准面的方法有以下几种方式：

（1）等距平面确定基准平面　即生成与被选择参照平面平行的基准平面，如图 4-193 所示。首先在【构造基准面】中单击按钮，然后用鼠标选取参照平面，在【距离】中输入要创建的基准面距参照平面的距离值，按【确定】按钮完成基准平面的创建。【向相反方向】是指与默认的方向相反的方向。

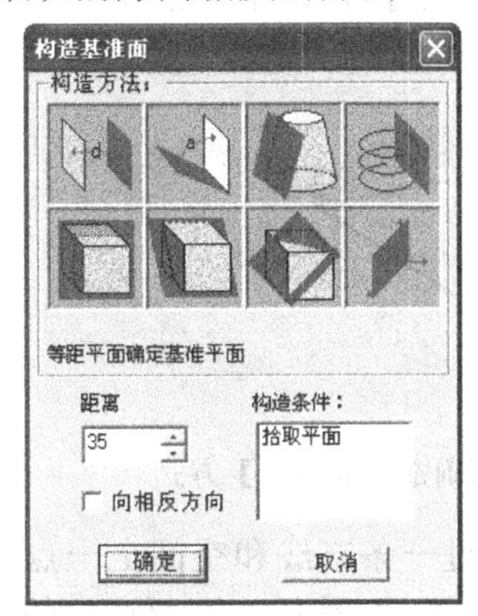

图 4-192 【构造基准面】对话框

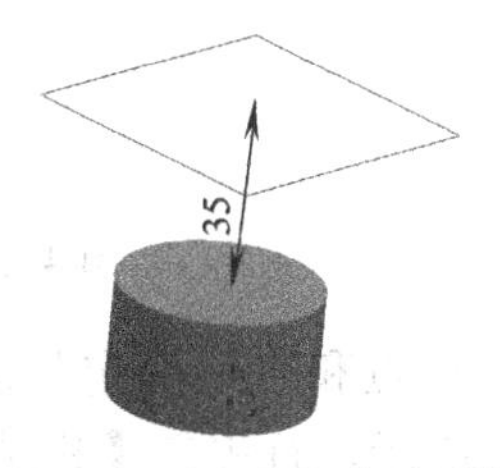

图 4-193 【等距平面确定基准平面】方式

（2）过直线与平面成夹角确定基准平面　即生成通过给定直线，且与被选择的参照平面成一定角度的平面，如图 4-194 所示。首先在【构造基准面】中单击按钮，然后确定参照平面和两面夹角的直线，在【角度】文本栏中输入生成平面与参照平面所夹锐角的尺寸值，可以直接输入所需数值，也可以单击按钮来调节。按【确定】按钮，完成基准平面的创建。

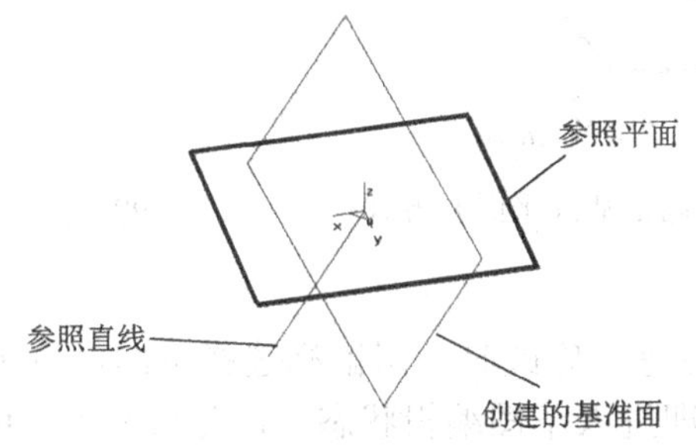

图 4-194 【过直线与平面成夹角确定基准平面】方式

(3)生成曲面上某点的切平面　即生成与被选择曲面上某点相切的基准平面，如图4-195所示。首先在【构造基准面】中单击按钮，然后用鼠标选取曲面和曲面上的一点，按【确定】按钮，完成基准平面的创建。

(4)过点且垂直于曲线确定基准平面　即生成与被选择曲线上某点相垂直的基准平面，如图4-196所示。首先在【构造基准面】中单击按钮，然后选取曲线和曲线上的一点，按【确定】按钮，完成基准平面的创建。

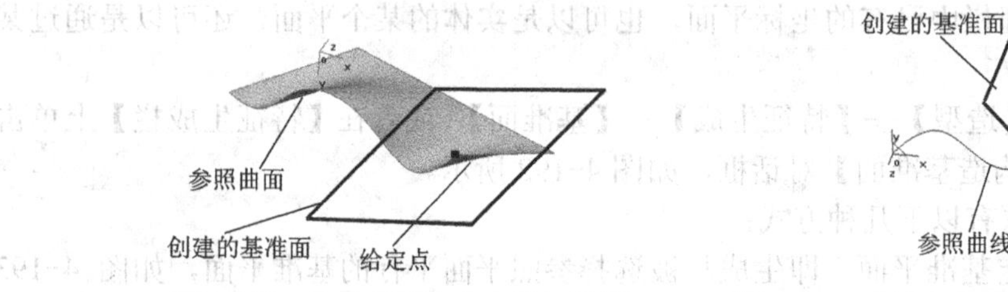

图4-195　生成曲面上某点的切平面

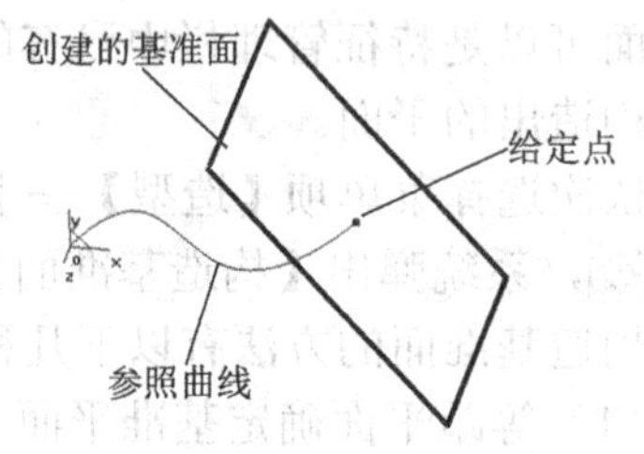

图4-196【过点且垂直于曲线确定基准平面】方式

(5)过点且平行平面确定基准平面　即生成与被选择平面平行的，通过空间上某点的基准平面，如图4-197所示。首先在【构造基准面】中单击按钮，然后选取被平行的平面和空间上的一点，按【确定】按钮，完成基准平面的创建。

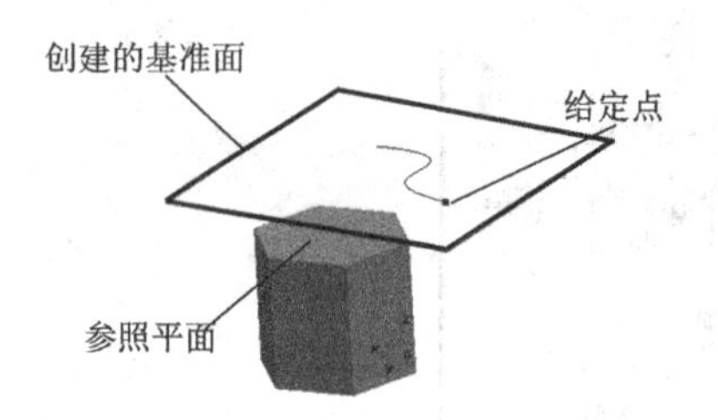

图4-197【过点且平行平面确定基准平面】方式

(6)过点和直线确定基准平面　即生成通过一条直线和空间上一点的基准平面，如图4-198所示。首先在【构造基准面】中单击按钮，然后选取要通过的直线和不在这个直线上的空间上的一点，按【确定】按钮，完成基准平面的创建。

(7)三点确定基准平面　即生成通过空间上三点的基准平面，如图4-199所示。首先在【构造基准面】中单击按钮，然后依次选择空间上的三点，按【确定】按钮，完成基准平面的创建。

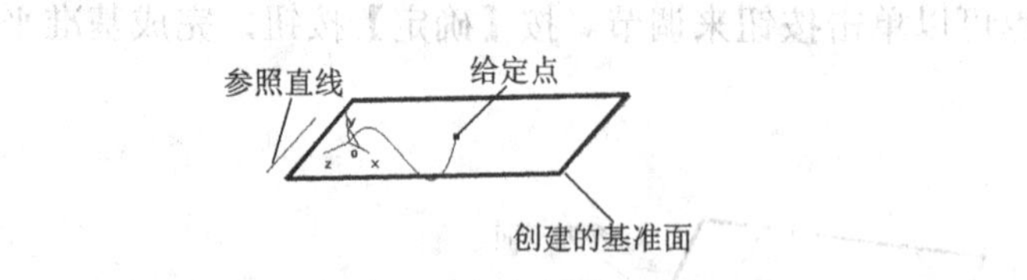

图4-198【过点和直线确定基准平面】方式

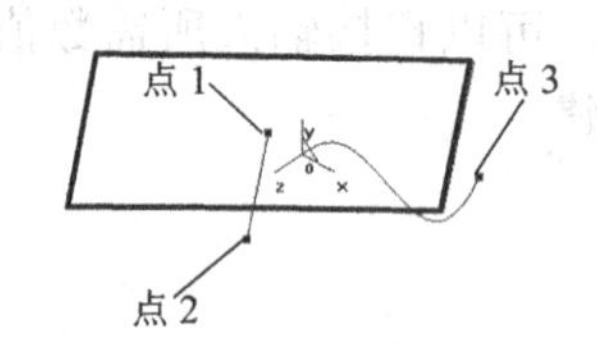

图4-199【三点确定基准平面】方式

3. **编辑草图**

当需要对已有的草图进行修改时，用鼠标选择草图，单击鼠标右键，在弹出的菜单中选择【编辑草图】，系统即进入草图编辑状态。在此状态下，可以对草图进行编辑、修改操作。图4-200为【编辑草图】快捷菜单。

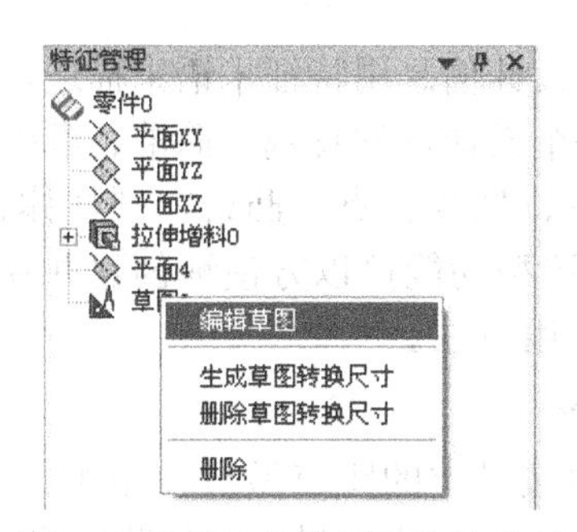

图 4-200　【编辑草图】快捷菜单

4. *草图参数化修改*

草图绘制完毕后，经常需要修改。参数化修改可以让草图修改变得非常方便。在绘制草图时，可以先绘制出图形的大致形状，然后通过草图参数化的功能，对图形尺寸进行修改，最终获得所需的图形。

零件设计的草图参数化分为两种情况：一是在草图环境下，对绘制的草图标注尺寸以后只需改变尺寸的数值，二维草图就会随着给定的尺寸值而变化，达到所需的准确形状；二是对于生成的实体无论造型操作到哪一步，通过对尺寸驱动草图，可以相应地更新实体的相关尺寸和参数，自动改变零件的大小，并保持所有的特征和特征间的相互关系不变，重新生成特征的形状。

5. *草图环检查*

使用 CAXA 制造工程师 2013 建立实体模型时，首先需要在草图上绘制由二维封闭曲线组合成的平面图。当草图不封闭时，系统无法建立实体特征。这时用草图环检查命令来检查草图环是否封闭。当草图环封闭时，系统将显示“草图不存在开口环”的提示对话框；当草图环不封闭时，系统将提示“草图在标记处开口或重合！”，并在草图中用红色的点标记出来，如图 4-201 所示。图 4-202 为草图开口环提示对话框。

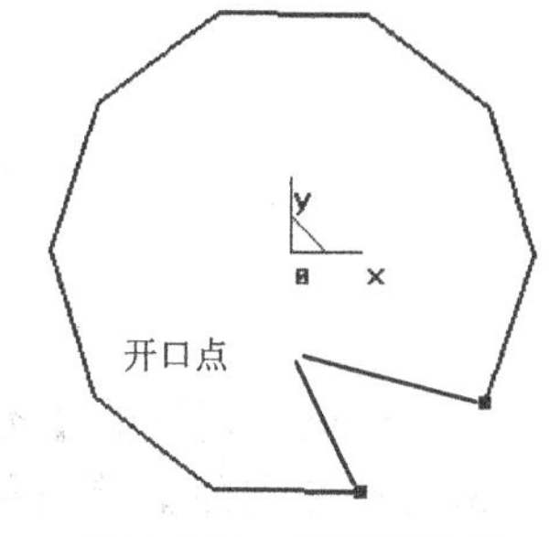

图 4-201　草图环检查

依次选择菜单项【造型】，单击【草图环检查】；或者在曲线工具条上直接单击按钮，系统弹出草图是否封闭的提示。图 4-203 为草图不存在开口环提示对话框。

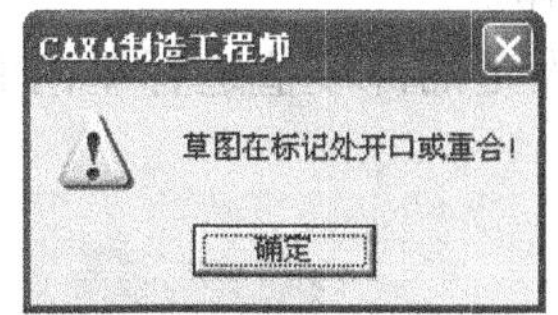

图 4-202　草图开口环提示对话框

图 4-203　草图不存在开口环提示对话框

6. *退出草图状态*

在状态工具栏上单击按钮，即可退出草图绘制环境。

4.7.2　特征生成

特征造型设计是零件设计模块的重要组成部分。CAXA 制造工程师 2013 的零件设计采用精确的特征造型技术，将设计信息用特征术语来描述，实体的造型是通过一系列“特征”由特定加减方法组成的，整个设计过程直观、简洁、准确。

常用的特征包括孔、槽、型腔、点、凸台、圆柱体、块、锥体、球体、管道等，利用CAXA制造工程师2013的造型功能可以方便地创建并管理这些特征信息。下面将详细介绍各种实体特征造型命令的使用方法。

1. *拉伸增料与拉伸除料*

拉伸是将一个轮廓曲线按设定的距离做拉伸操作。拉伸除料和拉伸增料的操作方式相似，拉伸增料操作通过拉伸增加实体材料，拉伸除料操作则通过拉伸减去实体材料。

在进行拉伸增料和拉伸除料前，首先需要在草图状态下绘制完成拉伸的轮廓，然后再进行拉伸操作。

（1）拉伸增料　依次选择菜单项【造型】—【特征生成】—【增料】—【拉伸】，或者在【特征生成栏】上单击按钮，系统将弹出【拉伸增料】对话框，如图4-204所示。设定好各项参数后，即可将封闭的草图轮廓线按照指定的方式进行拉伸操作。

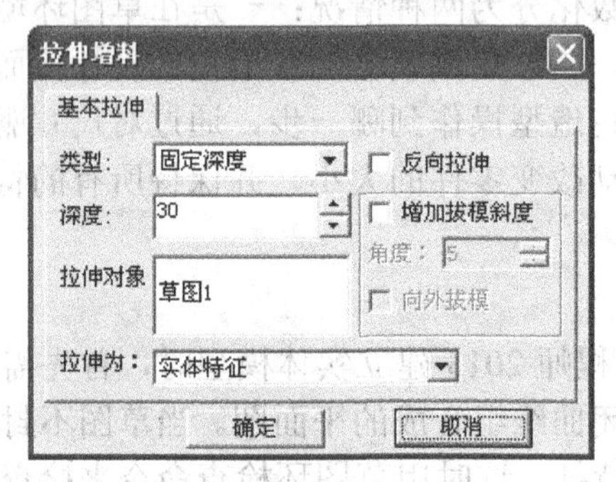

图4-204　【拉伸增料】对话框

在该对话框的【类型】中可选取拉伸类型，系统提供了【固定深度】、【双向拉伸】和【拉伸到面】等三种拉伸类型。【深度】是指可以直接输入拉伸的尺寸值，也可以单击按钮来进行微调；【拉伸对象】中显示选中的需要拉伸的草图，选取后会在文本框中显示草图名称；【反向拉伸】是指朝默认方向相反的方向进行拉伸操作；【增加拔模斜度】是指使拉伸的实体侧面带有斜度；【角度】是指拔模时母线与中心线的夹角；【向外拔模】是指向侧面倾斜为默认方向相反的方向进行操作。

在三种拉伸类型中，【固定深度】是指按照设定的深度值进行单向的拉伸，如图4-205和图4-206所示。

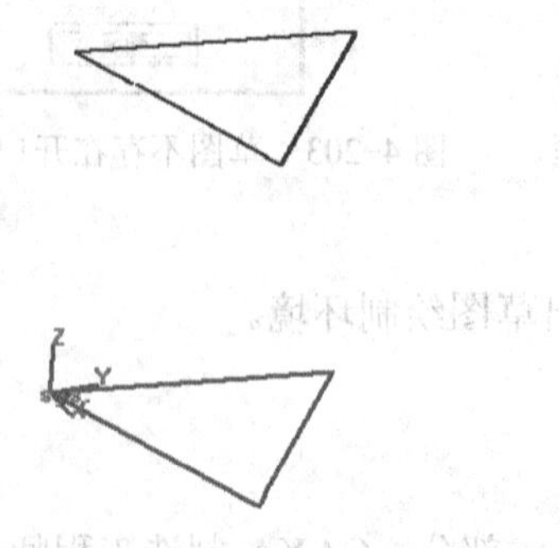
图4-205　单向拉伸的草图

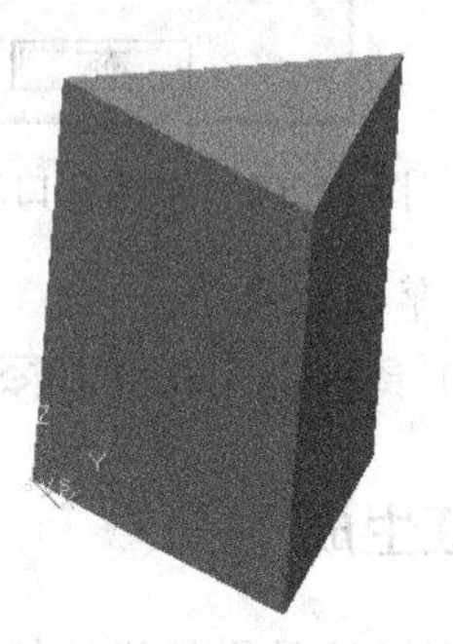
图4-206　实体的单向拉伸

【双向拉伸】是指以草图为中心，向相反的两个方向同时拉伸，深度值以草图为中心平分，如图 4-207 和图 4-208 所示。

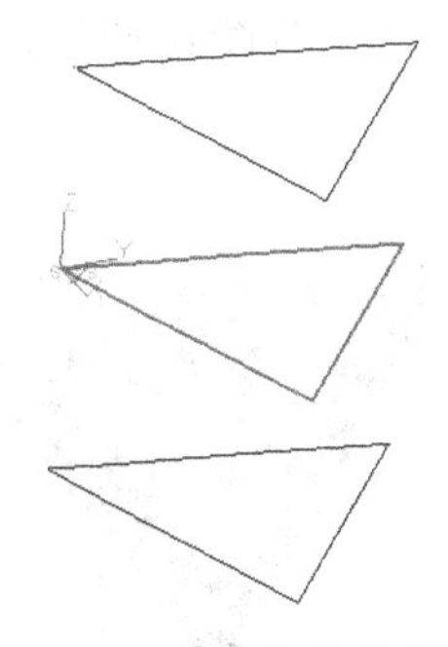

图 4-207　双向拉伸的草图

图 4-208　实体的双向拉伸

【拉伸到面】是指拉伸位置以选定的曲面为结束点进行的拉伸，此时需要选择要拉伸的草图和拉伸到的曲面，如图 4-209、图 4-210 所示。

如果选择【拉伸为】为【薄壁特征】，系统会按照指定的壁厚将零件拉伸为中空的薄壁零件。

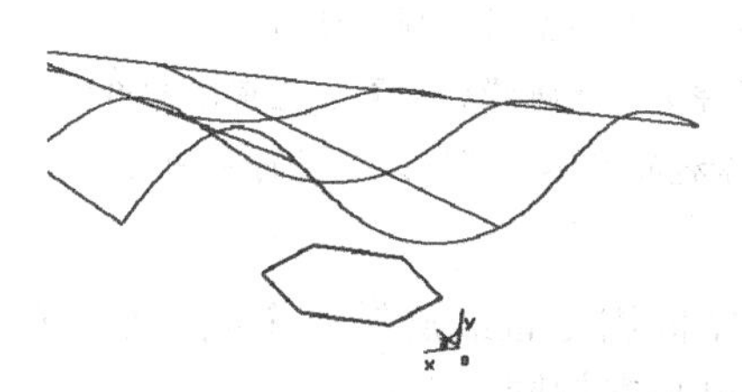

图 4-209　草图和拉伸终止面

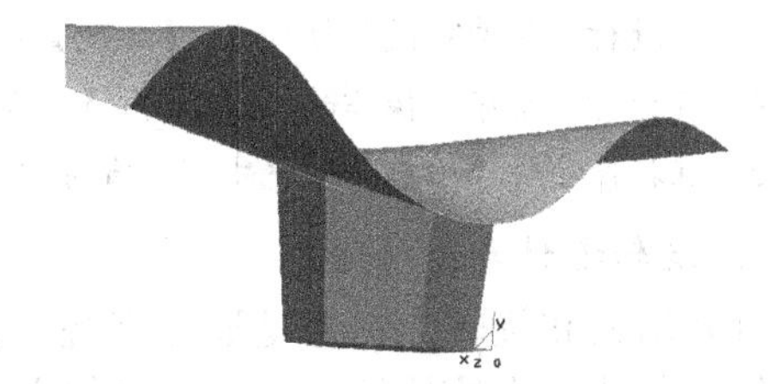

图 4-210　实体的拉伸到面操作

提示：

1）在进行“拉伸到面”操作时，要使草图能够完全投影到这个面上，否则拉伸操作将失败。

2）在进行“拉伸到面”操作时，【深度】和【反向拉伸】设置项不可用，但可以设定【拔模斜度】。

3）草图中隐藏的线不能参与特征拉伸。

（2）拉伸除料　依次选择菜单项【造型】—【特征生成】—【除料】—【拉伸】；或者在【特征生成栏】上单击按钮，系统弹出【拉伸除料】对话框，如图 4-211 所示。

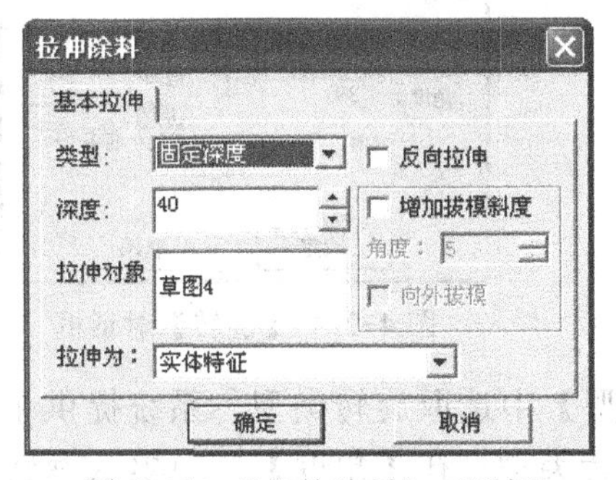

图 4-211　【拉伸除料】对话框

在该对话框的【类型】中选取拉伸类型，系统提供了【固定深度】、【双向拉伸】、【拉伸到面】和【贯穿】等四种拉伸类型。设定拉伸除料深度，然后选取绘制好的草图，单击【确定】按钮，即完成拉伸除料操作。

【拉伸除料】对话框【类型】中的【贯穿】方式是指草图拉伸后，将所有处于拉伸方向上的基体整个穿透，如图 4-212、图 4-213 所示。

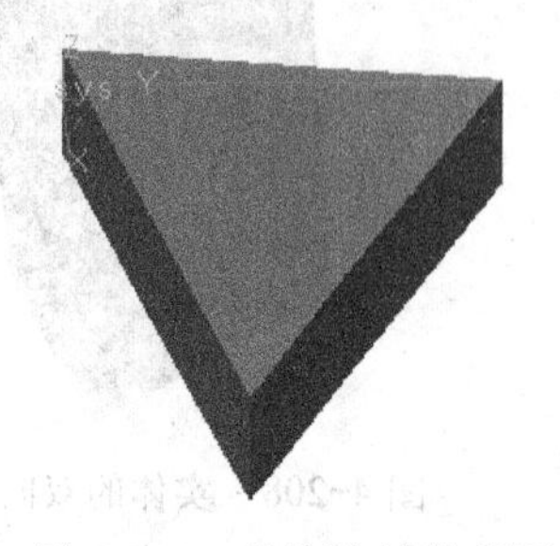

图 4-212　拉伸除料的草图

图 4-213　基体的贯穿拉伸除料操作

提示：

1）在进行“双向拉伸”操作时，【反向拉伸】设置项不可用。

2）在进行“拉伸到面”操作时，要使草图能够完全投影到这个面上，否则拉伸出料操作将失败。

3）在进行“拉伸到面”操作时，【深度】和【反向拉伸】设置项不可用。

4）在进行“贯穿”操作时，【深度】、【反向拉伸】和【拔模斜度】设置项不可用。

5）在拉伸除料操作前，系统中必须有可用于除料的实体，否则无法进行拉伸除料。

2. ***旋转增料与旋转除料***

旋转增料和旋转除料都是通过围绕一条空间固定直线旋转一个或多个封闭轮廓，生成一个增加的或减少的特征。它们的操作方式也基本相同。

在进行旋转增料和旋转除料前，必须首先绘制好旋转的轮廓和轴线。旋转的轮廓是草图，在草图状态下绘制。轴线是空间曲线，需要退出草图状态后绘制。

（1）旋转增料　旋转增料是通过围绕一条空间直线旋转一个或多个封闭轮廓，生成一个实体特征。

依次选择菜单项【造型】—【特征生成】—【增料】—【旋转】，或者在【特征生成栏】上单击按钮，系统弹出【旋转】对话框，如图 4-214 所示。

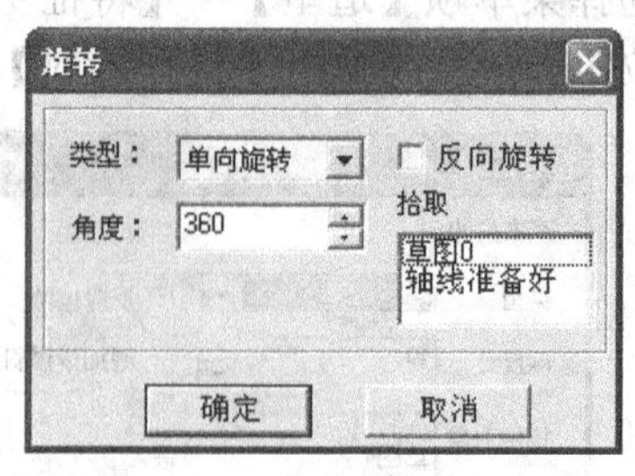

图 4-214　【旋转】对话框

在该对话框的【类型】中选取旋转类型，系统提供了【单向旋转】、【对称旋转】和【双向旋转】等三种旋转类型。在【角度】栏中填入旋转的角度值，可以直接输入所需角度数值，也可以单击按钮来调节。选取草图和轴线，单击【确定】按钮完成操作。【反向旋转】是指向按默认方向相反的方向进行旋转。

【单向旋转】是指按照给定的角度数值进行单向的旋转，如图 4-215 和图 4-216 所示。

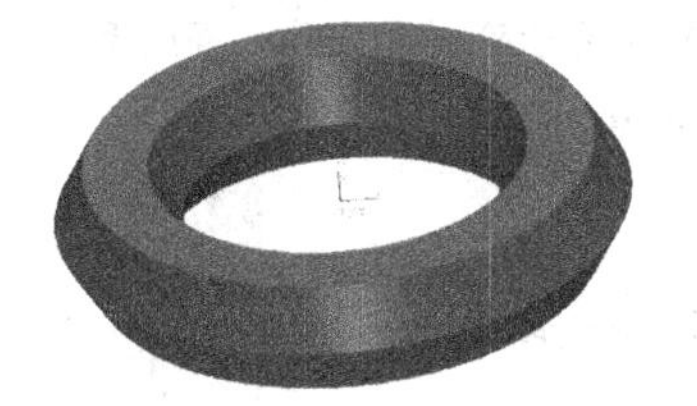

图 4-215　360° 单向旋转生成实体

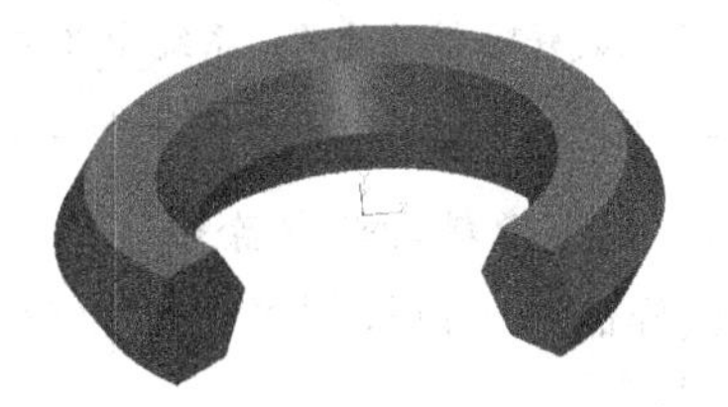

图 4-216　270° 单向旋转生成实体特征

【对称旋转】是指以草图所在平面为对称平面，向相反的两个方向进行旋转，角度值以草图为中心平分，如图 4-217 和图 4-218 所示。

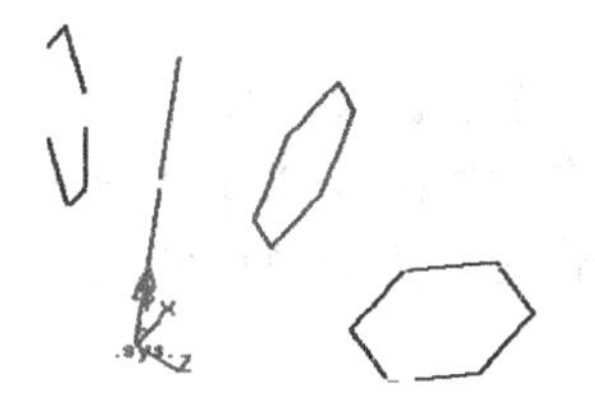

图 4-217　对称旋转草图

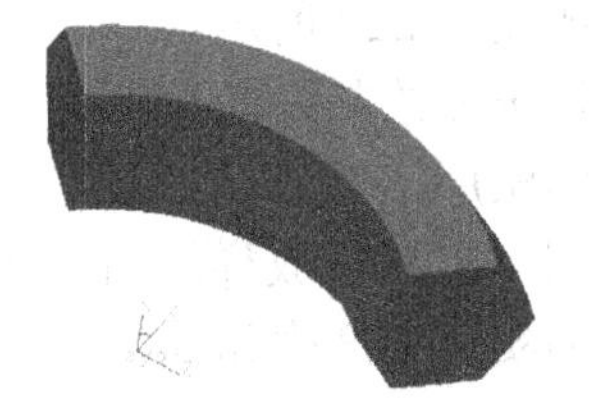

图 4-218　对称旋转生成实体特征

【双向旋转】是指以草图所在平面为参照平面，向两个方向进行旋转，角度值可分别独立输入。

（2）旋转除料　依次选择菜单项【造型】—【特征生成】—【除料】—【旋转】，或者在【特征生成栏】上单击按钮，系统弹出【旋转】对话框，如图 4-219 所示。在【类型】中选取旋转类型，在【角度】中输入旋转角度，然后选取草图和轴线，单击【确定】按钮完成操作，如图 4-220、图 4-221 所示。

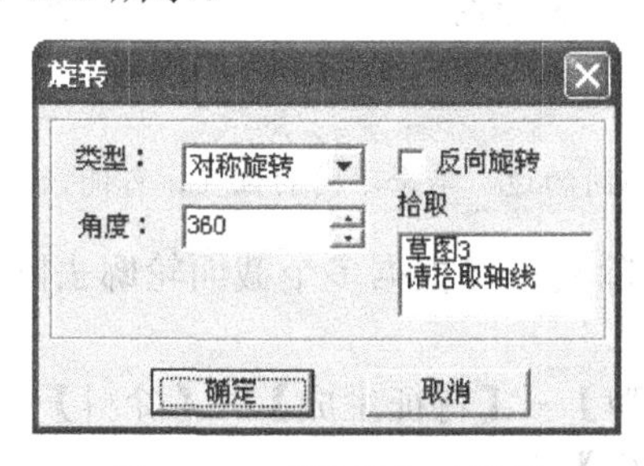

图 4-219　【旋转】对话框

旋转除料的类型包括【单向旋转】、【对称旋转】和【双向旋转】三种。它们的操作方式与旋转增料相似，这里不再重复介绍。

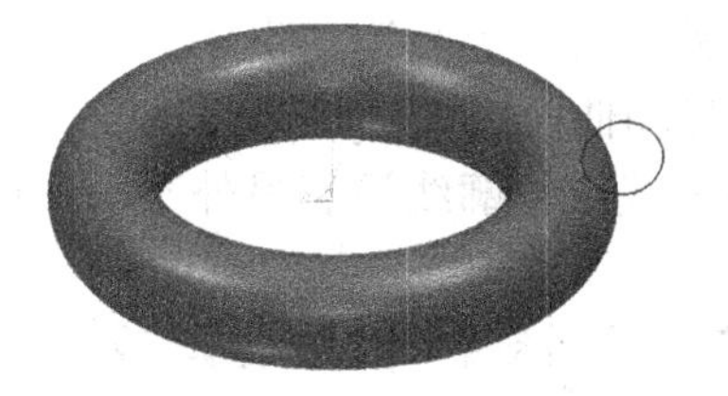

图 4-220　旋转除料草图

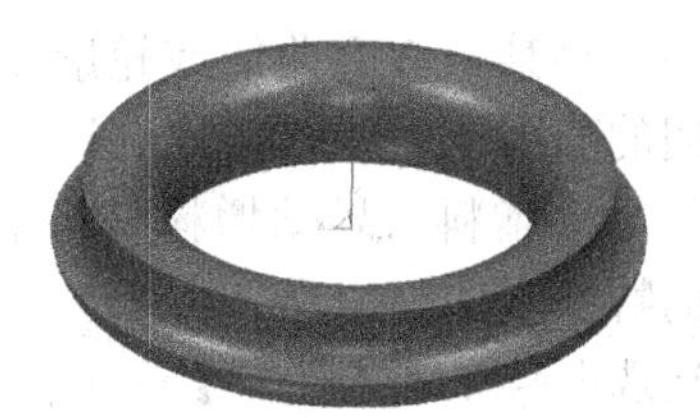

图 4-221　旋转除料生成手柄型腔

提示：

1）在旋转除料操作前，系统中必须有已经生成的、可以用于除料的实体，否则无法进行旋转除料。

2）旋转除料时的旋转方向遵循右手法则，轴线不能和草图相交。

3. *放样增料与放样除料*

放样命令可以根据多个截面轮廓来生成一个实体。截面轮廓为草图。

（1）放样增料　放样增料可以根据多个截面轮廓生成一个实体。依次选择菜单项【造型】—【特征生成】—【增料】—【放样】，或者在【特征生成栏】上单击按钮，系统弹出【放样】对话框，如图4-222所示。

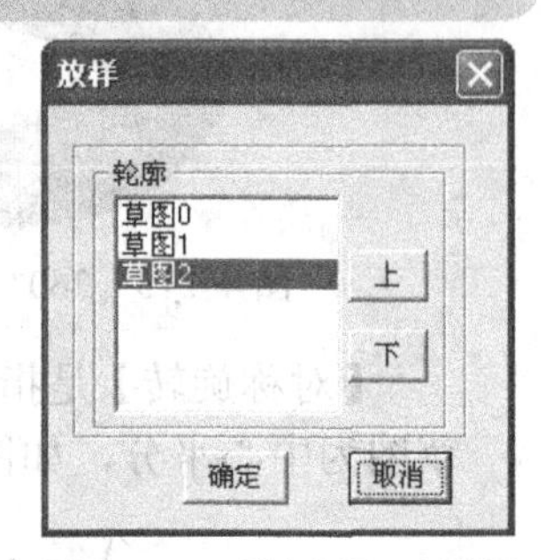

图4-222 【放样】对话框

用鼠标选取绘制好的草图，单击按钮【上】和【下】来调节草图选取的顺序，然后单击【确定】按钮完成操作。如图4-223和图4-224所示，首先作出两个草图，然后作放样增料。进行放样增料操作时，点取草图线的位置要相互一致，否则造型出的实体将产生扭曲。

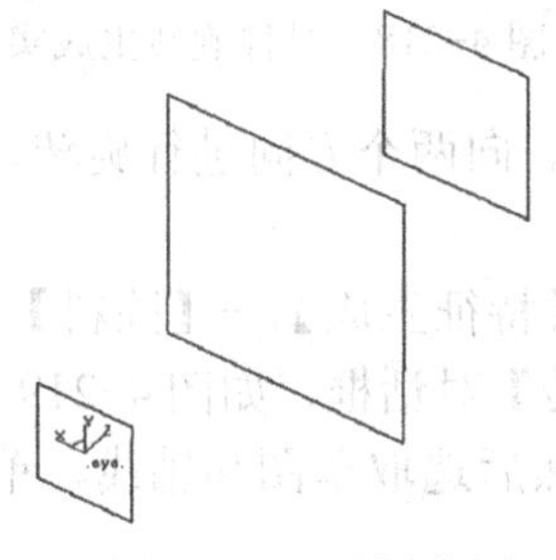

图4-223　放样草图

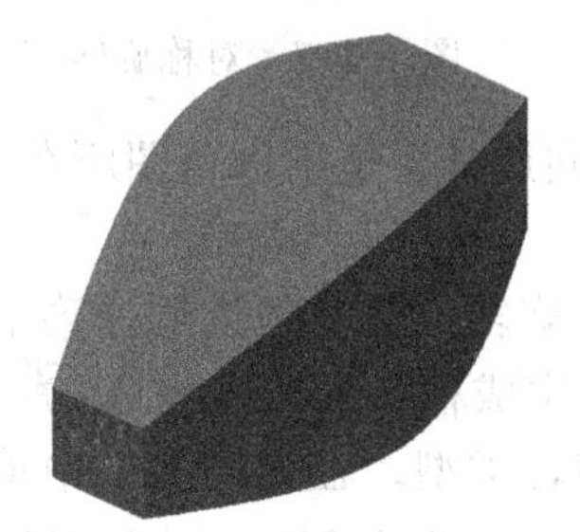

图4-224　生成放样实体

提示：

选取草图时，鼠标选取不同的边、单击不同的位置，可能产生扭曲的放样结果。

（2）放样除料　放样除料可以根据多个截面轮廓去除特定形状的实体材料，其截面轮廓为草图。

依次选择菜单项【造型】—【特征生成】—【除料】—【放样】，或者在【特征生成栏】上单击按钮，弹出【放样】对话框。

和放样增料的操作相似，放样除料操作时，先选取草图轮廓线，然后按【确定】按钮完成操作。进行放样除料时，同样要注意点取草图线的位置要相互对应。

4. *导动增料与导动除料*

导动是将某一截面曲线或轮廓线沿着另外一条轨迹线运动生成一个实体特征。截面线应为封闭的草图轮廓，截面线的运动形成了导动曲面。

（1）导动增料　导动增料是将某一截面曲线或轮廓线沿着另外一条轨迹线运动生成一个增加的特征实体。

依次选取菜单项【造型】—【特征生成】—【增料】—【导动】，或者在【特征生成栏】上单击按钮，弹出【导动】对话框，如图4-225所示。

选取轮廓截面线和轨迹线。轮廓截面线是指需要导动的草图，轮廓截面线应为封闭的草图轮廓。轨迹线是指草图导动的参照路径。在【选项控制】中设定导动方式，其中，【平行导动】是指截面线沿导动线趋势始终平行它自身的移动而生成的特征实体；【固接导动】是指在导动过程中，截面线和导动线保持固接关系，即让截面线平面与导动线的切矢方向保持相对角度不变，而且截面线在自身相对坐标架中的位置关系保持不变，截面线沿导动线变化的趋势导动生成特征实体。单击【确定】按钮完成操作，如图 4-226 所示。

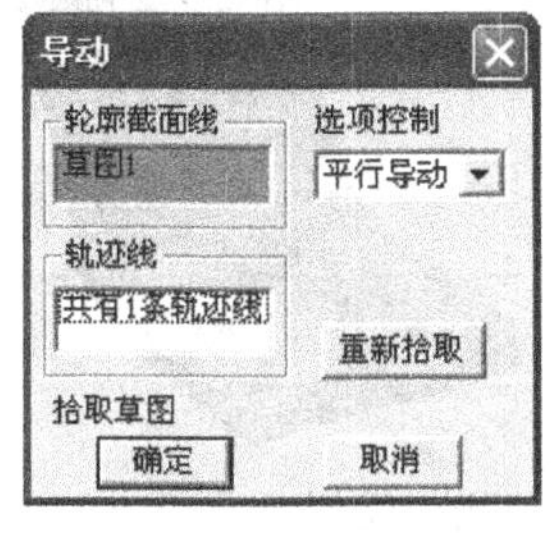

图 4-225 【导动】对话框

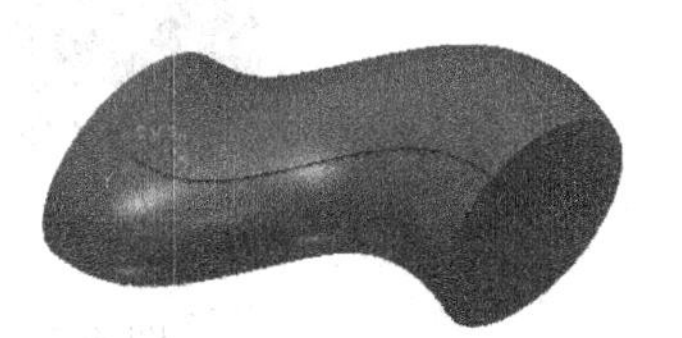

图 4-226　生成导动实体

提示：

要根据造型需要合理选择导动方向。

（2）导动除料　导动除料是将截面曲线或轮廓线沿着另一轨迹线运动形成的一个实体移除特征。

依次选择菜单项【造型】—【特征生成】—【除料】—【导动】，或者在【特征生成栏】上单击按钮，系统弹出【导动】对话框。

用鼠标选取轮廓截面线和轨迹线，选定导动方式，单击【确定】按钮完成操作，如图 4-227 所示。

5. 曲面加厚增料与曲面加厚除料

（1）曲面加厚增料　曲面加厚增料是将指定的曲面加厚生成实体。在进行复杂的实体造型时，可以先设计一个自由曲面，再给定厚度和方向，使其变成一个实体。

依次选择菜单项【造型】—【特征生成】—【增料】—【曲面加厚】，或者在【特征生成栏】上单击按钮，系统弹出【曲面加厚】对话框，如图 4-228 所示。

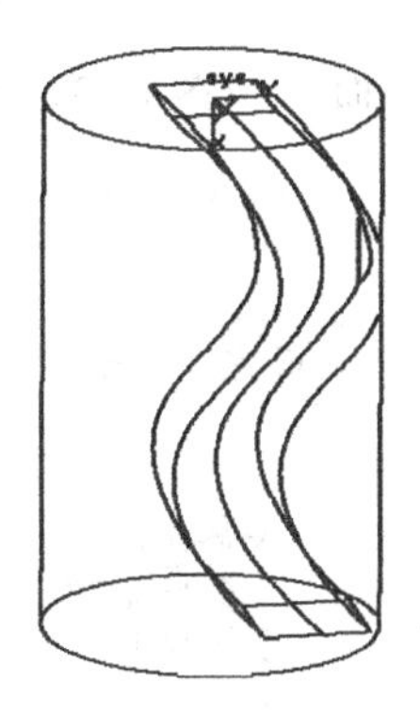

图 4-227　导动除料操作实例

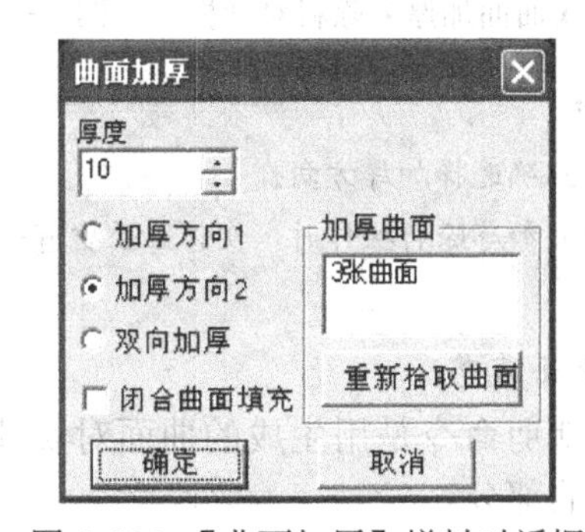

图 4-228 【曲面加厚】增料对话框

在【厚度】中填入曲面加厚的厚度，可以直接输入数值，也可以单击按钮来调节。设定加厚方向，【加厚方向 1】是指沿曲面的法线方向生成实体；【加厚方向 2】是指沿与曲面法线相反的方向生成实体；【双向加厚】是指从法线及反向等两个方向对曲面进行加厚生成实体。在【加厚曲面】中拾取需要加厚的曲面，单击【确定】按钮完成操作，如图 4-229 所示。

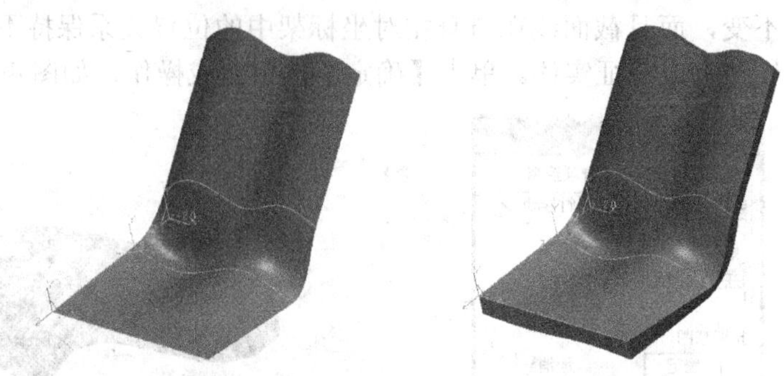

图 4-229　曲面加厚增料操作实例

（2）曲面加厚除料　曲面加厚除料用于对指定的曲面按照给定的厚度和方向进行移出的特征修改。

依次选择菜单项【造型】—【特征生成】—【除料】—【曲面加厚】，或者在【特征生成栏】上单击按钮，系统弹出【曲面加厚】对话框，如图 4-230 所示。此对话框的选项与【曲面加厚】增料对话框的设置项相同。

在【厚度】中填入曲面加厚的厚度，然后设定加厚方向。在【加厚曲面】中拾取已经定义好的曲面，单击【确定】按钮完成操作，如图 4-231 和图 4-232 所示。

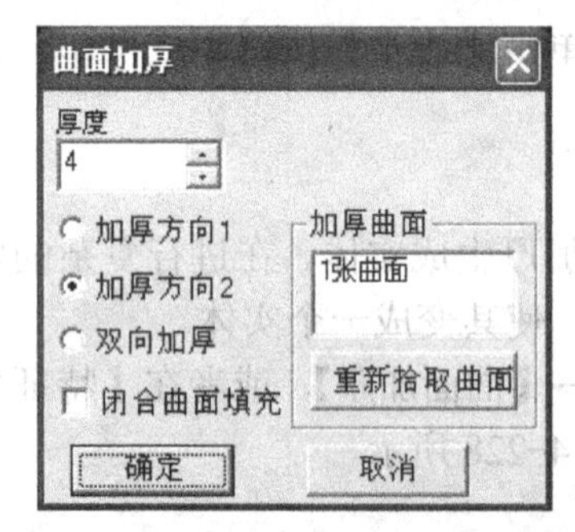

图 4-230 【曲面加厚】除料对话框

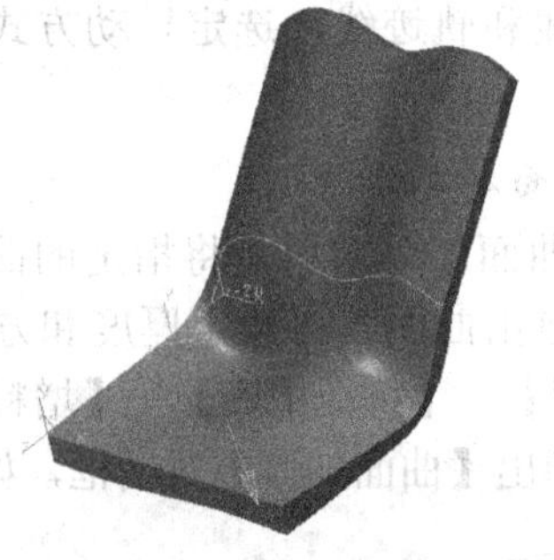

图 4-231　选取加厚除料面

图 4-232　曲面加厚除料操作

提示：

1）要正确选择加厚方向。

2）曲面加厚除料操作时，实体应至少有一部分大于曲面。若曲面完全大于实体，系统将提示特征操作失败。

6. 曲面裁剪

曲面裁剪命令是用生成的曲面对实体进行修剪，去掉不需要的部分。

依次选择菜单项【造型】—【特征生成】—【除料】—【曲面裁剪】，或者在【特征生成栏】上单击按钮，系统弹出【曲面裁剪除料】对话框，如图 4-233 所示。

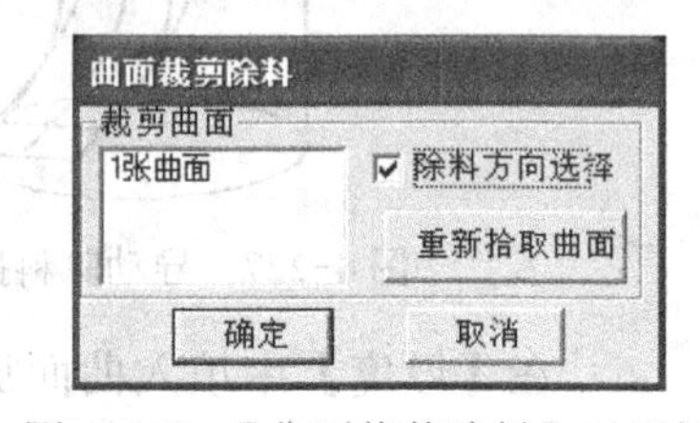

图 4-233 【曲面裁剪除料】对话框

首先用鼠标选裁剪曲面，然后设定【除料方向选择】，单击【确定】按钮完成操作。【裁剪曲面】是指对实体进行裁剪的曲面，参与裁剪的曲面可以是多张边界相连的曲面。【除料方向选择】是指曲面那一侧的实体将被去除，保留其余的实体部分，如图 4-234 和图 4-235 所示。

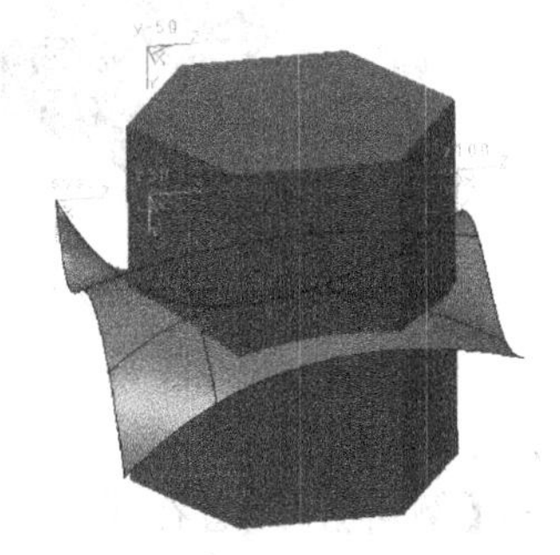

图 4-234　裁剪面和待裁剪实体

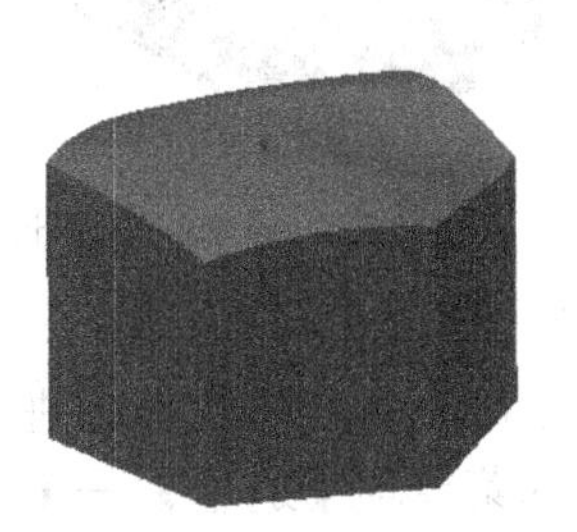

图 4-235　实体的曲面裁剪

7. **过渡**

过渡是指以给定半径或半径变化规律在实体间作光滑过渡。

依次选择菜单项【造型】—【特征生成】—【过渡】，或者在【特征生成栏】上单击按钮，系统弹出【过渡】对话框，如图 4-236 所示。

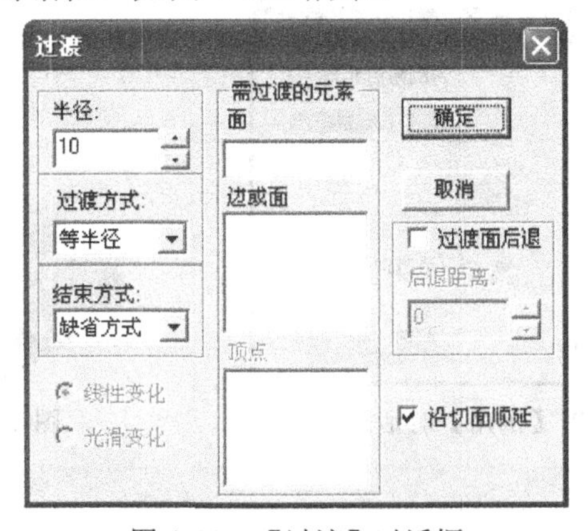

图 4-236　【过渡】对话框

在【过渡】对话框的【半径】中设定过渡圆角的半径尺寸值，可以直接输入数值，也可以单击按钮来调节。在【过渡方式】中确定圆角过渡方式，过渡方式有【等半径】和【变半径】两种。【等半径】是指整条边或面以固定的尺寸值进行过渡。【变半径】是指在边或面以渐变的尺寸值进行过渡，需要分别指定各点的半径。在【结束方式】中确定结束方式，结束方式有【缺省方式】、【保边方式】和【保面方式】三种。【缺省方式】是指以系统默认的保边或保面方式进行过渡。【保边方式】是指线面过渡。【保面方式】是指面面过渡。

图 4-237 和图 4-238 分别为等半径和变半径过渡。

提示：

1）变半径过渡操作时，只能拾取边，不能拾取面。

2）变半径过渡时，注意控制点的顺序。

图4-237 等半径方式过渡

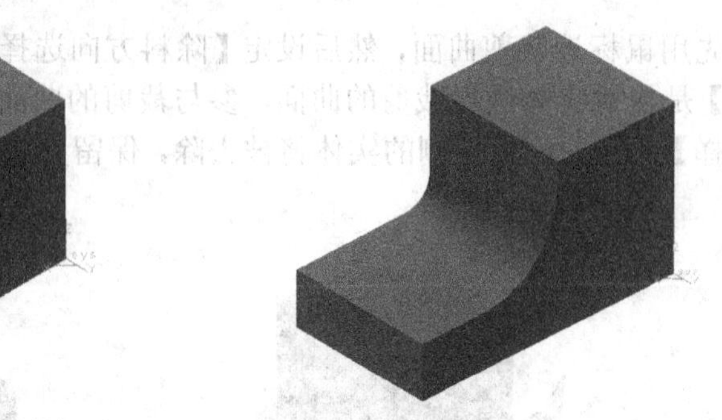

图4-238 变半径方式过渡

8. 倒角

倒角命令用于对实体的棱边进行倒角过渡。

依次选择菜单项【造型】—【特征生成】—【倒角】，或者在【特征生成栏】上单击按钮，系统将弹出【倒角】对话框，如图4-239所示。

在【倒角】对话框的【参数】—【距离】中输入倒角的尺寸，可以直接输入所需数值，也可以单击按钮来调节。在【参数】—【角度】中输入所倒角度的尺寸值。在【需倒角的元素】中选取需要过渡的实体边。【反方向】是指与默认方向相反的方向。图4-240为实体倒角效果。

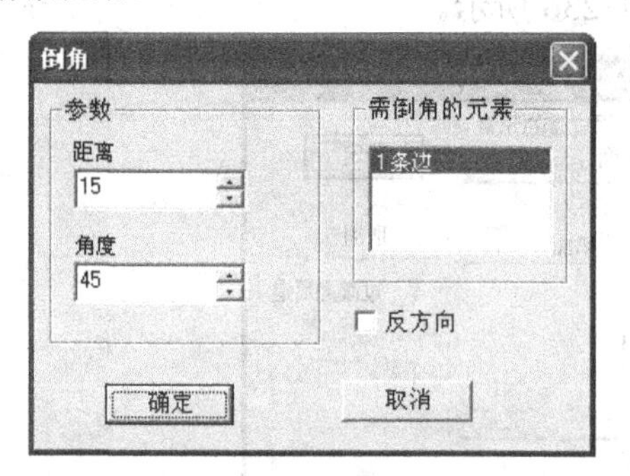

图4-239 【倒角】对话框

图4-240 实体倒角效果

提示：

只有两个平面的棱边才能进行倒角操作。

9. 筋板

筋板命令用来在指定位置生成加强筋。

依次选择菜单项【造型】—【特征生成】—【筋板】，或者在【特征生成栏】上单击按钮，系统弹出【筋板特征】对话框，如图4-241所示。

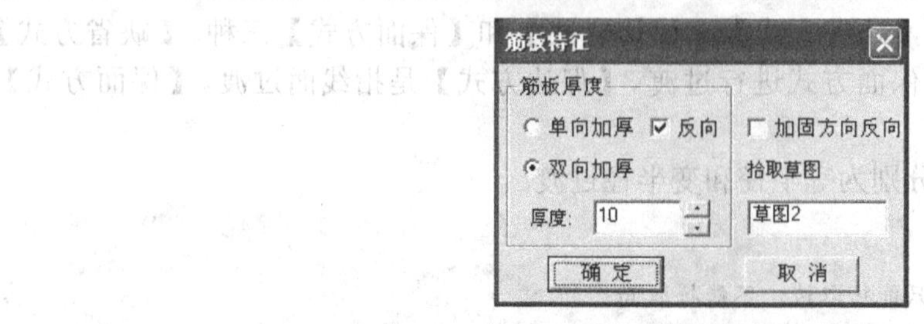

图4-241 【筋板特征】对话框

在【筋板厚度】中设定筋板加厚方式。【单向加厚】是指按照固定的方向和厚度生成实体。【反向】是指与默认给定的单向加厚方向相反。【双向加厚】是指按照默认及相反的方向生成给定厚度的实体，厚度以草图平分。在【厚度】中输入筋板厚度值。用鼠标选取草图，单击【确定】按钮完成操作，如图 4-242 和图 4-243 所示。【加固方向反向】是指与默认加固方向相反，可以按照不同的加固方向生成筋板。

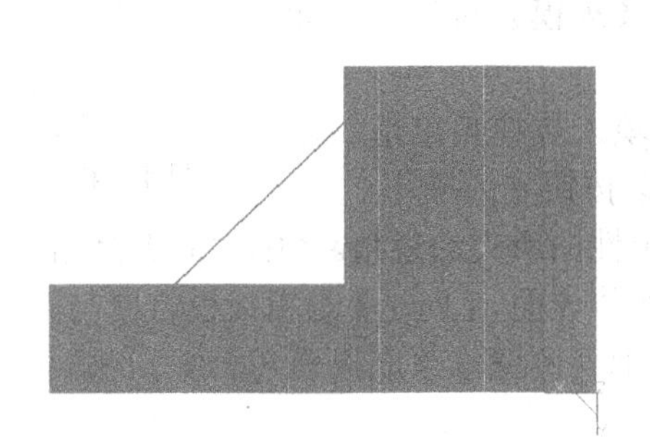

图 4-242　绘制筋板草图

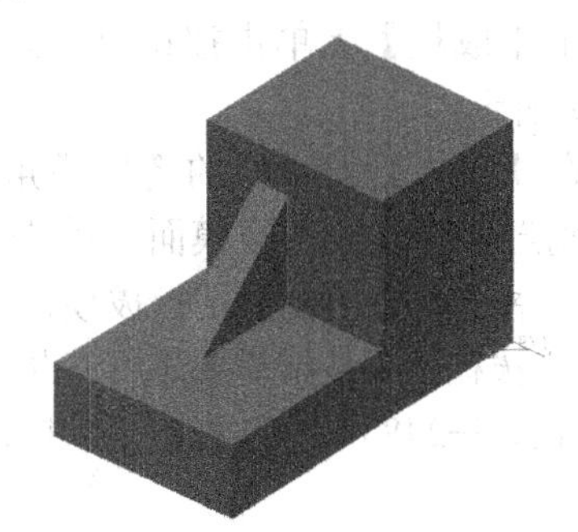

图 4-243　生成筋板特征

提示：

1）筋板的加固方向应指向实体，否则无法完成操作。

2）草图轮廓可以不封闭。

10. **抽壳**

抽壳是根据设定的壳体厚度将实心物体抽成内空的薄壳体。

依次单击菜单项【造型】—【特征生成】—【抽壳】，或者在【特征生成栏】上单击按钮，系统弹出【抽壳】对话框，如图 4-244 所示。

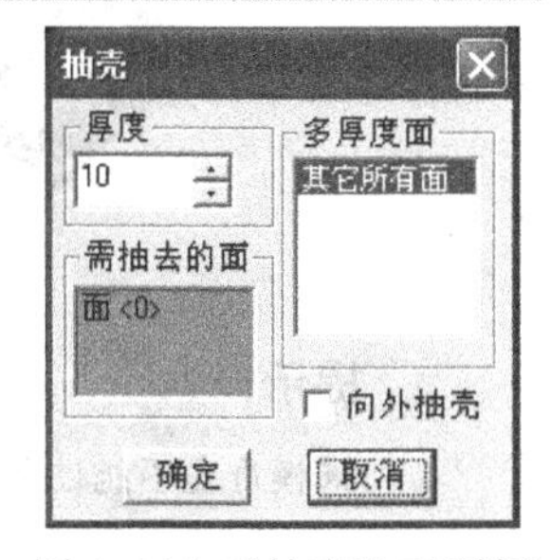

图 4-244 【抽壳】对话框

在【厚度】中填入厚度值，即抽壳后实体的壁厚。用鼠标选取开始抽壳的实体表面，在【需抽去的面】中将显示选中的面名称，单击【确定】按钮完成操作。复选框【向外抽壳】是指与默认抽壳方向相反，在同一个实体上分别按照两个方向生成实体，结果是尺寸不同。图 4-245、图 4-246 分别是抽壳前后的实体。

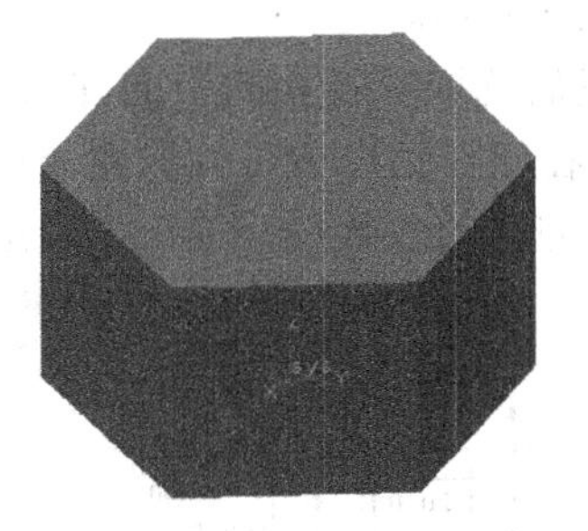

图 4-245　抽壳前的实体

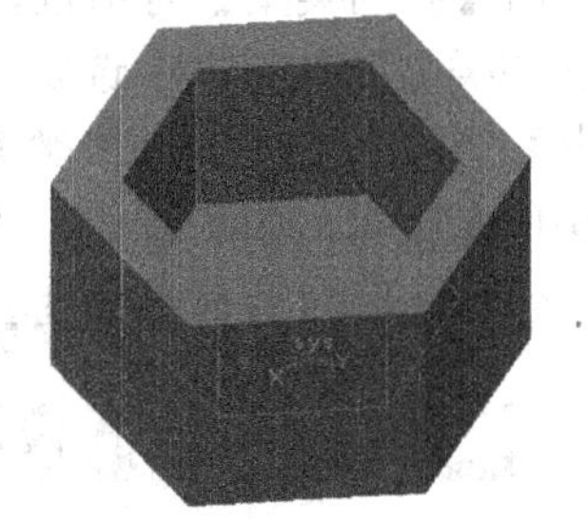

图 4-246　抽壳后的实体

提示：

在进行抽壳操作时，要合理设置厚度。否则将造成实体表面不能被偏移，或是偏移时实体的面不能被删除，导致抽壳操作失败。

11. 拔模

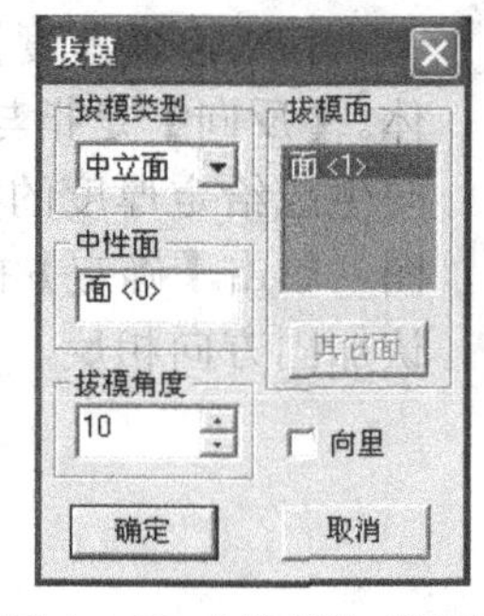

图4-247 【拔模】对话框

拔模是指保持中性面与拔模面的交线不变（即以此交线为旋转轴），对拔模面按拔模角度进行旋转的操作。此功能可以对几何面的倾斜角进行修改。

依次选择菜单项【造型】—【特征生成】—【拔模】，或者在【特征生成栏】上单击按钮，系统弹出【拔模】对话框，如图4-247所示。

在【拔模】对话框的【拔模角度】中填入拔模角度值。用鼠标分别选取中性面和拔模面，单击【确定】按钮完成操作。

其中【拔模角度】是指拔模面法线与中性面所夹的锐角。【中性面】是指拔模起始位置参照。【拔模面】是指需要进行拔模倾斜的实体表面。【向里】是指拔模方向与默认方向相反。

如图4-248所示的型腔，通过拔模操作把其侧壁修改成拔模角为6°的斜面，如图4-249所示。

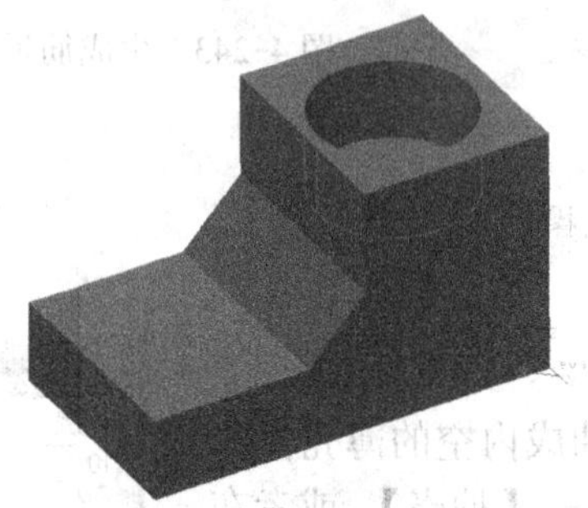
图4-248 型腔

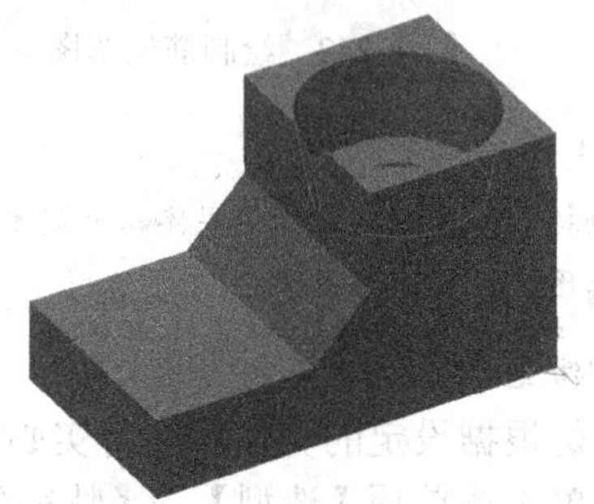
图4-249 带6°拔模角的型腔

提示：

拔模角度不能过大，否则无法实现拔模操作。

12. 孔

孔命令可以在平面上直接生成各种类型的孔，并去除材料。

依次选择菜单项【造型】—【特征生成】—【孔】，或者在【特征生成栏】上单击按钮，系统弹出【孔的类型】对话框，如图4-250所示。

在【孔的类型】对话框中选定一种孔，然后选取要打孔的平面并指定孔的定位点，单击【下一步】。系统弹出【孔的参数】对话框，在该对话框中可以设置不同孔的直径、深度，沉孔和钻头的参数等，如图4-251所示。设置完孔的参数后，单击【确定】按钮完成操作。

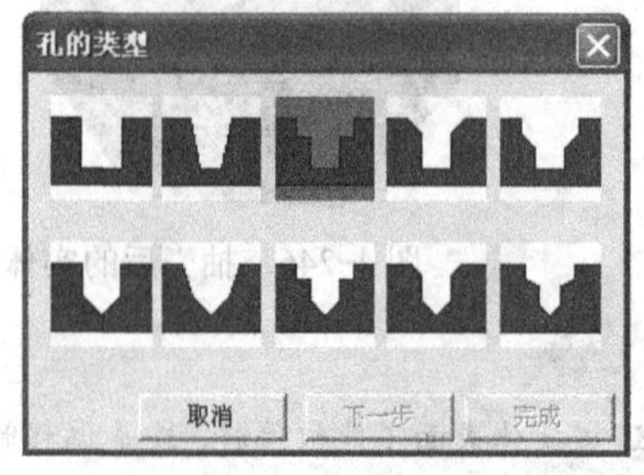

图4-250 【孔的类型】对话框

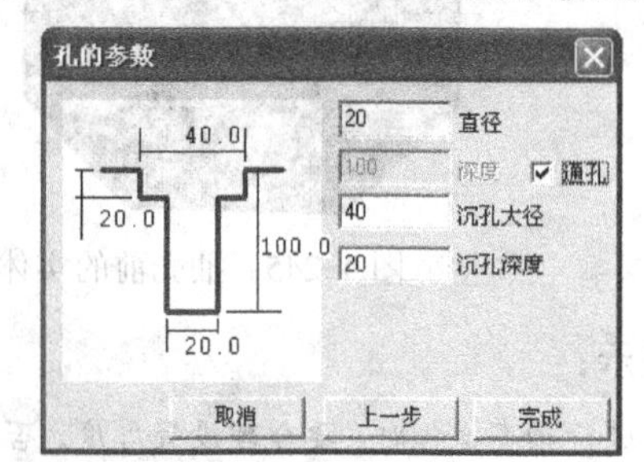

图4-251 【孔的参数】对话框

复选框【通孔】是指将整个实体贯穿。图 4-252 所示为按照图 4-250 所示参数设置打成的孔。

图 4-252　生成阶梯孔

提示：

1）通孔时，深度参数不可设置。

2）设定孔的定位点时，在选定孔所在的平面后按回车键，可以通过键盘精确输入孔位置坐标。

13. **线性阵列**

通过线性阵列命令可以沿一个方向或多个方向快速进行特征的复制。

依次选择菜单项【造型】—【特征生成】—【线性阵列】，或者在【特征生成栏】上单击按钮，系统弹出【线性阵列】对话框，如图 4-253 所示。

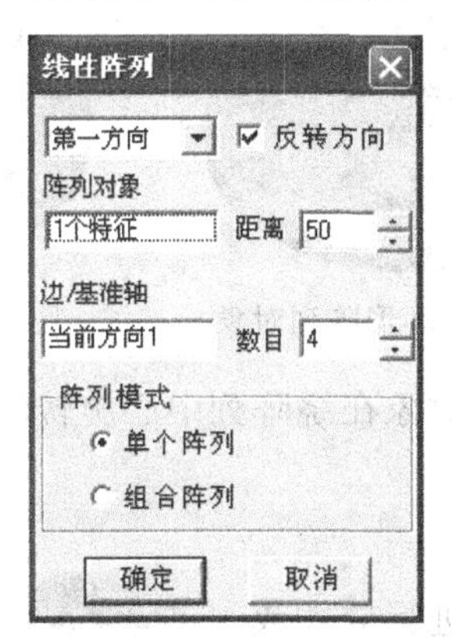

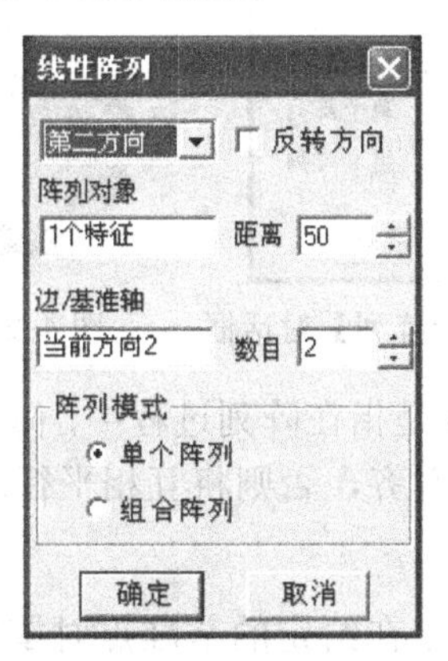

图 4-253　【线性阵列】对话框

用鼠标在第一方向上选取阵列对象并确定边/基准轴，【阵列对象】是指要进行阵列的特征，【边/基准轴】是指阵列所沿的指示方向的边或者基准轴。

设定阵列距离和数目。【距离】是指阵列对象相距的尺寸值，【数目】是指阵列对象的个数。单击【确定】按钮完成操作。

在第二方向进行和第一方向相同的操作，即完成线性阵列。【反转方向】是指沿与默认方向相反的方向进行阵列，如图 4-254 和图 4-255 所示。

提示：

在阵列时，如果特征 A 附着（依赖）于特征 B，当阵列特征 B 时，特征 A 不会被阵列。

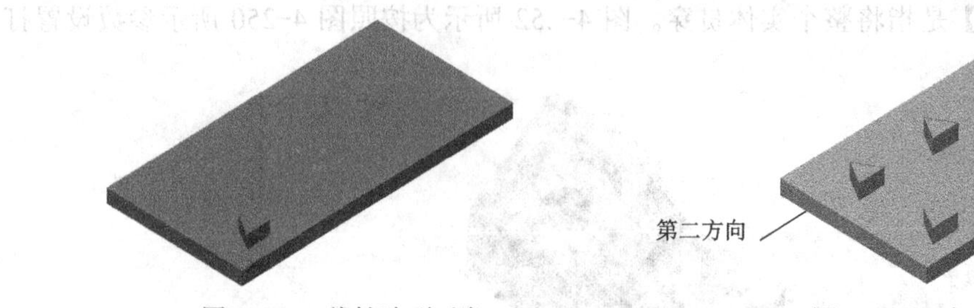

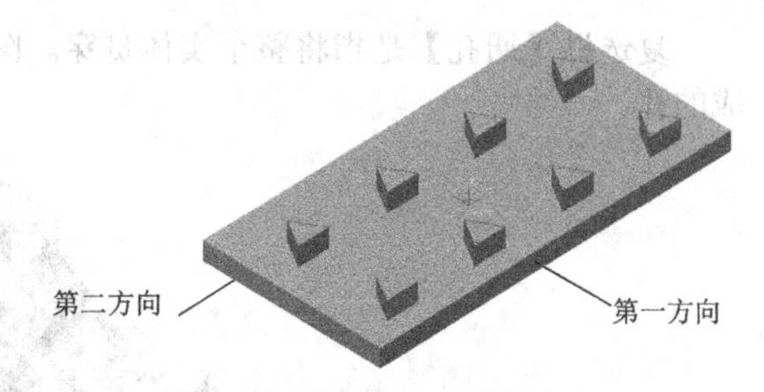

图 4-254　线性阵列对象　　　　图 4-255　生成线性阵列

14. **环形阵列**

环形阵列命令用于将特征绕一根基准轴阵列为多个特征，阵列后的特征构成一个环形。其中基准轴应为空间直线。

依次选择菜单项【造型】—【特征生成】—【环形阵列】，或者在【特征生成栏】上单击按钮，系统弹出【环形阵列】对话框，如图 4-256 所示。

在【阵列对象】中选取需要阵列的特征，在【边/基准轴】中选取阵列所沿的指示方向的边或者基准轴。在【角度】中直接输入阵列对象所夹的角度值，在【数目】中输入阵列对象的个数，单击【确定】按钮完成操作，如图 4-257 和图 4-258 所示。

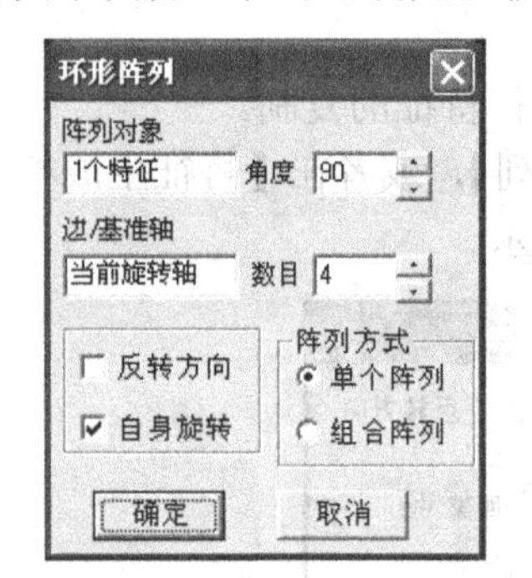

图 4-256 【环形阵列】对话框

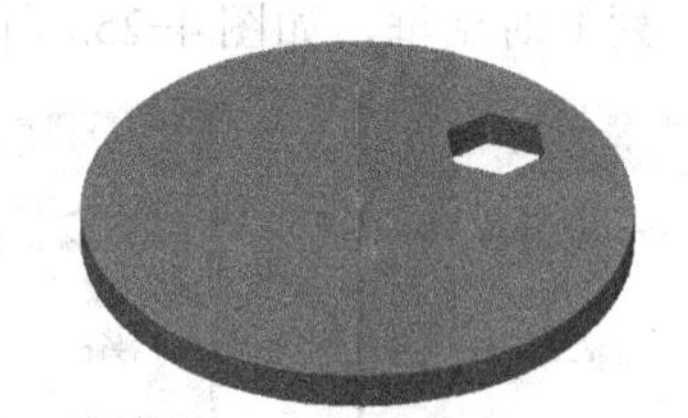

图 4-257　环形阵列对象

图 4-258　生成环形阵列

【自身旋转】是指在阵列过程中，阵列对象在绕阵列中心旋转的过程中绕自身的中心旋转，都与旋转轴对齐，否则将互相平行。

15. **缩放**

缩放命令用于在给定的基准点对零件进行放大或缩小操作。

依次选择菜单项【造型】—【特征生成】—【缩放】，或者在【特征生成栏】上单击按钮，系统弹出【缩放】对话框，如图 4-259 所示。

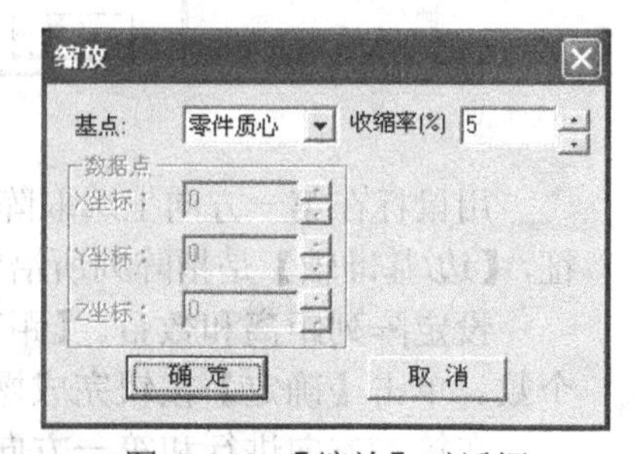

图 4-259 【缩放】对话框

在实体特征上选择缩放基点，在【缩放】对话框中设定收缩率，必要时设定数据点坐标，单击【确定】按钮完成操作。

基点的确定有【零件质心】、【拾取基准点】和【给定数据点】等三种方式。【零件质心】是指以零件的质心为基点进行缩放；【拾取基准点】是指根据鼠标选取的工具点为基点进行缩放；【给定数据点】是指以输入坐标确定的点为基点进行缩放。

16. **型腔**

型腔命令用于以零件毛坯外形为型腔生成包围此零件的模具。

依次选择菜单项【造型】—【特征生成】—【型腔】，或者在【特征生成栏】上单击按钮，系统弹出【型腔】对话框，如图 4-260 所示。

分别填入型腔外形尺寸的收缩率和零件毛坯放大尺寸，单击【确定】按钮完成操作。

17. **分模**

分模命令用于在型腔生成后，将模具按照指定的方式分成独立的几部分。

依次选择菜单项【造型】—【特征生成】—【分模】，或者在【特征生成栏】上单击按钮，系统弹出【分模】对话框，如图 4-261 所示。

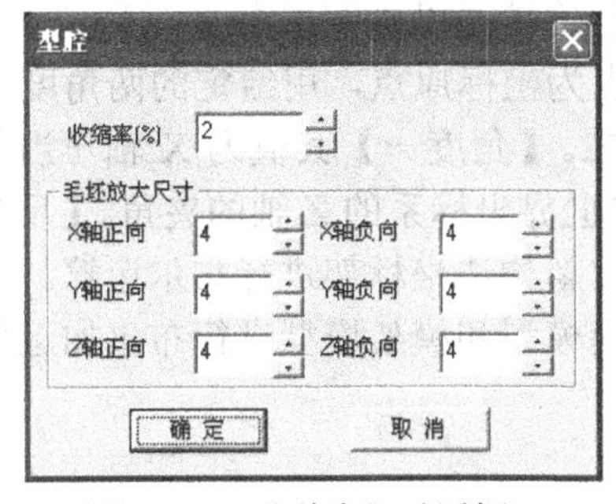

图 4-260 【型腔】对话框

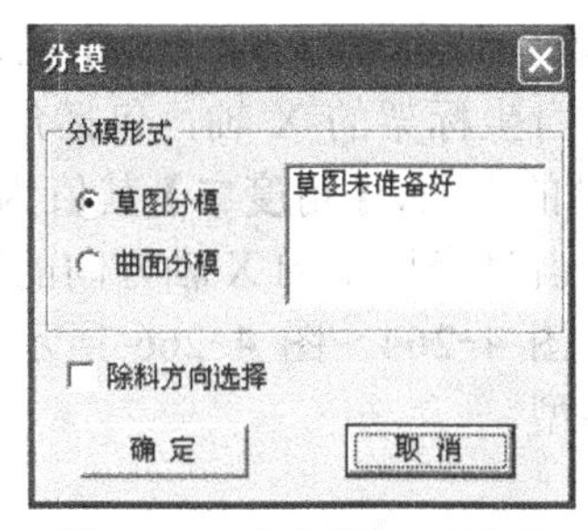

图 4-261 【分模】对话框

分模形式包括【草图分模】、【曲面分模】两种。【草图分模】是通过所绘制的草图实现分模，【曲面分模】是通过选定的曲面实现分模，此时参与分模的曲面可以是多张边界相连的曲面。【除料方向选择】用于控制去除哪部分实体，由此形成不同的模具实体。

18. **实体布尔运算**

实体布尔运算命令用于将另一个实体并入当前零件实体，从而实现与当前零件的交、并、差等运算。

依次选择菜单项【造型】—【特征生成】—【实体布尔运算】，或者在【特征生成栏】上单击按钮，系统弹出【打开】对话框，如图 4-262 所示。

选取要插入的文件后，单击【打开】，弹出【输入特征】对话框，如图 4-263 所示。

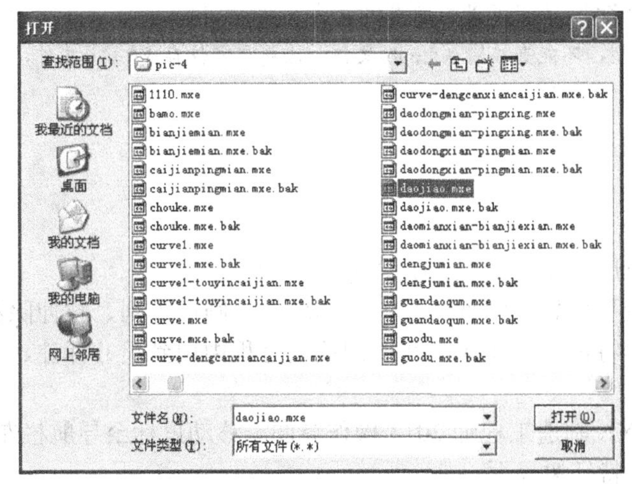

图 4-262 【打开】对话框

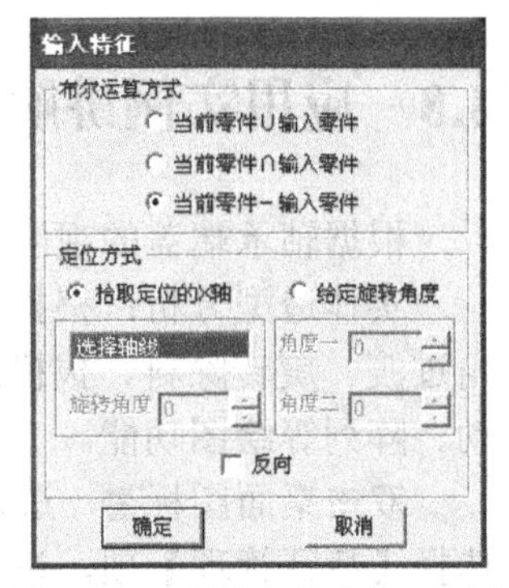

图 4-263 【输入特征】对话框

在【输入特征】对话框中选定一种布尔运算方式，给出定位点。然后选取定位方式，若为【拾取定位的 X 轴】，则选择轴线，输入旋转角度，单击【确定】按钮完成操作；若为【给定旋转角度】，则输入角度一和角度二的值，单击【确定】按钮完成操作。

【布尔运算方式】是指当前零件与插入零件的交、并、差，包括如下三种：

（1）当前零件∪插入零件　是指当前零件与插入零件的交集。

（2）当前零件∩插入零件　是指当前零件与插入零件的并集。

（3）当前零件-插入零件　是指当前零件与插入零件的差。

【定位方式】是用来确定输入零件的具体位置，包括以下两种方式：

（1）拾取定位的 X 轴　是指以空间直线作为输入零件自身坐标架的 X 轴（坐标原点为拾取的定位点），【旋转角度】用来对 X 轴进行旋转，以确定 X 轴的具体位置。

（2）给定旋转角度　是指以拾取的定位点为坐标原点，用给定的两角度来确定输入零件的自身坐标架的 X 轴，包括角度一和角度二。【角度一】其值为 X 轴与当前世界坐标系的 X 轴的夹角，【角度二】其值为 X 轴与当前世界坐标系的 Z 轴的夹角。【反向】是指将输入零件自身坐标架的 X 轴方向的反向，然后重新构造坐标架进行布尔运算。

如图 4-264～图 4-266 所示，将吊钩凸模模型和模架模型进行布尔加运算，得到吊钩模具模型。

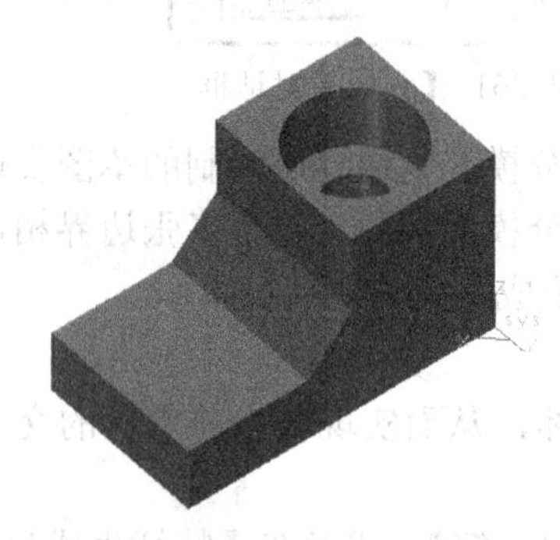

图 4-264　吊钩凸模模型

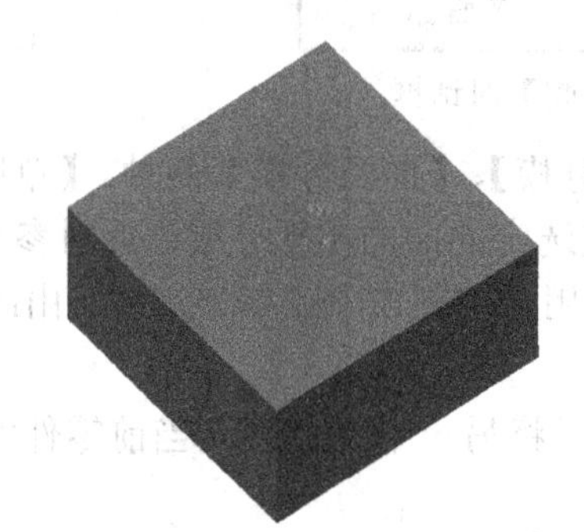

图 4-265　基体材料

图 4-266　布尔运算生成模型

提示：

1）采用【拾取定位的 X 轴】方式时，轴线应为空间直线。

2）选择文件时，注意文件的类型，不能直接输入*.epb 文件，应先将零件存成*.x_t 文件，然后进行布尔运算。

4.8　应用实例讲解

根据轴承端盖的视图及二维尺寸（图 4-267），创建实体模型。

实体造型分析：根据特征造型思想，轴承端盖由拉伸增料、圆周阵列、拉伸除料、圆角过渡、旋转除料、拔模斜度等特征组合而成，在草图绘制过程中用到尺寸标注、尺寸驱动、阵列等绘图功能。

双击桌面图标，进入 CAXA 制造工程师 2013 操作界面。移动鼠标至导航栏左下角，选择【特征管理】项，进入造型特征树界面。

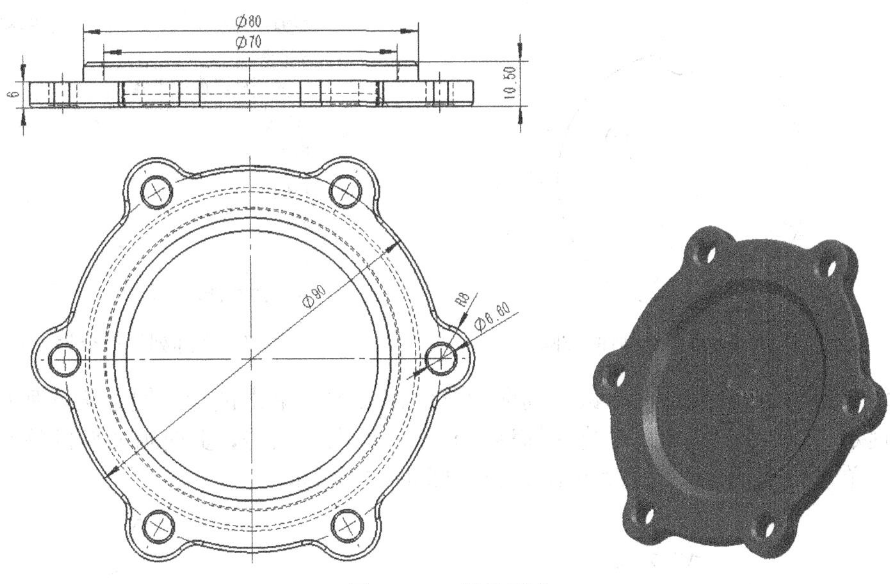

图 4-267　轴承端盖

4.8.1　轴承端盖零件实体设计

1. 创建轴承端盖主体拉伸增料

1）在特征导航栏里选择【平面 XY】基准面，单击【状态控制栏】上的按钮，单击鼠标左键（或按 F2 键），进入草图绘制状态，按 F9 键切换 XOY 平面为当前平面，按 F5 键切换当前平面与屏幕平行。

2）单击按钮进入绘制圆命令。在导航栏命令行中选择【圆心_半径】方式，如图 4-268 所示。移动鼠标至坐标原点，当鼠标指针附近显示原点符号时，单击鼠标左键，将圆心设定于坐标原点处，拖动鼠标到一定位置单击，完成圆绘制。

3）单击按钮标注绘制的圆，然后再次单击按钮，将绘制的圆直径更改为 90，如图 4-269 所示。

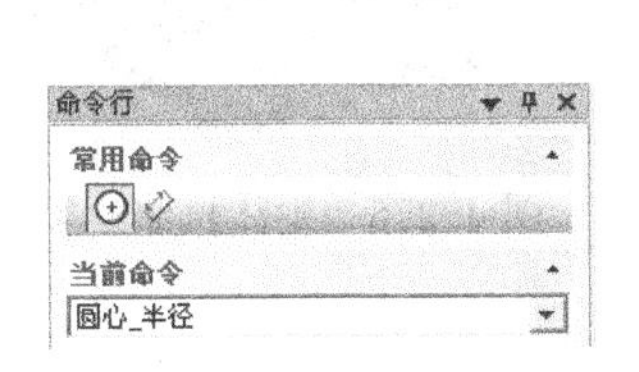

图 4-268　【圆】绘制方式

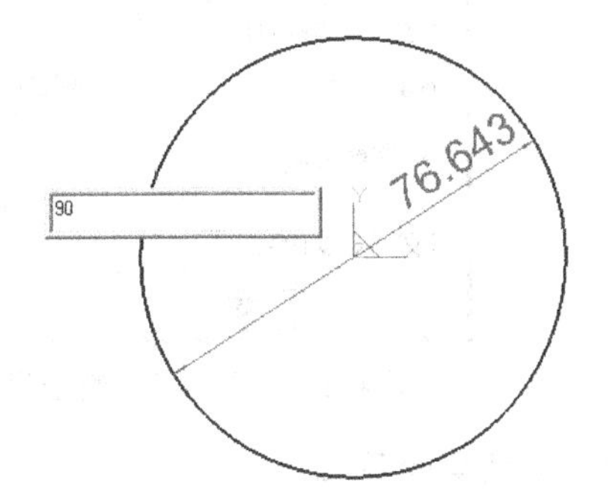

图 4-269　绘制主体圆并修改尺寸

4）再次使用绘制圆命令，绘制图 4-270 所示的圆，直径为 16，圆心距坐标原点 45，且在大圆的最上点处。单击阵列按钮，在导航栏命令行中设置阵列类型为【圆形】，阵列排布方式为【均布】，并设定【分数】为 6，如图 4-271 所示。

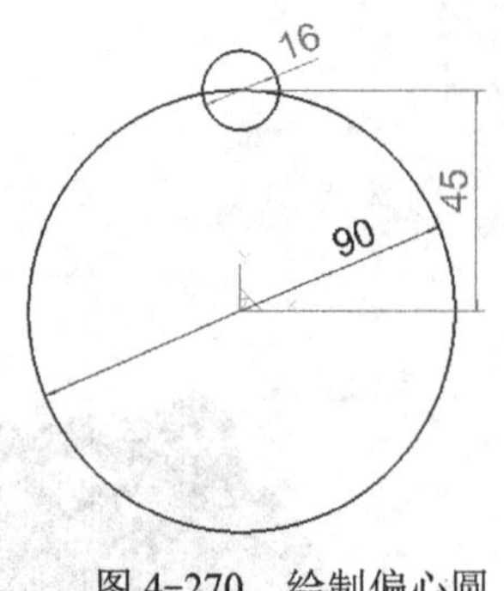

图4-270　绘制偏心圆

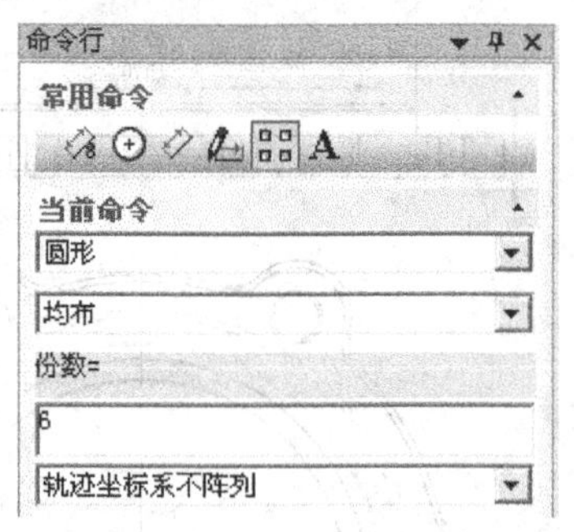

图4-271　【阵列】命令设置项

5）根据状态栏提示，用鼠标选取绘制的偏心圆，单击鼠标右键确认阵列对象的选取。系统提示“输入阵列中心”，将鼠标移动到坐标原点并单击，此时偏心圆的阵列如图4-272所示。单击按钮将多余线条剪除，得到图4-273所示的图形。

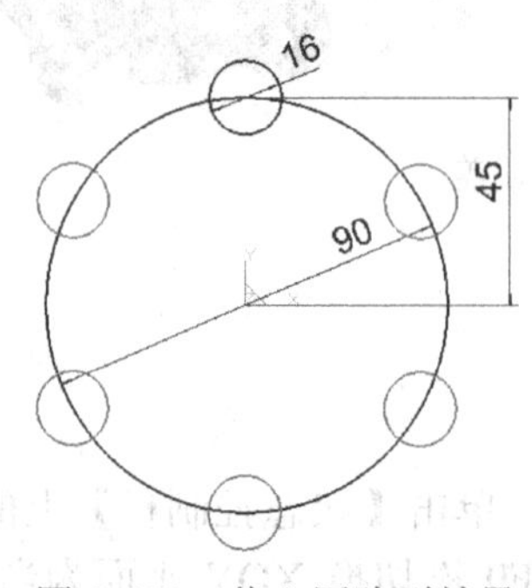

图4-272　偏心圆阵列效果

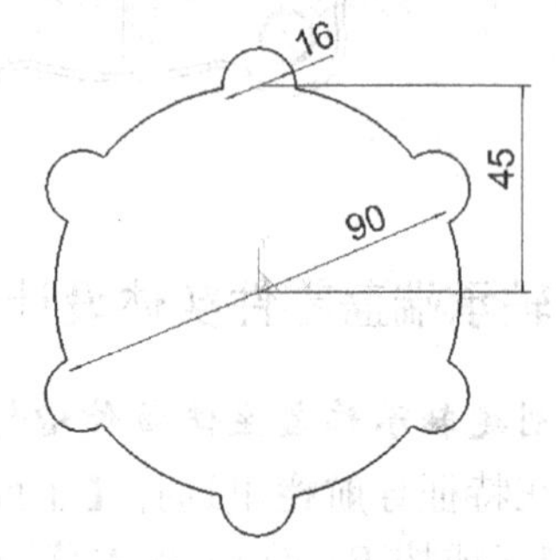

图4-273　图形修剪后的效果

6）再次单击按钮，退出草图绘制。单击按钮，在弹出的【拉伸增料】中设置拉伸类型为【双向拉伸】，拉伸【深度】为“6”，如图4-274所示。根据状态栏提示，用鼠标选取图4-273绘制的草图，单击按钮【确定】完成主体拉伸，如图4-275所示。

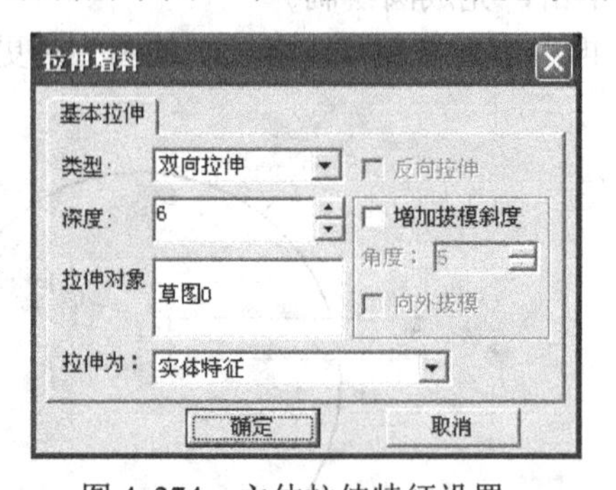

图4-274　主体拉伸特征设置

图4-275　主体拉伸效果

2. 创建偏心圆孔

1）用鼠标选择创建主体的上表面，然后单击按钮，此时将以选中的平面作为绘图平面，按下F5键将选中的绘图平面与屏幕平行。

2）单击按钮进入圆绘制命令，然后按下空格键，在系统弹出点捕捉快捷菜单中选择【圆心】项，如图4-276所示。根据系统提示，捕捉偏心圆弧的圆心，绘制一个直径为“6.6mm”的圆，如图4-277所示。

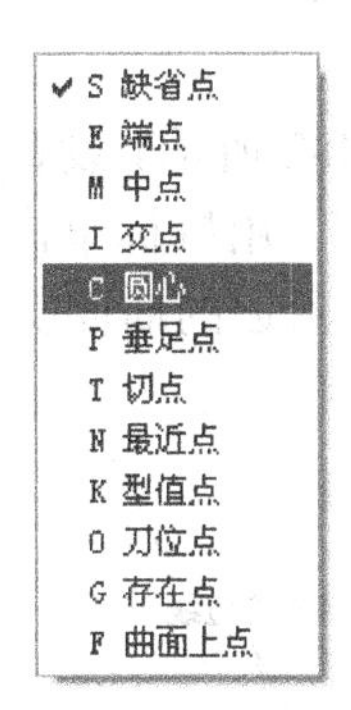

图 4-276 点选取快捷菜单

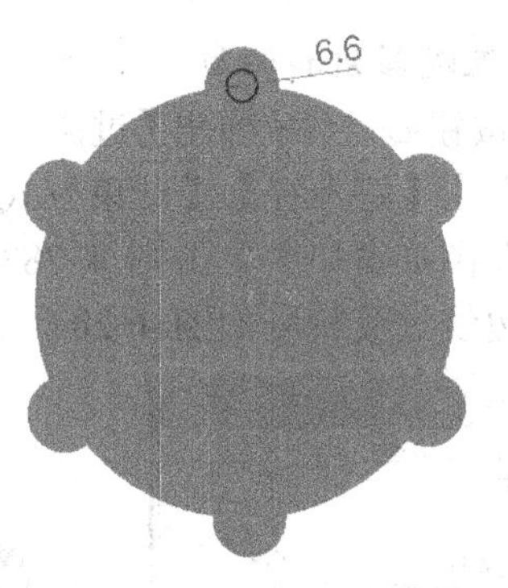

图 4-277 绘制圆孔截面圆

3）单击按钮，系统弹出【拉伸除料】对话框，如图 4-278 所示。在该对话框中选择【类型】为【贯穿】，拉伸对象为图 4-277 绘制的圆，【拉伸为】选择【实体特征】，然后单击【确定】按钮，生成圆孔特征如图 4-279 所示。

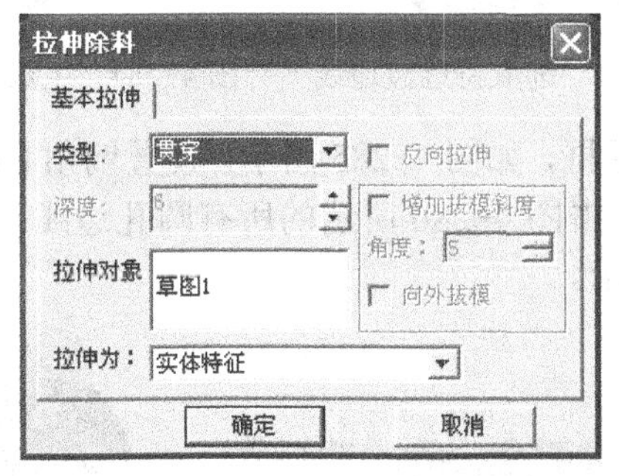

图 4-278 【拉伸除料】对话框

图 4-279 圆孔拉伸除料特征

4）单击 F9 键，将当前平面切换为 YOZ 平面，然后单击按钮，以两点方式绘制一条直线，其起始点为坐标原点，终止点坐标（0，0，50）通过键盘输入。单击鼠标右键完成直线绘制，此直线将作为特征阵列的参照轴。绘制完直线后，单击 F9 键将当前平面切换为 XOY 平面。

5）单击按钮，系统弹出【环形阵列】对话框，如图 4-280 所示。单击【阵列对象】下方的空白编辑框，然后在图形窗口选择图 4-279 创建圆孔特征，或者在导航栏的特征管理栏中选取该特征；选取【边/基准轴】为上步创建的直线，设定【角度】为“60”、【数目】为“6”。单击【确定】按钮，创建的圆孔阵列特征如图 4-281 所示，

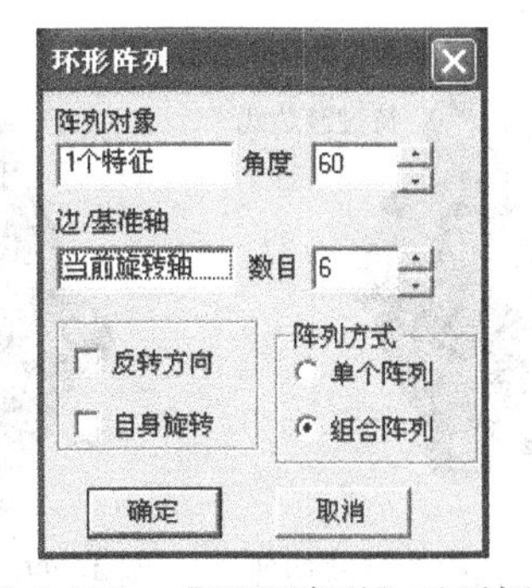

图 4-280 【环形阵列】对话框

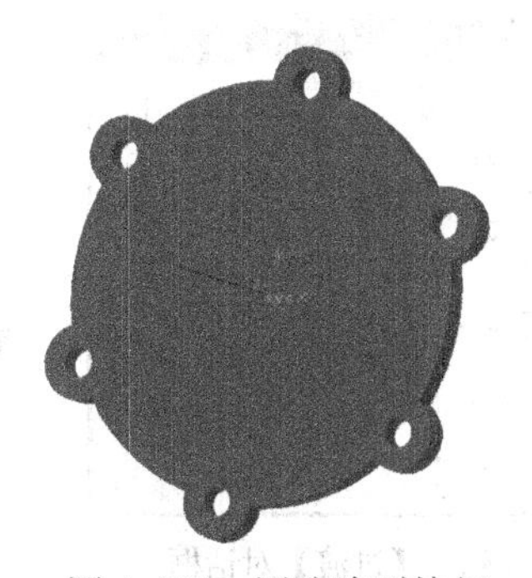

图 4-281 圆孔阵列特征

3. 创建过渡圆角和倒角

1）单击按钮，系统弹出【过渡】对话框，如图 4-282 所示。设置过渡【半径】为“5”、【过渡方式】为【等半径】、【结束方式】为【缺省方式】。用鼠标单击【边或面】下方的空白处，然后在图形窗口中单击图 4-283 所示的每个圆孔附近的曲面交线。单击【确定】按钮，创建的边线过渡特征如图 4-284 所示

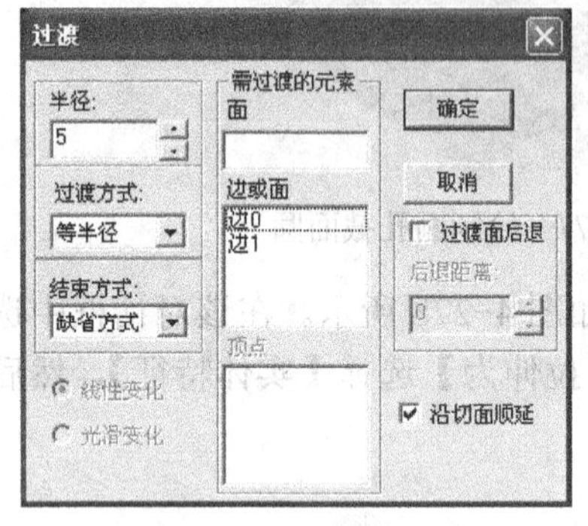

图 4-282 【过渡】对话框

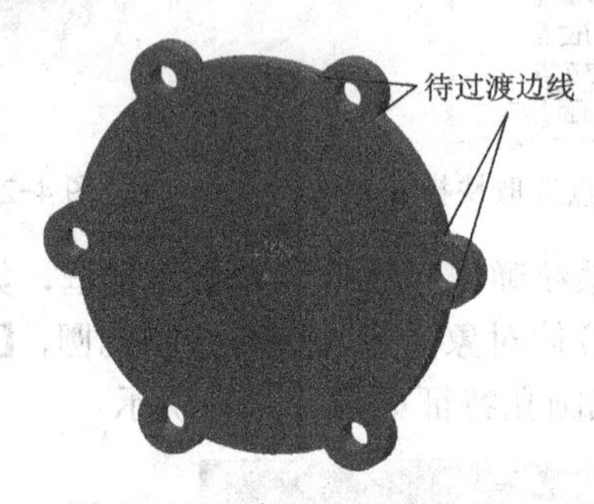

图 4-283 选取待过渡边线

图 4-284 生成边线的过渡特征

2）单击按钮，系统弹出【倒角】对话框，如图 4-285 所示。设置倒角【距离】为“1”、【角度】为“45”。用鼠标在图形窗口中单击图 4-286 所示的所有圆孔边线。单击【确定】按钮，创建的边线倒角特征如图 4-287 所示。

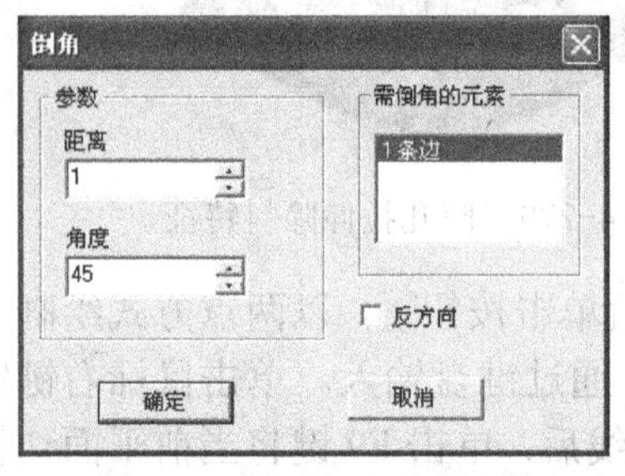

图 4-285 【倒角】对话框

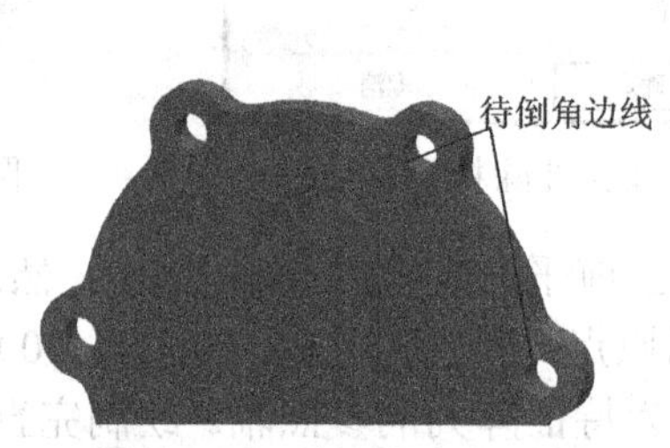

图 4-286 选取待倒角边线

图 4-287 生成边线的倒角特征

3）单击按钮，系统弹出【过渡】对话框，如图 4-288 所示。设置过渡【半径】为“1”、【过渡方式】为【等半径】、【结束方式】为【缺省方式】。用鼠标单击【边或面】下方的空白处，然后在图形窗口中单击图 4-289 所示的主体侧面边线，该边线与倒角边线处于轴承端盖的同一个端面内。单击【确定】按钮，创建的边线过渡特征如图 4-290 所示。

图 4-288 【过渡】对话框

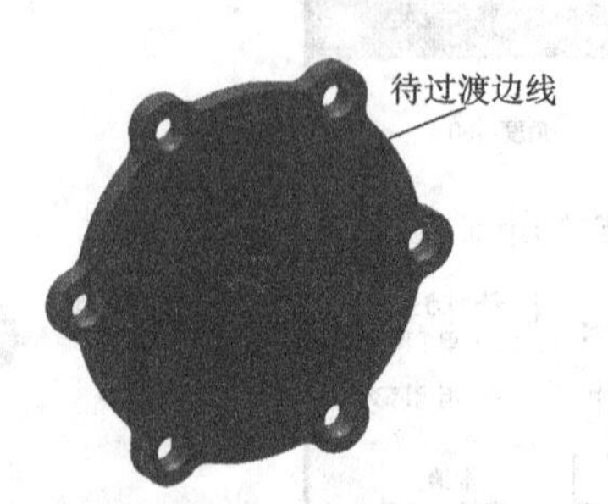

图 4-289 选取待过渡边线

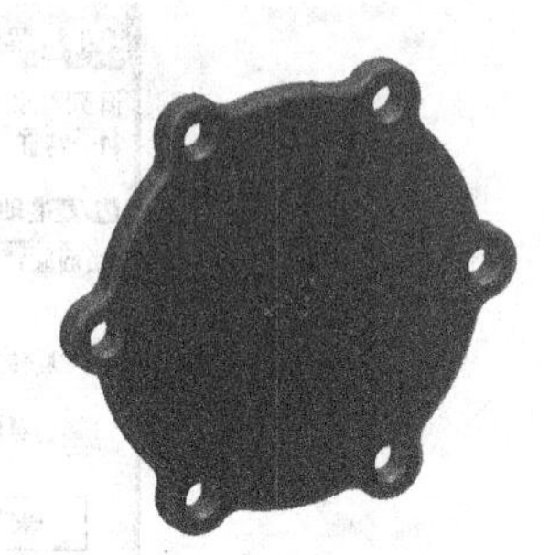

图 4-290 生成轴承端盖主体边线整体过渡特征

4. 创建止口及拔模斜度

1）单击轴承端盖主体上与生成图 4-290 所示过渡特征相对的另一侧端面，然后单击按钮，此时将以选中的平面作为绘图平面，按下 F5 键将选中的绘图平面与屏幕平行。

2）单击按钮进入圆绘制命令，然后按下空格键，在系统弹出点捕捉快捷菜单中选择【圆心】项，如图 2-291 所示。根据系统提示，捕捉轴承端盖主体的圆心，绘制两个直径为“80mm”和“70mm”的圆，如图 4-292 所示。

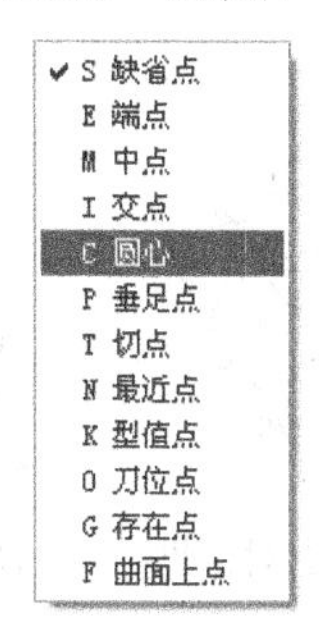

图 4-291　点选取快捷菜单

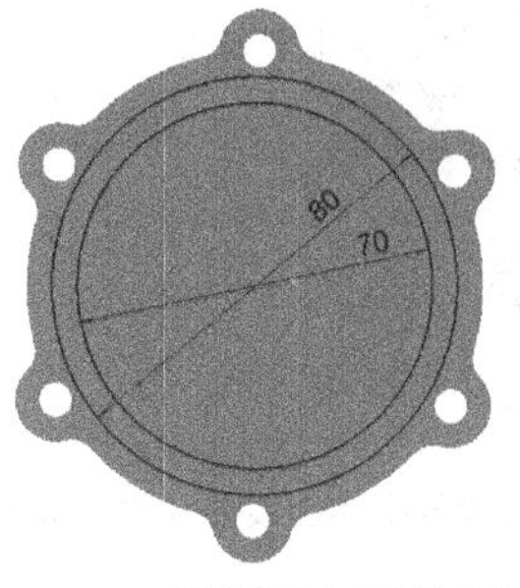

图 4-292　绘制同心圆截面图

3）单击按钮，系统弹出【拉伸增料】对话框，如图 4-293 所示。在该对话框中选择【类型】为【固定深度】，设置【深度】为“4.5”；【拉伸对象】为在图形窗口选取的图 4-292 绘制的“草图 2”同心圆；【拉伸为】选择【实体特征】；单击【反向拉伸】项，调整拉伸特征为实体外。然后单击【确定】按钮，生成圆孔特征如图 4-294 所示。

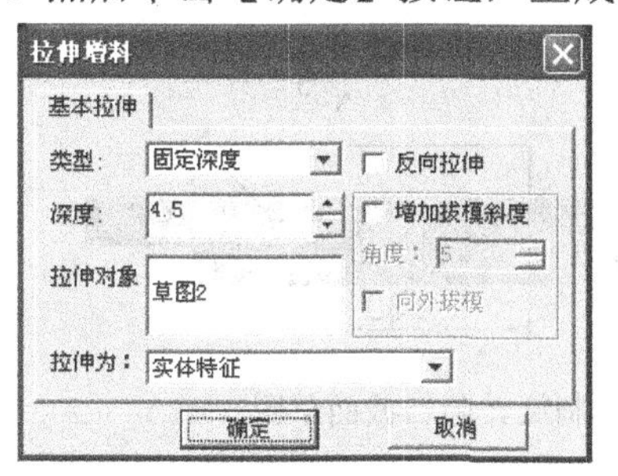

图 4-293　【拉伸增料】对话框

图 4-294　止口拉伸增料特征

4）单击按钮，系统弹出【拔模】对话框，如图 4-295 所示。在该对话框中选择【拔模类型】为【中立面】，在【中性面】项下空白编辑框中单击，然后在图形窗口选取轴承端盖止口的内部端面为中性面；在【拔模面】项下空白编辑框中单击，然后在图形窗口中选择轴承端盖止口内圆柱面为拔模面，如图 4-296 所示。设定【拔模角度】为“10”，单击【向里】项，调整拔模面倾斜方向，这里不选中。

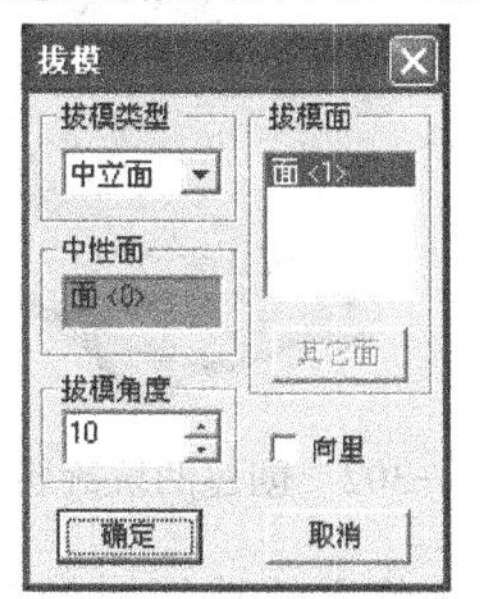

图 4-295　【拔模】对话框

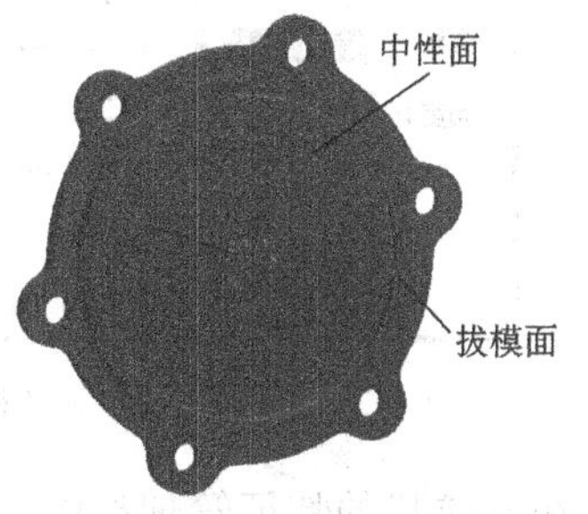

图 4-296　选取待过渡边线

5）单击【确定】按钮，生成止口内圆柱面的拔模特征，如图 4-297 所示。从正面看，止口内圆柱面形成一个内侧直径小、外侧直径大的圆锥面。

6）单击按钮，系统弹出【倒角】对话框。设置倒角【距离】为“1”、【角度】为“45”。用鼠标在图形窗口中单击图 4-298 所示的所有圆孔边线。单击【确定】按钮，创建的边线倒角特征如图 4-299 所示。

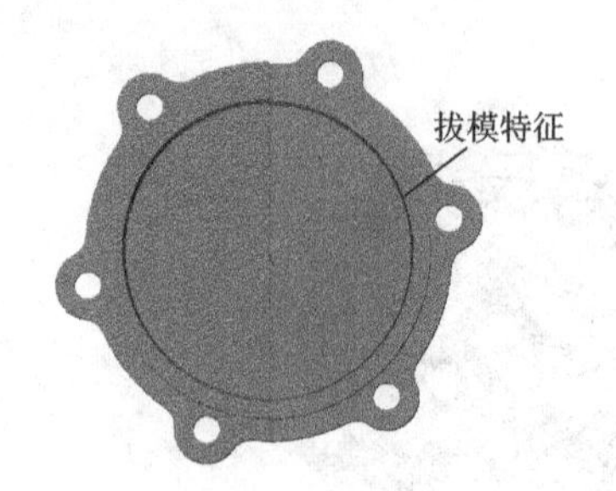

图 4-297　生成轴承端盖主体边线整体过渡特征

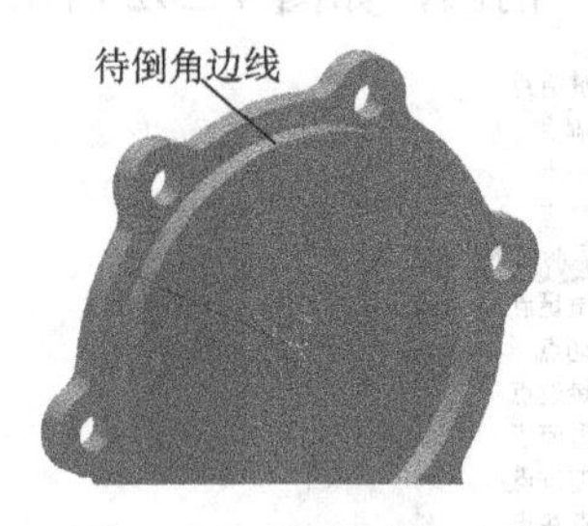

图 4-298　【倒角】对话框

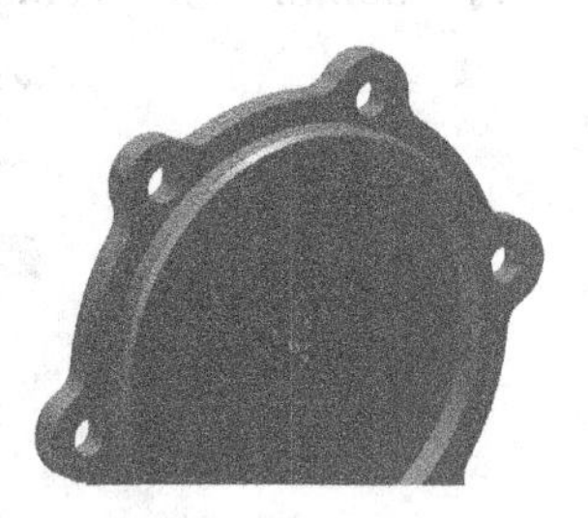

图 4-299　选取待倒角边线

5．创建凹坑特征

1）按 F9 键将当前平面切换为 YOZ 平面，然后在导航栏的特征管理栏中用鼠标选取 YOZ 平面作为绘图平面，单击按钮进入草图绘制。按 F6 键将 YOZ 平面与屏幕平行。

2）用两点绘制直线命令，结合曲线裁剪、尺寸驱动与编辑等操作，绘制图 4-300 所示的截面草图。

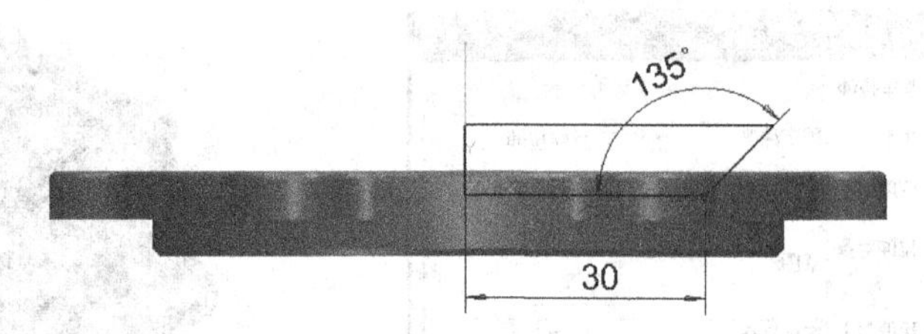

图 4-300　绘制旋转除料截面草图

3）单击按钮，系统弹出【旋转】对话框，如图 4-301 所示。选取【类型】为【单向旋转】，【角度】为“360”，然后根据系统提示，在图形窗口选取图 4-300 所示的截面草图，并选取前面创建阵列时用的直线段作为轴线。单击【确定】按钮，创建的凹坑旋转除料特征如图 4-302 所示。

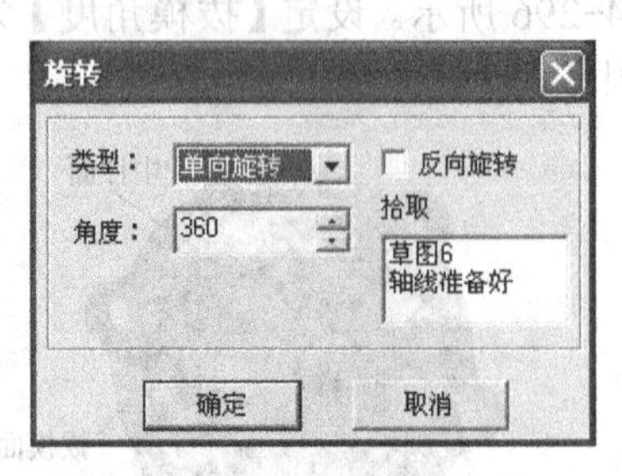

图 4-301　【旋转】对话框

图 4-302　创建凹坑旋转除料特征

4）此时在导航栏的特征管理栏中，创建的轴承端盖零件特征树如图 4-303 所示。

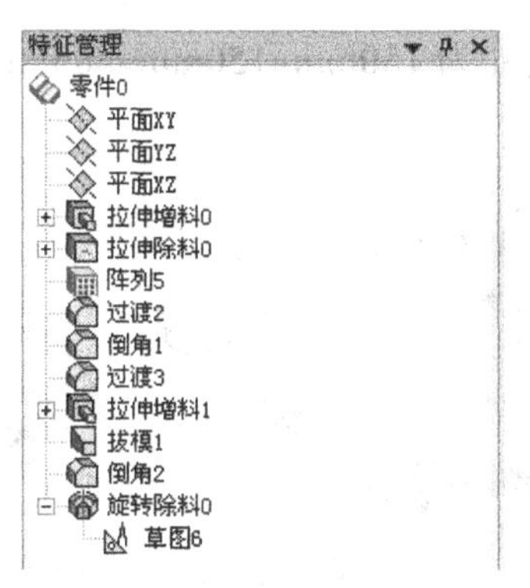

图 4-303　轴承端盖零件特征树

6. **保存实体文件**

1）按 F8 键切换到轴测图，完成造型，保存文件。

2）将造型文件另存为“*.X_T”格式的文件，以便于后面将其并入其他文件。依次选择菜单项【文件】—【另存为】，选择保存类型为【Parasolid X_t 文件（*.X_T)】，输入文件名，单击保存，如图 4-304 所示。

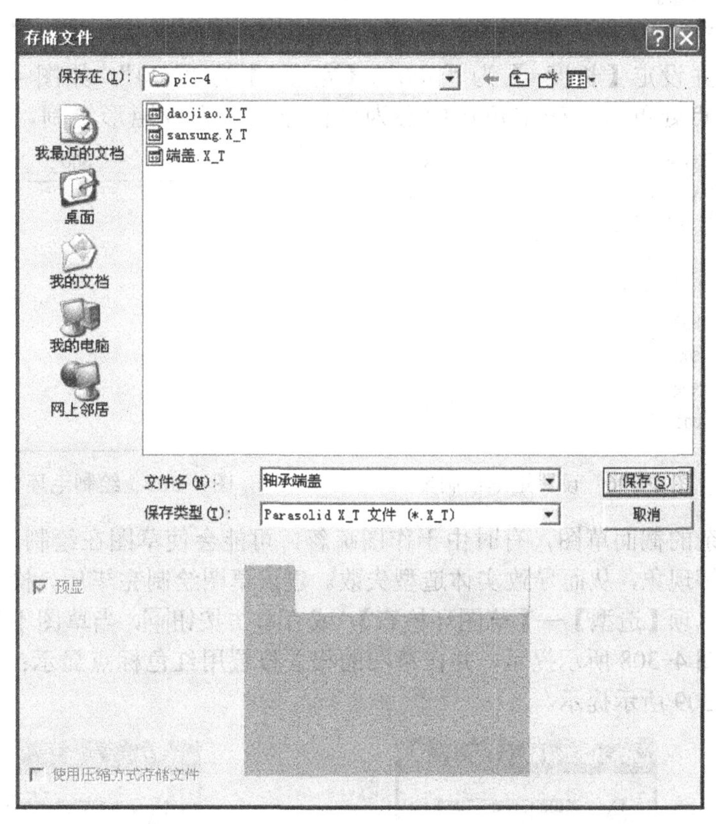

图 4-304　以“*.X_T”格式保存实体文件

4.8.2　轴承端盖的凸凹模具设计

轴承端盖的凸凹模型如图 4-305 所示。本实例将利用 CAXA 制造工程师 2013 的实体布尔运算和分模功能，在尺寸为150mm×150mm×50mm的毛坯料上进行凸凹模模型处理。设定造型公差为±0.02mm。

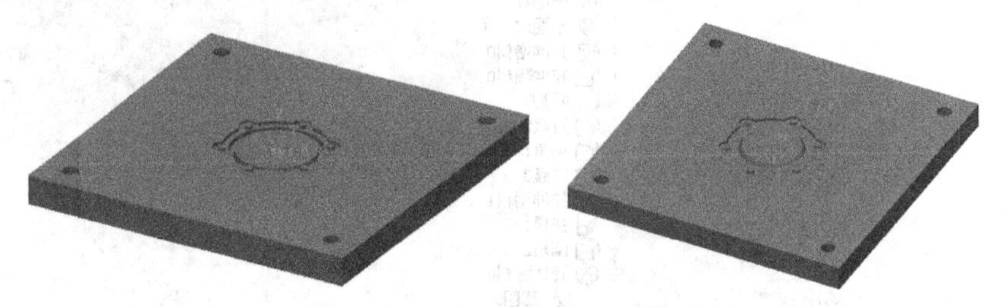

图4-305 轴承端盖的凸凹模型

1. 毛坯料设计

根据图4-305所示的轴承端盖凸凹模，基于CAXA制造工程师2013的加工特点，需将前期的造型文件处理成图4-305所示加工模型，分别对凸凹模进行加工前处理。

双击桌面图标，进入CAXA制造工程师2013操作界面，创建轴承端盖毛坯料。

1）在导航栏的特征管理栏里选择【平面XY】基准面，然后单击按钮或按F2键，进入草图绘制环境。

2）单击按钮进入矩形绘制命令，在导航栏命令行中设置以【中心_长_宽】方式绘制矩形，并设定【长度=】为“300”、【宽度=】为“300”，如图4-306所示。移动鼠标到坐标原点处单击，确定矩形中心为坐标原点，完成矩形绘制，如图4-307所示。

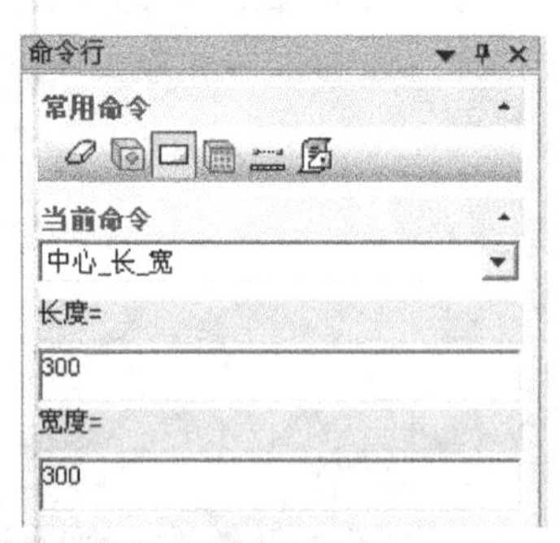

图4-306 设置矩形绘制参数

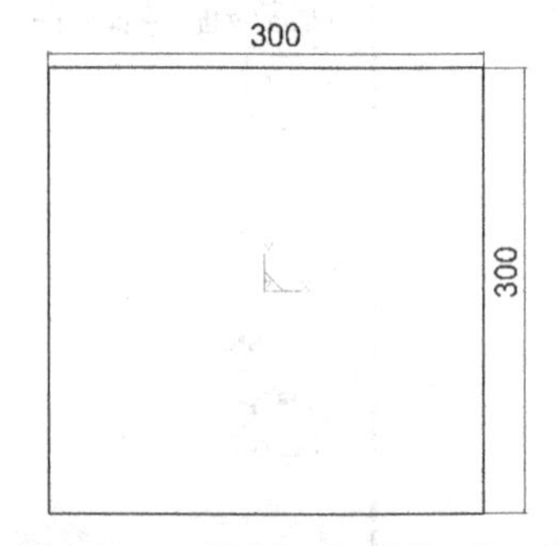

图4-307 绘制毛坯料截面矩形

对于复杂的截面草图，有时由于作图疏忽，可能会使草图在绘制过程中产生不封闭或者线条重合等现象，从而导致实体造型失败。建议草图绘制完毕后，检查草图环是否闭合。依次选择菜单项【造型】—【草图环检查】，或者单击按钮，当草图不封闭或者有重合时，系统将弹出图4-308所示提示，并在草图的相关位置用红色标点显示；当草图没有问题时，则出现图4-309所示提示。

图4-308 草图存在错误提示

图4-309 草图正确提示

3）再次单击按钮图标，退出草图绘制环境。

4）单击按钮进入拉伸增料命令，在弹出的【拉伸增料】对话框中选定【拉伸】类型为【双向拉伸】，并设定拉伸【深度】为“50”，如图 4-310 所示。用鼠标选取绘制的毛坯料截面矩形，单击【确定】按钮完成操作，如图 4-311 所示。

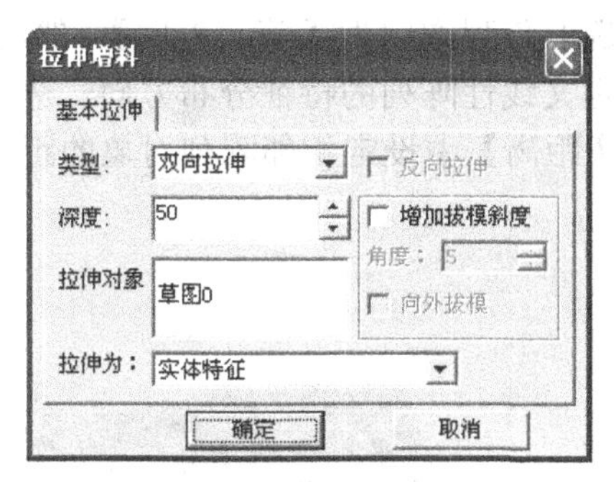

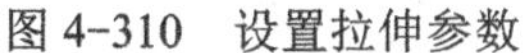
图 4-310　设置拉伸参数

图 4-311　毛坯料拉伸效果

5）按 F8 键切换到等轴测图，当视图不能满屏显示时，则可按 F3 键切换到满屏显示。

2. **创建模具固定孔**

1）单击按钮进入打孔命令，系统弹出【孔的类型】对话框，如图 4-312 所示。同时在状态栏提示“拾取打孔平面”，将鼠标移动到毛坯的上表面，单击鼠标左键选取打孔的基准面。

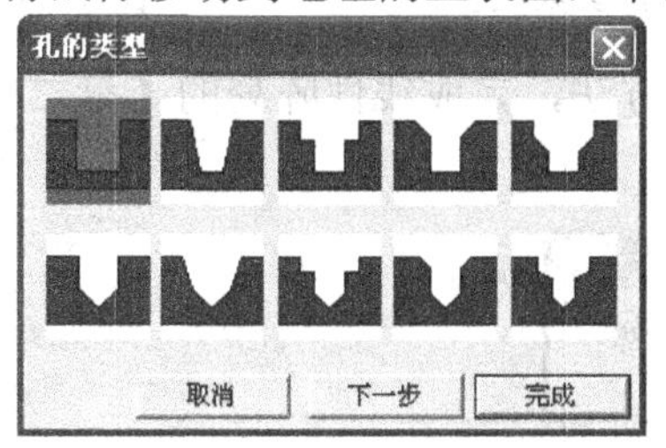

图 4-312　【孔的类型】对话框

2）根据状态栏提示“选择孔型”，在【孔的类型】对话框中单击第一行的第一个按钮，确定孔的类型为圆柱孔。

3）根据状态栏提示，在选取的平面上单击，确定孔的定位点，然后按下键盘回车键，输入打孔位置的坐标（60，60），单击按钮【下一步】继续操作。

4）在【孔的参数】对话框中设定孔的参数，设置【直径】为“25”、【深度】为【通孔】，单击【确定】按钮完成操作，如图 4-313 和图 4-314 所示。

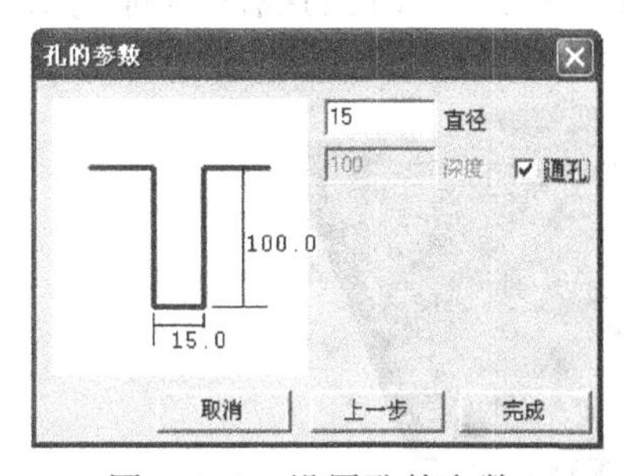

图 4-313　设置孔的参数

图 4-314　创建孔

当孔的数量较少时，可以采用同样的方法操作。对于位置具有一定规律的多个孔，可以采用线性或环形阵列来快速地完成其余孔的创建。

5）单击按钮进入线性阵列命令，系统弹出【线性阵列】对话框，如图 4-315 所示。在【阵列模式】中选择【组合阵列】，选取【阵列对象】时，可直接在图形窗口中选取，也可以在导航栏的特征管理栏中选取。首先选取阵列方向为【第一方向】，然后在【边/基准轴】中选取参照直线，如图 4-316 所示。定义线性阵列的特征分布方向，选中复选框【反转方向】项，则线性阵列朝反向分布。在【距离】中设定相邻阵列对象的距离值，在【数目】中设定要阵列的对象沿第一方向的个数。

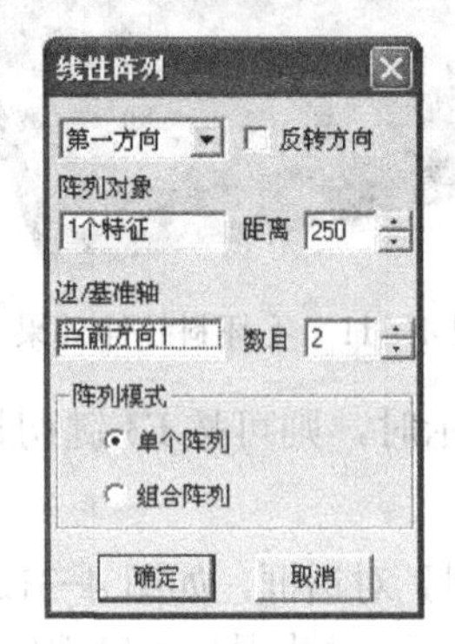

图 4-315 【第一方向】参数设置

图 4-316 选取第一方向基准轴

6）使用同 5）的操作方法，完成线性阵列的【第二方向】参数设置，如图 4-317 和图 4-318 所示。

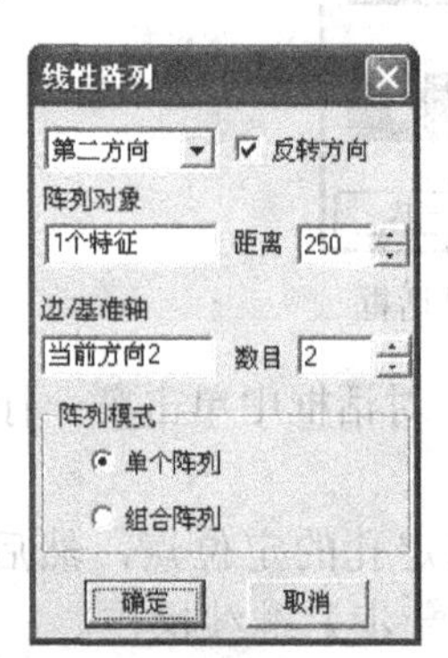

图 4-317 【第二方向】参数设置

图 4-318 选取第二方向基准轴

7）在【线性阵列】对话框中单击【确定】按钮，完成孔的线性阵列，如图 4-319 所示。

图 4-319 孔的线性阵列效果

3. 添加轴承端盖型芯并创建凸模

1）单击按钮进入实体布尔运算命令，系统将弹出【打开】对话框，如图 4-320 所示。选择上次保存的【轴承端盖.X_T】文件。

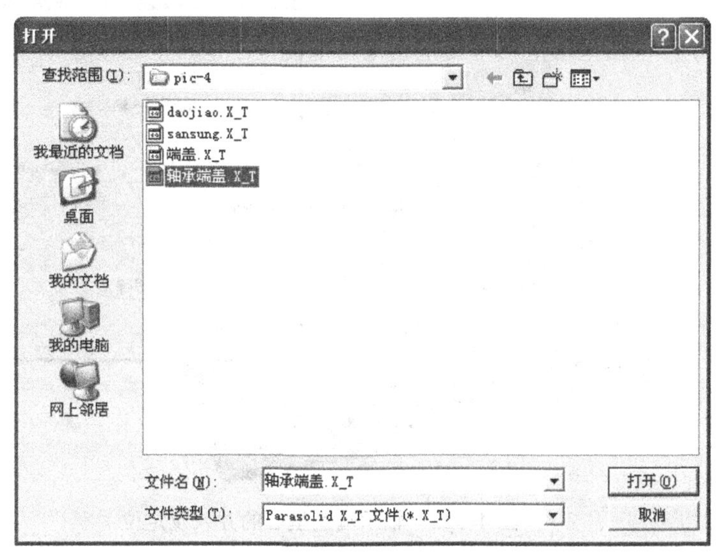

图 4-320 【打开】对话框

2）单击【打开】后，弹出【输入特征】对话框，如图 4-321 所示。

3）选择布尔运算方式为【当前零件-输入零件】。此时定位点无法通过键盘输入，只能通过实体边界点或坐标原点给出，用鼠标单击坐标原点作为定位点。

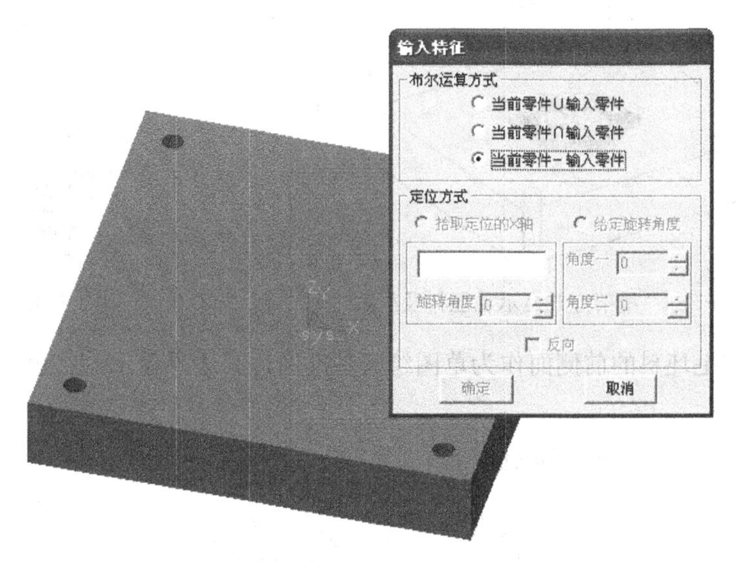

图 4-321 【输入特征】对话框

4）选择定位方式为【拾取定位的 X 轴】，根据状态栏提示"拾取轴线"，选取毛坯料的上表面棱边作为定位轴线，如图 4-322 所示。注意选取的定位轴线 X+轴的箭头方向要与毛坯 X+的方向一致，同时考虑原模型的坐标位置。通过【反向】复选框可以调整 X 轴的箭头方向；如果原模型的坐标位置与毛坯的坐标位置在Z轴上相反，则可以通过【旋转角度】加以调整。单击【确定】按钮完成操作。

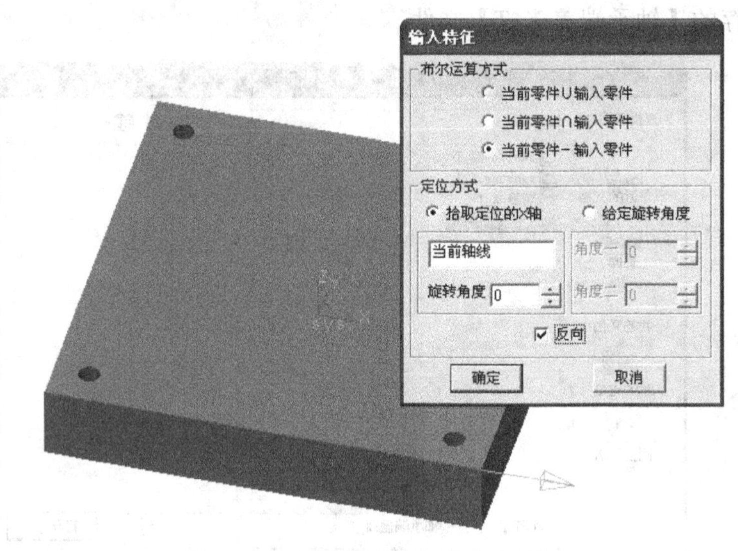

图4-322　轴承端盖型芯的并入及定位

5）单击按钮，以【线架显示】方式显示模型。此时可以看到，毛坯料中出现轴承端盖的线架外形轮廓，如图4-323所示。在导航栏的特征管理栏中显示输入的轴承端盖特征记录，如图4-324所示。

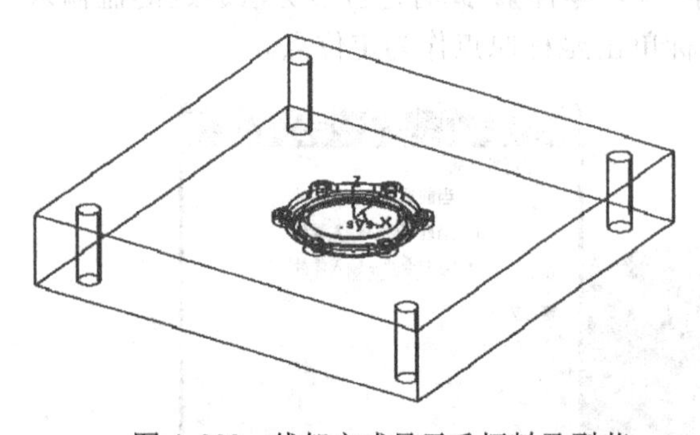

图4-323　线架方式显示毛坯料及型芯

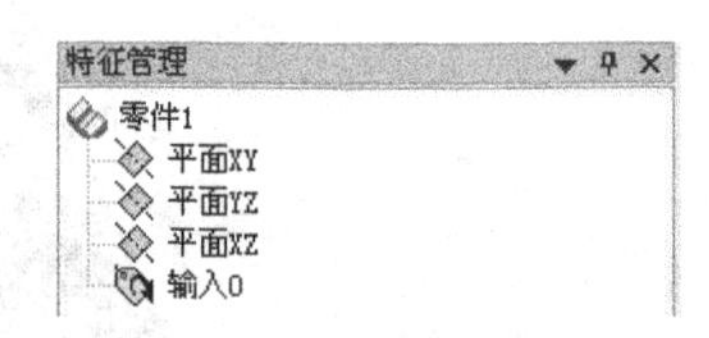

图4-324　特征导航栏

6）选取毛坯料的前侧面作为草图绘制基准面，其边界显示为红色，如图4-325所示。

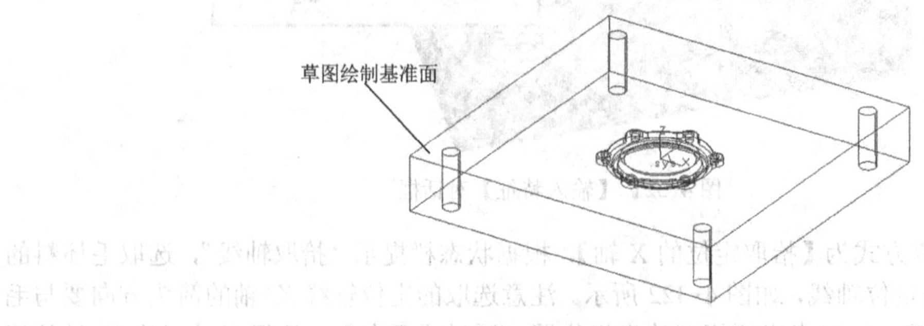

图4-325　草图绘制表面

7）单击按钮或者按 F2 键，进入草图绘制环境。此时的坐标系位于毛坯料的前侧面上，如图 4-326 所示。用户也可以选择其他侧面作为草图绘制基准面。

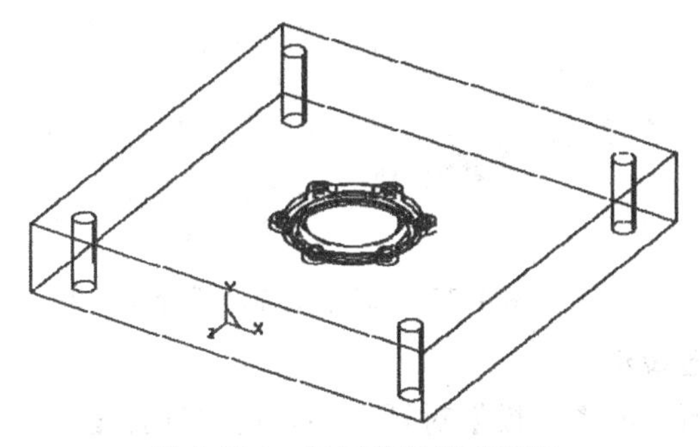

图 4-326　坐标系的平移变换

8）按 F5 键将视角切换到 XOY 平面。单击按钮进入直线绘制命令，过坐标原点绘制一条适当长度的水平线，作为分模基准线。

9）单击按钮进入曲线拉伸命令，用鼠标选中直线端点后拖动至合适位置，使直线的两端均在毛坯料轮廓边界之外，如图 4-327 所示。再次单击按钮，退出草图绘制。

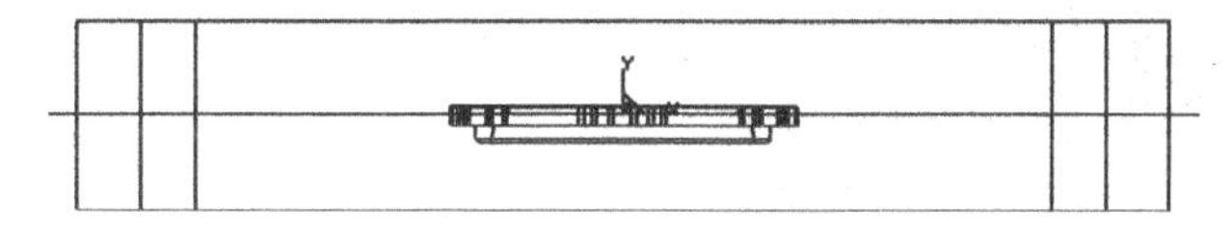

图 4-327　绘制并拉伸分模直线

10）按 F8 键将视角切换到轴测图。单击按钮进入分模命令，此时系统弹出【分模】对话框，如图 4-328 所示。

在【分模形式】中选择【草图分模】，然后用鼠标选择绘制的水平线，箭头为除料方向，通过选取【除料方向选择】项来调节。单击【确定】按钮完成分模操作，然后单击按钮以【真实感显示】方式显示分模结果，如图 4-329 所示。

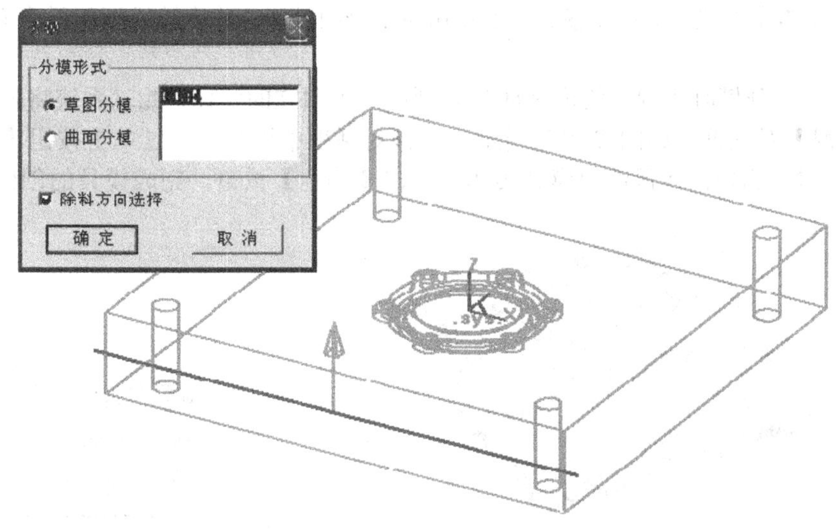

图 4-328　【分模】对话框

图 4-329　轴承端盖凸模分模结果

4. 创建轴承端盖凹模

1）在图 4-330 所示的【分模】对话框中，通过选择【除料方向选择】项调整除料方向朝下，如图 4-330 所示，然后单击【确定】按钮完成操作。

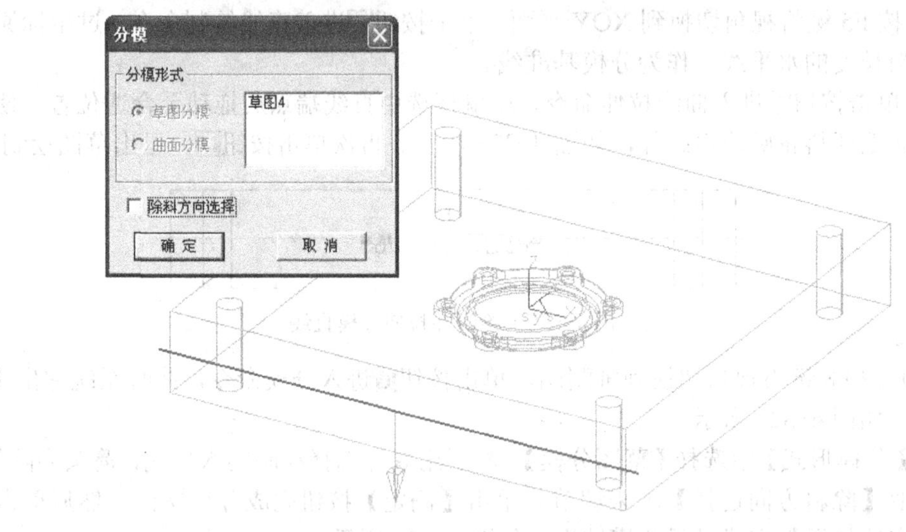

图 4-330　调整分模除料方向

2）单击按钮以【真实感显示】方式显示分模结果，并旋转模型便于查看，如图 4-331 所示。

3）如果分模时将剩下的模具部分分割成几个独立的实体，此时系统将弹出【处理结果模糊情况】对话框，如图 4-332 所示。在该对话框中用户可通过单击按钮【上一个】或者【下一个】，选择需要保留的模具实体，单击【确定】按钮，完成模具的创建。

图 4-331　轴承端盖凸模分模结果

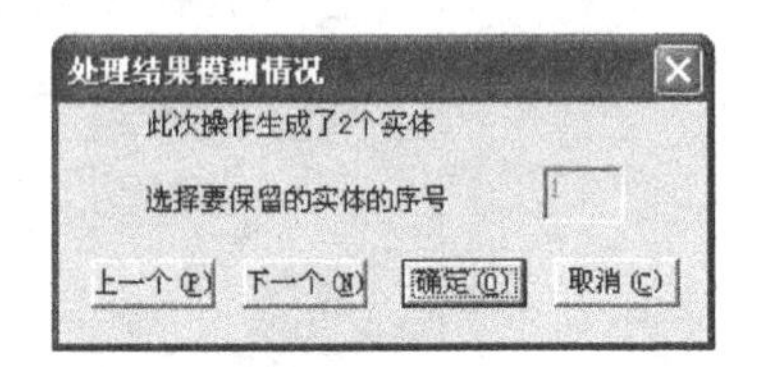

图 4-332　选取模具实体

第5章　CAXA制造工程师2013数控加工方法

5.1　数控加工的术语

5.1.1　模型

模型指系统中存在的所有曲面和实体的总和（包括隐藏的曲面）。如果系统中已有曲面和实体，且没有设置隐藏，则模型会在显示窗口中显示出来。

用鼠标双击特征栏的【模型】，系统弹出图5-1所示的【模型参数】对话框。

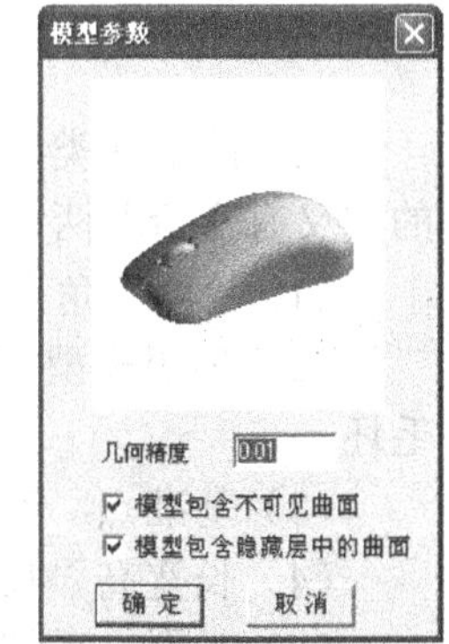

图5-1　【模型参数】对话框

在实体造型时，模型中的曲面是光滑连续（法矢连续）的，如球面是一个理想的光滑连续面。这种理想模型，称为几何模型。但在实际加工时，是不可能实现这种理想的几何模型。系统将自动把一张曲面离散成一系列边界相连的三角片。由这一系列三角片所构成的模型，称为加工模型。加工模型与几何模型之间的误差，称为几何精度。加工精度是制造出来的实际零件与加工模型之间的误差。当加工精度值趋近于0时，加工轨迹包络的加工件形状就是加工模型了（忽略加工残留量）。

（1）模型包含不可见曲面　当模型中存在不可见曲面时，若选中该项，则不可见曲面将成为模型的一部分；否则，模型中不包含不可见曲面。

（2）模型包含隐藏层中的曲面　当模型中包含隐藏层中的曲面时，若选中此项，则隐藏层中的曲面将成为模型的一部分；否则，模型中不包含隐藏层中的曲面。

提示：

1）系统中所有曲面及实体（隐藏或显示）的总和为模型，因此在增删面或增加实体元素时，都意味着对模型的修改，已生成的轨迹可能会不再适用于新的模型，严重的会导致过切操作。

2）一般最好使用加工模块过程的【不要增删曲面】功能。如果确需增删曲面，则需要重新计算所有的轨迹。在CAD造型中增删曲面，则不受此限制。

5.1.2　毛坯

在选择加工方法生成加工轨迹之前，必须首先给三维模型定义一个毛坯，否则无法生成加工轨迹。

双击特征树中的【毛坯】，系统弹出图5-2所示的【毛坯定义】对话框。下面介绍对话框中各选项的作用。

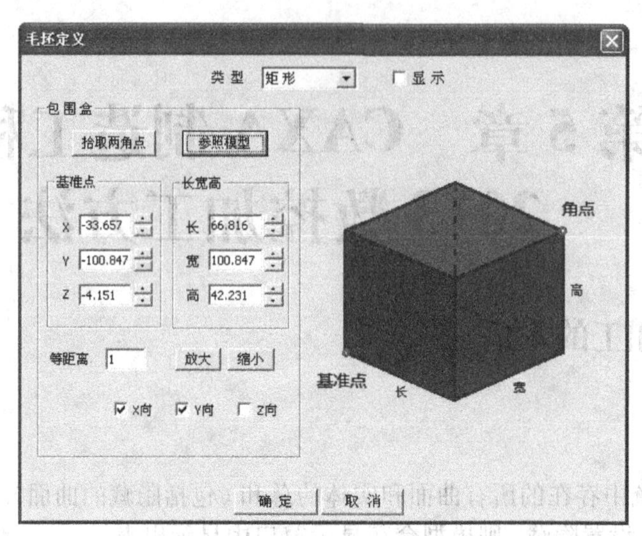

图5-2 【毛坯定义】对话框

系统的毛坯类型有矩形、圆柱、三角片三种。最常见的是矩形，即长方体形状。毛坯的定义有【拾取两角点】、【参照模型】等方法。

（1）拾取两角点　通过选取毛坯外形的两个角顶点（与顺序、位置无关）来定义毛坯。

（2）参照模型　系统自动计算模型的包围盒（能包含模型的最小长方体），以此作为毛坯。

（3）基准点　毛坯在世界坐标系（.sys.）中的左下角点。

（4）长宽高　长度、宽度、高度分别指毛坯在X方向、Y方向、Z方向的尺寸值。

（5）类型　系统提供有多种毛坯类型，主要便于工艺清单的填写。

（6）显示　设定是否在图形窗口中显示毛坯。

用户还可以通过该对话框中的【放大】、【缩小】等按钮调整已定义好的毛坯尺寸。

提示：

CAXA制造工程师2013中二维图形的加工可以不用定义毛坯。

5.2 起始点

双击特征树中的【起始点】，系统弹出图5-3所示的【全局轨迹起始点】对话框。

全局轨迹起始点即加工时进、退刀具的初始位置。可以通过单击按钮【拾取点】，或者用键盘输入坐标来设定全局轨迹起始点。

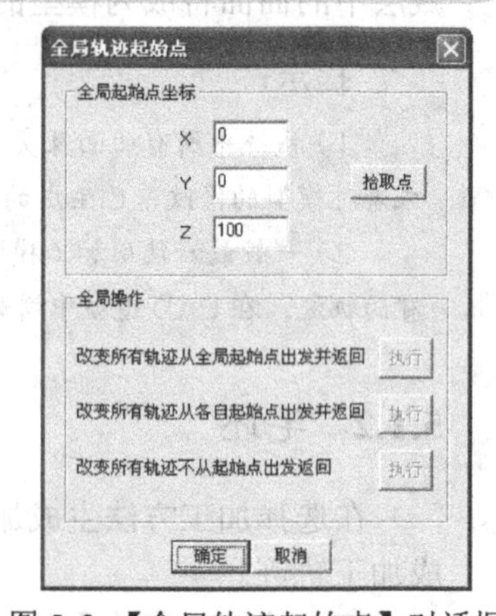

图5-3 【全局轨迹起始点】对话框

5.3 机床后置

操作CAXA制造工程师2013的最终目的是为数控机床提供可用的数控加工程序代码，即G代码。这一功能是通过机床后置处理来实现的，从而实现软件仿真到实际加工“交流”。机床的后置信息犹如一个装入了多种语言的数据库，它的形式是开放的、可选择的，用户可以根据不同的机床操作系统来选择不同的配置参数。

CAXA 制造工程师 2013 里删除了机床后置 1 设置，将其整合到后置设置 2 中，具体的设置将在第 6 章介绍。

5.3.1　CAXA 软件的后置宏指令

CAXA 制造工程师 2013 提供了丰富的宏指令，从而可以满足各种机床控制系统的需要。用户可根据机床的不同需求，修改程序的头、尾、换刀等输出代码格式。

宏指令见表 5-1。

表 5-1　CAXA 制造工程师 2013 的宏指令

说　明	宏 指 令	说　明	宏 指 令
系统规定的刀具号	TOOL_NO	当前程序号	POST_CODE
主轴速度	SP_SPEED	当前刀具信息	TOOL_MSG
当前 X 坐标值	COORD_X	当前加工参数信息	PARA_MSG
当前 Y 坐标值	COORD_Y	行号指令	LINE_NO_ADD
当前 Z 坐标值	COORD_Z	行结束符	BLOCK_END
当前后置文件名	POST_NAME	速度指令	FEED
当前日期	POST_DATE	快速移动	G0
当前时间	POST_TIME	直线插补	G1
顺圆插补	G02	刀具长度补偿	LCMP_LEN
逆圆插补	G03	坐标设置	WCOORD
XY 平面定义	G17	主轴正转	SPN_CW
XZ 平面定义	G18	主轴反转	SPN_CCW
YZ 平面定义	G19	主轴停	SPN_OFF
绝对指令	G90	主轴转速	SPN_F
相对指令	G91	切削液开	COOL_ON
刀具半径补偿取消	DCMP_OFF	切削液关	COOL_OFF
刀具半径左补偿	DCMP_LFT	程序停止	PRO_STOP
刀具半径右补偿	DCMP_RGH	换行指令	@

5.3.2　FANUC 系统中添加换刀、切削液自动开关指令

CAXA 制造工程师 2013 支持各种机床系统的后置代码，其中内置了 FANUC 系统。但是由于使用 FANUC 系统的机床种类繁多，不仅有数控铣床，还有各种带有刀具库的加工中心。为通用起见，CAXA 制造工程师 2013 内置的 FANUC 系统，没有内置换刀指令和切削液自动开关指令，但允许用户根据实际的机床情况添加这些指令。

1. *定义换刀指令*

FANUC 系统完整的换刀指令代码实例：调用刀具库中刀具号为 8 的刀具，调用刀具长度补偿号为 14 并执行该调用指令。上述过程指令为

T 8　G43　H14　M06

其中，T 为调用刀具指令；8 为要调用刀具的编号，刀具号根据加工需要而不同；G43 为调用刀具长度补偿指令；“14”为调用刀具长度补偿号，根据库中刀具不同，其编号不同。

若用 CAXA 制造工程师 2013 的宏指令写出上述命令，则为

T $TOOL_NO $LCMP_LEN H $COMP_NO M06

其中，$TOOL_NO 为 CAXA 的“刀具号”宏指令；$LCMP_LEN 为 CAXA 的刀具“长度补偿”宏指令，即默认的“G43”指令；$COMP_NO 为 CAXA 的刀具“长度补偿号”宏指令。

2. *定义冷却指令*

在加工过程中，如果需要切削液自动打开或关闭，即实现在换刀前自动关闭切削液，换刀结束后自动打开切削液，整个程序结束时再自动关闭切削液，可在相应位置添加“COOL_ON”和“COOL_OFF”等宏指令。

5.4 刀具库

刀具库用于定义、确定和存储各种刀具的有关数据，以便于加工过程中从刀具库调用刀具信息，以及对刀具库进行维护。

双击特征树中的【刀具库】，系统弹出图 5-4 所示的【刀具库】对话框。

刀具库

共 26 把　增 加　清 空　导 入　导 出

类 型	名 称	刀 号	直 径	刃 长	全 长	刀杆类型	刀杆直径	半径补偿号	长度补偿号
立铣刀	EdML_0	1	10.000	50.000	100.000	圆柱＋圆锥	10.000	1	1
立铣刀	D12	1	12.000	50.000	80.000	圆柱	12.000	0	0
立铣刀	D10	0	10.000	50.000	80.000	圆柱	10.000	0	0
圆角铣刀	D10	10	10.000	50.000	80.000	圆柱	10.000	0	0
圆角铣刀	D1	7	1.000	50.000	80.000	圆柱	1.000	0	0
圆角铣刀	D3	6	3.000	50.000	80.000	圆柱	3.000	0	0
圆角铣刀	D6	5	6.000	50.000	80.000	圆柱	6.000	0	0
圆角铣刀	D8	4	8.000	50.000	80.000	圆柱	8.000	0	0
圆角铣刀	BulML_0	3	10.000	50.000	100.000	圆柱＋圆锥	10.000	3	3
圆角铣刀	BulML_0	3	12.000	50.000	80.000	圆柱	12.000	0	0

确 定　取 消

图 5-4 【刀具库】对话框

CAXA 制造工程师 2013 主要采用铣削进行数控加工，刀具库中提供有四种铣刀：立铣刀（r=0）、圆角铣刀（r<R）、球形铣刀（R=r）和燕尾铣刀。其中，R 为刀具主体半径、r 为刀角半径。刀具参数还包括刀具长度 L 和刀刃（即切削刃）长度 l 等，如图 5-5 所示。

在进行三轴铣削加工时，立铣刀和球头铣刀的加工效果有明显区别。当曲面形状复杂有起伏时，最好采用球头刀，适当调整加工参数可以达到较好的曲面加工效果。在两轴加工中，为提高效率建议使用立铣刀，因为相同的加工参数下，球头刀会留下较大的残留高度。另外，立铣刀的加工效率比球头刀要高。选择刀刃长度和刀具长度时，需要考虑机床的情况，以及加工零件时是否会发生干涉。

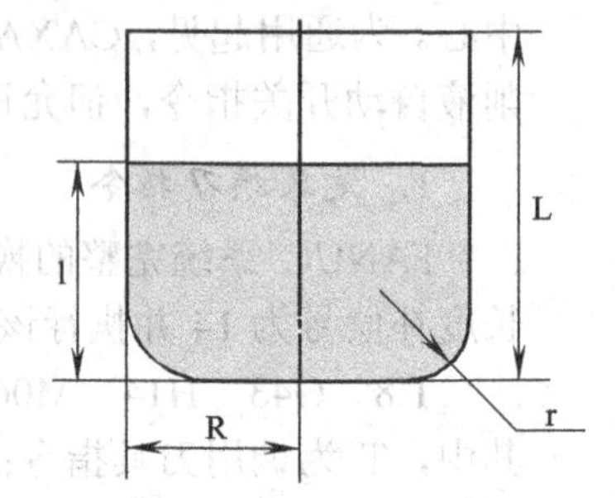

图 5-5 铣刀尺寸参数说明

还可以从刀尖和刀心的相对位置关系来对刀具进行分类，具体含义如图 5-6 所示。

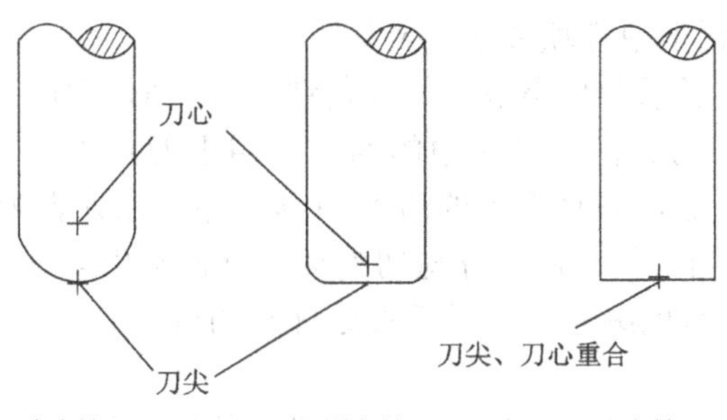

图 5-6　根据刀尖和刀心位置对铣刀分类

在【刀具库】对话框中的某个刀具上双击鼠标左键，系统将弹出【刀具定义】对话框，在该对话框中可以设置刀具尺寸、加工速度参数等，如图 5-7 和图 5-8 所示。

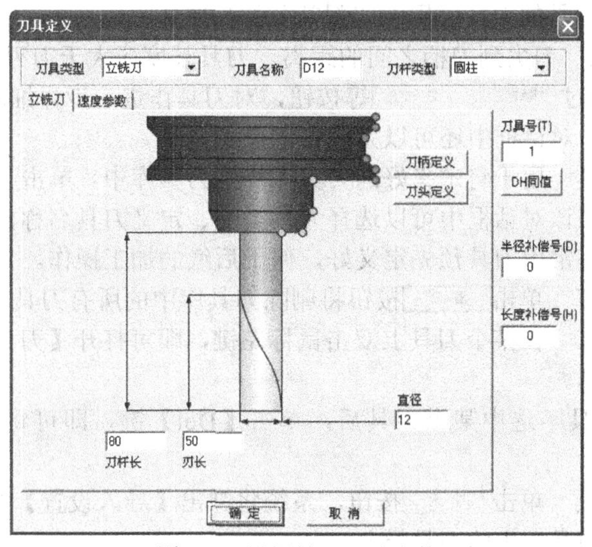

图 5-7　设置铣刀尺寸参数

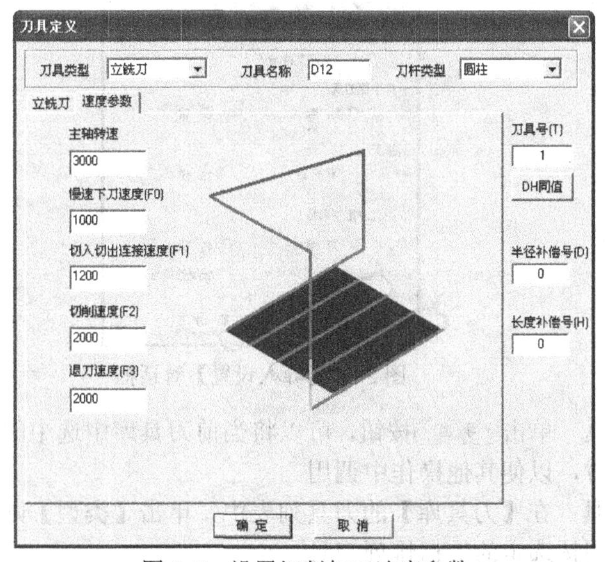

图 5-8　设置切削加工速度参数

【刀具定义】对话框中各项参数含义如下：

（1）刀具类型　显示刀具类型，如圆角铣刀、球形铣刀、立铣刀等。

（2）刀具名称　刀具在刀具库中的名称，用于刀具的标志和列表，刀具名称是唯一的。通过下拉列表可显示刀具库中的所有刀具，并可在列表中选择当前刀具。

（3）刀杆类型　当刀具夹持部分与切削部分直径不相同时，定义其过渡部分为圆锥状。

（4）刀具号　刀具的编号，用于后置处理时的自动换刀指令。刀具号具有唯一性，对应机床刀具库。

（5）半径补偿号　刀具半径补偿值的编号，其值可与刀具号不一致。

（6）长度补偿号　刀杆长度补偿值的编号，其值可与刀具号不一致。

（7）直径　刀杆上可切削部分的直径。

（8）圆角半径　刀具侧面与底面间的过渡半径，不大于刀具半径。

（9）刃长　刀具的刀杆可用于切削部分的长度。

（10）刀杆长　刀尖到刀柄之间的距离。刀具长度应大于刀刃长度。

用户还可以通过刀柄定义、刀头定义等按钮，对刀具作进一步详细的设置。

在【刀具库】对话框中还可以完成如下操作：

（1）增加刀具　用于将定义好的刀具添加到刀具库中。单击增加按钮，弹出【刀具定义】对话框，在该对话框中可以选择刀具类型、定义刀具名称，并且修改刀具的各个参数。可用此功能将常用刀具预先定义好，便于后续的加工操作。

（2）清空刀库　单击清空按钮将删除刀具库中的所有刀具。

（3）编辑刀具　在某个刀具上双击鼠标左键，即可打开【刀具定义】对话框，从而编辑当前选中的刀具。

（4）删除刀具　选中某个刀具后，单击【Del】键，即可将选中的刀具从刀具库中删除。

（5）导入刀具　单击导入按钮，系统将弹出【导入设置】对话框，如图 5-9 所示。从而可以将其他刀具库中的刀具导入。

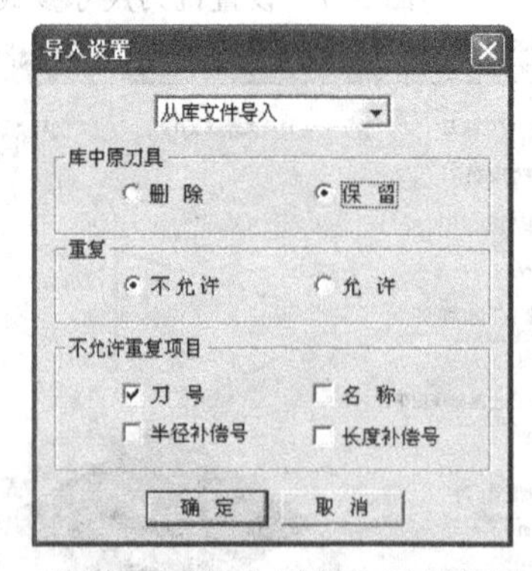

图 5-9 【导入设置】对话框

（6）导出刀具　单击导出按钮，可以将当前刀具库中选中的刀具以独立文件的形式导出到指定的地方，以便其他操作中调用。

（7）排列刀具　在【刀具库】的刀具列表中，单击【类型】则按刀具类型排列所有刀具，单击其他项则按选定的依据排列刀具。

提示：

删除当前刀具后，当前刀具自动设为刀具库中的其他刀具。当刀具库中只有一把刀具时，不能删除该刀具。

5.5 加工参数的含义及其设置

5.5.1 切削用量设置

切削用量是机床的加工控制参数之一。在每一种加工方法中，都有关于切削用量的设置。图 5-10 为【等高线粗加工（创建）】的【切削用量】选项卡。

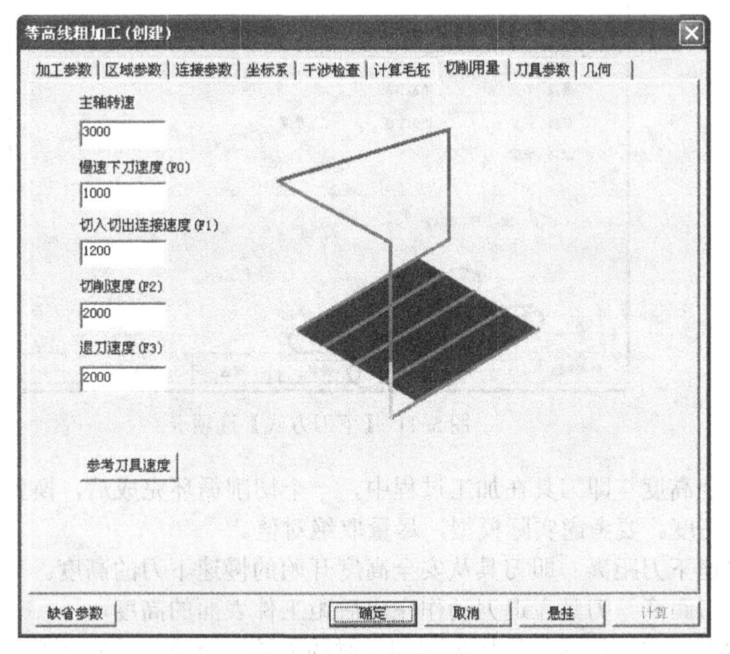

图 5-10 【切削用量】

（1）主轴转速 机床主轴旋转的角速度，默认的计量单位为 r/min。

（2）慢速下刀速度（F0） 从慢速下刀高度到切入工件前刀具的移动速度，单位为 mm/min。

（3）切入切出连接速度（F1） 在有往复加工的加工方式中，为避免在顺逆铣的变换过程中，机床的进给方向和进给量产生急剧变化，对机床及工件和刀具造成损坏，需要设定切削开始和结束时的过渡速度，单位为 mm/min。此速度一般小于进给速度。

（4）切削速度 正常切削工件时刀具行进的线速度，单位为 mm/min。

（5）退刀速度 刀具离开工件后回到安全高度时的行进速度，单位为 mm/min。在安全高度以上，刀具行进的速度取机床的快速移动速度（G00）。

以上各种速度在图 5-9 右侧的图例中用不同的颜色标记。

单击 参考刀具速度 按钮，则自动将刀具定义时的加工参数作为切削用量参数。

速度参数的设置与加工效率密切相关，而这些速度参数的给定一般依赖于用户的实际加工经验。一般情况下，速度参数的设置还需要考虑机床本身性能、工件材质、刀具材质、工件的加工精度和表面粗糙度要求等内容。

5.5.2 下刀方式设置

下刀方式主要用来定义刀具高度及设定 Z 向切入方式。图 5-11 为【平面区域粗加工（创建）】的【下刀方式】选项卡。

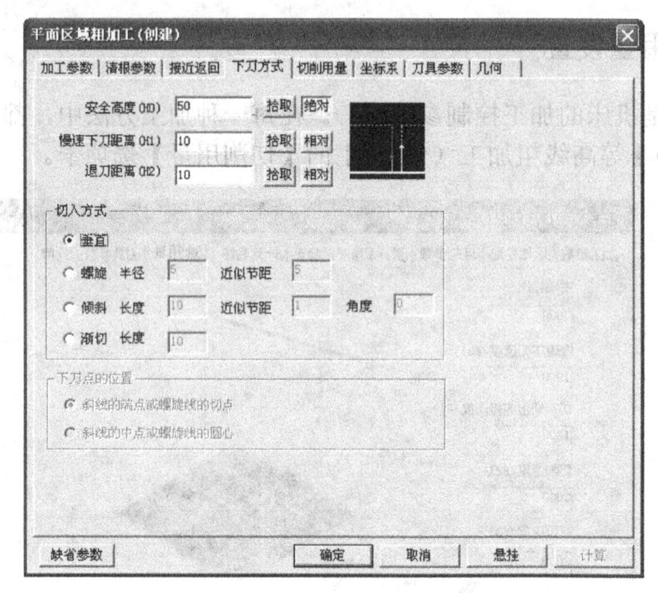

图 5-11 【下刀方式】选项卡

（1）安全高度　即刀具在加工过程中，一个切削循环完成后，换到下一个切削循环过程中的抬刀高度。要考虑实际模型，尽量取绝对值。

（2）慢速下刀距离　即刀具从安全高度开始的慢速下刀的高度。

（3）退刀距离　刀具在退刀动作完成后距工件表面的高度。

（4）切入方式　控制刀具从 Z 向切入时的方法，有垂直、Z 字形和倾斜线三种方式。它的选择应根据刀具的种类，以及刀具切入的部位等来选择。

5.5.3 下/抬刀方式

下/抬刀方式参数主要用来设定刀具接近或离开工件的方式，可以从 XY 向和 Z 向多种方式进行设定，同时还需要考虑刀具种类、切入工件部位等因素。图 5-12 为【等高线粗加工（创建）】的【下/抬刀方式】选项。

根据加工方法的不同，下/抬刀方式参数的设置也不同，可根据实际经验来选择。一般常用的下刀切入方式为直线、螺旋等，其中直线又分为垂直切入和倾斜切入，如图 5-13 所示。其中，H 为切削层距离，W 为螺旋直径，α 为倾斜角。

（1）垂直切入方式　在两个切削层之间，刀具从上一层高度直接切入工件毛坯。若毛坯上没有预钻孔，则在使用立铣刀时使用垂直切入方式会造成刀具的损坏。

（2）螺旋切入方式　在两个切削层之间，刀具从上一层的高度沿螺旋线以渐进的方式切入工件毛坯，直到到达下一层切削的高度，然后开始切削。用户可通过调节螺旋线的螺旋半径及节距来控制刀具切入毛坯材料的角度。

（3）倾斜切入方式　在两个切削层之间，刀具从上一层的高度沿斜线渐进切入工件毛坯，直到下一层的高度，然后开始切削。用户可通过调节斜线的长度及节距来控制刀具切入毛坯材料的角度，还可以在【倾斜角度】中设定斜线与轨迹开始切削段的夹角。

图 5-12 【下/抬刀方式】选项

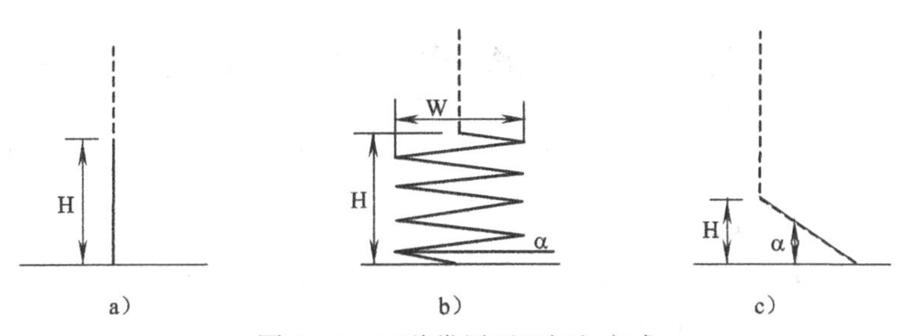

图 5-13　三种常用下刀切入方式

a）直线的垂直切入方式　b）螺旋切入方式　c）直线的倾斜切入方式

各种进/退刀的效果可参照图 5-14 所示。其中，图 5-14a、b、c 为加工外轮廓，图 5-14d、e 为加工内轮廓。

1. 进刀方式

（1）垂直　刀具在工件的第一个切削点处（此点为系统根据图形形状自动予以判断）直接开始切削。

（2）指定　刀具从给定点向工件的第一个切削点前进。

（3）圆弧　刀具按给定半径，以 1/4 圆弧向工件的第一个切削点前进、转角。

（4）直线　刀具按给定长度，以相切方式向工件的第一个切削点前进。

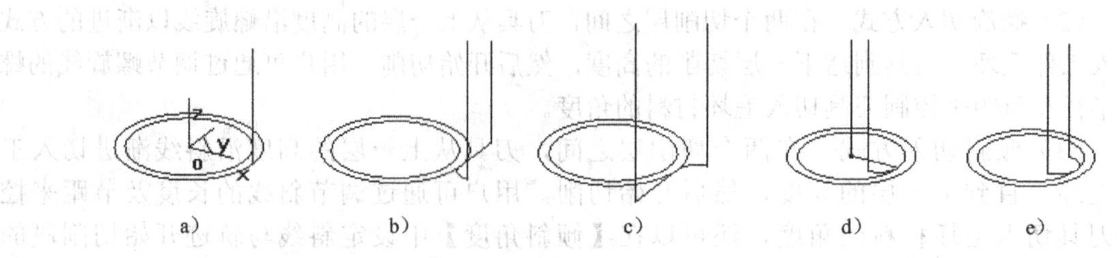

图 5-14　进/退刀方式

a）垂直进刀，垂直退刀　b）直线进刀，圆弧退刀　c）圆弧进刀，直线退刀
d）指定从圆心进刀，圆弧退刀　e）圆弧进刀，圆弧退刀

2. ***退刀方式***

（1）垂直　刀具从工件的最后一个切削点直接退刀。

（2）指定　刀具从工件的最后一个切削点向给定点退刀。

（3）圆弧　刀具从工件的最后一个切削点按给定半径，以 1/4 圆弧退刀。

（4）直线　刀具按给定长度，以相切方式从工件的最后一个切削点退刀。

进/退刀方式的选择对接刀部分的表面加工质量影响很大，应根据装夹的情况，选择一种易于下刀且避免碰撞，又能保证表面加工质量的下刀、退刀方式。

5.5.4　区域参数设置

加工边界的控制分为两个部分，即 Z 向和 XY 向。图 5-15 为【等高线粗加工（创建）】的【区域参数】选项卡。

（1）加工边界　通过选取参考边线来限定加工区域在 XY 方向的范围，避免刀具在不加工区域移动，提高加工效率。用户可单击 拾取加工边界 ，根据系统提示，选取封闭的曲线作为加工边界，并设置刀具中心与加工边界的位置关系。

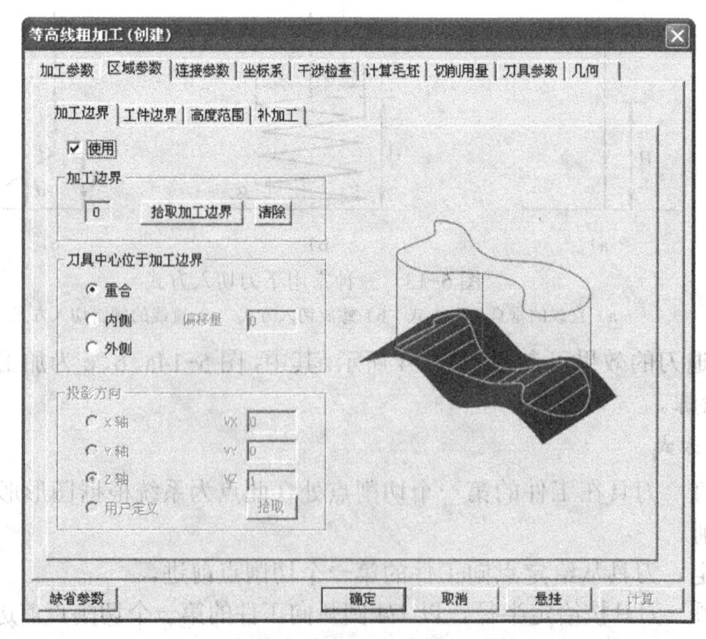

图 5-15 【加工边界】选项

（2）高度范围　可以精确控制刀具轨迹在 Z 方向的范围。当选择【自动设定】时，软件可通过模型、毛坯等尺寸来确定高度范围。当选择【用户设定】时，则可以绝对坐标值形式输入起始高度、终止高度。如果起始高度、终止高度设定为相同数值，则可以控制 CAXA 只在这一高度层内生成单层的轨迹。

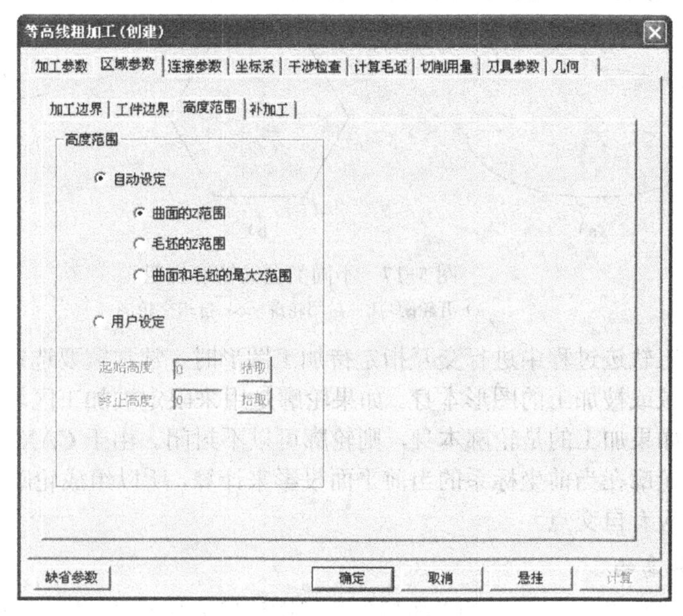

图 5-16 【高度范围】选项

5.5.5 数控加工的其他术语

1. 软件坐标与机床工作坐标

CAXA 制造工程师 2013 中提供了两种坐标系：绝对坐标和用户定义坐标。数控机床的坐标也有机床绝对坐标和机床工作坐标（即用户定义坐标）两种。CAXA 制造工程师 2013 中的绝对坐标和机床的绝对坐标都属于原始参照坐标，但是在机床的数控编程中只能使用机床工作坐标。在造型过程中，允许交替使用软件的绝对坐标和用户定义坐标；而软件在输出机床代码时，是根据软件当前使用的坐标输出代码。

2. 两轴平面加工

机床坐标系的 X 轴和 Y 轴两轴联动，而 Z 轴固定，即机床在同一高度下对工件进行切削。两轴加工适合于铣削平面图形。在 CAXA 制造工程师 2013 中，机床坐标系的 Z 轴即是绝对坐标系的 Z 轴，平面图形均指投影到绝对坐标系中 XOY 面的图形。

3. 两轴半平面加工

两轴半加工是在两轴的基础上增加了 Z 轴的移动，当机床坐标系的 X 轴和 Y 轴固定时，Z 轴可以有上下的移动。利用两轴半加工可以实现分层加工，每层在同一高度（指 Z 向高度，下同）上进行两轴加工，层间有 Z 向的移动。CAXA 制造工程师 2013 的轮廓和区域加工功能均针对两轴半加工来设置。

4. 三轴曲面加工

机床坐标系的 X、Y 和 Z 三轴联动。三轴曲面加工适合于进行各种非平面实体外形，即一般空间曲面的加工。CAXA 制造工程师 2013 提供了多种加工方式来实现对各种复杂曲面的自动编程。

5. 轮廓

轮廓是一系列首尾相接曲线的集合，如图 5-17 所示。

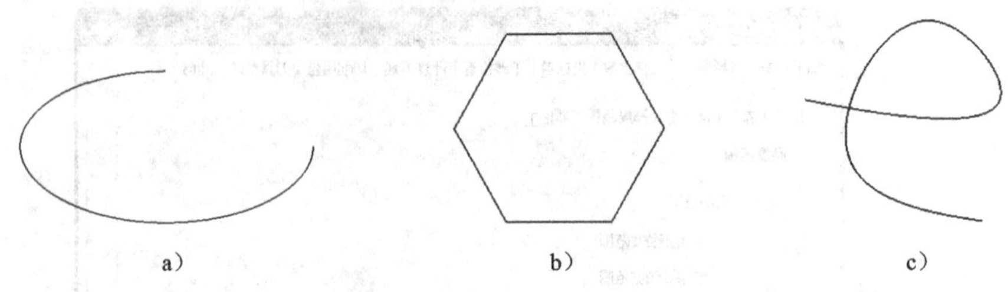

图 5-17　不同类型的轮廓说明

a）开轮廓　b）封闭轮廓　c）自相交轮廓

在生成加工轨迹过程中进行交互指定待加工图形时，常常需要选定图形的轮廓，用来限定被加工的区域或被加工的图形本身。如果轮廓是用来限定被加工区域的，则要求选定的轮廓是封闭的；如果加工的是轮廓本身，则轮廓可以不封闭。由于 CAXA 制造工程师 2013 的加工边界是按轮廓在当前坐标系的当前平面投影来计算，所以组成轮廓的曲线可以是空间曲线，但轮廓不应有自交点。

6. 区域和岛屿

区域是指由一个封闭轮廓和“岛屿”之间围成的有限内部空间，其内部可以有“岛屿”存在。岛屿是由封闭轮廓限定，且与实体外轮廓不相交的区域。由轮廓和岛屿共同限定的待加工区域，其中轮廓用来界定加工区域的外部边界，岛屿用来屏蔽其内部不需加工或需保护的部分，如图 5-18 所示。

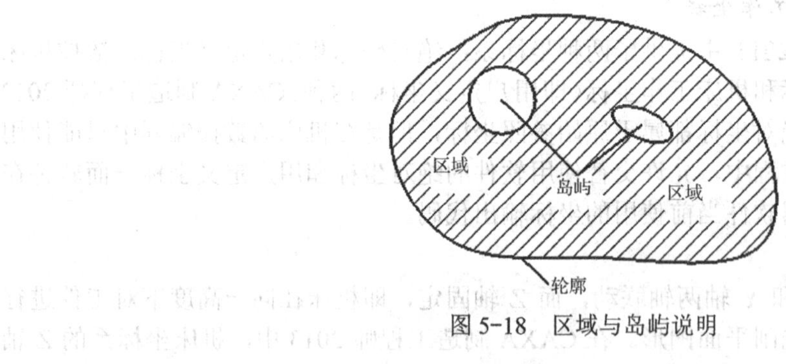

图 5-18　区域与岛屿说明

7. 加工边界

通常在加工轨迹生成之前，CAXA 制造工程师 2013 将会提示“选择加工边界”，以便于提高加工效率。用户可以通过选择一个封闭轮廓来限定加工轨迹生成的范围，如果不设定加工边界（单击鼠标右键跳过），则系统将把毛坯的最大外轮廓作为加工边界。

8. 顺铣和逆铣

在铣削加工中，顺铣和逆铣的切削效果是不同的。在数控铣削加工中，采用顺铣的方式可以得到较好的加工效果，而逆铣可以获得较高的加工效率。

顺铣和逆铣的切削效果可以形象地看成是“锄地”和“挖土”，如图 5-19 所示。

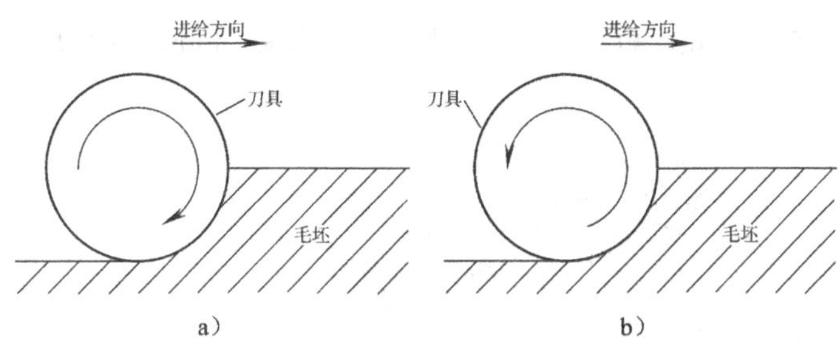

图 5-19 顺铣与逆铣切削效果说明

a）顺铣 b）逆铣

9. *层高、残留高度和行距*

（1）层高 d_1 Z 方向切削量，每加工完一层，加工下一层时刀具在 Z 方向下降的高度。

（2）残留高度δ 由球头刀铣削时，铣削通过时的表面残余量。指定残留高度时，XY 切入量将动态提示。

（3）行距 d_0 XY 方向的相邻扫描行的间距。

上述各参数的含义如图 5-20 所示。

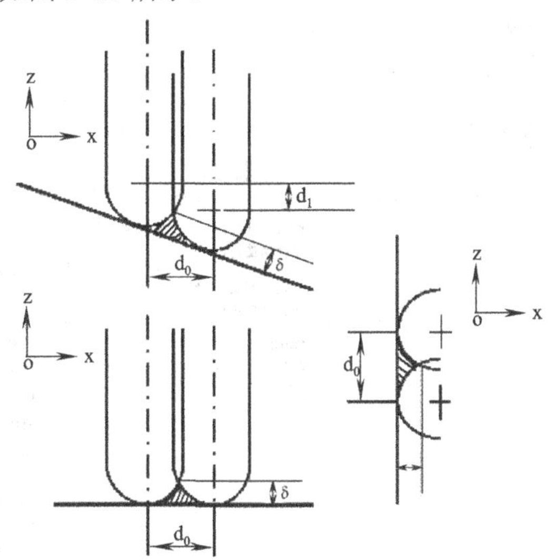

图 5-20 层高、残留高度和行距

10. *加工精度和加工余量*

（1）加工精度 输入模型的加工精度。计算模型的轨迹误差小于此值。加工精度值越大，模型形状的误差也增大，模型表面越粗糙；加工精度值越小，则模型形状的误差也减小，模型表面越光滑，但会使得轨迹段的数目增多，轨迹数据量变大，加工时间增长。

（2）加工余量 相对模型表面的残留高度，可以为负值，但不能超过刀角半径，即留给精加工的切削量。

5.6 常用工方法

5.6.1 平面区域粗加工

本实例将生成图 5-21 所示模型的型腔加工轨迹。其中，工件的高度为 20mm，型腔深度为5mm，椭圆长轴15mm、短轴10mm，未注圆角为R10mm，其余尺寸如图5-22所示。

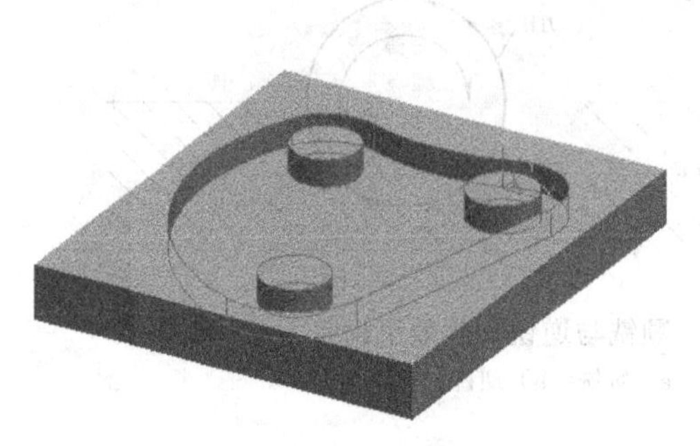

图5-21　平面区域式粗加工模型

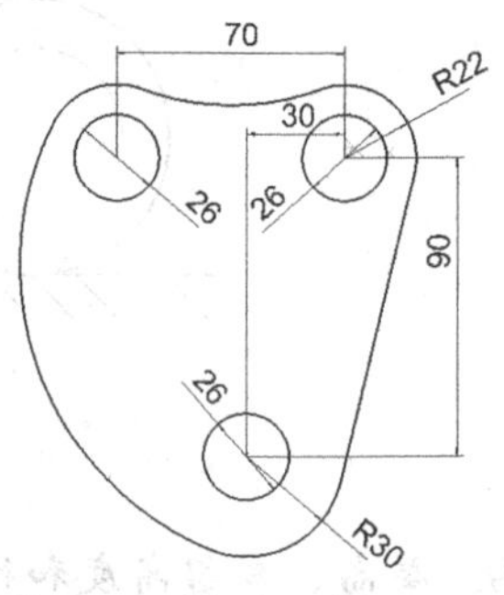

图5-22　模型二维图形尺寸

1）首先按照图5-22所示的尺寸在平面XOY上绘制出轮廓图，然后在【轨迹管理】对话框的空白处单击鼠标右键，在弹出的快捷菜单中依次选择【加工】—【常用加工】—【平面区域粗加工】，如图5-23所示，此时系统弹出【平面区域粗加工（创建）】对话框，如图5-24所示。

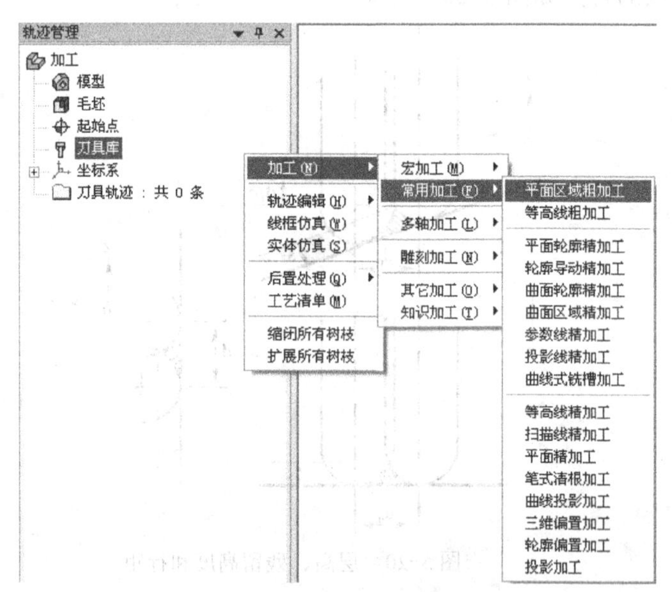

图5-23　刀具轨迹快捷菜单

【加工参数】选项卡的部分参数作用说明如下：

a）拔模基准：当加工带有拔模斜度的工件时，工件顶层轮廓与底层轮廓的大小不相同。

b）底层为基准：加工中选取工件的底层轮廓为加工轮廓。

c）顶层为基准：加工中选取工件的顶层轮廓为加工轮廓。

d）区域内抬刀：在加工有岛屿的区域时，轨迹过岛屿时是否抬刀。选【是】就抬刀，选【否】就不抬刀。此设置项只对平行加工的单向有用。

e）顶层高度：零件加工时的起始高度值，一般为零件的最高点，即Z最大值。

f）底层高度：零件加工时，需要加工到的深度的Z坐标值，即Z最小值。

g）每层下降高度：刀具轨迹层与层之间的高度差，即层高。每层的高度从输入的顶层高度开始计算。

h）斜度：以设定的拔模斜度来加工，可实现锥度或斜面的加工。

i）补偿：有三种补偿方式，ON：刀心线与轮廓重合；TO：刀心线未到轮廓一个刀具半径；PAST：刀心线超过轮廓一个刀具半径。

j）标识钻孔点：选择该项自动标识出下刀打孔的点。

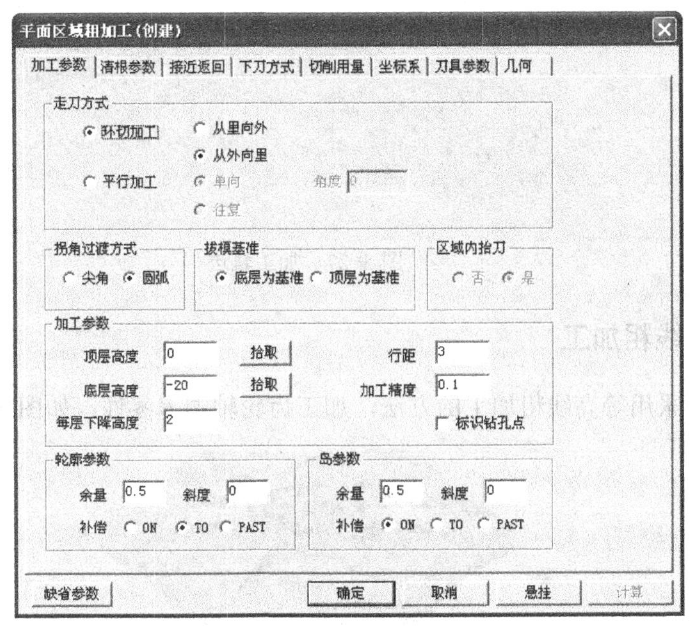

图 5-24 【平面区域粗加工（创建）】—【加工参数】选项卡

以上参数带来的加工效果区别，可通过多次生成不同参数的轨迹加以比较。而接近返回、切削用量、下刀方式等公共参数的设置，和用户的加工操作经验密不可分。

2）选择 D5 的立铣刀，设置加工参数如图 5-24 所示。由于型腔深度为 10、工件厚度为 20，建模的基准在工件的上底面上，故 Z 向的范围是-10～0；而加工轨迹是刀心（或刀尖）走过的路线，故选择补偿方式为【TO】。完成其他参数的设定后，单击【确定】按钮。

3）根据状态栏提示，用鼠标选择绘制好的轮廓，并选定一个链搜索的方向，如图 5-25 所示。

4）选择好轮廓链及其搜索的方向后，拾取岛屿。每个岛屿也要选定一个链搜索的方向，如图 5-26 所示。

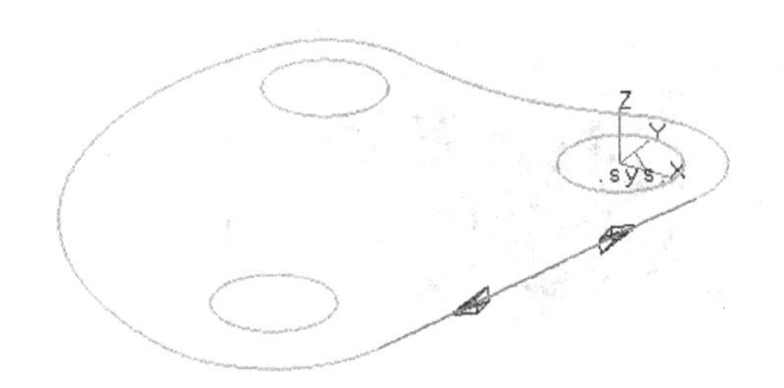

图 5-25　选定轮廓及链搜索方向

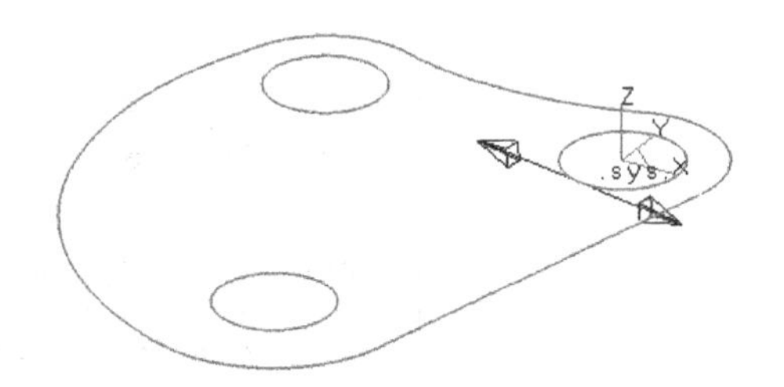

图 5-26　选定岛屿的链搜索方向

5）单击鼠标右键确认后即生成加工轨迹，如图 5-27 所示。

用户可以按下 F5～F8 等键来快速地从多角度观察轨迹。平面区域粗加工时不需要创建三维模型实体，而只用二维空间轮廓曲线即可以完成轨迹的生成。这种加工方法是 CAXA 制造工程师 2013 中常用的二维加工手段。

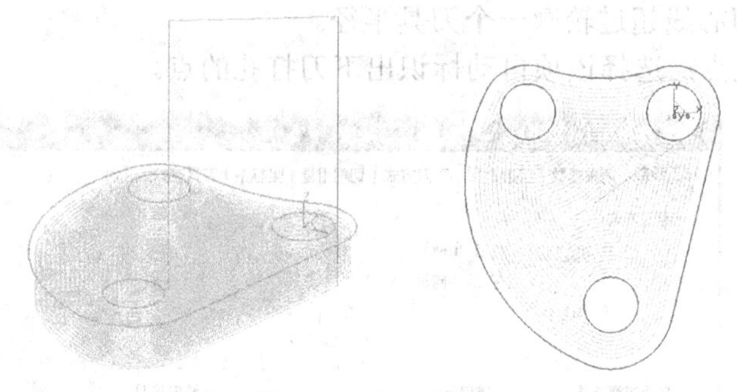

图 5-27　加工轨迹

5.6.2　等高线粗加工

本实例将采用等高线粗加工的方法，加工齿轮轴端盖零件，如图 5-28 所示。

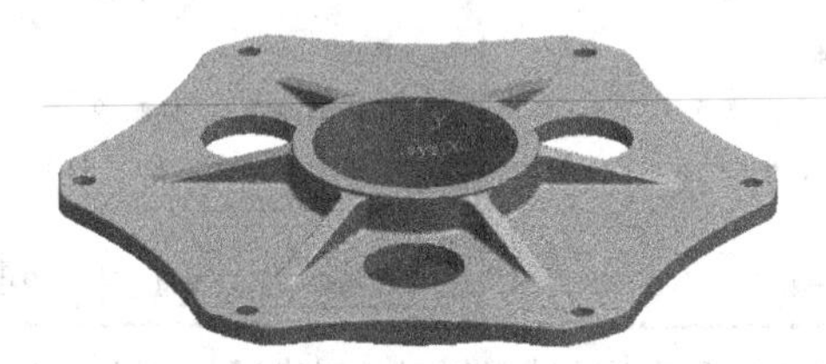

图 5-28　齿轮轴端盖模型

1）齿轮轴端盖模型的主体侧面上等间距分布有许多起支撑作用的加强肋，由此构成斜面。在【轨迹管理】导航栏中双击【毛坯】，在打开的【毛坯定义】对话框中定义毛坯，单击【参照模型】按钮，如图 5-29 所示，系统自动根据提取模型的最大位置生成毛坯。从毛坯高度栏可得知，模型最高点 Z=20，故在导航栏中的【起始点】中设置为（0，0，50）。

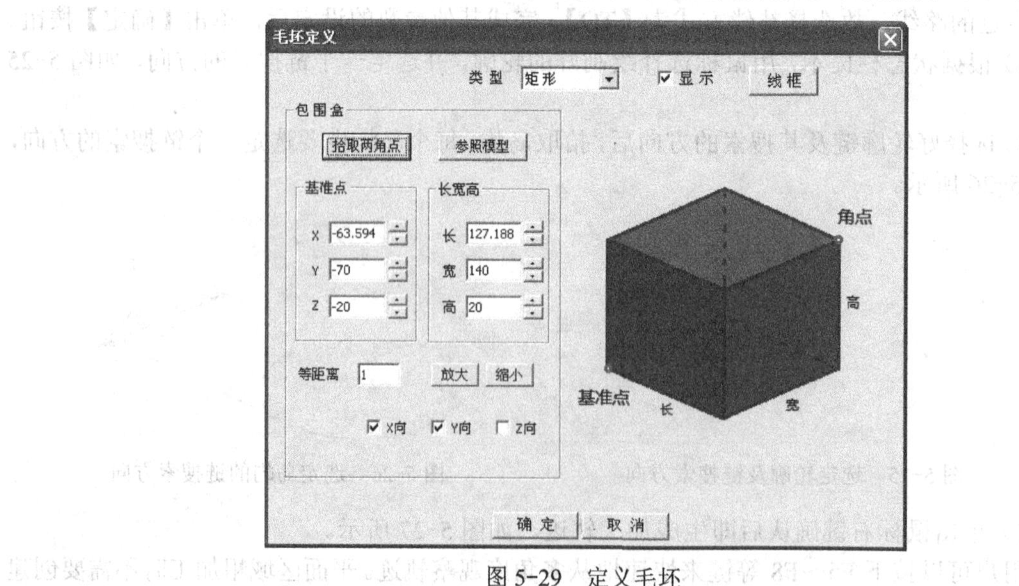

图 5-29　定义毛坯

2）在【轨迹管理】导航栏的空白处单击鼠标右键，在展开菜单中选择【加工】—【常用加工】—【等高线粗加工】，系统弹出【等高线粗加工（创建）】的【加工参数】选项卡，如图 5-30 所示。

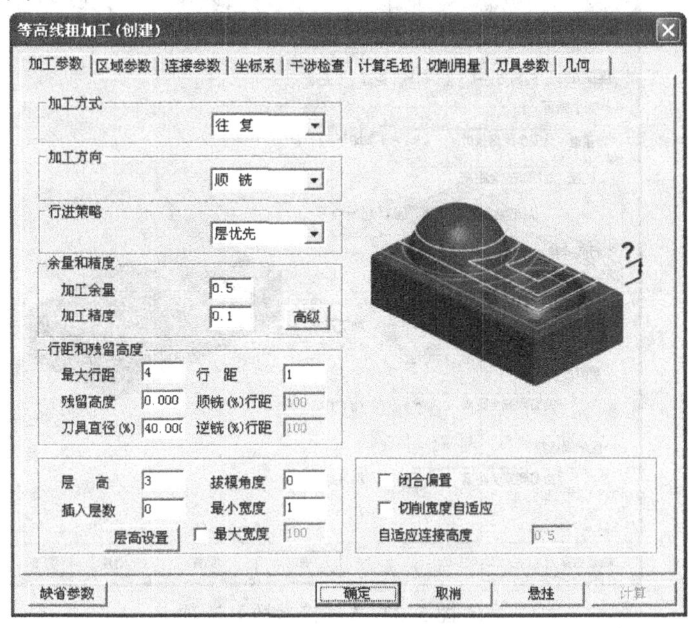

图 5-30 【加工参数】选项卡

在【加工参数】选项卡中，部分参数的功能说明如下：

a）行进策略：区域有限，即深度加工优先，当图形中有两个深腔的加工区域时，会先按层降方式把其中一个的底部加工后，再提刀至另外一深腔的加工区域由高到低加工；层优先，即截面优先，把同一高度的所有余量加工完后再往下一层加工。

b）行距：对于粗加工后阶梯形状的残余量，设定 XY 方向的切削量。

c）残留高度：由圆角铣刀、球头铣刀铣削时，设定好行距后，自动计算加工后留下的残余量（残留高度）。用户也可以自行输入残留高度参数，系统据此自动计算行距。

d）层高设置：设定对粗加工后的残余部分，用相同的刀具从下往上生成加工路径。轨迹的特点如图 5-31 所示，图中的间隔层数为 3。单击层高设置按钮，可以设定层高、层数，如图 5-32 所示。

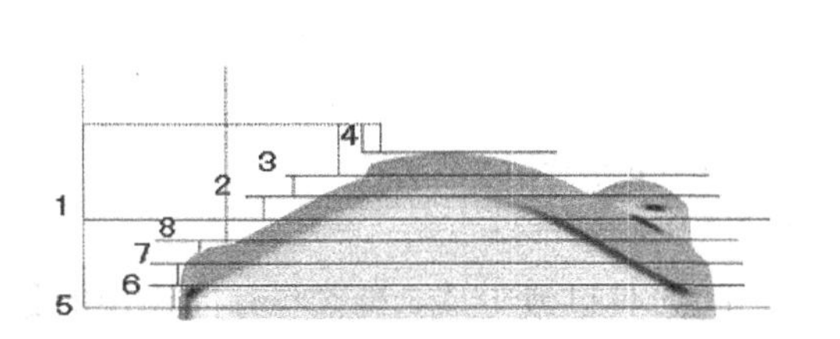

图 5-31　加工层示意

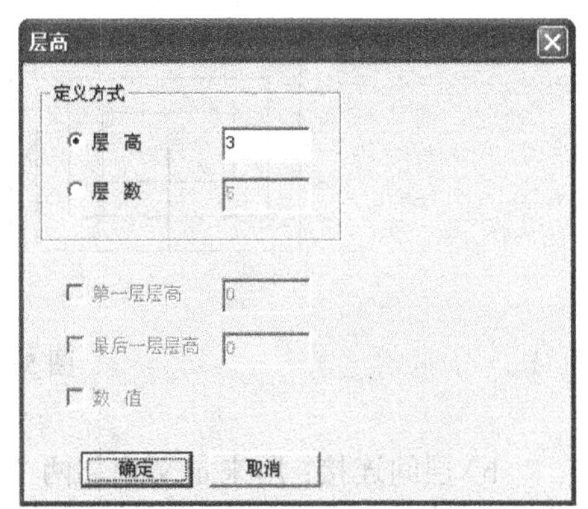

图 5-32 【层高】设置对话框

3）在【连接参数】选项卡中，可以设置刀具路径的行间、层间、区域间连接方式，如图5-33所示。部分参数的功能说明如下：

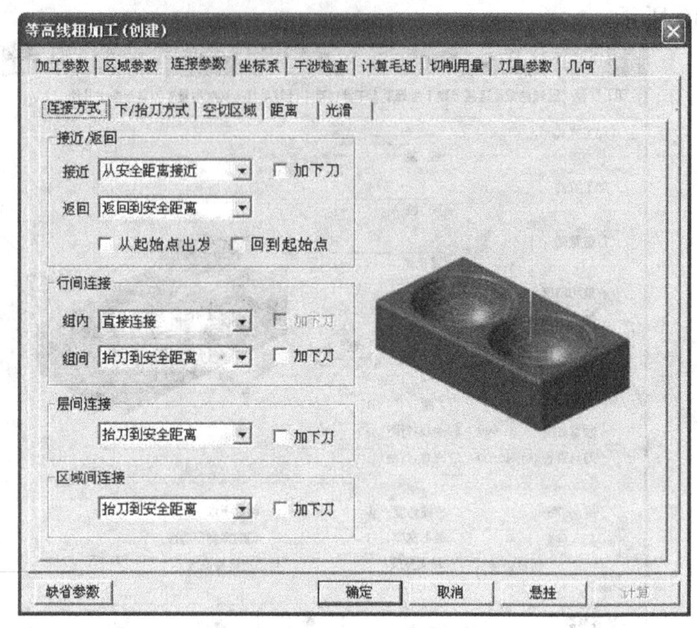

图5-33 【连接参数】选项卡

a）行间连接：行间连接方式设置的作用是让每两个行距之间的轨迹连接更加符合实际的加工过程，分为【组内】、【组间】两种设置方式。【组内】连接有直接连接、抬刀到慢速移动距离、抬刀到安全距离、光滑连接、抬刀到快速移动距离等几种，如图5-34所示。【组间】连接与此相同，连接方式示意如图5-35所示。

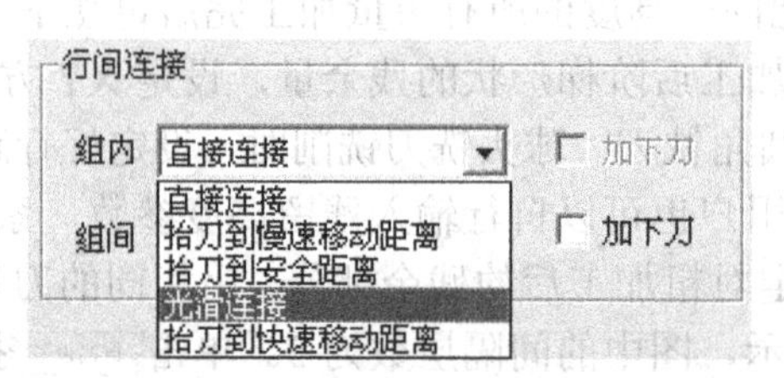

图5-34 行间连接的组间连接类型

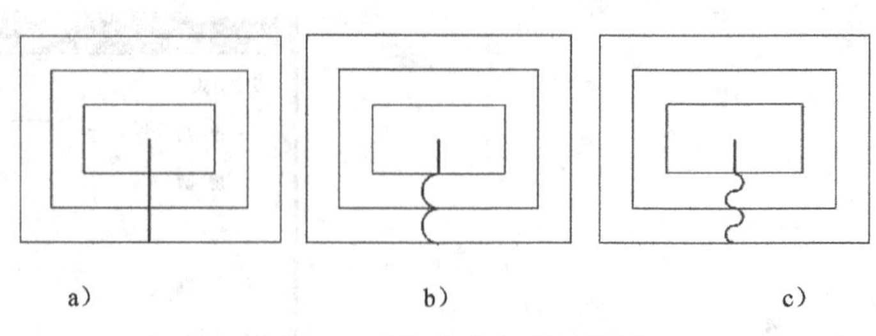

图5-35 行间连接方式示意图

a）直线 b）圆弧 c）s形

b）层间连接：用来定义相邻两个切削层之间刀具过渡方式，设置与行间连接的【组内】类型相同。

c）区域间连接：用来定义不同的切削区域间刀具过渡方式，设置与行间连接的【组内】类型相同。

4）选择【刀具参数】选项卡，然后单击 刀 库 按钮，在弹出的【刀具库】对话框中选择 D10 的圆角铣刀，如图 5-36 所示。单击 确 定 按钮完成刀具选择，并返回到【等高线粗加工（创建）】对话框的【刀具参数】选项卡。

刀具库

共 26 把　增 加　清 空　导 入　导 出

类 型	名 称	刀 号	直 径	刃 长	全 长	刀杆类型	刀杆直径	半径补偿号	长度补偿号
圆角铣刀	D6	5	6.000	50.000	80.000	圆柱	6.000	0	0
圆角铣刀	D8	4	8.000	50.000	80.000	圆柱	8.000	0	0
圆角铣刀	BulML_0	3	10.000	50.000	100.000	圆柱 + 圆锥	10.000	3	3
圆角铣刀	BulML_0	3	12.000	50.000	80.000	圆柱	12.000	0	0
圆角铣刀	BulML_0	2	10.000	50.000	80.000	圆柱	10.000	2	2
圆角铣刀	D6	2	6.000	50.000	80.000	圆柱	6.000	0	0
球头铣刀	D6	8	6.000	50.000	80.000	圆柱	6.000	0	0
球头铣刀	SphML_0	5	12.000	50.000	100.000	圆柱 + 圆锥	10.000	5	5
球头铣刀	SphML_0	4	10.000	50.000	80.000	圆柱	10.000	4	4
球头铣刀	D8	13	8.000	50.000	80.000	圆柱	8.000	0	0

确 定　取 消

图 5-36　从【刀具库】对话框中选取刀具

5）在【等高线粗加工（创建）】对话框的【刀具参数】选项卡，更改【刀具号】为“1”，设置其他参数，如图 5-37 所示。若默认刀具库中没有此刀具，可以参照前面的方法自定义刀具。

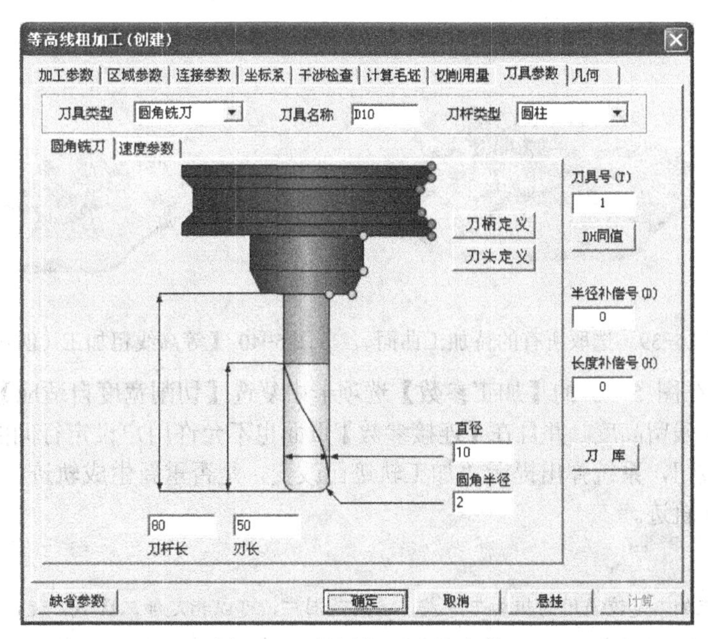

图 5-37　设置加工刀具参数

6）在【等高线粗加工（创建）】对话框的【连接参数】选项卡，选取【空切区域】选项，然后设置【安全高度】为“50”，如图 5-38 所示。这样可以避免下刀和移刀时，避开零件的最高点而不至于撞刀。

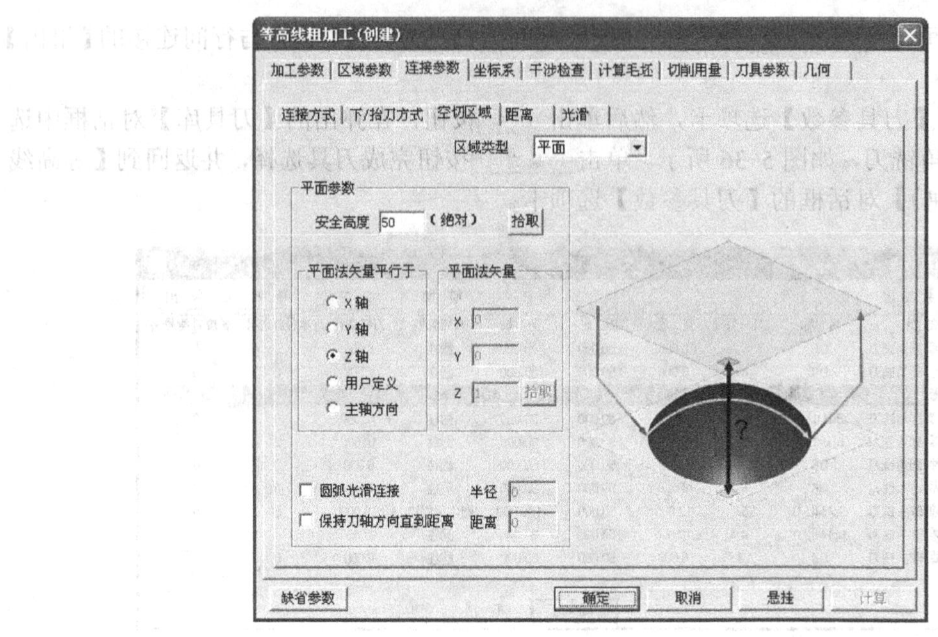

图 5-38　设置加工刀具参数

7）在【等高线粗加工（创建）】对话框中单击【确定】按钮，根据系统提示，用鼠标框选所有曲面作为需要加工的轮廓，或者按键盘的 W 键快速地选取所有轮廓，如图 5-39 所示。

8）由于先前在【等高线粗加工（创建）】对话框中未给定加工边界的轮廓，则系统默认待加工曲面为加工边界，毛坯内侧为边界。单击鼠标右键，系统即开始计算并生成加工轨迹，结果如图 5-40 所示。

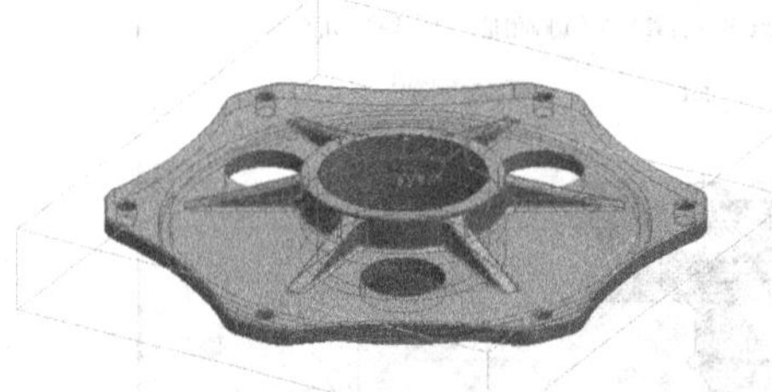

图 5-39　选取所有的待加工曲面

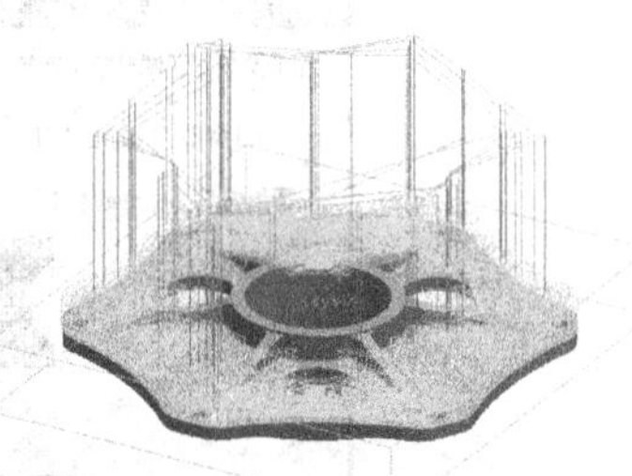

图 5-40 【等高线粗加工（创建）】方式生成加工轨迹

9）如果在图 5-30 的【加工参数】选项卡中复选【切削宽度自适应】项，则不允许用户自行设定加工残留高度，并且在【连接参数】页面也不允许用户设定行间的组内连接方式。单击【确定】按钮，系统弹出提示“加工轨迹已改变，是否重新生成轨迹”，选择【是】按钮，生成新的加工轨迹。

总结：

等高线粗加工是较通用的粗加工方式，适用范围广，可以指定加工区域，优化空切轨迹（稀疏化）。轨迹拐角可以设定圆弧或 s 形过渡，生成光滑轨迹，从而支持各种高速加工设备。

5.6.3　平面轮廓精加工

本实例将采用平面轮廓精加工的方法，以图 5-22 所示的平面图形为对象，生成轨迹。

1）打开图 5-22 所示的平面图形后，在【轨迹管理】导航栏的空白处单击鼠标右键，在展开菜单中选择【加工】—【常用加工】—【平面轮廓精加工】，系统弹出【平面轮廓精加工（创建）】对话框，如图 5-41 所示。

【平面轮廓精加工（创建）】的【加工参数】选项卡设置效果说明如下：

a）刀次：生成刀位的行数。

b）余量方式：定义每次加工完所留的余量，也可以称不等行距加工。余量的次数在【刀次】中定义，最多可定义 10 次加工的余量。

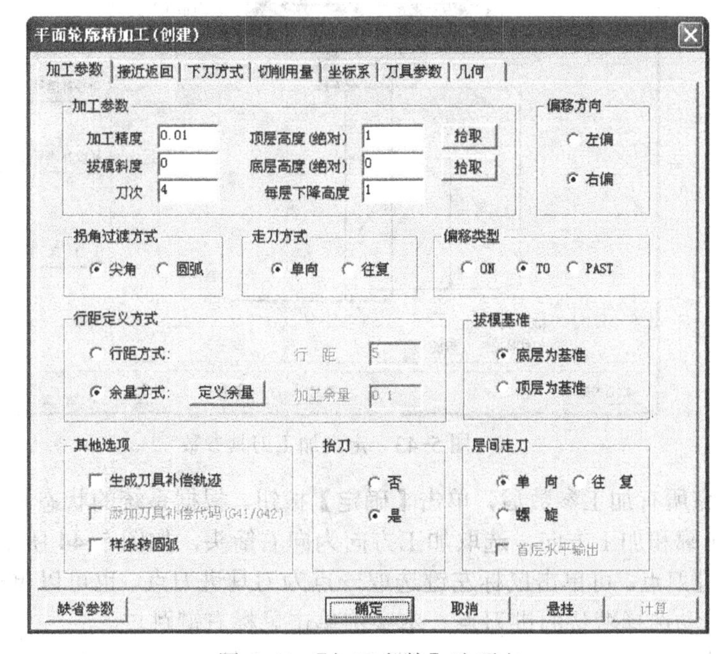

图 5-41 【加工参数】选项卡

注意：

补偿是左偏还是右偏，取决于加工的是内轮廓还是外轮廓。

2）单击【定义余量】按钮，系统弹出【定义加工余量】对话框，如图 5-42 所示。由于图 5-41 中【刀次】为“4”，则【定义加工余量】对话框中有四项余量需要定义。

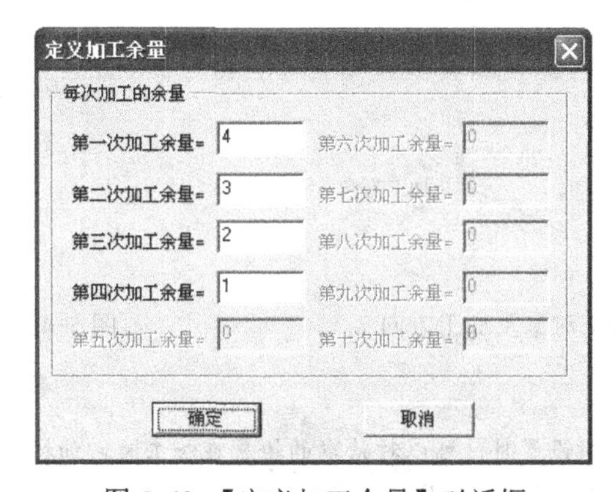

图 5-42 【定义加工余量】对话框

3）在【平面轮廓精加工（创建）】对话框的【刀具参数】选项卡，自定义一把 D5 的立铣刀，并将【刀具号】改为“1”，如图 5-43 所示。

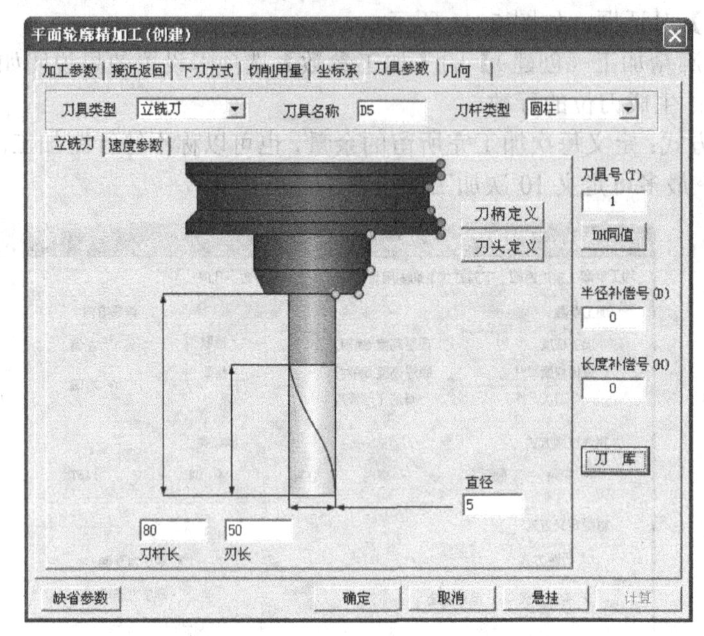

图 5-43　定义加工刀具参数

4）设定完所有加工参数后，单击【确定】按钮。根据系统的状态栏提示，用鼠标选取需要加工的轮廓和加工方向，选取加工方向为向右箭头，如图 5-44 所示。

5）选择进刀点。可单击鼠标左键选取一点为刀具进刀点，也可以单击鼠标右键跳过设置，系统将自动选择默认的进刀点。本实例单击鼠标右键跳过。

6）选择退刀点。可单击鼠标左键选取一点为刀具退刀点，也可以单击鼠标右键跳过，系统将自动选择默认的退刀点。本实例单击鼠标右键跳过。

7）单击鼠标右键完成参数设置，系统自动计算生成加工轨迹，如图 5-45 所示。由于在图 5-41 所示的对话框中设【偏移方向】为【右偏】，结合在图 5-44 中选取的加工方向，因此对所选取轮廓的外侧进行加工。

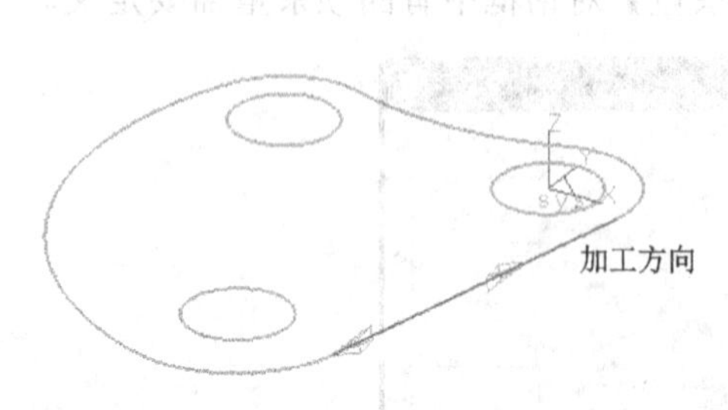

图 5-44　选取加工对象及加工方向

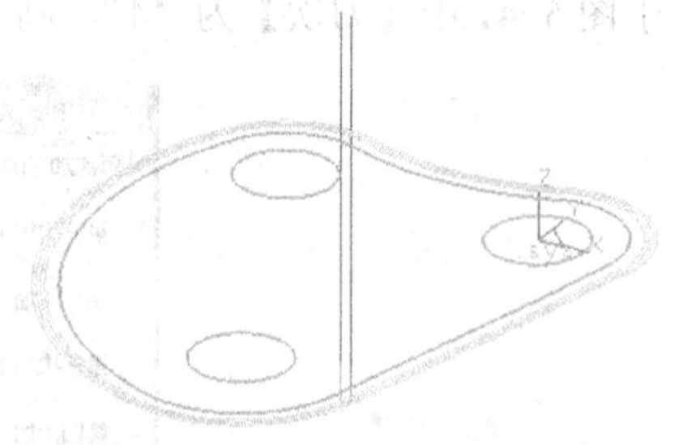

图 5-45　生成平面轮廓精加工轨迹

总结：

平面轮廓精加工参数设置时，可以对拾取的轮廓在加工时增加拔模斜度，在即使没有创建三维实体的情况下，也可以生成三维的加工轨迹。

5.6.4　轮廓导动精加工

本实例将采用轮廓导动精加工的方法，对图 5-46 所示异形凸台过渡圆角进行加工，并创建相应的加工轨迹。

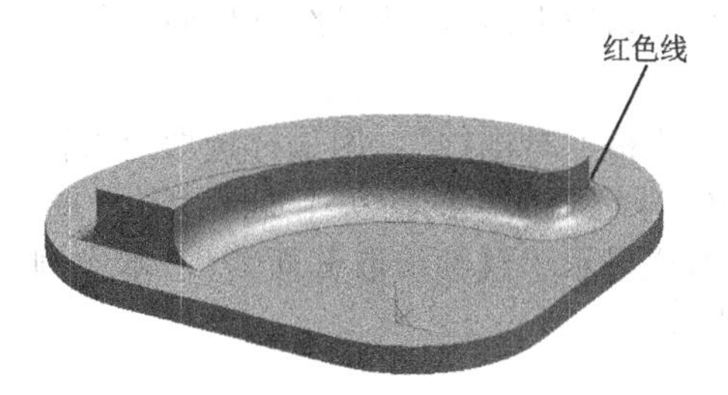

图 5-46　轮廓导动精加工模型

从图 5-46 可知，异形凸台主体与基座之间只有一个过渡圆角，其他部分都是规则外形。因此，在过渡圆角处可以直接使用轮廓导动精加工完成。

1）采用前面介绍的方法，用【相关线】命令的【实体边界】方式，将过渡圆角的边线提取出来，如图 5-46 里的红色线。

2）在【轨迹管理】导航栏的空白处单击鼠标右键，在展开菜单中选择【加工】—【精加工】—【轮廓导动精加工】，系统弹出【轮廓导动精加工（创建）】对话框，如图 5-47 所示。

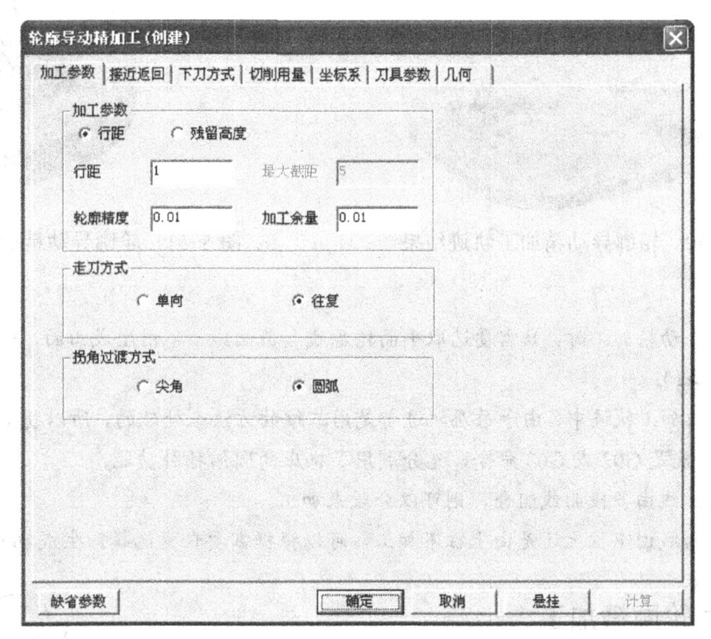

图 5-47　【轮廓导动精加工（创建）】对话框的【加工参数】选项卡

【轮廓导动精加工（创建）】对话框的部分参数效果说明如下：

a）行距：表示沿截面线上每一行刀具轨迹间的距离，按等弧长来分布。当选中【行距】时，对话框左侧【行距】项亮显，右侧的【最大截距】项变为不可设置。

b）最大截距：输入最大 Z 向背吃刀量。根据残留高度值，在求得 Z 向的层高时，为防止在加工较陡斜面时层高过大，限制层高在最大截距的设定值之下。

3）在【刀具参数】选项卡中选取 D6 的球头铣刀，并设置【刀具号】为“1”。

4）设定完所有加工参数后，单击【确定】按钮。根据系统状态栏提示，用鼠标拾取轮廓和加工方向，如图 5-48 所示。如果是两根以上的线段，则要对其他每个线段都要选择方向。

5）系统状态栏提示“拾取曲线”，即继续选取轮廓线，选取完所有轮廓线后，单击鼠标右键确定。

6）系统状态栏提示“拾取截面线”。用鼠标选取过渡圆角的圆弧线作为截面线，然后用鼠标选择加工的侧边，即选择向上的箭头则加工上边（选择向下的箭头则加工下边），如图 5-49 所示。系统状态栏提示“继续拾取截面线”，本实例只选取一条截面线，因此选取完毕后单击鼠标右键跳过。

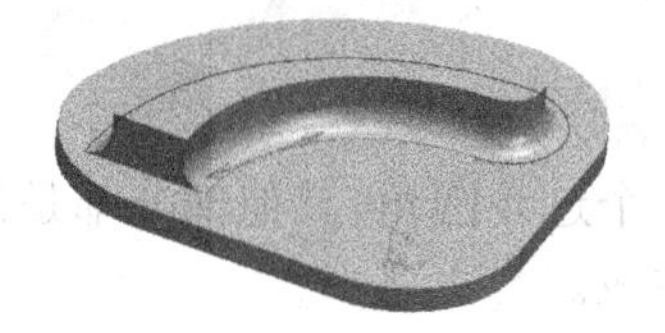

图 5-48 选取过渡圆角加工的轮廓线

图 5-49 选取过渡圆角加工的侧边

7）单击鼠标右键完成参数设置，系统自动计算生成轨迹，如图 5-50 所示。图 5-51 为刀具加工轨迹放大的效果图。

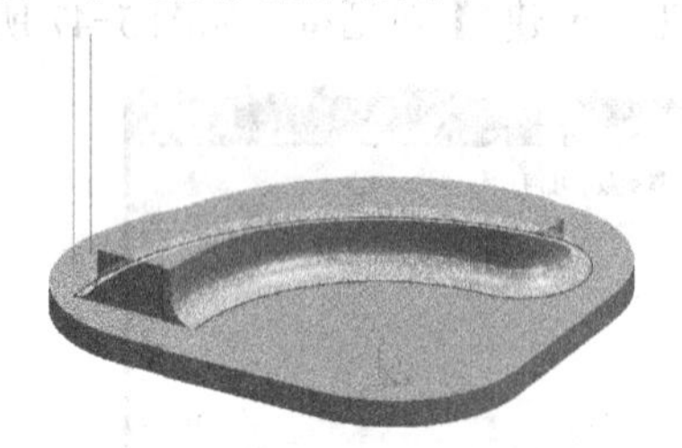

图 5-50 轮廓导动精加工轨迹结果

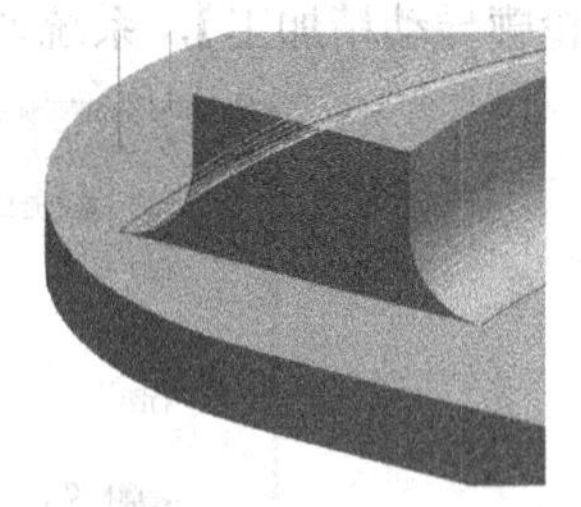

图 5-51 轮廓导动精加工轨迹结果放大图

总结：

1）轮廓导动精加工时，只需要选取平面轮廓线和截面线，不用生成曲面，简化了造型操作（但仍然要先创建毛坯）。

2）生成的加工轨迹中，由于每层轨迹都是用二维的方法来处理的，所以拐角处如果是圆弧，则生成的 G 代码中就是 G02 或 G03 命令，充分利用了机床的圆弧插补功能。

3）若截面线由多段曲线组合，则可以分段来加工。

4）沿截面线由下往上还是由上往下加工，可以根据需要任意选择。生成轨迹的速度非常快。

5.6.5 曲面轮廓精加工

本实例将采用曲面轮廓精加工方法对图 5-52 所示的曲面进行加工，并生成加工轨迹。

1）选择菜单【造型】—【曲线生成】—【相关线】命令，将图 5-52 所示的曲线生成边界线。

2）在【轨迹管理】导航栏中以参照模型方式定

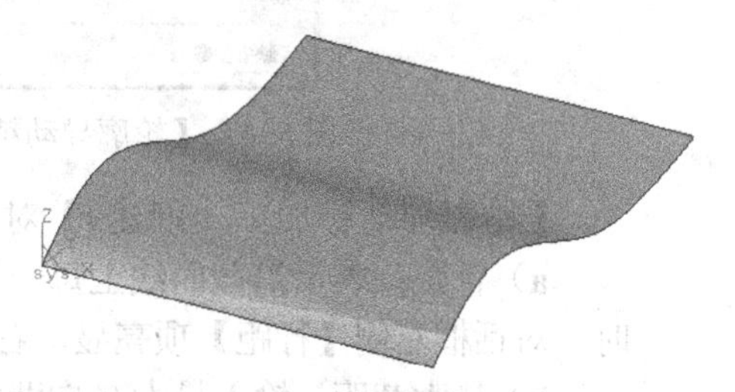

图 5-52 曲面轮廓精加工模型

义毛坯，然后在空白处单击鼠标右键，在展开菜单中选择【加工】—【精加工】—【曲面轮廓精加工】，系统弹出【曲面轮廓精加工（创建）】对话框，如图 5-53 所示。

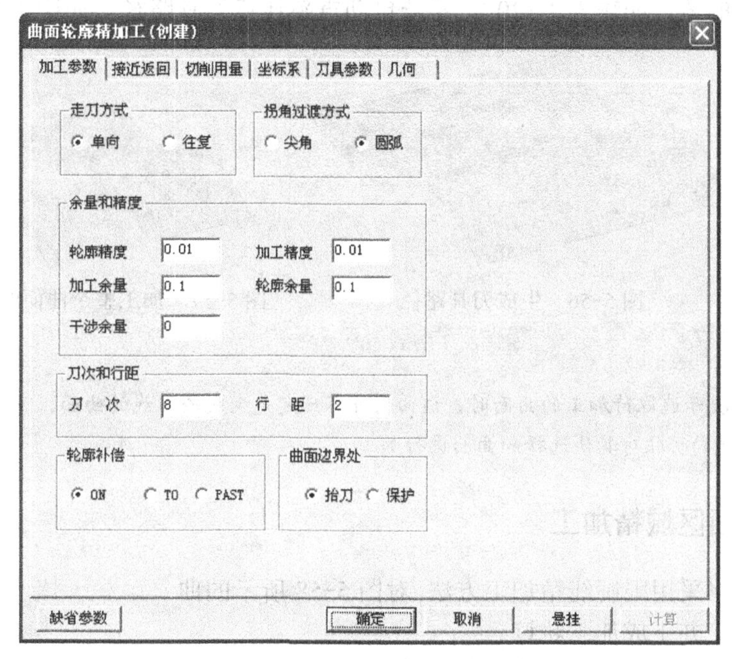

图 5-53 【曲面轮廓精加工（创建）】对话框

【刀次】：设定沿曲面轮廓加工的刀具路径数量，当希望将整个曲面都沿着其边界轮廓加工时，可以设定【刀次】值很大，软件会自动按照设定的行距计算实际需要的刀次，多余的刀次会自动忽略。

【行距】：设定相邻两个刀具路径之间的间距。

3）在【刀具参数】选项卡中，自定义 D6 的球头刀。

4）单击【确定】按钮，根据系统状态栏提示选取轮廓线。当所选取轮廓线为多段时，用鼠标左键选取每段轮廓线及其链搜索方向。若轮廓线封闭，则系统自动停止提示选取轮廓线，否则按鼠标右键确认选取轮廓线完毕。本例选取轮廓线如图 5-54 所示。

5）系统提示“请拾取轮廓曲线的加工侧”，并在选取的轮廓线上出现箭头，如图 5-55 所示。选取向上箭头作为加工侧，单击鼠标右键确认。

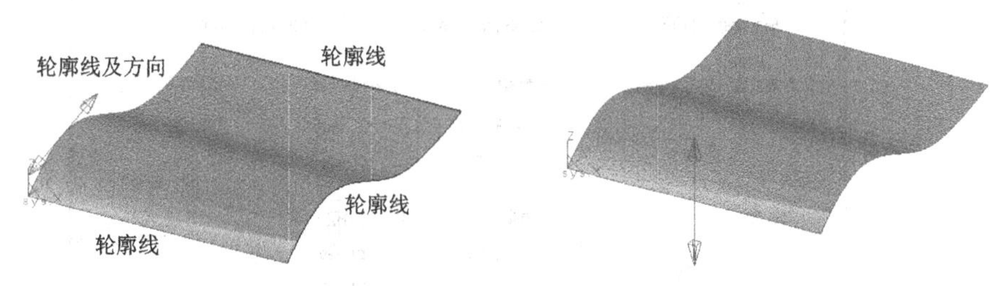

图 5-54　选取轮廓线　　　图 5-55　选取轮廓曲线加工侧

6）系统提示“请拾取加工曲面”，用鼠标左键选取绘图窗口中的曲面，单击鼠标右键确认。

7）系统提示“请拾取干涉曲面”，本例无干涉曲面，直接单击鼠标右键确认，系统自动生成加工刀具路径如图 5-56 所示。如果希望整个曲面都加工，则在图 5-53 的【刀次】中输入较大的值，如输入“120”，系统自动重新计算刀具路径，如图 5-57 所示。

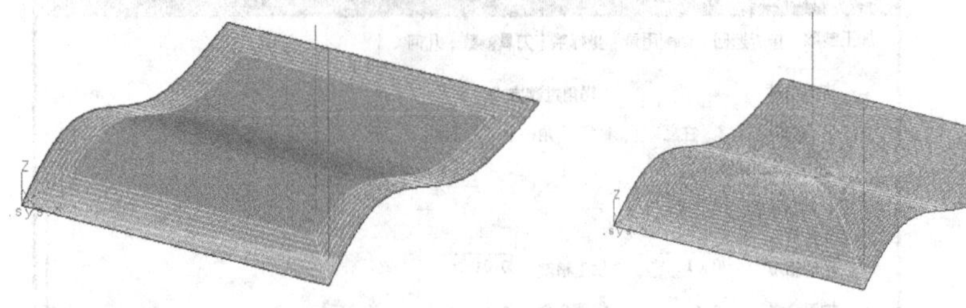

图 5-56 生成刀具路径　　图 5-57 加工整个曲面的刀具路径

总结：

在系统提示选取待加工的曲面时，该曲面并不一定是生成轮廓线的曲面，可以是其他曲面。此时将按照轮廓线的形状对其他选择的曲面进行加工。

5.6.6 曲面区域精加工

本实例将采用限制线精加工方法，对图 5-58 所示的曲面进行加工，并生成加工轨迹。

1）在曲面上方合适距离绘制需要加工区域的边线。

2）在【轨迹管理】导航栏中以参照模型方式定义毛坯，然后在空白处单击鼠标右键，在展开菜单中选择【加工】—【常用加工】—【曲面区域精加工（创建）】，系统弹出【曲面区域精加工】对话框，如图 5-59 所示。

图 5-58 曲面区域精加工模型

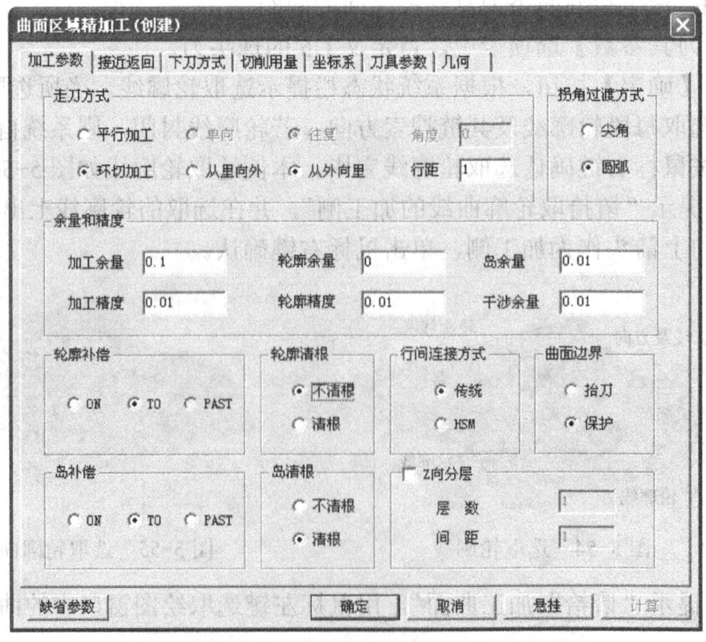

图 5-59 【曲面区域精加工（创建）】对话框

3）在【刀具参数】选项卡中，选择 D10 的球头刀。

4）单击【确定】按钮，根据系统状态栏提示，用鼠标左键选取加工曲面，按鼠标右键确认。

5）系统提示“选取轮廓线”，用鼠标选取图 5-60 所示的加工区域边线作为轮廓线，并选取链搜索方向，单击鼠标右键确认。

6）系统提示“拾取岛屿曲线”，本例中无岛屿，因此单击鼠标右键跳过。

7）系统提示“拾取干涉面”，本例中无干涉面，直接单击鼠标右键跳过。系统自动计算刀具路径，如图 5-61 所示。该刀具路径作用在选定的曲面上，范围受选取的轮廓线限制。

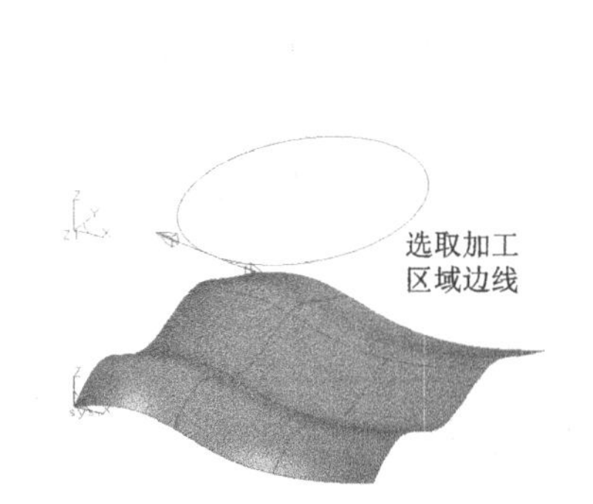

图 5-60　选取加工曲面和加工区域轮廓线

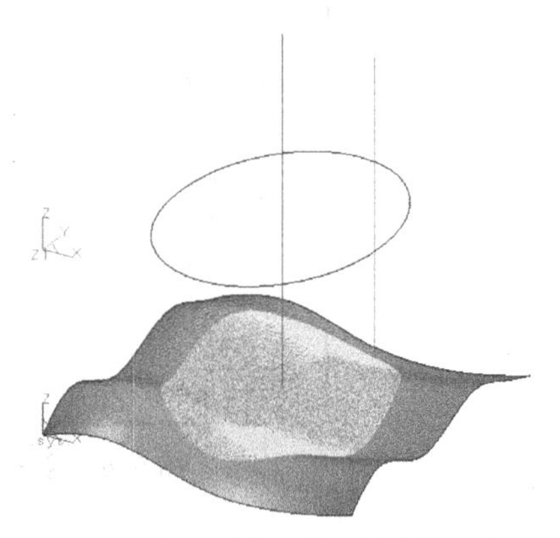

图 5-61　生成刀具路径

总结：

采用曲面区域精加工可生成多个曲面的三轴刀具轨迹。刀具轨迹限制在轮廓线内，可对曲面作整体处理，中间无抬刀动作。

5.6.7　参数线精加工

本实例将采用参数线精加工方法，生成上方下圆凹腔的参数线精加工轨迹。上方下圆凹腔模型的三维曲面造型效果如图 5-62 所示。

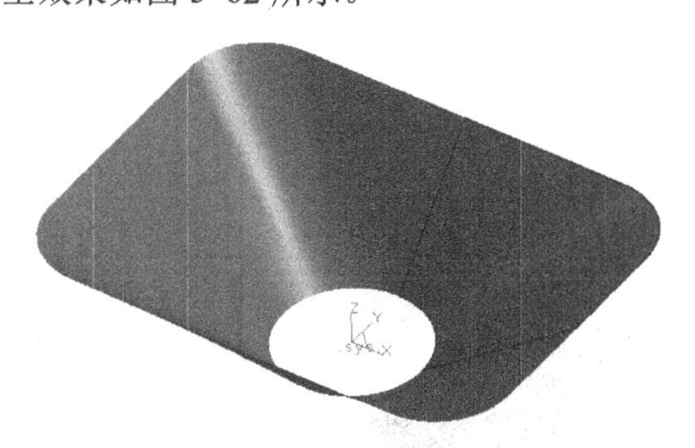

图 5-62　上方下圆凹腔曲面造型效果

1）在【轨迹管理】导航栏中双击【毛坯】，在弹出的对话框中运用【参照模型】方法生成毛坯。然后在导航栏的空白处单击鼠标右键，在展开菜单中选择【加工】—【常用加工】—【参数线精加工】，系统弹出【参数线精加工（创建）】对话框，如图 5-63 所示。

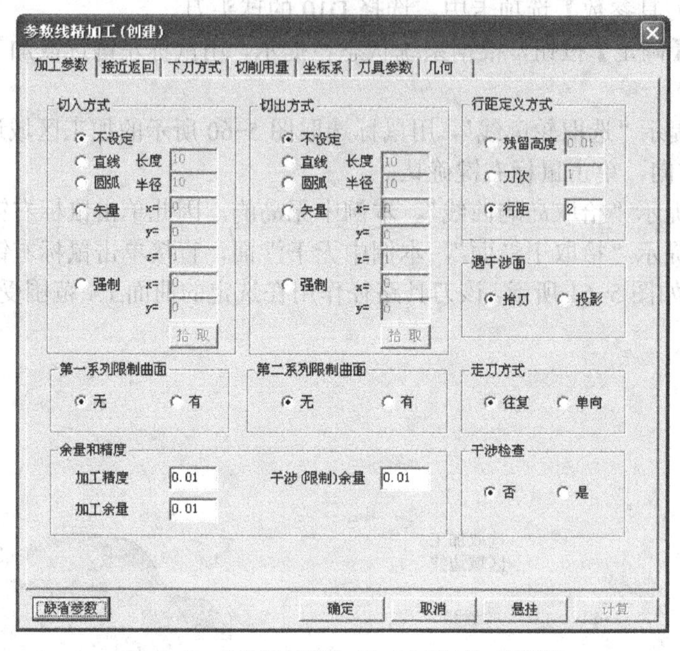

图 5-63 【参数线精加工（创建）】对话框

【参数线精加工（创建）】对话框的【加工参数】选项卡参数说明如下：

a）加工余量：对加工曲面的预留量，可设为正值或负值。

b）干涉（限制）余量：对干涉曲面的预留量，可设为正值或负值。

c）干涉检查：控制是否对加工的曲面本身作自身干涉检查。干涉检查状态的闭合与否直接关系到轨迹的生成方式。具体区别如图 5-64、图 5-65 所示。

d）残留高度：加工后刀具轨迹在行进方向离加工曲面的最大距离，为球头刀所特有的设置参数。

e）刀次：刀具轨迹的行数，或者说将采用几次加工来逼近加工表面。

f）行距：每行刀位之间的距离。若行距大于刀具半径，则系统在生成刀具轨迹时在每行之间按抬刀处理。

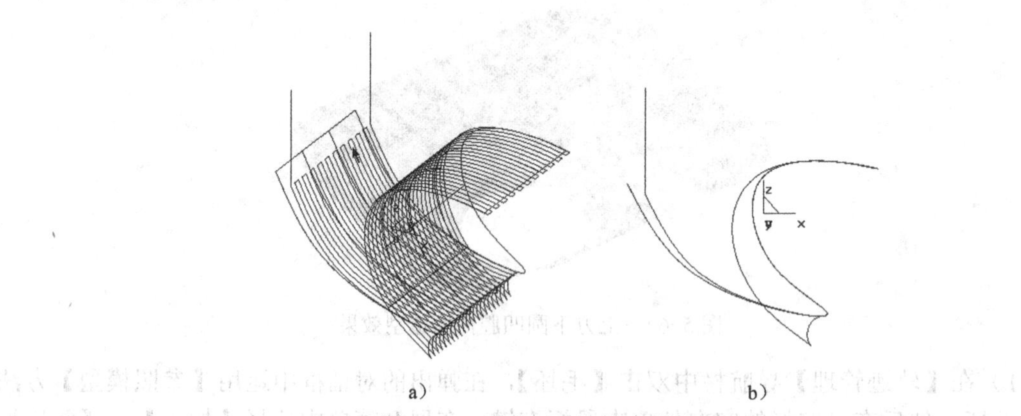
a）　　　　b）

图 5-64　不进行干涉检查的效果示意

a）不加干涉检查产生过切　b）曲面曲率半径小于刀具半径

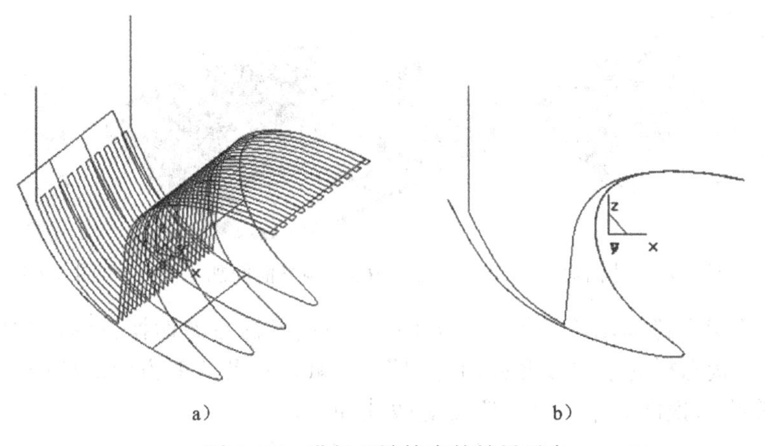

a）　　　　b）

图 5-65　进行干涉检查的效果示意

a）加干涉检查　b）曲面曲率半径大于刀具半径

提示：

1）当加工的曲面曲率半径较大，或不需要精密尺寸时，一般使用行距来定义进给量。

2）对曲率半径较小的曲面，或尺寸要求较高，一般使用残留高度定义进给量，以便在较陡面获得更多的进给次数。【残留高度】方式与【行距】方式的区别如图 5-66 所示。

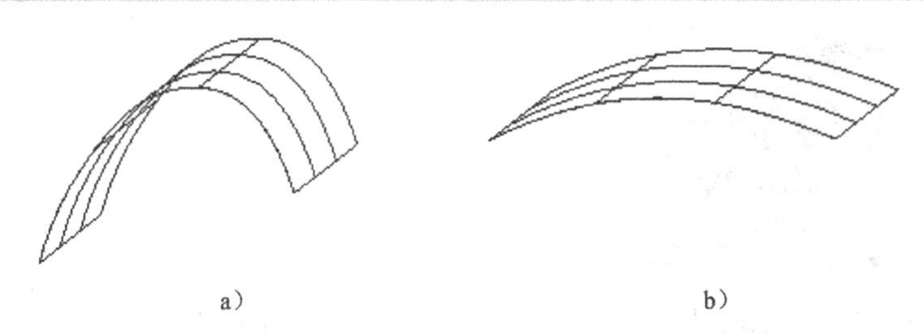

a）　　　　b）

图 5-66 【残留高度】方式与【行距】方式的区别

a）【残留高度】方式　b）【行距】方式

g）第一系列限制曲面：指刀具轨迹的每一行在刀具恰好碰到限制面时（已考虑干涉余量）停止，即限制刀具轨迹每一行的尾。第一系列限制曲面可以由多个面组成。

h）第二系列限制曲面：限制每一行刀具轨迹的头。同时用第一系列限制曲面和第二系列限制曲面，可以得到刀具轨迹每行的中间段。

提示：

系统对限制面与干涉面的处理不一样，碰到干涉面，刀具轨迹让刀；碰到限制面，刀具轨迹在该行停止。

2）设定完所有加工参数后，单击【确定】按钮，系统状态栏将提示“拾取加工对象”，选择上方下圆凹腔的 4 张曲面，在每个曲面的单击处将出现一个箭头，用来表示加工侧的方向，如图 5-67 所示。单击某个曲面，调整加工侧方向朝向上方，如图 5-68 所示，单击鼠标右键确定。

3）单击鼠标右键，系统状态栏提示“拾取进刀点”，用鼠标选取一个点，或者通过键盘输入坐标确定，如图 5-69 所示。

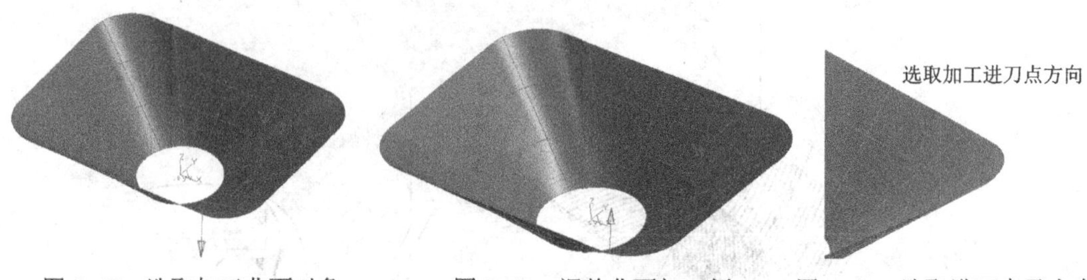

图 5-67 选取加工曲面对象　　图 5-68 调整曲面加工侧　　图 5-69 选取进刀点及方向

4）系统状态栏提示“切换加工方向”，即按鼠标左键切换方向，按鼠标右键确定。

5）系统状态栏提示“改变曲面方向”，用鼠标在要改变方向的曲面上单击，则该曲面上的方向箭头将换向。本实例不需要更改曲面方向。

6）单击鼠标右键，系统状态栏提示“拾取干涉曲面”，由于前面在【加工参数】设置页面中设定没有干涉曲面，故本实例中不需要选取，直接单击鼠标右键确定。根据状态栏提示，用鼠标选取第一、第二限制曲面，本实例中选取上方下圆凹腔的上边线所在平面和底面，或者直接单击鼠标右键跳过，如图 5-70 所示。

7）单击鼠标右键，完成加工轨迹的生成，如图 5-71 所示。

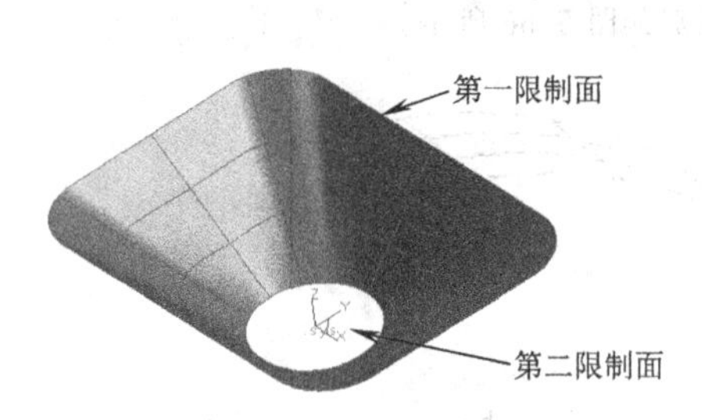

图 5-70 拾取两限制面

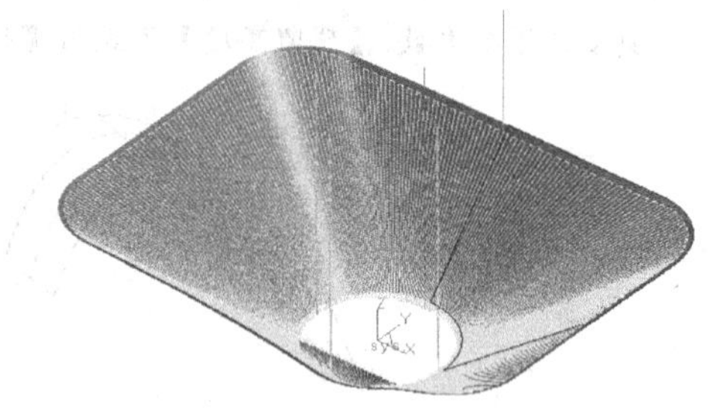

图 5-71 生成参数线精加工轨迹

总结：

1）若在切削待加工曲面时可能与其他曲面发生干涉，则需指定作干涉检查的曲面；能够确认曲面自身不会发生过切，最好不进行自身干涉检查，因为会消耗大量系统资源。

2）可以单个拾取或链拾取的方式来拾取待加工的曲面，也可以通过立即菜单切换拾取方式；或者二者的组合应用。单个拾取需用户挨个拾取各曲面，适合于曲面数目不多，且不适合于链拾取的情形。链拾取需用户指定起始曲面、起始曲面角点及链搜索方向，系统从起始曲面出发，沿搜索方向自动寻找所有边界相接的曲面。

3）进刀点是第一张曲面的某一个角点。

4）需逐个确定待加工曲面的方向，以确保生成刀位的正确性，从而确保刀具不会碰伤工件。

5.6.8 投影线精加工

本实例将采用投影线精加工方法，通过对 5.6.5 节生成的刀具轨迹进行投影，生成曲面的投影线精加工轨迹。待投影刀具和待加工曲面如图 5-72 所示。

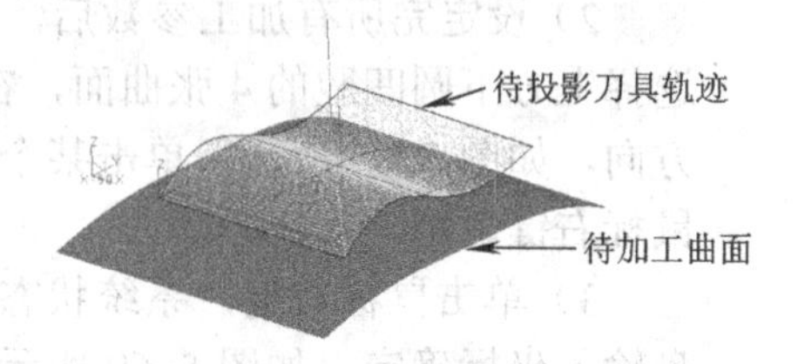

图 5-72 待投影刀具轨迹和待加工曲面

1）在【轨迹管理】导航栏的空白处单击鼠标右键，在展开菜单中选择【加工】—【常用加工】—【投影线精加工】，系统弹出【投影线精加工（创建）】对话框，如图 5-73 所示。

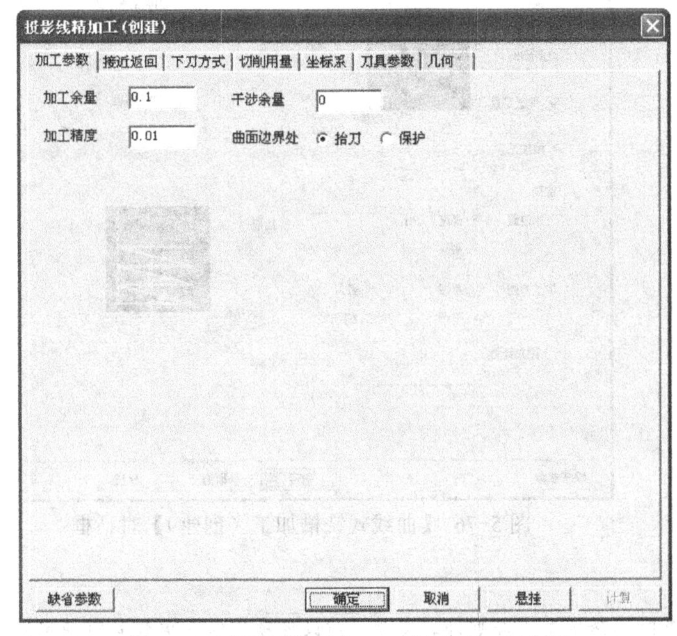

图 5-73　【投影线精加工（创建）】对话框

2）在【加工参数】选项卡设定好加工余量等参数。

3）在【刀具参数】选项卡自定义 D6 的球头铣刀，单击【确定】按钮完成加工参数设置。

4）根据状态栏提示，用鼠标选取图 5-72 所示的加工刀具轨迹。系统继续提示“请拾取加工曲面”，选取图 5-72 所示的待加工曲面，单击鼠标右键结束曲面选取。

5）系统提示“请拾取干涉曲面”，直接单击鼠标右键确认，系统自动计算刀具轨迹，如图 5-74 所示。

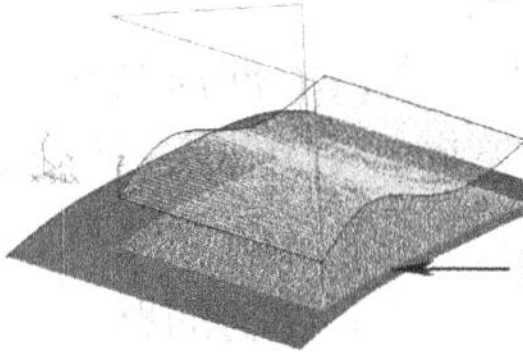

投影生成的刀具轨迹

图 5-74　选取加工轮廓及方向

5.6.9　曲线式铣槽加工

本实例将采用曲线式铣槽加工方法，生成一个槽底形状为曲面的加工路径，槽底曲面和槽曲线轮廓如图 5-75 所示。

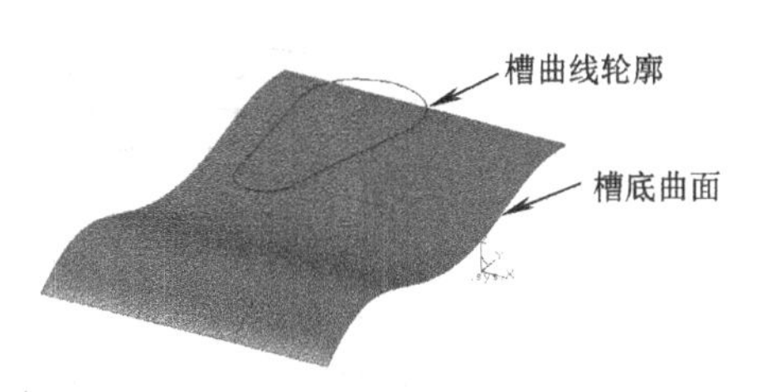

图 5-75　曲线式铣槽加工模型

1）在【轨迹管理】导航栏的空白处单击鼠标右键，在展开菜单中选择【加工】—【常用加工】—【曲线式铣槽加工】，系统弹出【曲线式铣槽加工（创建）】对话框，如图 5-76 所示。

① 路径类型：

a）投影到模型：在模型上生成投影路径。

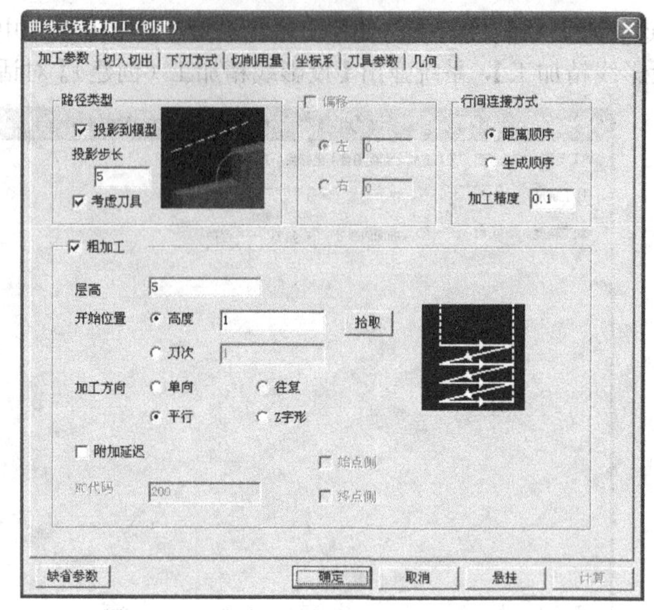

图 5-76 【曲线式铣槽加工（创建）】对话框

> **注意：**
>
> 必须在交互时选择模型，否则计算失败。该设置项不能和偏移同时使用。

b）考虑刀具：设定是否生成考虑刀尖的路径。若考虑刀尖，在模型表面定义线框形状可做成不干涉模型的路径。

② 行间连接方式：当选取多条曲线时，确定刀具轨迹的连接方式。

a）距离顺序：依据各条曲线间起点与终点间距离和的最优值（尽可能最小）来确定刀具轨迹连接顺序。

b）生成顺序：依据曲线选择顺序来确定加工路径连接顺序。

③加工方向：有单向、往复、平行、Z 字形几种，加工效果如图 5-77 所示。

a）单向：对于复制的路径，只进行一个方向的切削，如图 5-77a 所示。

b）往复：对于复制的路径，每一段的切削方向都相反，如图 5-77b 所示。

c）平行：沿着导向曲线给定的路径，向一个方向进行切削，如图 5-77c 所示。

d）Z 字形：沿着导向曲线给定的路径，在往返方向进行切削，如图 5-77d 所示。

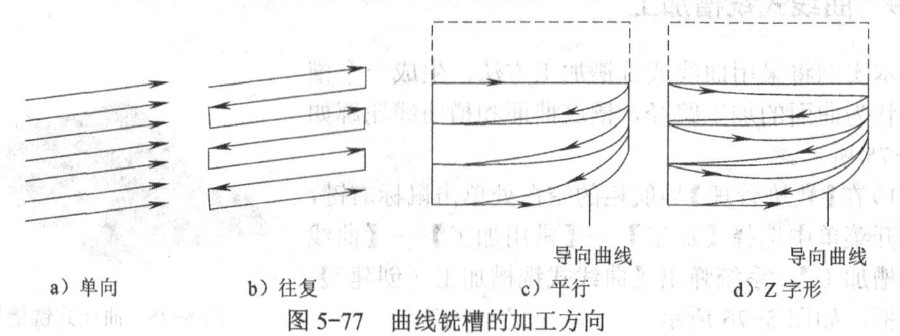

a）单向　　b）往复　　c）平行　　d）Z 字形

图 5-77　曲线铣槽的加工方向

2）在【加工参数】选项卡中复选【路径类型】栏的【投影到模型】项，设置其他参数如图 5-76 所示。

3）在【刀具参数】选项卡自定义 D8 的立铣刀。单击【确定】按钮完成加工参数设置。

4）根据状态栏提示，用鼠标选取槽的曲线轮廓为加工轮廓，并确定方向，如图 5-78 所示。单击鼠标右键结束曲线轮廓的选取。

5）根据状态栏提示，用鼠标选取模型中的曲面，单击鼠标右键确认。根据系统提示，用鼠标左键单击选择的曲面，确定加工侧方向如图 5-79 所示。

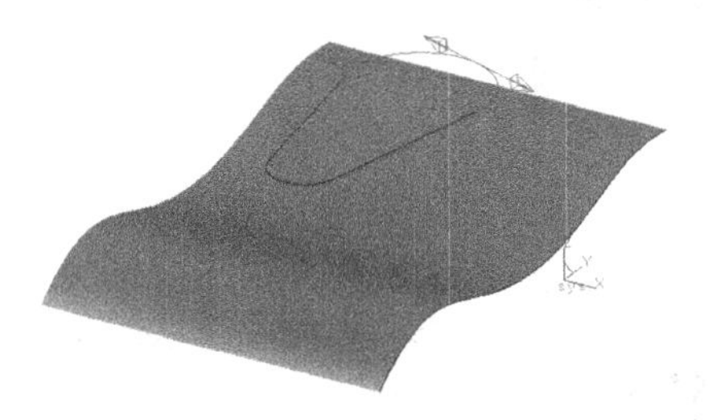

图 5-78　选取槽曲线轮廓

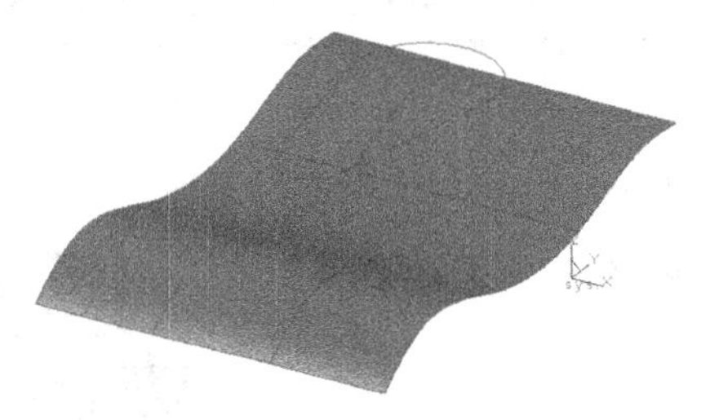

图 5-79　选取加工曲面及加工侧方向

6）单击鼠标右键确认，系统自动计算生成轨迹，如图 5-80 所示。

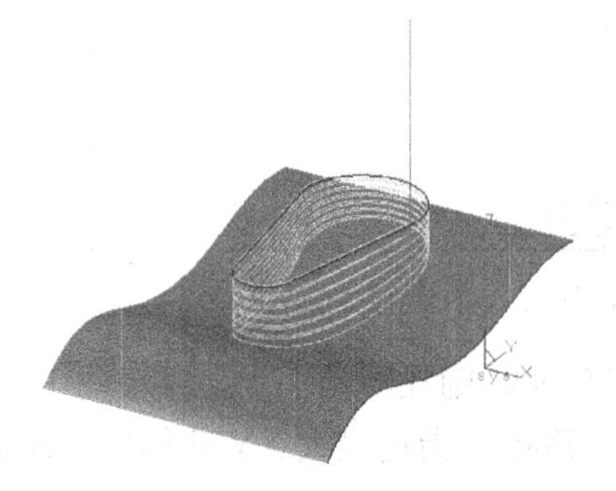

图 5-80　生成曲线式铣槽加工轨迹

5.6.10　等高线精加工

本实例将采用等高线精加工的方法，对图 5-81 所示的模型，在前面粗加工的基础上进行精加工，并生成相应的轨迹。

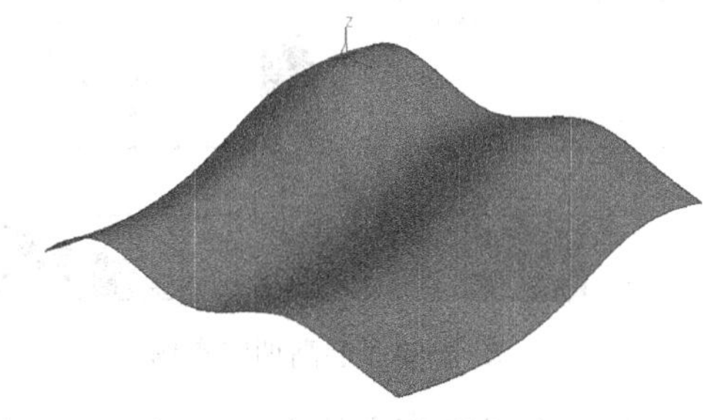

图 5-81　生成曲线铣槽加工轨迹

1）在【轨迹管理】导航栏的空白处单击鼠标右键，在展开的菜单中选择【加工】—【常用加工】—【等高线精加工】，系统弹出【等高线精加工（创建）】对话框，如图 5-82 所示。

其中部分参数的作用效果说明如下：

层高：层高调整，指定调整Z切入，等步距间插入路径。Z等间隔加工，平坦区域和缓斜面生成切割残余。单击【层高设置】按钮后，系统将弹出【层高】对话框，从而详细设置在Z轴方向的切削方式，如图5-83所示。

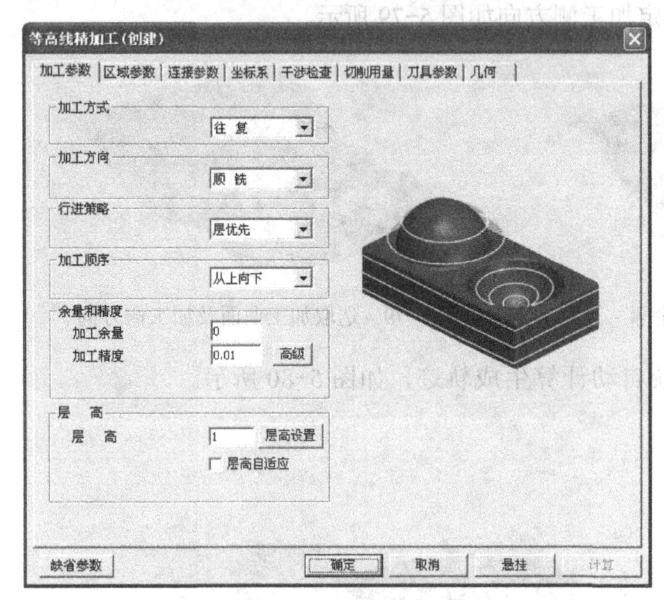

图5-82 【等高线精加工（创建）】对话框

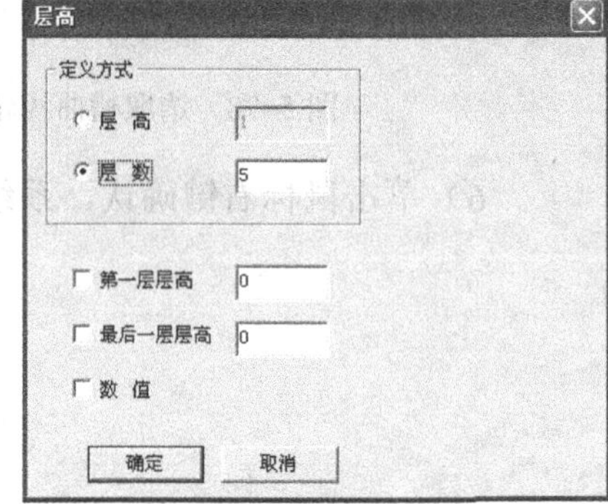

图5-83 【层高】对话框

若复选【层高自适应】项，则在缓斜面上，某段与下一段间特征轮廓变得宽广。限制此宽度的最大量，插入等步距路径，指定最大XY步距水平距离，如图5-84所示。

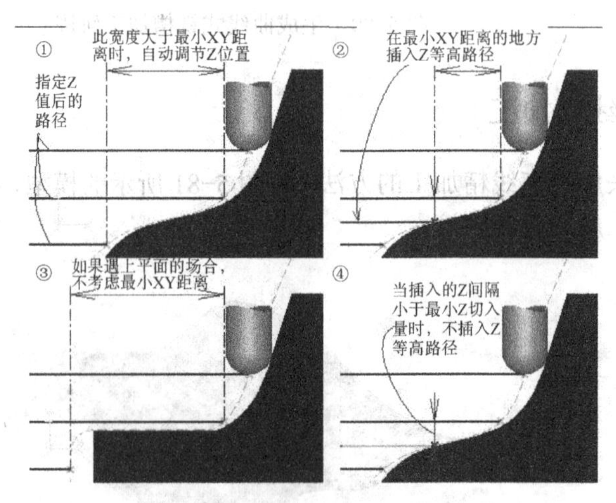

图5-84 层高调整实例图

2）【等高线精加工（创建）】对话框中的许多参数已经在等高线粗加工中介绍过，这里主要介绍【区域参数】选项卡的【坡度范围】选项参数及其作用，如图5-85所示。

斜面角度范围：指定等高线路径输出的角度范围。系统通过限定曲面法向斜角的形式来限定曲面上不同的高度区域，并通过选取【加工区域】项参数来限定加工范围。

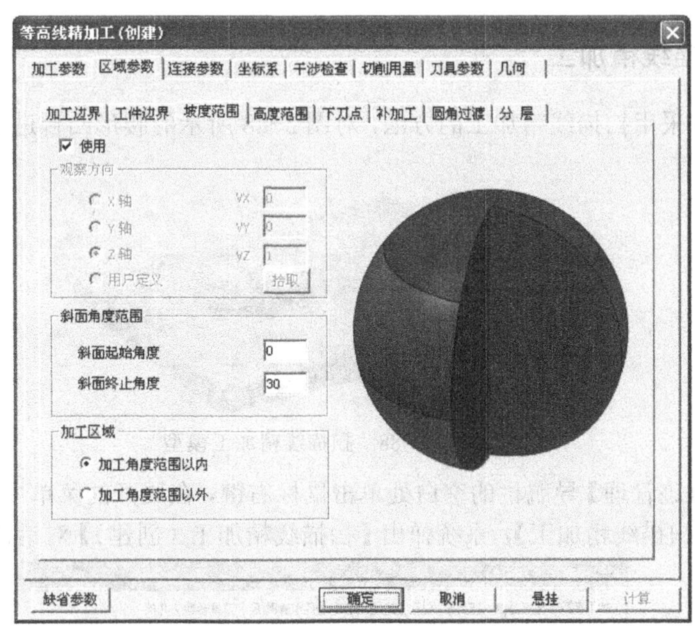

图 5-85 【等高线精加工】对话框的【斜面角度范围】设置参数

3）在【等高线精加工（创建)】对话框的【刀具参数】选项卡中，选择 D8 的球头刀进行精加工。

4）设定好其他参数后，单击【确定】按钮。根据系统状态栏的提示“拾取加工对象”，按空格键，然后在弹出的快捷菜单中选择【W 拾取所有】，或者直接按 W 键，选取所有加工实体，然后单击鼠标右键。

5）根据系统状态栏提示“拾取加工边界”，单击鼠标右键跳过，即默认加工边界。系统自动计算生成加工轨迹，图 5-86 是斜面角度范围为“0° ～30° ”时的加工轨迹，图 5-87 是斜面角度范围为“0° ～20° ”时的加工轨迹。

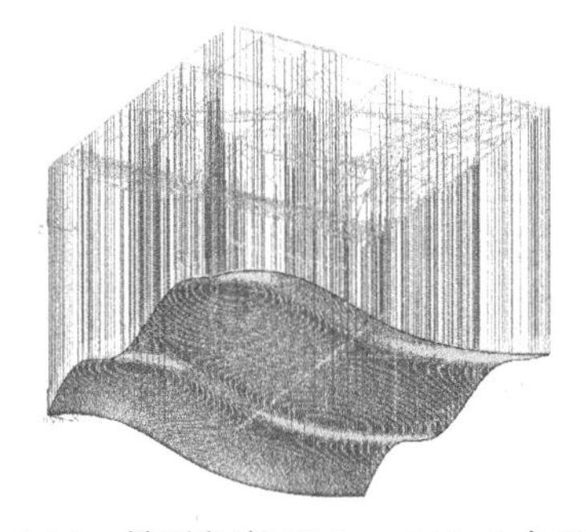

图 5-86　斜面角度“0° ～30° ”加工轨迹

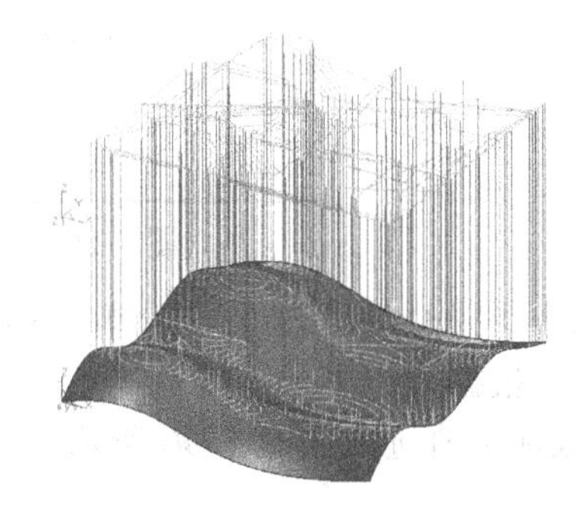

图 5-87　斜面角度“0° ～20° ”加工轨迹

总结：

1）可以对整个零件或零件的局部区域进行等高精加工。

2）可以自动在轨迹尖角拐角处增加圆弧过渡，保证轨迹的光滑，从而使生成的加工轨迹适用于高速加工。

3）等高加工的层高可以根据零件的不同形状进行调整，以达到零件各部位的精度一样，提高加工零件的精度和效率。

5.6.11 扫描线精加工

本实例将采用扫描线精加工的方法，对图 5-88 所示的腰形凸台进行加工，并生成相应的加工轨迹。

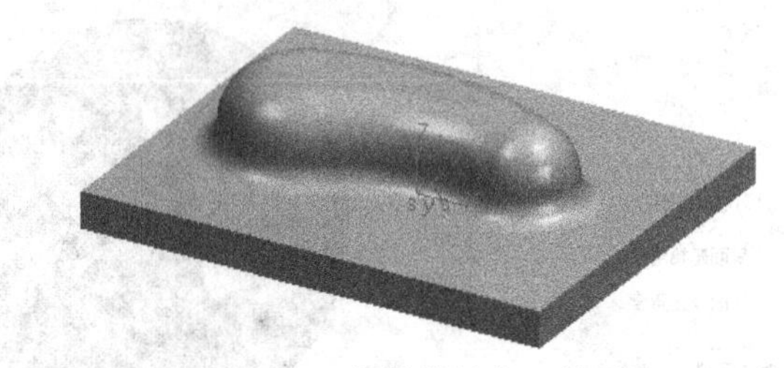

图 5-88 扫描线精加工模型

1）在【轨迹管理】导航栏的空白处单击鼠标右键，在展开的菜单中选择【加工】—【常用加工】—【扫描线精加工】，系统弹出【扫描线精加工（创建）】对话框，如图 5-89 所示。

图 5-89 【扫描线精加工（创建）】对话框

2）选择 D10 的球头刀，单击【确定】按钮。

3）根据系统提示，按 W 键选取整个实体作为加工对象。单击鼠标右键，系统自动计算生成加工轨迹，如图 5-90 所示。

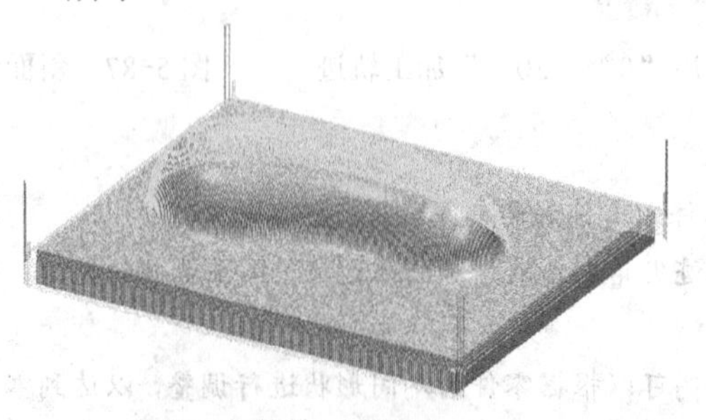

图 5-90 扫描线精加工生成腰形凸台的加工轨迹

总结：

1）针对该功能加工平行于加工方向的竖直面加工效果差的问题，增加了自动识别竖直面并进行补加工的功能，提高了加工效果和效率。

2）可以在轨迹尖角处增加圆弧过渡，保证生成的轨迹光滑，适用于高速加工机床。

5.6.12　平面精加工

本实例将采用平面加工的方法，对图 5-88 所示的腰形凸台模型上平坦部分进行精加工，并生成加工轨迹。

1）打开该实体零件后，在【轨迹管理】导航栏中用参照模型的方式定义毛坯，然后在导航栏的空白处单击鼠标右键，在展开菜单中选择【加工】—【常用加工】—【平面精加工】，系统弹出【平面精加工（创建）】对话框，如图 5-91 所示。

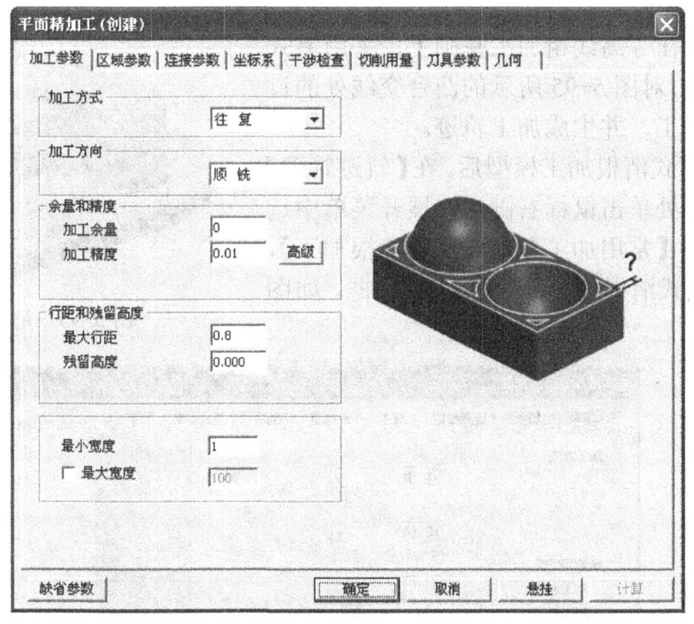

图 5-91 【平面精加工（创建）】对话框

平面精加工命令中，对于平坦区域识别角度可参见图 5-92 理解。

2）在【平面精加工（创建）】对话框的【刀具参数】选项卡中，选取 D10 的球头铣刀，单击【确定】按钮。

3）根据状态栏提示，按下 W 键选取整个模型作为加工曲面，单击鼠标右键确认，系统自动计算并生成的轨迹如图 5-93 所示。

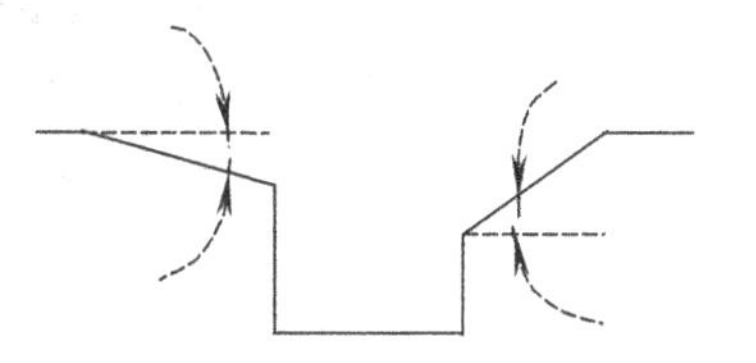

图 5-92　平坦区域识别角度

总结：

本加工方法可以根据设定的加工参数，自动识别零件模型中平坦的区域，并自动针对这些识别出的平坦区域生成精加工轨迹，从而大大提高了零件平坦部分的精加工效率。

以 5.6.2 节的模型为例，采用平面精加工方法生成平坦区域的刀具轨迹，如图 5-94 所示。

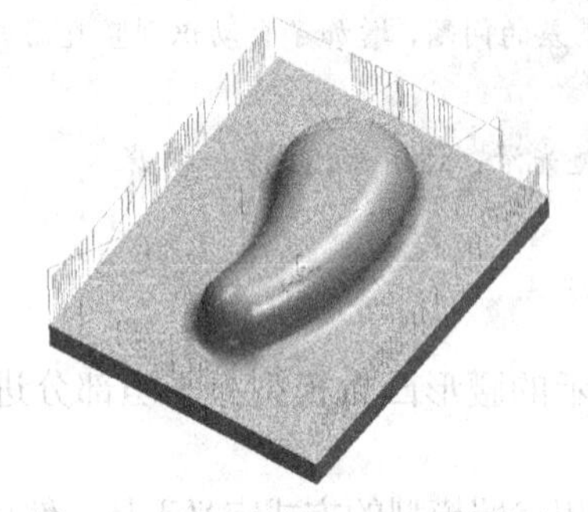

图 5-93　平面精加工生成的轨迹

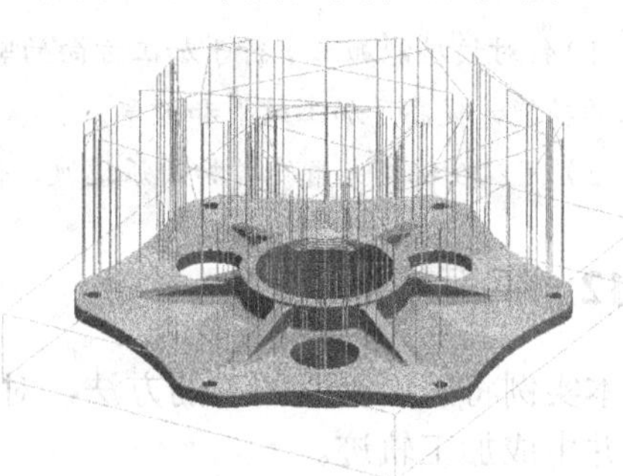

图 5-94　齿轮轴端盖零件的平面精加工轨迹

5.6.13　笔式清根加工

本实例将在等高线粗加工基础上，采用笔式清根加工方法，对图 5-95 所示的凸台交线处的过渡圆角进行加工，并生成加工轨迹。

1）打开笔式清根加工模型后，在【轨迹管理】导航栏的空白处单击鼠标右键，在展开菜单中选择【加工】—【常用加工】—【笔式清根加工】，系统弹出【笔式清根加工（创建）】对话框，如图 5-96 所示。

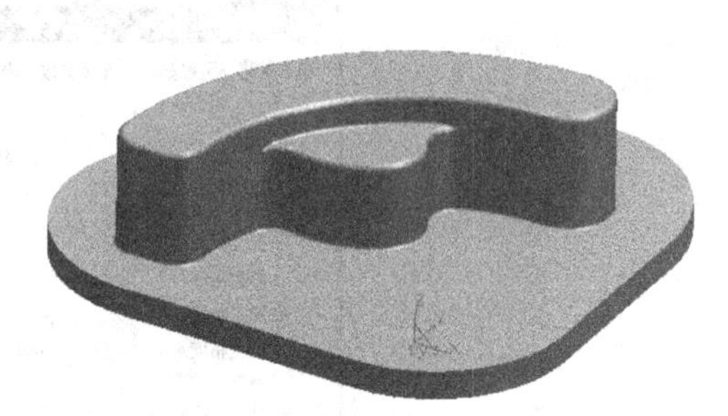

图 5-95　笔式清根加工模型

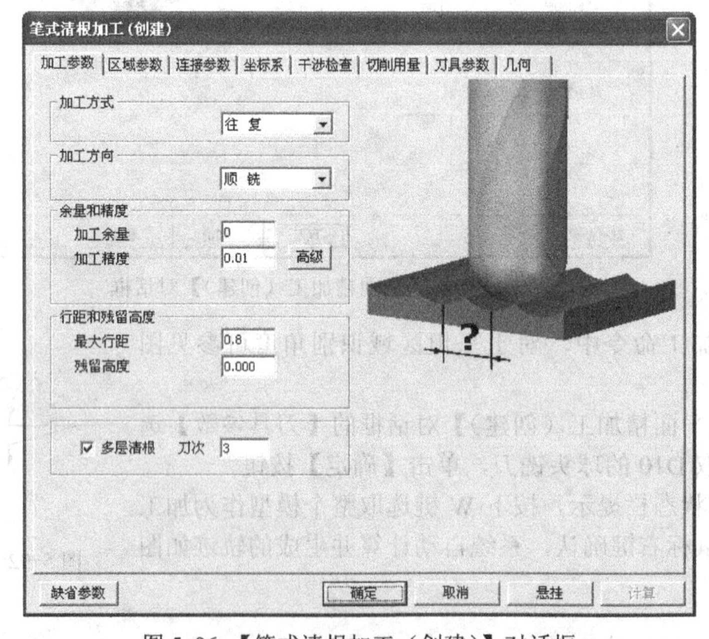

图 5-96　【笔式清根加工（创建）】对话框

多层清根：设定多刀次切削方式，此时系统将自动沿 Z 向和曲面方向生成多层切削刀路。本操作中设置为“3”，即沿 Z 方向和曲面方向都生成 3 次加工道路。

最大行距：切削宽度方向多行切削相邻行间的间隔。

在【笔试清根加工（创建)】对话框的【区域参数】选项卡中选择【坡度范围】选项，设置加工区域的相关参数如图 5-97 所示。

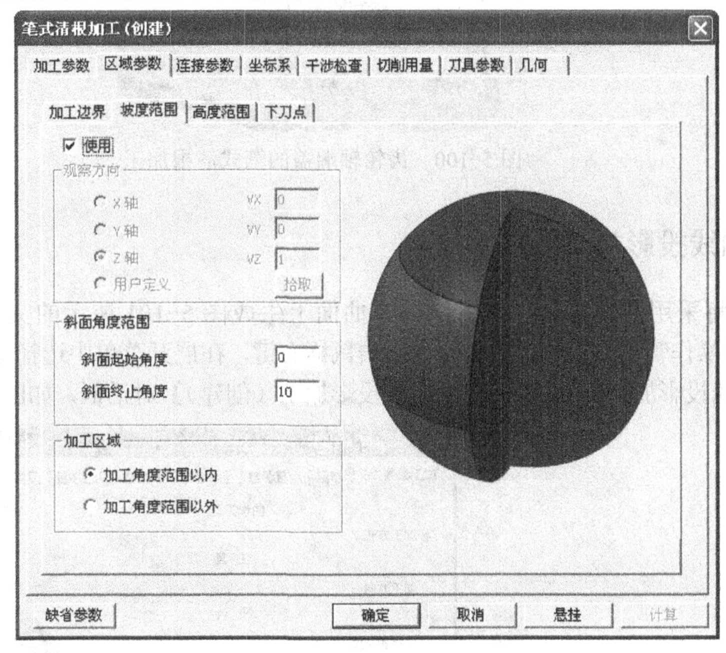

图 5-97 【坡度范围】设置参数

通过设定【斜面角度范围】，并选取【加工区域】限定方式，可以进一步限定笔式清根加工的范围。

2）在【刀具参数】选项卡中，定义 D6 的圆角铣刀，圆角半径为 1。参数设置完毕后单击【确定】按钮。

3）根据系统状态栏提示，用鼠标选取已完成粗加工的对象，单击鼠标右键跳过其他参数设置。系统自动计算生成加工轨迹，如图 5-98 所示。笔式清根加工轨迹放大效果如图 5-99 所示。

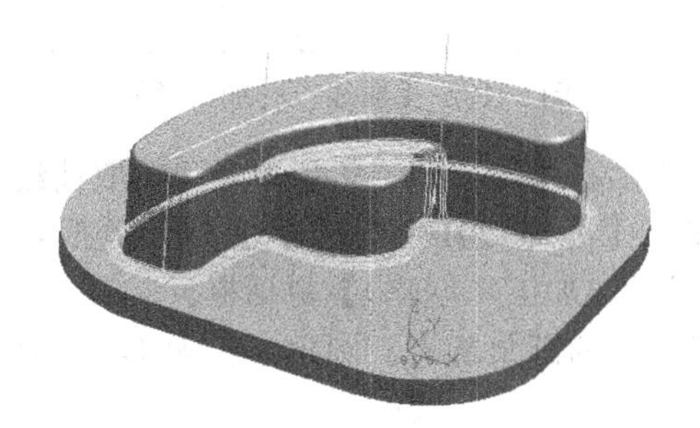

图 5-98　笔式清根加工轨迹

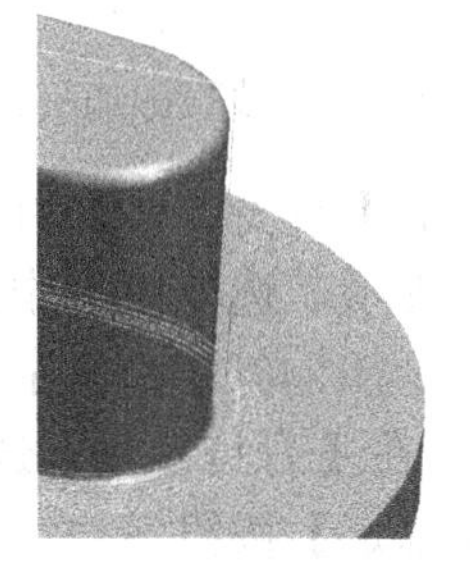

图 5-99　笔式清根加工轨迹放大效果

总结：

笔式清根加工可以生成角落部分的刀具轨迹。

图 5-100 展示了采用笔式清根加工方法对齿轮轴端盖的边线进行加工的效果。

图 5-100　齿轮轴端盖的笔式清根加工

5.6.14　曲线投影加工

本实例将采用曲线投影加工方法，在曲面上生成图 5-101 所示的文字加工轨迹。

1）在【操作管理】导航栏的空白处单击鼠标右键，在展开菜单中选择【加工】—【常用加工】—【曲线投影加工】，系统弹出【曲线投影加工（创建）】对话框，如图 5-102 所示。

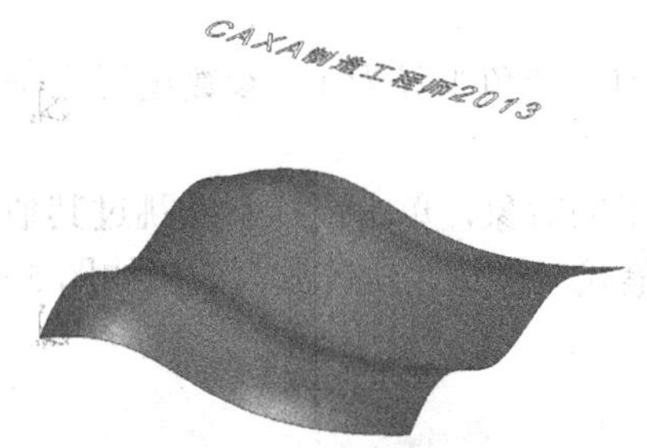

图 5-101　曲线投影加工模型

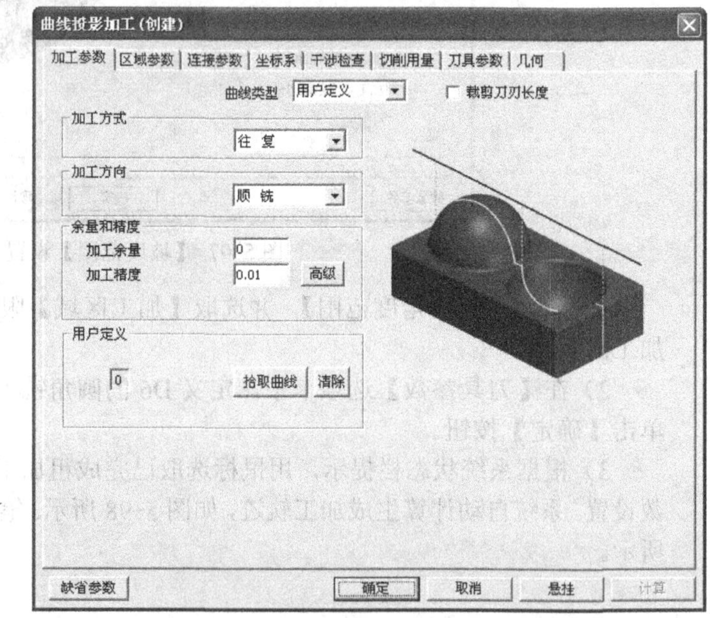

图 5-102　【曲线投影加工（创建）】对话框

选取【曲线类型】为【用户定义】，然后在【用户定义】栏单击【拾取曲线】按钮，根据系统提示，选取模型中的“CAXA 制造工程师 2013”文字，并确定链搜索方向，如图 5-103 所示。单击鼠标右键返回到【曲线投影加工（创建）】对话框。

2）在【刀具参数】选项卡中，定义 D4 的圆角铣刀，圆角半径为 1。参数设置完毕后单击【确定】按钮。

3）根据系统状态栏提示，用鼠标选取模型中的曲面，单击鼠标右键跳过其他参数设置。系统自动计算生成加工轨迹，如图 5-104 所示。

总结：

曲线投影精加工与曲线式铣槽加工类似，但曲线投影精加工中的曲线必须是平面内的曲线。

图 5-103 选取待加工文字曲线并确定链搜索方向

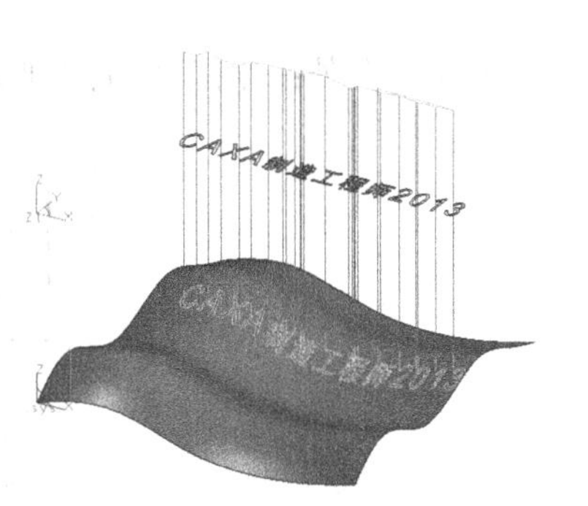

图 5-104　曲线投影加工

5.6.15　三维偏置加工

本实例将采用三维偏置加工方法，生成图 5-105 所示的凹腔模型加工轨迹。

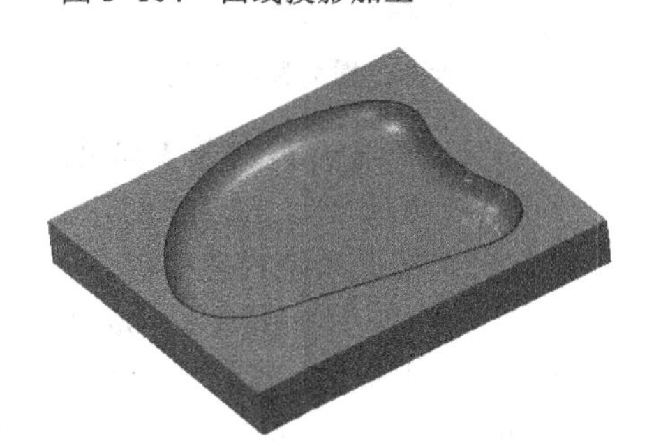

图 5-105　三维偏置加工模型

1）打开模型文件后，在【轨迹管理】导航栏中采用参照模型的方法定义毛坯，然后在空白处单击鼠标右键，在展开菜单中选择【加工】—【常用加工】—【三维偏置加工】，系统弹出【三维偏置加工（创建）】对话框，如图 5-106 所示。

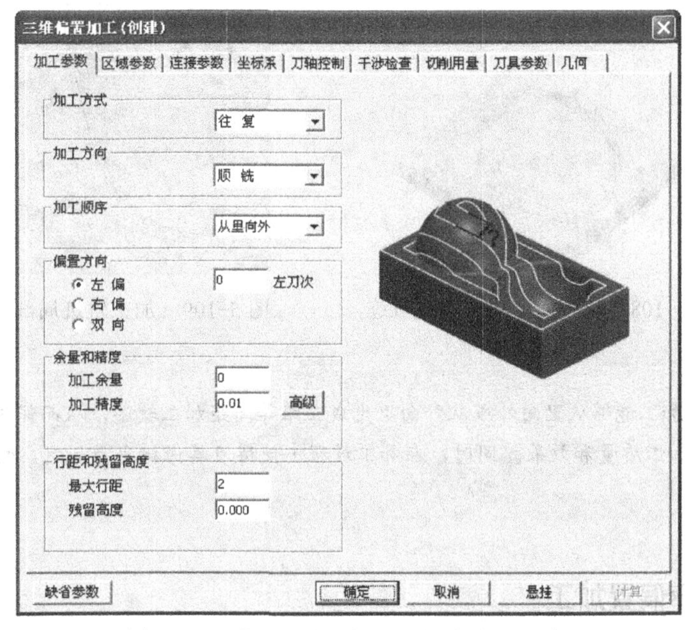

图 5-106 【三维偏置加工（创建）】对话框

部分参数的设置说明如下：

加工顺序：定义加工轨迹轮廓生成方式，有标准、从里向外、从外向里、从上向下、从下向上等 5 种。本例选择从里向外。

a）从外向里：生成从加工边界到内侧收缩型的加工轨迹，如图 5-107a 所示。

b）从里向外：生成从内侧到加工边界扩展型的加工轨迹，如图5-107b所示。

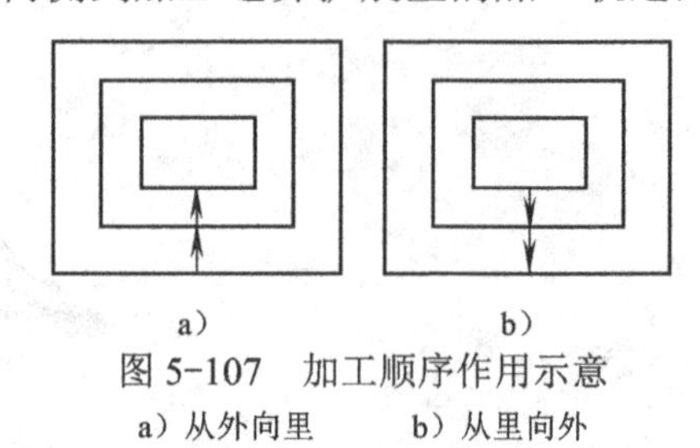

a）　　b）

图5-107　加工顺序作用示意

a）从外向里　　b）从里向外

注意：

加工范围的幅度不能用“行距”来分割，否则不能生成最终加工轨迹。

2）在【刀具参数】选项卡中选取D8的球头刀，如果默认刀具库中没有该刀具，可以参照前面定义方法创建。参数设置完后单击【确定】按钮。

3）根据系统状态栏提示，选取加工对象。单击鼠标右键后，系统自动计算生成加工轨迹，如图5-108和图5-109所示。

从图5-108和图5-109中可以看出，三维偏置加工从XOY平面投影方向看，刀具轨迹的行距是均匀的，且在Z方向的层降也是均匀的。这是三维偏置加工的突出特点。相比较而言，等高线加工只在同一层高的行距是均匀的。

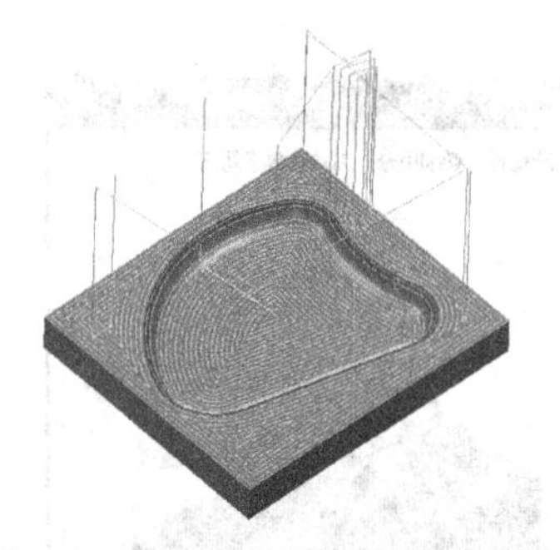

图5-108　三维偏置加工生成轨迹

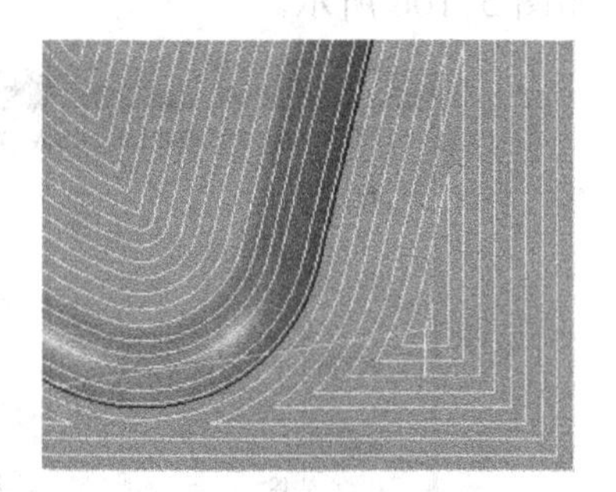

图5-109　加工轨迹局部放大效果

总结：

三维偏置加工能够从里向外或从外向里生成三维等间距加工轨迹，从而保证加工结果有相同的残留高度，提高加工质量和效果。同时，在加工过程中使得刀具保持负荷恒定，特别适合在高速机床上进行精加工。

5.6.16　轮廓偏置加工

本实例将采用轮廓偏置加工方法，生成图5-110所示的凸台模型加工轨迹。

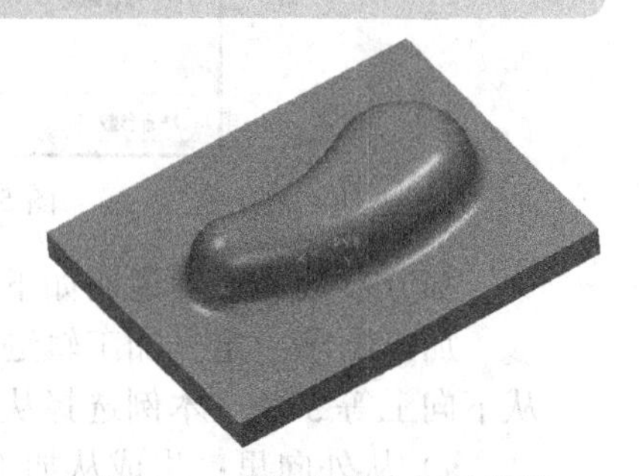

图5-110　轮廓偏置加工模型

1）打开模型文件后，在【轨迹管理】导航栏中采用参照模型的方法定义毛坯，然后在空白处单击鼠标右键，在展开菜单中选择【加工】—【常用加工】—【轮廓偏置加工】，系统弹出【轮廓偏置加工（创建）】对话框，如图 5-111 所示。

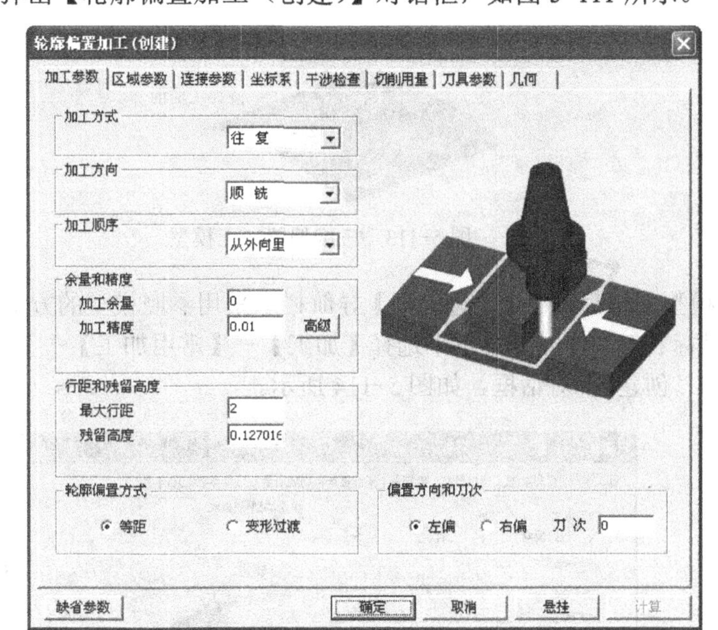

图 5-111 【轮廓偏置加工（创建）】对话框

2）在【轮廓偏置加工（创建）】对话框中选择【加工方向】为【从外到里】，设置【最大行距】为“2”。

3）在【刀具参数】选项卡中选择 D10 的球头刀，如果默认刀具库中没有该刀具，可以参照前面定义方法创建。参数设置完后单击【确定】按钮。

4）根据系统状态栏提示，选取加工对象。单击鼠标右键后，系统自动计算生成加工轨迹，如图 5-112 所示。

从图 5-112 中可以看出，轮廓偏置加工轨迹以轮廓形状为依据而生成，保证沿轮廓表面方向的刀具轨迹行距相等，由此保证轮廓形状的加工精度。

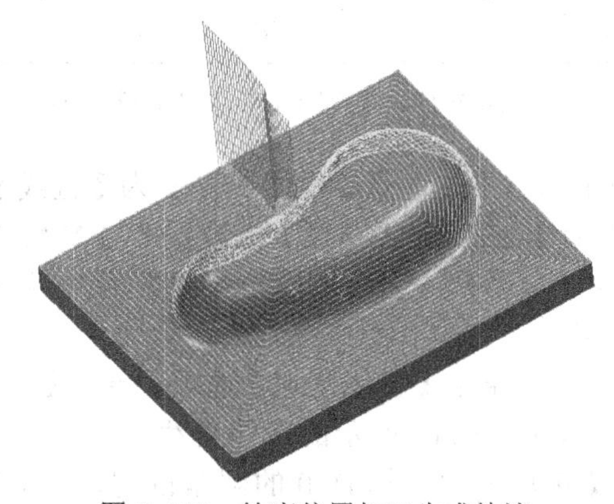

图 5-112　轮廓偏置加工生成轨迹

5.6.17　投影加工

本实例将采用投影加工方法，生成图 5-113 所示的曲面模型加工轨迹。

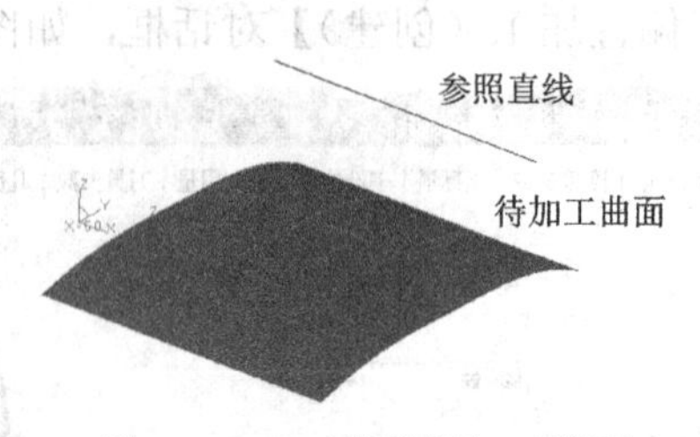

图 5-113　三维偏置加工模型

1）打开模型文件后，在【轨迹管理】导航栏中采用参照模型的方法定义毛坯，然后在空白处单击鼠标右键，在展开菜单中选择【加工】—【常用加工】—【投影加工】，系统弹出【投影加工（创建）】对话框，如图 5-114 所示。

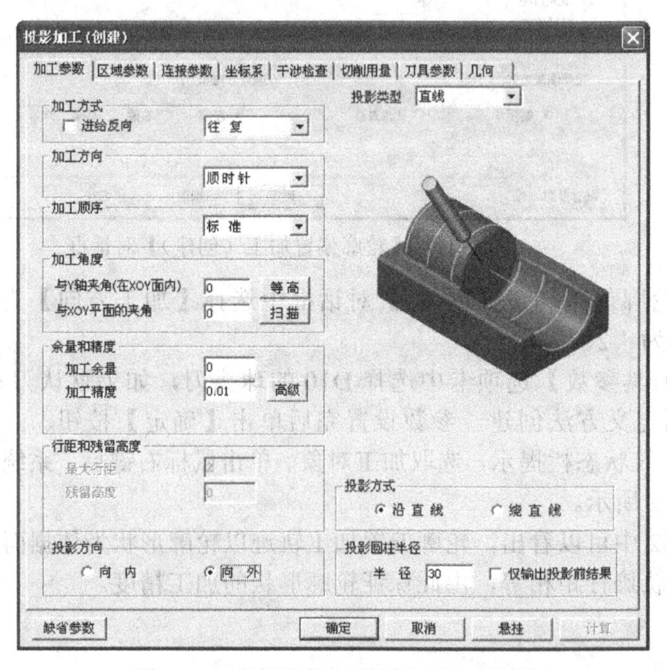

图 5-114　【投影加工（创建）】对话框

2）在【加工参数】选项卡，选择【投影类型】为【直线】、【加工方式】为【往复】、【加工方向】为【顺时针】，在【加工角度】栏设置【与 Y 轴夹角在 XOY 面内】为“0”、【与 XOY 平面的夹角】为“0”，选取【投影方式】为“沿直线”、【投影方向】为【向外】，其他参数取默认值。

3）在【区域参数】选项卡的【直线区域】选项，单击【拾取直线】按钮，如图 5-115 所示，然后在绘图区选取图 5-113 所示的参照直线。

4）在【刀具参数】选项卡中选择 D10 的圆角铣刀，如果默认刀具库中没有该刀具，可以参照前面定义方法创建。

5）参数设置完后单击【确定】按钮。根据系统状态栏提示，选取图 5-113 所示的待加工曲面为加工曲面对象。单击鼠标右键后，系统自动计算生成加工轨迹，如图 5-116 所示。

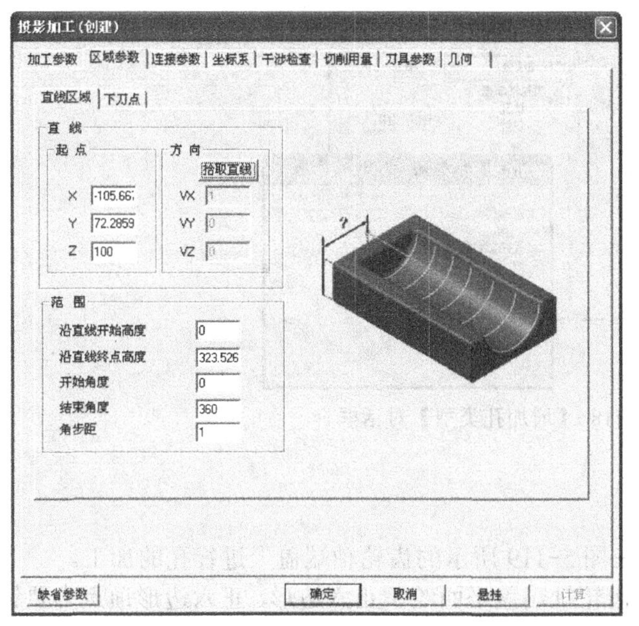

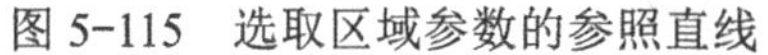
图 5-115　选取区域参数的参照直线

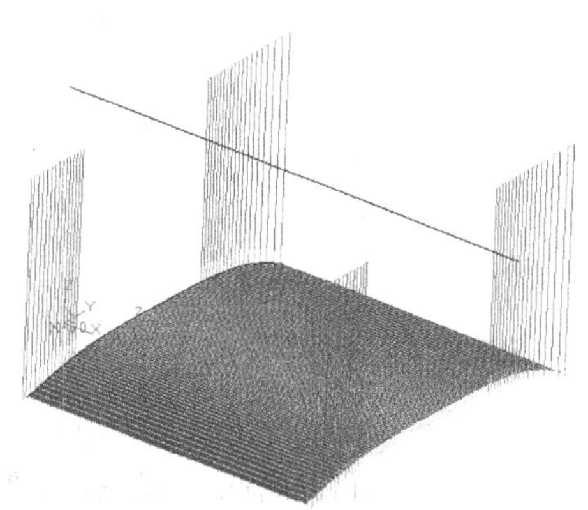
图 5-116　生成投影加工刀具轨迹

5.7　其他加工

5.7.1　工艺钻孔设置

在【轨迹管理】导航栏的空白处单击鼠标右键，在展开的菜单中选择【加工】—【其他加工】—【工艺钻孔设置】，系统弹出【工艺钻孔设置】对话框，如图 5-117 所示。

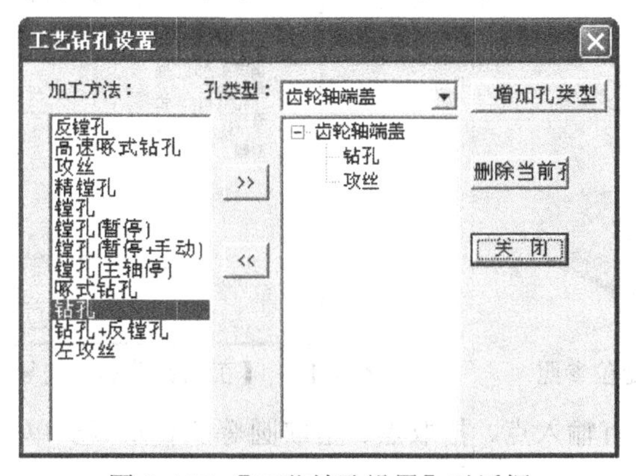

图 5-117 【工艺钻孔设置】对话框

在【孔类型】的下拉列表中有【普通孔】项，其下方的列表框中显示了该类型孔工艺中包含的加工方法。用户可根据加工需要，通过增减的方式将“加工方法”移动到所需要的孔类型中，建立一个完整的加工工艺。

如果要增加系统中没有的孔类型，单击【增加孔类型】按钮，系统弹出【增加孔类型】对话框，如图 5-118 所示。在该对话框中输入要创建的孔类型名称；如果要删除孔类型，则选定不需要的孔类型后，再单击【删除当前孔】按钮即可。

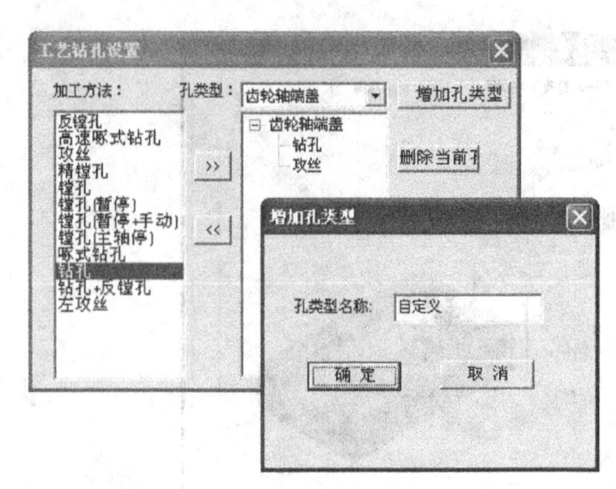

图 5-118 【增加孔类型】对话框

5.7.2 工艺钻孔加工

本实例以圆心作为孔的中心，在图 5-119 所示的齿轮轴端盖上进行孔的加工。

1）打开齿轮轴端盖模型，并在齿轮轴端盖平面绘制正六边形，正六边形顶点为要钻孔的中心，在正六边形顶点处添加点作为孔定位参照。

2）在【轨迹管理】导航栏中定义好毛坯。

3）在【轨迹管理】导航栏的空白处单击鼠标右键，在展开菜单中选择【加工】—【其他加工】—【工艺钻孔加工】，系统弹出【工艺钻孔加工向导 步骤 1/4 定位方式】对话框，如图 5-120 所示。

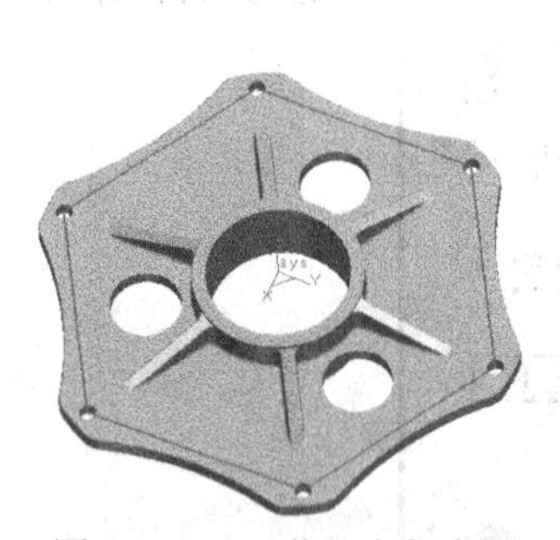

图 5-119 工艺孔定位参照

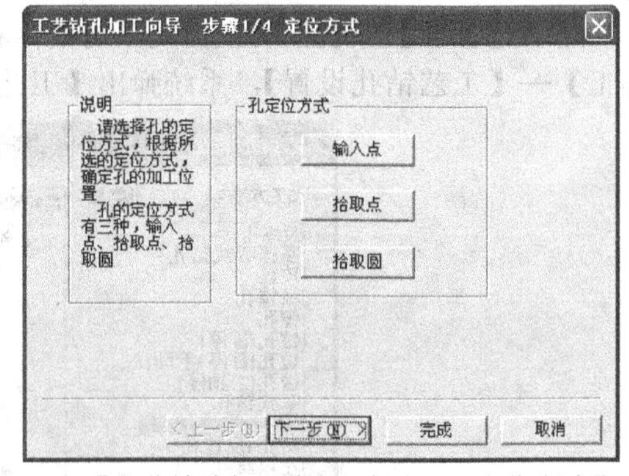

图 5-120 【工艺钻孔加工向导 步骤 1/4 定位方式】对话框

4）孔定位方式有输入点、拾取点、拾取圆等三种形式。单击【拾取点】按钮，系统自动返回原界面。

5）根据系统状态栏提示，用鼠标选取图 5-119 绘制正六边形顶点处的点，单击鼠标右键确认，系统自动返回图 5-120 所示对话框。单击【下一步】按钮，进入的界面如图 5-121 所示。

6）路径优化的方式有缺省情况、最短路径、规则情况三种。默认选择【缺省情况】方式的路径优化。单击【下一步】按钮，进入的界面如图 5-122 所示。

7）在列表框中选择一个定义好的【自定义】工艺来加工孔，如图 5-123 所示。单击【下一步】按钮，可以看到该孔的加工工艺流程，如图 5-124 左图所示。

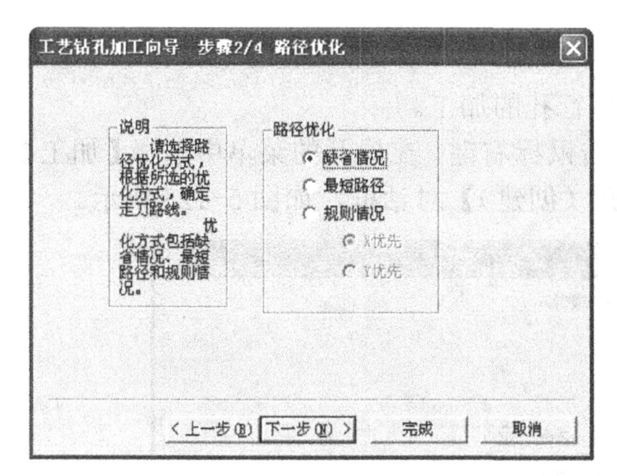

图 5-121 【工艺钻孔加工向导 步骤 2/4 路径优化】对话框

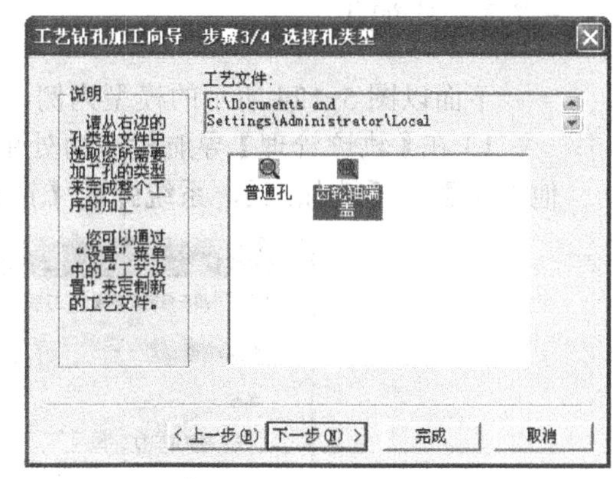

图 5-122　选择孔类型

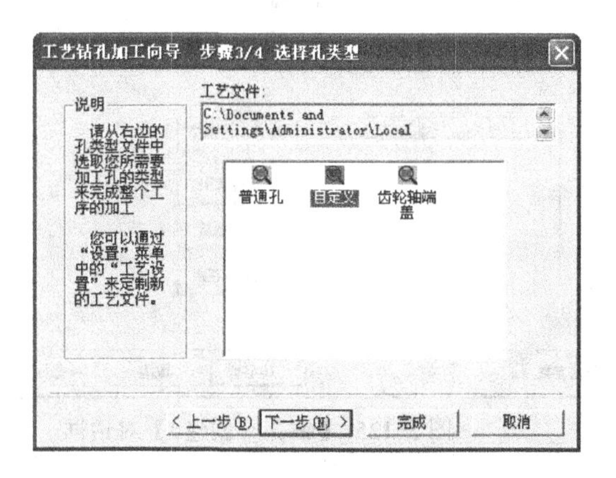

图 5-123　设定孔工艺流程

8）单击【完成】按钮，生成的轨迹如图 5-124 右图所示。

如图 5-124 左图所示，在【轨迹管理】导航栏中，因为定义好的【自定义】工艺流程包含了【钻孔】和【攻丝】，所以刀具轨迹下即生成了两个相应的加工轨迹。

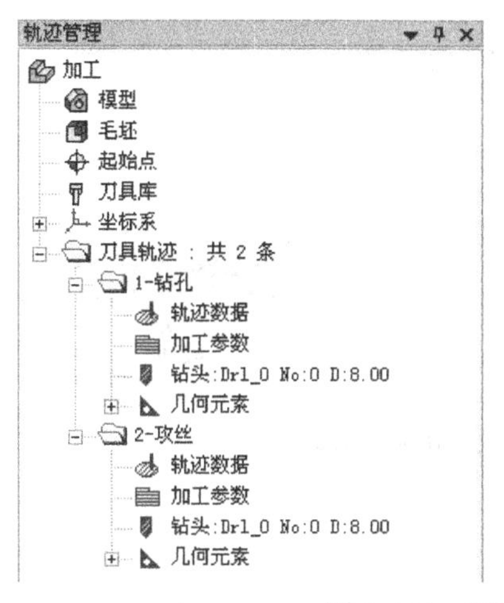

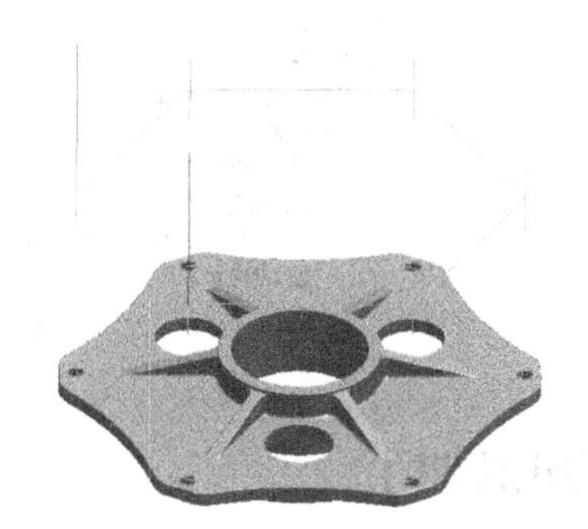

图 5-124　工艺孔加工轨迹

5.7.3 孔加工

下面以图 5-124 所示的模型为例，进行孔的加工。

1）在【轨迹管理】导航栏空白处单击鼠标右键，在展开的菜单中选择【加工】—【其他加工】—【孔加工】，系统弹出【钻孔（创建）】对话框，如图 5-125 所示。

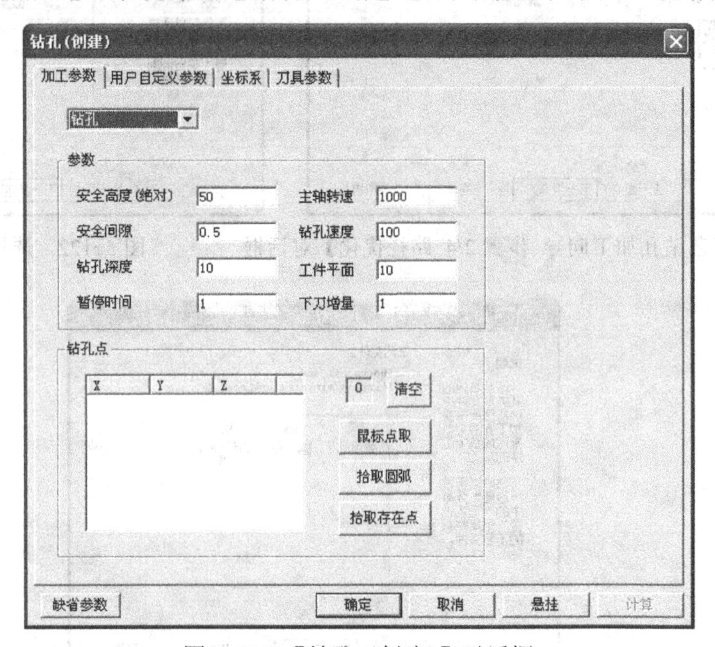

图 5-125 【钻孔（创建）】对话框

2）默认对话框中的各项参数，单击【确定】按钮。

3）根据系统提示选取点，按下空格键，在弹出的快捷菜单中选择圆心，然后用鼠标选取两个参照圆，单击鼠标右键确认，系统自动计算生成加工轨迹，如图 5-126 所示。

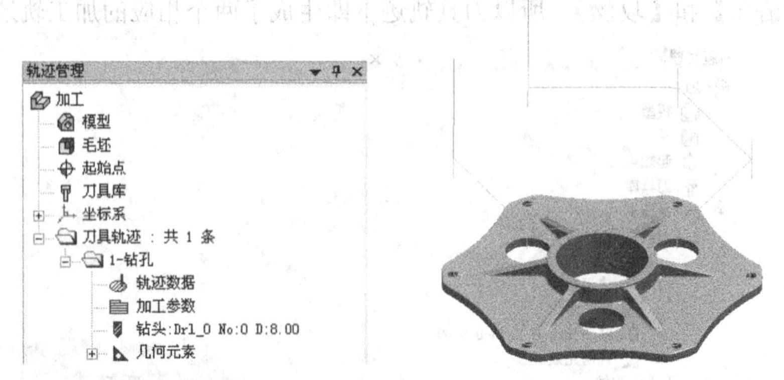

图 5-126 孔加工轨迹

5.8 知识加工

知识加工有生成模板和应用模板两种功能，作用介绍如下：

（1）生成模板　用于记录使用者已经成熟或定型的加工流程，在模板文件中记录加工流程的各个工步的加工参数。它可将某类零件的加工步骤、使用刀具、工艺参数等加工条件保存为规范化的模板，形成企业的标准工艺知识库。

（2）应用模板　用于打开一个模板文件，系统读取文件数据并在轨迹树中生成相应的轨迹项。类似零件的加工即可通过调用【知识加工】模板来进行，以保证同类零件加工的一致性和规范化。随着企业各种加工工艺信息的数据积累，实现加工顺序的标准化。

注意：

应用模板后，系统新生成轨迹项的几何要素默认为当前 MXE 文件的加工模型。系统新生成的轨迹项没有轨迹数据，即轨迹需要重新生成。

5.9　轨迹仿真

CAXA 制造工程师 2013 的轨迹仿真功能可以模拟刀具沿轨迹进给，实现对毛坯切削的动态图像显示。这个仿真过程是通过 CAXA 制造工程师 2013 自带的轨迹仿真器来实现的。在【轨迹管理】导航栏中，选中要进行仿真的加工轨迹，然后在要进行仿真的刀具轨迹上单击鼠标右键，在弹出的快捷菜单中选择【实体仿真】，即可进入轨迹仿真器进行仿真，如图 5-127 所示。

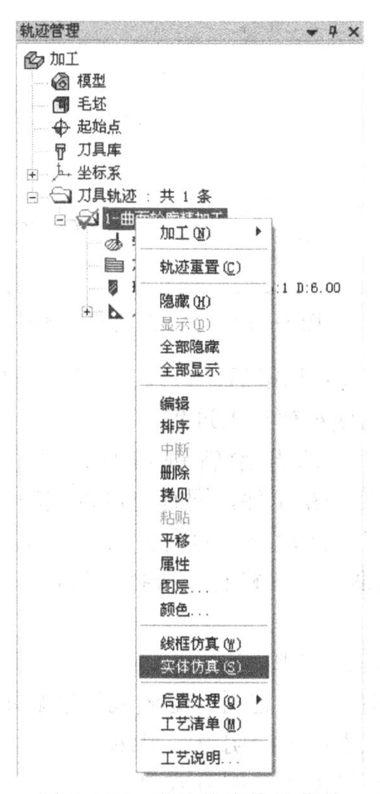

图 5-127　实体仿真快捷菜单

轨迹仿真是轨迹验证模块，可对加工过程进行模拟仿真。在仿真过程中：

1）可以随意放大、缩小、旋转视图窗口，便于观察加工细节。

2）能显示多道加工轨迹的加工结果。

3）可以调节仿真速度。

4）可以检查刀柄干涉、快速移动过程（G00）中的干涉、刀具无切削刃部分的干涉。

5）可以把切削仿真结果与零件理论形状进行比较，切削残余量用不同的颜色区分表示。

下面以曲面轮廓精加工为例，介绍轨迹仿真模块。

1）打开已经生成加工轨迹的曲面轮廓精加工模型后，在【轨迹管理】导航栏中要进行仿真的轨迹上单击鼠标右键，在弹出的快捷菜单中选择【实体仿真】，即可打开 CAXA 轨迹仿真对话框，如图 5-128 所示。

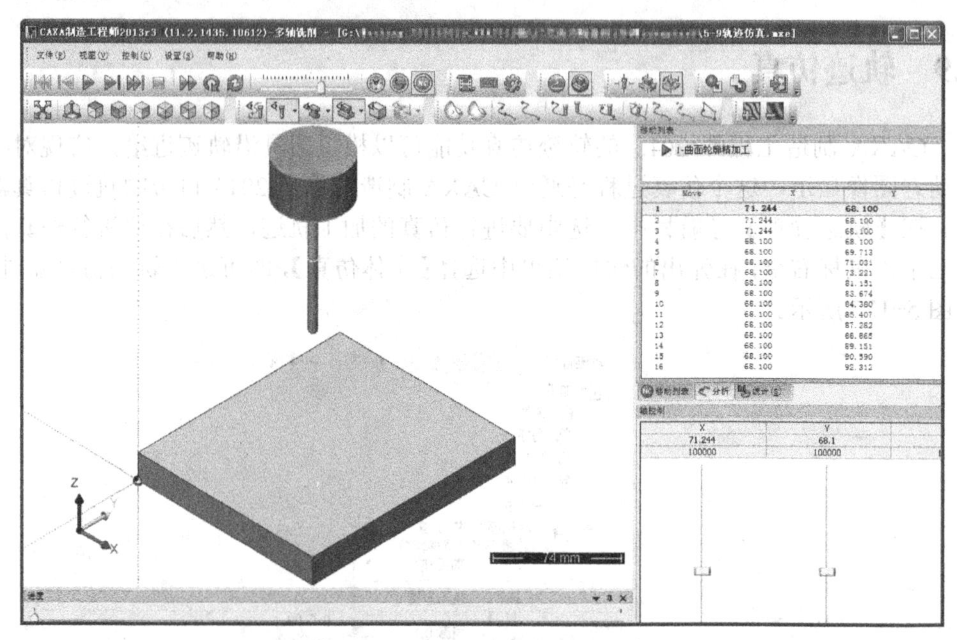

图 5-128　CAXA 轨迹仿真对话框

2）进入 CAXA 轨迹仿真对话框后，可以工具栏中的【视图工具】来调整工件的位置和视角，以便观察加工过程。

3）单击播放按钮，即开始轨迹仿真。在仿真过程中亦可通过视图工具从不同角度观察工件，同时也可以拖动滑块控制加工仿真的速度、状态，还可对轨迹加以干涉检查，如图 5-129 所示。

CAXA 轨迹仿真对话框的工具栏有一排控制按钮，各按钮的功能说明如下：

a）：控制刀具轨迹显示与隐藏。

b）：控制刀具以渲染、半透明、隐藏或线框显示方式显示。

c）：控制模型以渲染或半透明方式显示。

d）：控制毛坯以渲染或半透明方式显示。

e）：控制初始毛坯的显示或隐藏。

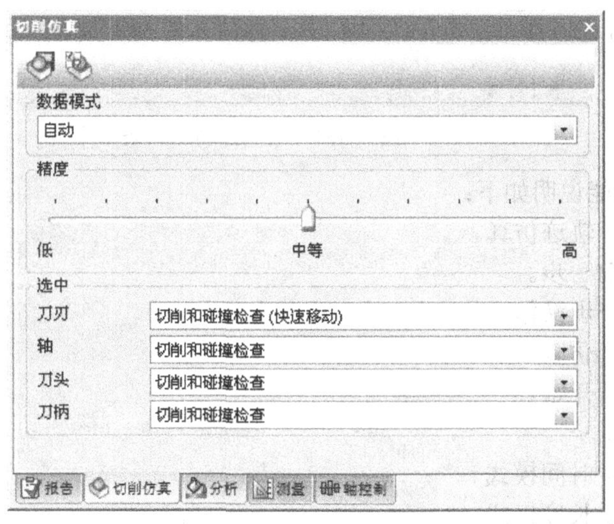

图 5-129　控制干涉检察方式

选取显示刀具轨迹后，在工具条中可以定义刀具轨迹的具体显示方式：

a)：以刀具中心为参照显示刀具轨迹。

b)：以刀尖中心为参照显示刀具轨迹。

c)：显示所有操作。

d)：显示当前操作。

e)：跟随方式显示刀具轨迹。

f)：跟踪方式显示刀具轨迹。

g)：分段方式显示刀具轨迹。

h)：显示刀具轨迹的同时显示刀轴矢量。

i)：显示刀具轨迹的同时显示刀位点。

j)：显示刀具轨迹的导引部分。

k)：显示刀具轨迹的连接部分。

在【分析】窗口中，用户可以分析加工后的模型与三维模型的偏差，该偏差以颜色方式显示，如图 5-130 所示。

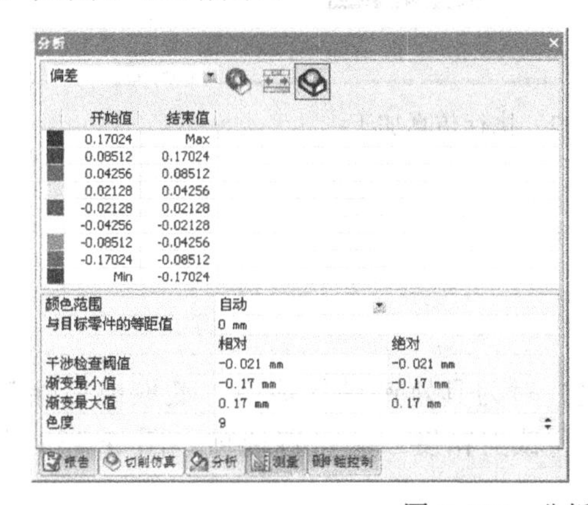

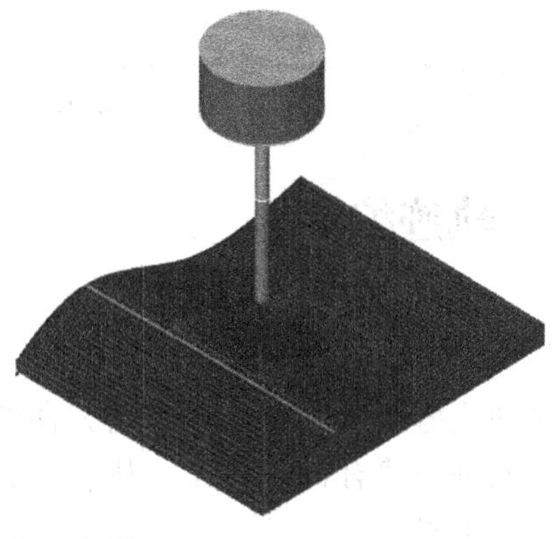

图 5-130　分析加工偏差

在 CAXA 轨迹仿真对话框的工具栏中，有仿真控制工具条，如图 5-131 所示。

图 5-131　仿真控制工具条

部分按钮功能说明如下：

a) ：运行轨迹仿真。
b) ：向前一步。
c) ：下一步操作。
d) ：停止仿真。
e) ：重新开始。
f) ：循环。
g) ：基于时间模式。
h) ：基于长度模式。
i) ：基于 NC 模式。

单击 按钮，执行仿真加工，结果如图 5-132 所示。

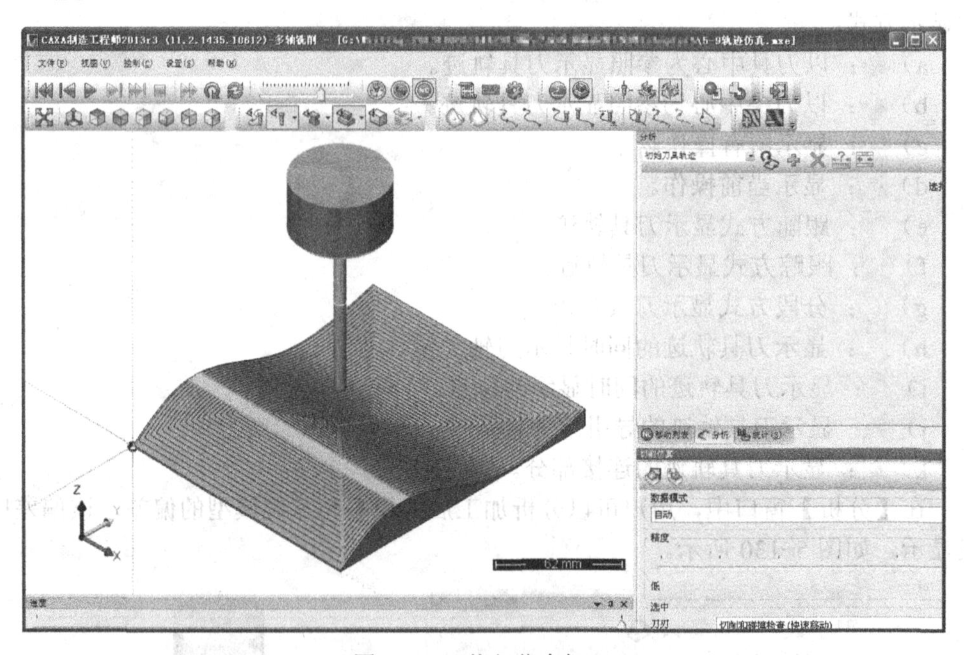

图 5-132　执行仿真加工

5.10　轨迹编辑

5.10.1　轨迹裁剪

轨迹裁剪即用曲线（称为剪刀曲线）对刀具轨迹进行裁剪，截取或去除其中一部分轨迹。轨迹裁剪有裁剪边界、裁剪平面和裁剪精度三个设置选项。图 5-133 为【轨迹裁剪】立即菜单。

裁剪边界形式有在曲线上、不过曲线、超过曲线三种。可根据加工需要，选择合理的裁剪边界形式，如图 5-134 所示。

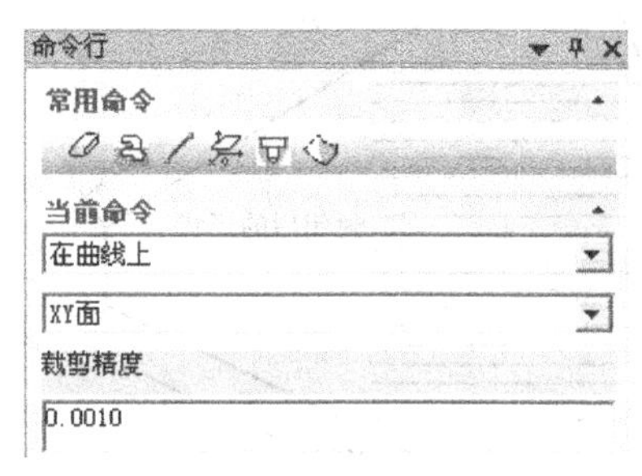

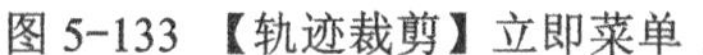

图 5-133 【轨迹裁剪】立即菜单

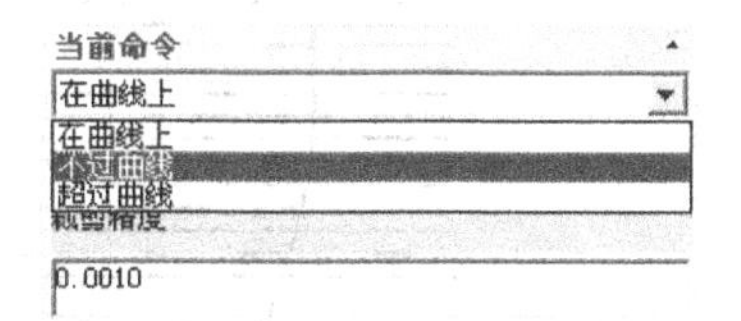

图 5-134 裁剪边界的三种形式

（1）在曲线上　轨迹裁剪后，临界刀位点在剪刀曲线上。

（2）不过曲线　轨迹裁剪后，临界刀位点未到剪刀曲线，投影距离为一个刀具半径。

（3）超过曲线　轨迹裁剪后，临界刀位点超过裁剪线，投影距离为一个刀具半径。

以上三种裁剪边界方式示例如图 5-135 所示。

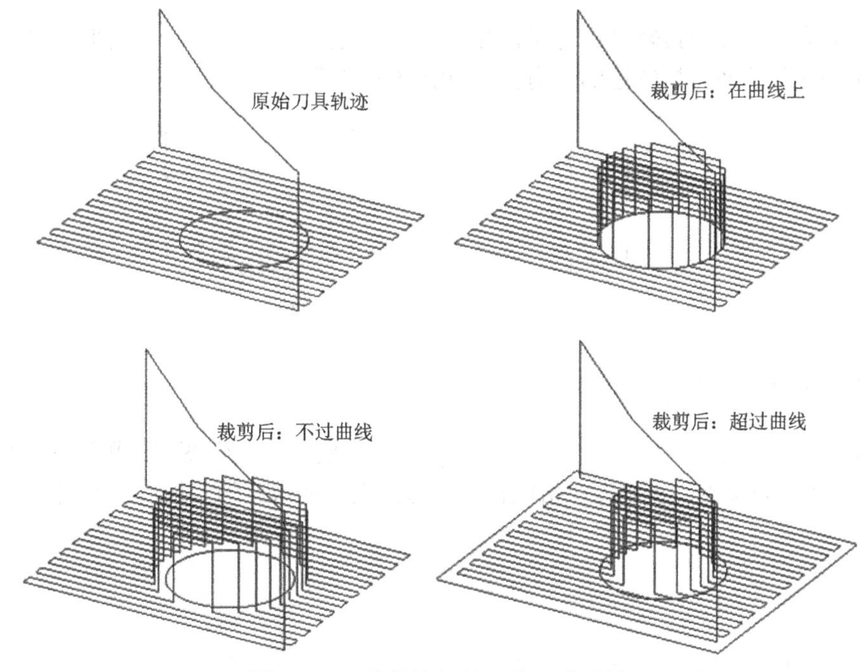

图 5-135 裁剪边界的三种形式示例

剪刀曲线可以是封闭的，也可以是不封闭的。对于不封闭的剪刀曲线，系统自动将其卷成封闭曲线。卷动的原则是沿不封闭的曲线两端切矢各延长 100 单位，再沿裁剪方向垂直延长 1000 单位，然后将其封闭，如图 5-136 所示。

裁剪平面是指坐标面内当前坐标系的 XY、YZ、ZX 面。单击立即菜单可以选择在哪个面上裁剪。

裁剪精度在命令窗口的立即菜单中设定，表示当剪刀曲线为圆弧和样条时，用此裁剪精度离散该剪刀曲线。

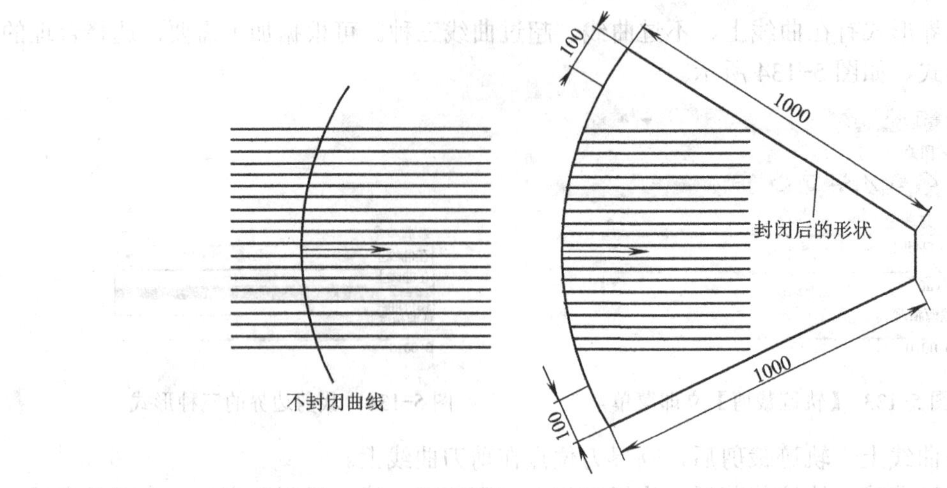

图 5-136　剪刀曲线

5.10.2　轨迹反向

轨迹反向即对刀具轨迹进行反向处理。根据系统状态栏提示，拾取刀具轨迹后，刀具轨迹的方向为原来刀具轨迹的反方向，如图 5-137 所示。

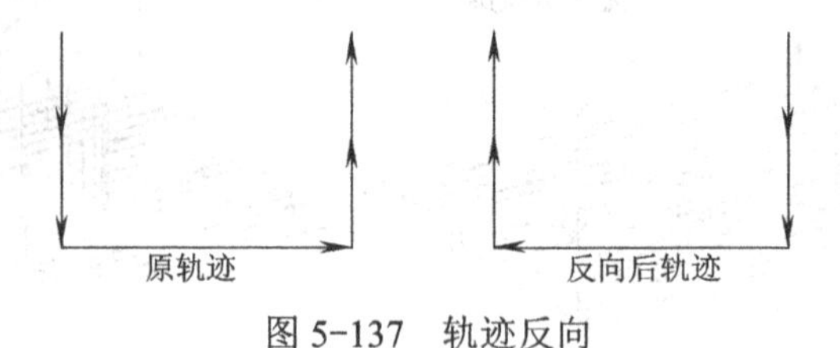

图 5-137　轨迹反向

5.10.3　插入刀位点

插入刀位点是在刀具轨迹上插入一个刀位点，使轨迹发生变化。可以在拾取轨迹的刀位点前插入新的刀位点，也可以在拾取轨迹的刀位点后插入新的刀位点，如图 5-138 所示。

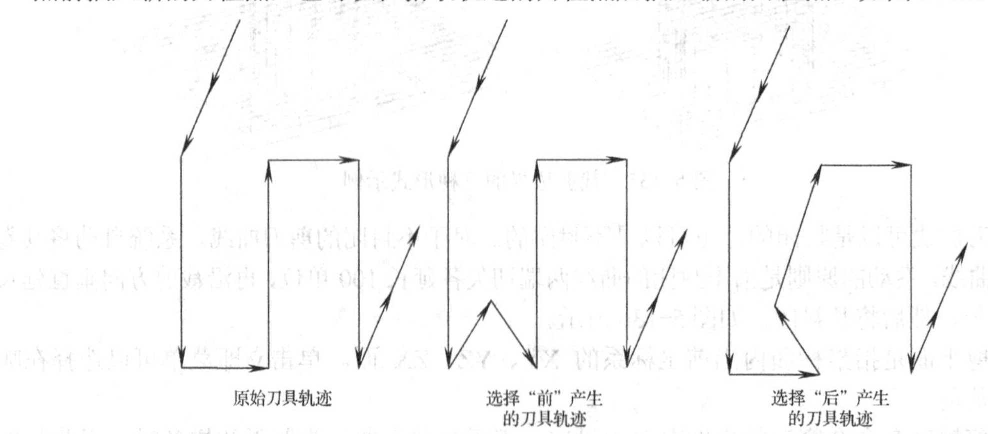

图 5-138　插入刀位点

5.10.4　删除刀位点

删除刀位点即把所选的刀位点删除，并改动相应的刀具轨迹。删除刀位点后改动刀具轨迹有两种选择，一种是抬刀；另一种是直接连接，如图 5-139 所示。

（1）抬刀　在删除刀位点后，删除和此刀位点相连的刀具轨迹。刀具轨迹在此刀位点的上一个刀位点切出，并在此刀位点的下一个刀位点切入。

（2）直接连接　在删除刀位点后，刀具轨迹将直接连接此刀位点的上一个刀位点和下一个刀位点。

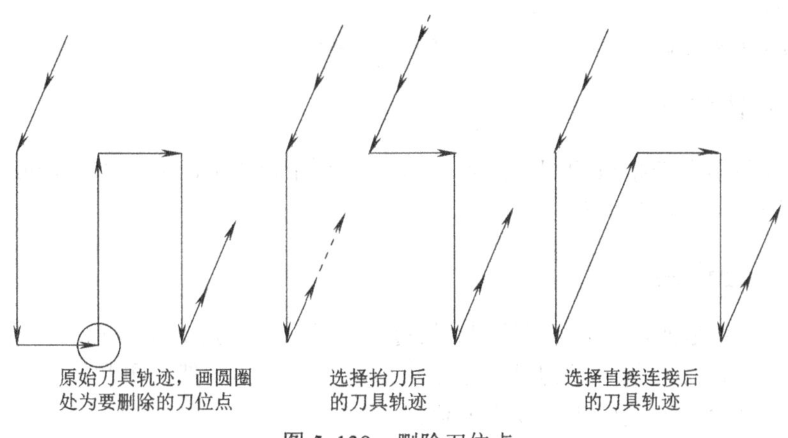

图 5-139　删除刀位点

5.10.5　两刀位点间抬刀

两刀位点间抬刀：选中刀具轨迹，然后再按照提示，先后拾取两个刀位点，则删除这两个刀位点之间的刀具轨迹，并按照刀位点的先后顺序分别成为切出起始点和切入结束点，如图 5-140 所示。

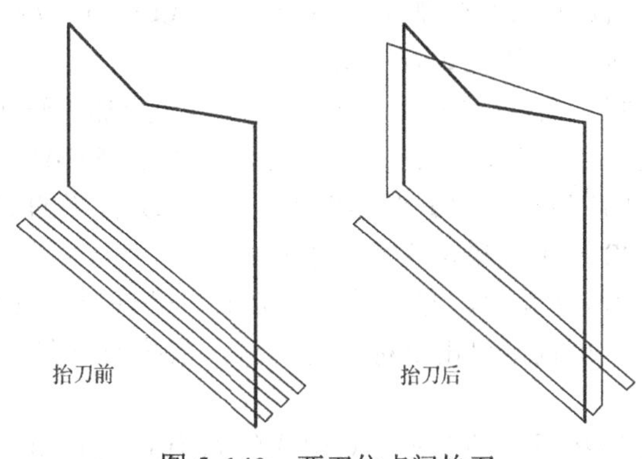

图 5-140　两刀位点间抬刀

注意：

不能把切入起始点、切入结束点和切出结束点作为要拾取的刀位点。

5.10.6 清除抬刀

清除抬刀命令有两种选择方式，在立即菜单中选择：

（1）全部删除 当选择此命令时，根据提示，选择刀具轨迹，则所有的快速移动线被删除，切入起始点和上一条刀具轨迹线直接相连。

（2）指定删除 当选择此命令时，根据提示，选择刀具轨迹，然后再拾取轨迹的刀位点，则经过此刀位点的快速移动线被删除，经过此点的下一条刀具轨迹线将直接和下一个刀位点相连。

注意：

当选择指定删除时，不能拾取切入结束点作为要抬刀的刀位点。

5.10.7 轨迹打断

轨迹打断是在被拾取的刀位点处把刀具轨迹分为两个部分。首先拾取刀具轨迹，然后再拾取轨迹要被打断的刀位点。

5.10.8 轨迹连接

轨迹连接就是把两条不相干的刀具轨迹连接成一条刀具轨迹。轨迹连接的方式有两种：

（1）抬刀连接 第一条刀具轨迹结束后，首先抬刀，然后再和第二条刀具轨迹的接近轨迹连接，其余的刀具轨迹不发生变化。

（2）直接连接 第一条刀具轨迹结束后，不抬刀就和第二条刀具轨迹的接近轨迹连接，其余的刀具轨迹不发生变化。由于没有抬刀，很容易发生过切。

5.11 生成并校核 G 代码

生成 G 代码，就是按照当前机床类型的配置要求，把已经生成的刀具轨迹转化生成 G 代码数据文件，即 CNC 数控程序。后置生成的数控程序是三维造型的最终结果，有了数控程序就可以直接输入机床进行数控加工。生成了 G 代码，可以利用校核 G 代码功能来检验生成的 G 代码是否正确。具体生成方法如下：

1）生成加工轨迹后，在【轨迹管理】导航栏的相应加工轨迹上单击鼠标右键，在弹出的快捷菜单中选择【后置处理】—【生成 G 代码】，如图 5-141 所示。

2）在弹出的【生成后置代码】对话框中，输入 G 代码的文件名称和保存路径，选取数控系统，如图 5-142 所示。单击【确定】按钮。

3）系统将返回到软件界面，并在状态栏提示“已有刀具轨迹被拾取，请继续拾取”。如果不需要继续拾取，可直接单击鼠标右键确认，系统弹出图 5-143 所示的 G 代码文本格式文件。

用户可根据实际数控系统的要求，对生成的 G 代码文件进行相应的修改和编辑，使其更符合数控加工系统的格式。

校核 G 代码，就是将生成的 G 代码文件反编译，生成刀具轨迹，以检查生成的 G 代码的正确性。如果反编译的刀位文件中包含圆弧插补，则需要指定相应的圆弧插补格式，否则可能得到错误的结果。若后置文件中的坐标输出格式为整数，而机床分辨率不为 1 时，反编译的结果是不对的。即系统不能读取坐标格式为整数，且分辨率为非 1 的情况。

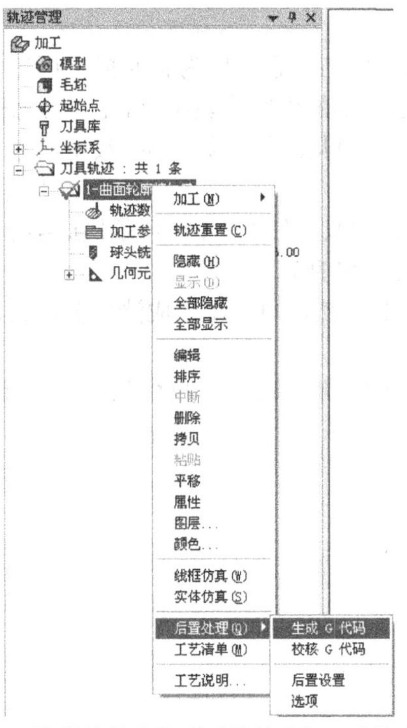

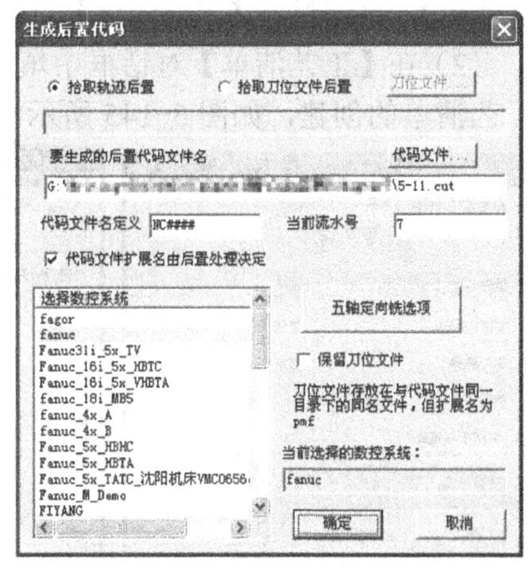

图 5-141　选择快捷菜单【后置处理】—【生成 G 代码】　　图 5-142　命名并保存 G 代码的文件

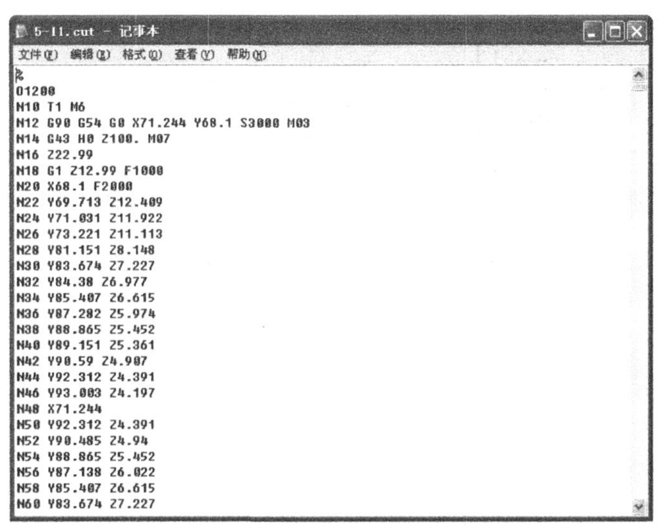

图 5-143　查看 G 代码文本内容

注意：

1）刀位校核只用来进行对 G 代码的正确性进行检验。由于精度等方面的原因，应避免将反读出的刀位重新输出，因为系统无法保证其精度。

2）校对刀具轨迹时，如果存在圆弧插补，则系统要求选择圆心的坐标编程方式。

3）此选项针对采用圆心（I，J，K）编程方式，用户在操作时应正确选择对应的形式，否则会导致错误。

5.12 工艺清单

对加工企业而言，加工的工艺清单是非常重要的，它不仅为企业提供可追溯查找的依据，同时也为企业继承并积累了加工经验。工艺清单的内容比较丰富，包含了基本信息（模型、毛坯、机床、其他）、功能参数、刀具参数、刀具路径参数、NC数据参数（加工总时间、总长度）等。

1）工艺清单的生成方法与G代码的生成方式类似，在图5-141所示快捷菜单中选择【工艺清单】，系统弹出【工艺清单】对话框，如图5-144所示。

2）在【工艺清单】对话框中填写相应的信息，然后单击【生成清单】按钮，即可完成工艺清单的创建，如图5-145所示。

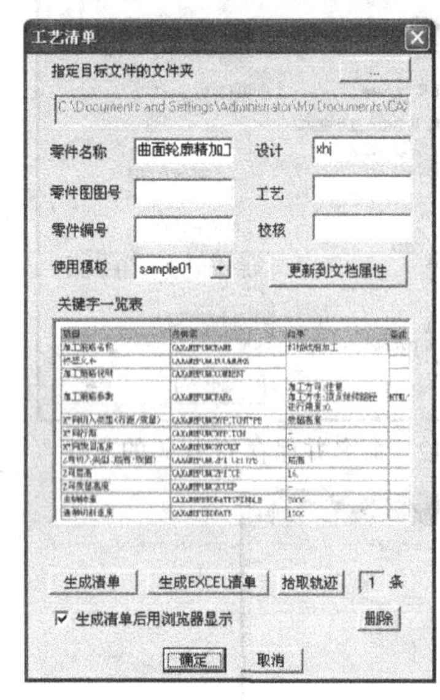

图5-144 【工艺清单】对话框

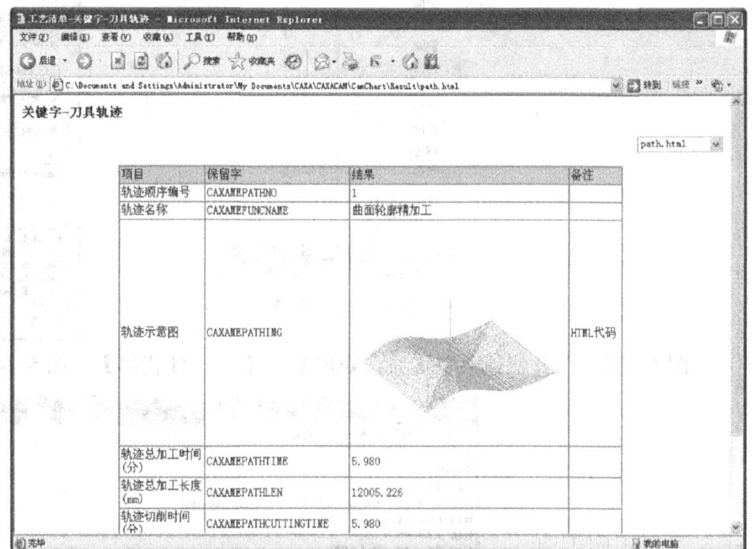

图5-145 生成的加工清单

用户可以在工艺清单中查看加工的各个工艺参数。

第 6 章　CAXA 制造工程师 2013 数控加工后置处理

6.1　机床后置处理参数设置

机床的后置处理为用户提供了一种方便、灵活的设置系统配置的方法。可根据实际加工情况，对不同的机床进行适当的配置，这对于提高加工效率具有重要的实际意义。

在 CAXA 制造工程师 2013 版中，去掉【后置处理 1】，保留【后置处理 2】，并将这一功能从【轨迹管理】项中独立出来，增强了多轴加工后置处理的参数设置。通过设置系统配置参数并后置处理，所生成的数控程序可以直接输入数控机床或加工中心进行加工，而无需进行修改。

选择菜单项【加工】—【后置处理】—【后置设置】，系统弹出【选择后置配置文件】对话框，如图 6-1 所示。

图 6-1 【选择后置配置文件】对话框

在【选择后置配置文件】对话框的列表中选择一个在实际加工中使用的机床型号，然后单击【编辑】按钮，即可打开【CAXA 后置配置-fanuc】对话框，在该对话框中可以设置关于该机床的加工程序后置处理的相关参数，如图 6-2 所示。

机床后置主要设置以下几方面的参数：

（1）机床控制参数　包括主轴转速及方向、插补方法、刀具补偿、冷却控制、程序停止，以及程序首尾控制符等。

（2）程序格式参数　包括程序说明、换刀格式、程序行控制等内容。

（3）速度设置　包括 G00 速度、最大速度、加速度等内容。

下面以 FANUC 机床的系统参数配置为例，简要介绍具体的配置方法。

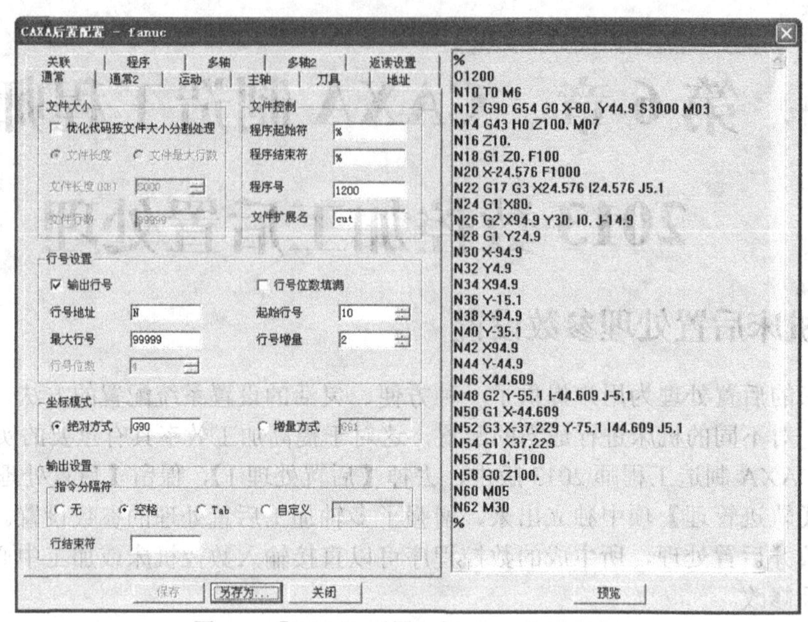

图 6-2 【CAXA 后置配置-fanuc】对话框

6.1.1 机床控制参数设置

1. ***增加机床***

增加机床是在当前系统中添加一个新的机床后置文件，并针对不同的机床、不同的数控系统，设置特定的数控代码、数控程序格式及参数，最后生成配置文件。生成数控程序时，系统根据该配置文件的定义生成用户所需要的特定代码格式的加工指令。

用户可以在图 6-1 所示的对话框中选取一个相近配置的机床参数模板，然后在图 6-2 所示的设置界面详细定义新机床的各项参数，单击 另存为... 按钮，即可创建新的机床后置配置。新创建的机床后置配置将出现在图 6-1 所示的列表中。

2. ***行号设置***

完整的数控程序一般由许多程序段组成，每一个程序段前有一个程序段号，即行号地址。系统可以根据行号识别程序段。如果程序过长，还可以利用调用行号，很方便地把光标移动到所需的程序段。

行号可以从 1 开始，连续递增，如 N001、N002、N003 等；也可以间隔递增，如 N001、N003、N005 等。建议采用后一种方式编号，这样便于随时插入程序段，对原程序进行修改，而无需改变后续行号。否则，每修改一次程序，插入一个程序段，必须对后续的所有程序段行号进行修改。

不同厂家的数控系统对行号的要求是不一样的。有的系统必须要行号，而且对行号的位数、格式等也有具体的要求；有的数控系统可以不要行号，不要行号可以减少 G 代码文件的长度。如图 6-2 所示，选取【CAXA 后置配置-fanuc】对话框中的【通常】选项卡，在【行号设置】栏，用户可根据实际数控系统的要求进行设置。

3. ***行结束符***

在数控程序中，一行数控代码是一个程序段，是一段程序段不可缺少的组成部分。数控程序一般以特定的符号作为结束标志，且一般不以回车键作为程序段结束标志。

FANUC 系统以分号符“;”作为程序段结束符。不同的数控加工系统，程序段结束符一般不同，如有的数控加工系统结束符是“*”，有的是“#”等。一个完整的程序段应包括行号、数控加工代码和程序段结束符，例如：

N005　G43　G90　G01　Z30.000;

在【CAXA 后置配置-fanuc】对话框中的【通常】选项卡，用户可以在【输出设置】栏中自行定义【行结束符】。

4. **速度指令**

F 指令表示进给速度。例如：F200 表示进给速度为 200mm/min。在数控程序中，加工参数的数值一般都直接放在控制代码后，数控系统根据控制代码识别其后数值的意义；与数学中以等号“=”的方式给控制代码赋值的方式不同，控制代码之间可以有空格符把代码隔开，也可以没有。

在【CAXA 后置配置-fanuc】对话框中的【主轴】选项卡，用户可以在【速度】栏中以【输出数值】或者【输出参数】方式定义加工的各项速度，如图 6-3 所示。

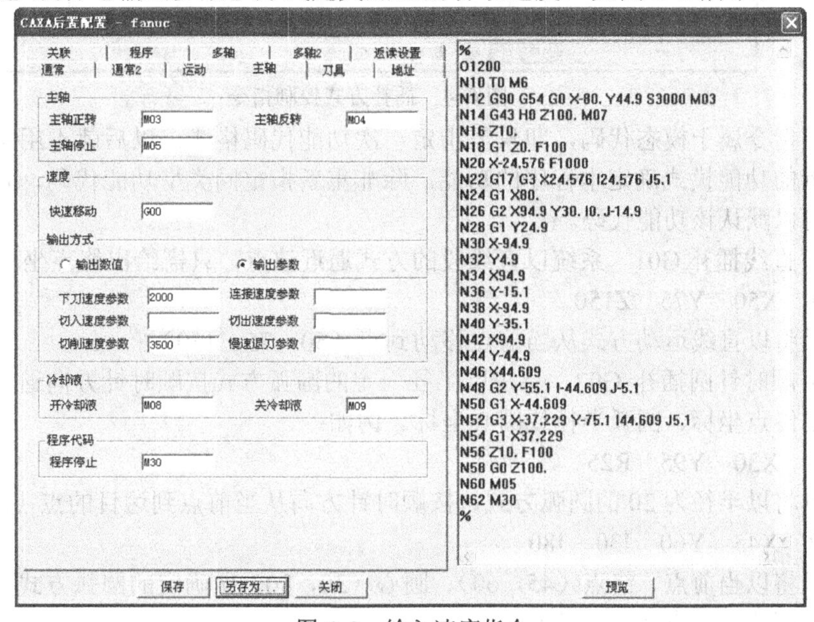

图 6-3　输入速度指令

需要注意的是，以【输出参数】方式定义切削加工速度时，只需给出数值即可。

5. **快速移动**

在数控加工控制中，G00 是快速移动指令。快速移动的速度由控制系统参数控制。用户不能通过给指令赋值改变移动速度，但可以用控制面板上的“倍速/衰减”控制开关控制快速移动速度，也可以直接修改系统控制参数来调整快速移动速度。

在【CAXA 后置配置-fanuc】对话框中的【主轴】选项卡，用户可以在【速度】栏中定义快速移动指令，如图 6-3 所示。

6. **插补方式控制**

插补是将空间曲线分解为 X、Y、Z 各个方向的、很小的曲线段，然后以微元化的直线段去逼近空间曲线。数控系统一般均提供直线插补和圆弧插补两种方法，其中圆弧插补又可分为顺时针圆弧插补和逆时针圆弧插补两种具体的方式，如图 6-4 所示。

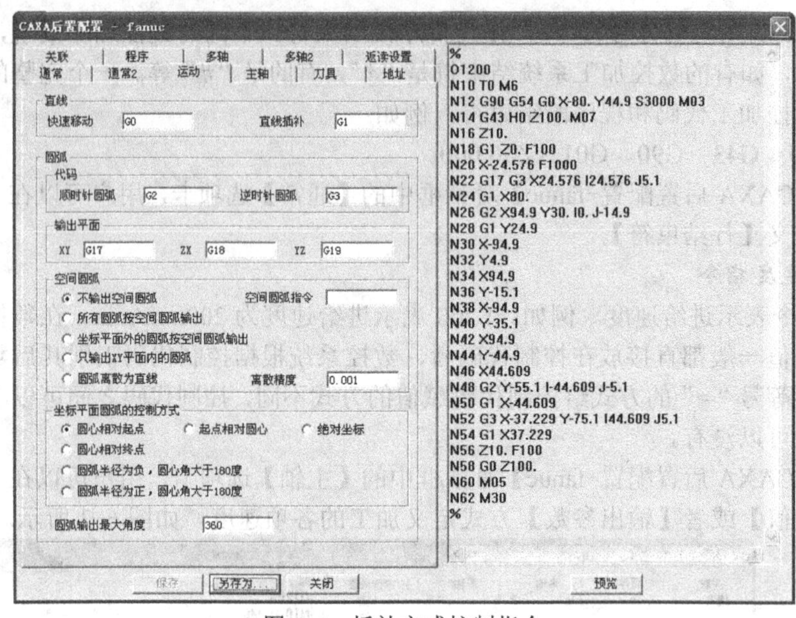

图 6-4　插补方式控制指令

插补指令属于模态代码，即只需指定一次功能代码格式，以后就不用指定，系统会以前面最近的功能模式确定本程序的功能。除非重新指定同类型功能代码，否则以后的程序段仍然可以默认该功能代码。

（1）直线插补 G01　系统以直线段的方式逼近该点，只需给出终点坐标即可。例如：

G01　X50　Y75　Z150

表示刀具将以直线运动方式从当前点移动到点（50，75，150）。

（2）顺时针圆插补 G02　系统以半径一定的圆弧方式按顺时针方向逼近该点。该命令要求给出终点坐标、圆弧半径或圆心坐标。例如：

G02　X30　Y95　R25

表示刀具将以半径为 20 的圆弧方式，按顺时针方向从当前点到达目的点（30，95）。又如：

G02　X45　Y60　I30　J80

表示刀具将以当前点、终点（45，60）、圆心（30，80）所确定的圆弧方式，按顺时针方向从当前点到达目的点（45，60）。

（3）逆时针圆插补 G03　系统以半径一定的圆弧方式，按逆时针的方向逼近该点。该命令要求给出终点坐标、圆弧半径或圆心坐标。例如：

G03　X70　Y20　R55

表示刀具将以半径为 55 的圆弧方式，按逆时针方向从当前点到达目的点（70，20）。

7．主轴控制指令

主轴控制包括主轴的起停、转向和转速等参数。采用伺服系统无级控制的方式控制机床主轴运动，是数控系统优越于普通机床的特点之一。在【CAXA 后置配置-fanuc】对话框中的【主轴】选项卡，用户可以在【主轴】栏中定义相关指令，如图 6-3 所示。

（1）主轴正转 M03　控制主轴以顺时针方向起动。

（2）主轴反转 M04　控制主轴以逆时针方向起动。

（3）主轴停 M05　数控系统接收到 M05 指令后，立即以最快的速度停止主轴转动。

8. 冷却液[1]开关控制指令

在【CAXA 后置配置-fanuc】对话框中的【主轴】选项卡，用户可以在【冷却液】栏中定义相关指令，如图 6-3 所示。

（1）冷却液开 M08　打开冷却液阀门开关，开始供应冷却液。

（2）冷却液关 M09　关掉冷却液阀门开关，停止供应冷却液。

9. 刀具补偿

刀具补偿包括刀具半径补偿和刀具长度补偿，其中半径补偿又分为半径左补偿、半径右补偿及补偿关闭等。在【CAXA 后置配置-fanuc】对话框中的【主轴】选项卡，用户可以在【冷却液】栏中定义相关指令，如图 6-5 所示。

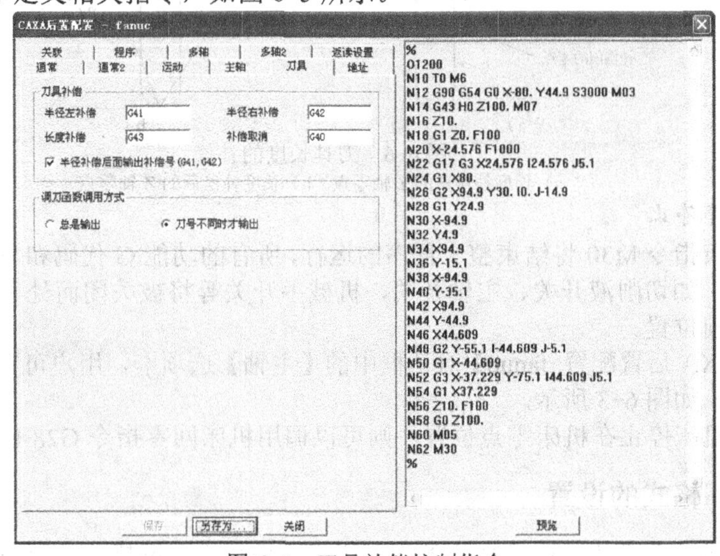

图 6-5　刀具补偿控制指令

采用刀具半径补偿指令后，编程时可以不考虑刀具的半径，直接根据曲线轮廓编程。如果没有刀具半径补偿命令，则编程时必须沿曲线轮廓让出一个刀具半径的刀位偏移量。FANUC 系统通过下面几种指令来实现刀具补偿：

（1）半径左补偿 G41　指刀具轨迹以刀具进给的方向为正方向，沿轮廓线左边让出一个刀具半径的偏移量。

（2）半径右补偿 G42　指刀具轨迹以刀具进给的方向为正方向，沿轮廓线右边让出一个刀具半径的偏移量。

（3）半径补偿关闭 G40　关闭半径补偿功能。半径左、右补偿指令代码都是模态代码，所以开启一个补偿指令代码将关闭另一个补偿指令代码。

（4）长度补偿 G43　一般情况下，主轴方向的机床原点在主轴头底端，而加工中的主轴方向的零点在刀具的刀尖处，所以必须在主轴方向上给机床设定一个刀具长度的补偿。图 6-6 是长度补偿前后的 Z 轴零点。

10. 坐标设定

用户可以根据实际数控系统和加工需求，在【CAXA 后置配置-fanuc】对话框中的【主轴】选项卡的【坐标系】栏中设置坐标系来确定坐标值是绝对的还是增量的，如图 6-2 所示。

---

[1] 冷却液即切削液。

（1）绝对方式指令 G90　将系统设置为绝对编程模式。以绝对模式编程的指令，坐标值都以 G54 所确定的工件零点为参考点。绝对指令 G90 属于模态代码，即除非被同类型代码 G91 所代替，否则系统一直默认 G90 有效。

（2）增量方式指令 G91　把系统设置为相对编程模式。以相对模式编程的指令，坐标值都以该点的前一点为参考点，指令值以相对递增的方式编程。同样，G91 也是模态代码。

一般情况下，数控系统以零件原点作为程序的坐标原点。程序零点坐标存储在机床控制参数区。程序中不设置此坐标系，而是通过 G54 指令调用。

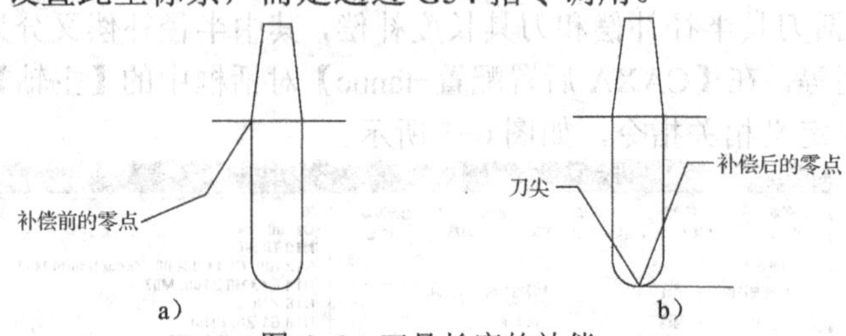

图 6-6　刀具长度的补偿

a）长度补偿前的 Z 轴零点　b）长度补偿后的 Z 轴零点

11. **程序停止**

程序结束指令 M30 将结束整个程序的运行，所有的功能 G 代码和与程序有关的一些机床运行开关，如切削液开关、主轴开关、机械手开关等将被关闭而处于原始禁止状态，且机床处于当前位置。

在【CAXA 后置配置-fanuc】对话框中的【主轴】选项卡，用户可在【程序代码】栏中定义该指令，如图 6-3 所示。

若希望机床停止在机床零点位置，则可以调用机床回零指令 G28 使之回零。

6.1.2　程序格式的设置

程序格式的设置是指对 G 代码各程序段格式进行重新编排。按照固定格式编制的程序称为“程序段”，用户可以对程序起始符号、程序结束符号、程序说明、程序头、程序尾、换刀段程序段格式进行设置。具体在【CAXA 后置配置-fanuc】对话框中的【通常】选项卡的【程序】栏及【程序】选项卡，如图 6-2 和图 6-7 所示。

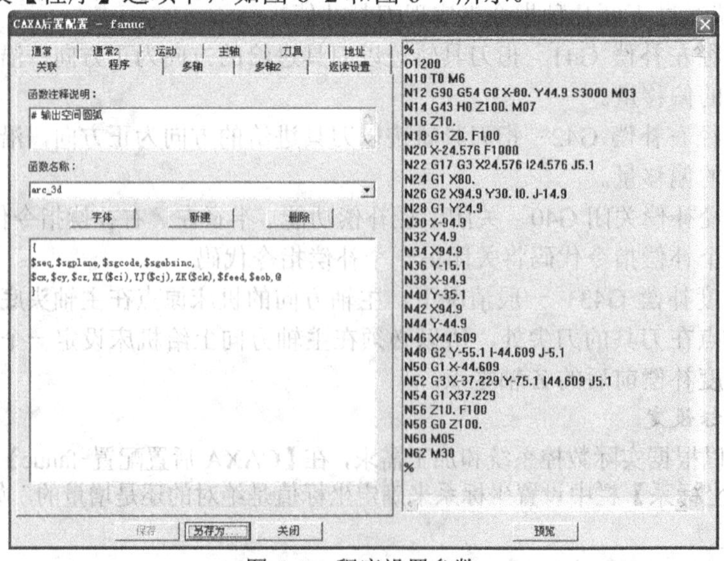

图 6-7　程序设置参数

1. **设置方式**

设置方式为字符串或宏指令@字符串或宏指令，其中宏指令为：$+宏指令串。系统提供的宏指令有：

1）当前后置文件名 POST-NAME。
2）当前日期 POST-DATE。
3）当前时间 POST-TIME。
4）系统规定的刀具号 TOOL-NO。
5）主轴速度 SPN-SPEED。
6）当前 X 坐标值 COORD-X。
7）当前 Y 坐标值 COORD-Y。
8）当前 Z 坐标值 COORD-Z。
9）当前程序号 POST-CODE。
10）当前刀具信息 TOOL-MSG。
11）当前加工参数信息 PARA-MSG。

以下是宏指令内容：

1）行号指令 LINE-NO-ADD。
2）行结束符号 BLOCK-END。
3）速度指令 FEED。
4）快速移动 G00。
5）直线插补 G01。
6）顺圆插补 G02。
7）逆圆插补 G03。
8）XY 平面定义 G17。
9）XZ 平面定义 G18。
10）YZ 平面定义 G19。
11）绝对指令 G90。
12）相对指令 G91。
13）刀具半径补偿取消 DCMP-OFF（G40）。
14）刀具半径左补偿 DCMP-LFT（G41）。
15）刀具半径右补偿 DCMP-RGH（G42）。
16）刀具长度补偿增加 LCMP-LEN（G43）。
17）刀具长度补偿减少 LCMP-SHT（G44）。
18）刀具长度补偿取消 LCMP-OFF（G49）。
19）坐标设置 WCOORD（G92、G54～G59）。
20）主轴正转 SPN-CW（M03）。
21）主轴反转 SPN-CCW（M04）。
22）主轴停止 SPN-OFF（M05）。
23）主轴转速 SPN-F（S）。
24）切削液开 COOL-ON（M07、M08）。
25）切削液关 COOL-OFF（M09）。

26）程序止PRO-STOP（M30）。

@号为换行标志。若是字符串，则输出字符串本身。$号输出空格。

2．程序说明

程序说明部分是对程序的名称、与此程序对应的零件名称编号、编制日期和时间等有关信息的记录。程序说明部分是为便于管理加工程序而设置的。通过程序说明项目，管理者可以方便地对众多数控加工程序进行有效的管理。例如要加工某个零件时，只需从管理程序中找到对应的程序编号即可，而不需从复杂的程序列表中逐个寻找所需的程序。

例如（N126—60231，$POST-NAME，$POST-DATE，$POST-TIME），在生成的后置程序中的程序说明部分才输出如下说明：

（N126—60231，O1261，1996，9，2，15：30：30）

3．程序头

对于一些特定的数控机床，其数控程序开头部分都是相对固定的，包括一些机床信息，如机床回零、工件零点设置、主轴起动，以及切削液开启等。

例如快速移动指令内容为G00，则$G0的输出结果为G00。类似地，$COOL-ON的输出结果为M07，$PRO-STOP为M30。

例如$G90$$WCOORD$G0$COODR-Z@G43H01@SPN-F$SPN-SPEED$SPN-CW，在后置文件中的输出内容为

G90　G54　G00　Z30.00

G43　H011

S500　M03

4．换刀

换刀指令用来提示系统在加工的某个时刻换刀。换刀指令需要用户根据实际的加工过程和特定机床来设定。在【CAXA后置配置-fanuc】对话框中的【刀具】选项卡的【调刀函数调用方式】栏，用户可以设置换刀指令的输出方式，详见图6-5所示。

换刀后系统要提取一些有关刀具的信息，以便必要时进行刀具补偿。下面给出按照FANUC系统程序格式设置后置处理所生成的数控程序。

%程序起始符号

（111.CUT，1996，6，26，9：15：1，30）程序说明

N10　G90　G54　G00　Z30.00；程序头

N11　T01；

N12　G43　H01；

N14　M03　S100；

N16　X–42.6　Y–1.100；程序

N18　Z20.000；

N20　G01　Z–2.000　F10；

N22　X–20.400　Y14.500　F10；

N24　Z20.000　F10；

N26　G00　Z30.000；

N28　M05；

N30　T02；换刀

```
N31   G43   H01;
N32   M03   S100;
N33   G00   X-6.129   Y-3.627; 程序
N34   Z20.00
N36   G01   Z0.000   F10;
N38   G02   X15.000   Y-8.100   I9.329   J-8.073   F10;
N40   G01   Z20.000   F10;
N42   G00   Z30.000;
N44   G49   M05; 程序尾
N46   G28   Z0.0; 机床回零
N48   X0.0   Y0.0;
N50   M30
%程序结束符
```

6.2 后置设置

后置设置是针对特定的机床，结合已经设置好的机床配置，对后置输出的数控格式，如程序段行号、程序大小、数据格式、编程方式及圆弧控制方式等进行调整及设置。

后置设置参数包括输出文件最大长度、行号设置、坐标输出格式设置、圆弧控制设置、后置文件扩展名以及后置程序号等设置内容。

数控程序必须针对特定的数控机床、特定的配置才具有加工的实际意义，因此后置设置时必须先调用机床配置。用户可以在【CAXA 后置配置-fanuc】对话框中的【通常】选项卡的【文件大小】栏及【运动】选项卡下进行设置，详见图 6-2 和图 6-4。在进行设置时，首先用鼠标选中要设置的项，然后通过键盘输入数值。

1. 文件大小

输出文件大小参数可以对数控程序输出文件的大小进行控制，文件大小以 KB 为单位。当输出的代码文件长度大于规定长度时，系统自动分割成多个文件。例如：当输出的 G 代码文件 post.cut 超过规定的长度时，就会自动分割为 post0001.cut、post0002.cut、post0003.cut 和 post0004.cut 等。

2. 行号设置

程序段行号设置包括行号的位数、行号位数填满、起始行号、行号递增数值以及最大行号等。

（1）输出行号　若复选【输出行号】，则在数控程序中的每一个程序段前面输出行号；否则不输出行号。

（2）行号位数填满　行号不足规定的行号位数时，是否用 0 填充。选中【填满】，则在不足所要求的行号位数的前面补零，如 N0028；若选中【不填满】，则不补零。设置该项可增强程序的可读性。

（3）行号增量　程序段行号之间的间隔，如 N0020 与 N0025 之间的间隔为 5。建议选取比较适中的递增数值，这样不仅有利于程序的管理，而且便于程序阅读。

（4）最大行号　限定程序中行号不超过设定值。

3. 圆弧控制设置

圆弧控制设置主要控制圆弧的编程方式，即是采用圆心编程方式还是采用半径编程方式。用户可以在【CAXA 后置配置-fanuc】对话框中的【运动】选项卡的【坐标平面圆弧的控制方式】栏进行设置，详见图 6-4。

当采用圆心编程方式时，圆心坐标（I，J，K）有四种含义：

（1）圆心相对起点　I、J、K 的含义为圆心坐标相对于圆弧起点的增量值。

（2）起点相对圆心　I、J、K 的含义为圆弧起点坐标相对于圆心坐标的增量值。

（3）绝对坐标　采用绝对编程方式，圆心坐标（I，J，K）的坐标值为相对于工件零点绝对坐标系的绝对值。

（4）圆心对终点　I、J、K 的含义为圆心坐标相对于圆弧终点坐标的增量值。

按圆心坐标编程时，圆心坐标的各种含义是针对不同的数控机床而言的。不同机床之间，圆心坐标编程的含义不同，但对于一种机床，圆心坐标编程只有一种含义。当采用半径编程时，采用半径正负区别的方法来控制圆弧是劣弧还是优弧。圆弧半径 R 的含义如下：

（1）优圆弧　圆弧大于 180°，R 为负值。

（2）劣圆弧　圆弧小于 180°，R 为正值。

注意：

用 R 来编程时，不能输出整圆。因为过一点可以作无数个圆，圆心的位置无法确定。所以在用 R 编程时，一定要把【圆弧输出最大角度】设为小于 360°。

【圆弧输出最大角度】是关于整圆的输出选项。有些机床无法直接识别整圆，此时需要将整圆打散成几段。例如，若【圆弧输出最大角度】为“90°”，则将整圆打散为 4 段；若【圆弧输出最大角度】为“360°”，则对整圆输出角度没有限制。绝大多数机床没有限制，所以默认值是 360°。

【圆弧离散为直线】是指将圆弧按精度离散成直线段输出。有些机床不认圆弧，需要将圆弧离散成直线段。精度需要根据加工需求设置。

4. 程序号和文件扩展名

在【CAXA 后置配置-fanuc】对话框中的【通常】选项卡的【文件控制】栏，用户可以设置程序号和文件扩展名。

（1）程序号　记录后置设置的程序号。不同的机床其后置设置不同，需要采用程序号来记录这些设置，以方便后面的调用。

（2）文件扩展名　控制所生成的数控程序文件名的扩展名。有些机床对数控程序要求有扩展名，有些机床则没有这个要求。根据不同机床的实际情况进行设置。

第 7 章　CAXA 制造工程师 2013 操作实例

7.1　连杆零件三维造型与数控加工

本实例将创建连杆零件的三维实体，并对其进行数控加工。图 7-1～图 7-3 分别为端盖零件的轴测视图、主视图和俯视图。

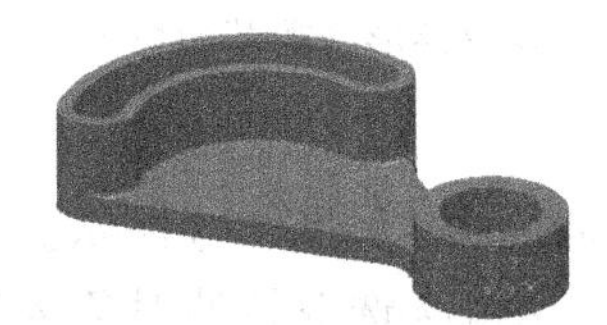
图 7-1　连杆零件的轴测视图

图 7-2　连杆零件的主视图

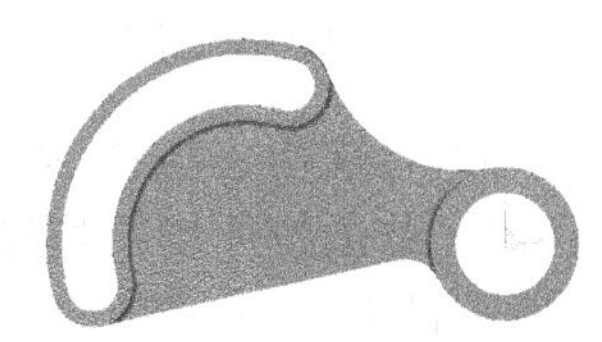
图 7-3　连杆零件的俯视图

7.1.1　造型操作思路解析

从连杆零件的轴测视图中，可知连杆零件的主体为异形底板，在底板的一侧有腰形环槽，另一侧为有圆柱孔的圆柱凸台。其中，异形底板可采用拉伸增料操作创建；腰形凸台、圆柱凸台在异形底板上创建；腰形环槽和圆柱孔通过拉伸除料操作创建。主体创建完毕后，采用过渡圆角对主体进行修饰，完成三维实体的造型。

考虑到 CAXA 制造工程师 2013 的操作特点，设计造型流程如下：

1）绘制异形底板截面草图，创建底板。

2）绘制腰形环槽凸台截面、腰形凸台和环槽。

3）创建螺纹孔凸台，阵列生成其余凸台。

4）添加过渡圆角。

7.1.2　创建异形底板特征

1）在【特征管理】导航栏中选择 XOY 平面，然后单击草图绘制按钮，进入草图绘制环境。

2）按 F5 键调整视图角度，将绘图平面切换到 XOY，如图 7-4 所示。

3）在【曲线生成栏】工具条中单击按钮、，用鼠标左键选取坐标原点作为图形中心，然后根据系统状态栏提示，绘制图 7-5 所示的圆、参考直线。

4）在【曲线生成栏】工具条中单击按钮、、，绘制图 7-6 所示的草图形状，图 7-7 是将图 7-6 修剪后的效果。

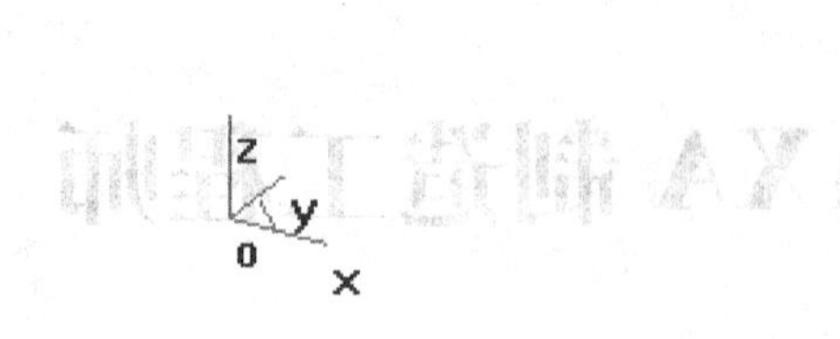

图 7-4　切换绘图平面到 XOY

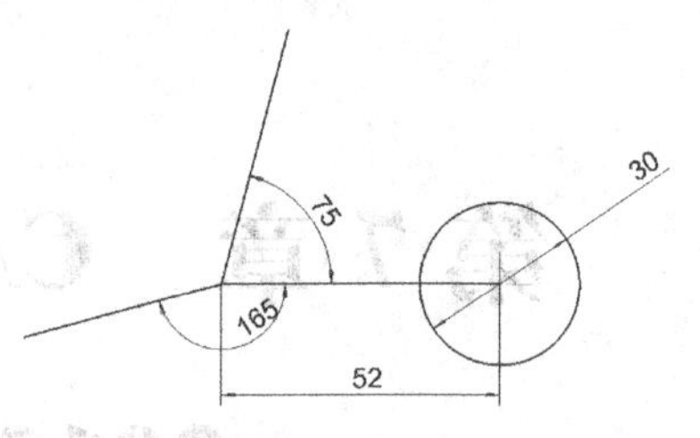

图 7-5　绘制定位草图

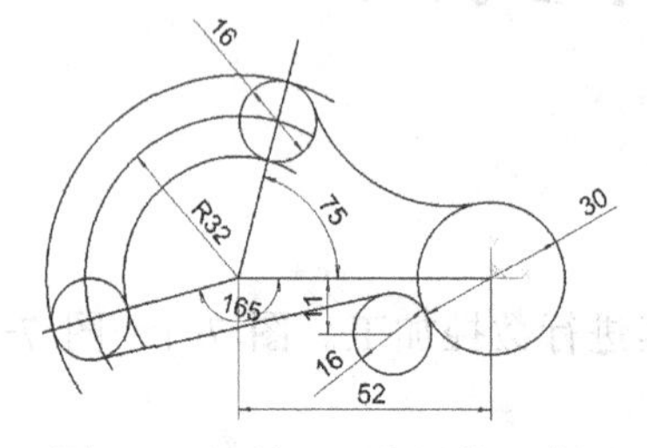

图 7-6　绘制异形底板截面草图

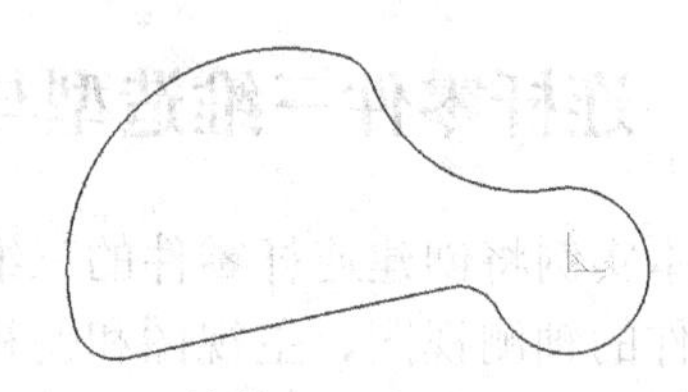

图 7-7　修剪异形底板截面草图

5）再次单击按钮，退出草图绘制环境。

6）单击拉伸增料按钮，此时系统弹出【拉伸增料】对话框，如图 7-8 所示。在该对话框中设定拉伸类型为【固定深度】，并设定深度值为“5”，用鼠标选取拉伸对象为绘制的异形底板截面草图。单击【确定】按钮，完成异形底板的创建，如图 7-9 所示。

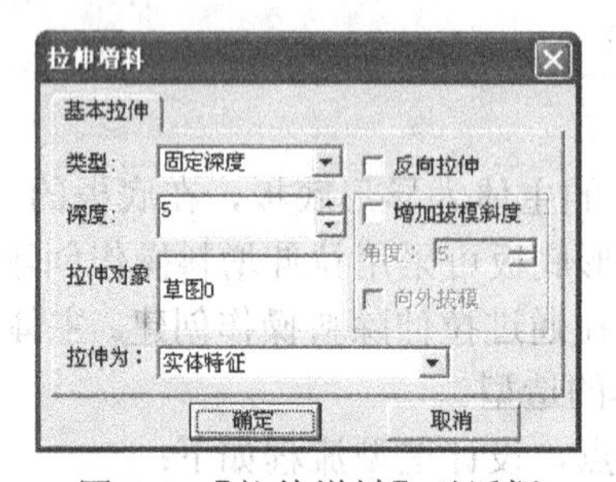

图 7-8　【拉伸增料】对话框

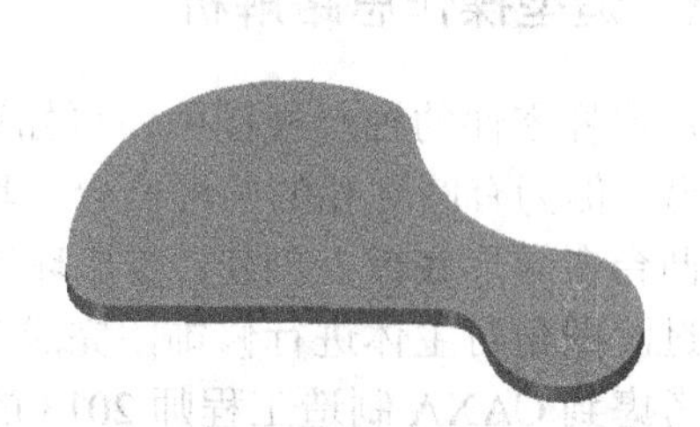

图 7-9　生成异形底板

7.1.3　生成腰形环槽特征

1）在绘图区选取图 7-9 所示异形底板的上表面，然后单击按钮进入草图绘制环境。利用圆绘制命令、圆弧绘制命令、裁剪命令、尺寸标注命令绘制图 7-10 所示的截面草图。绘图过程中可随时按键盘的空格键，弹出捕捉点快捷菜单，从而加快绘图速度。

2）再次单击按钮，退出草图绘制环境。

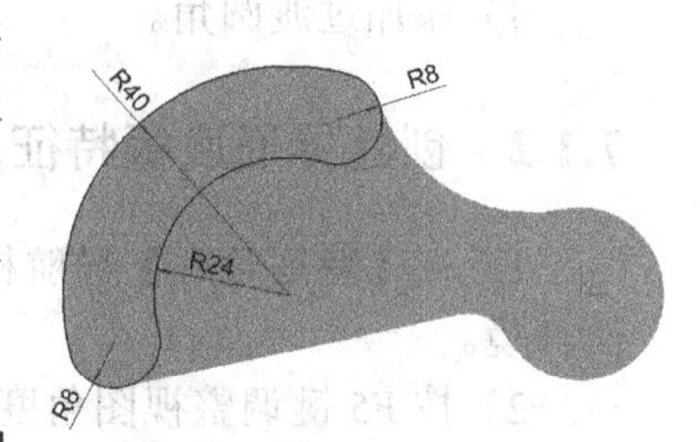

图 7-10　腰形凸台截面草图

3）单击拉伸增料按钮，此时系统弹出【拉伸增料】对话框，如图 7-11 所示。在该对话框中设定拉伸类型为【固定深度】，并设定深度值为“15”，用鼠标选取拉伸对象为绘制的腰形凸台截面草图。单击【确定】按钮，完成腰形凸台的创建，如图 7-12 所示。

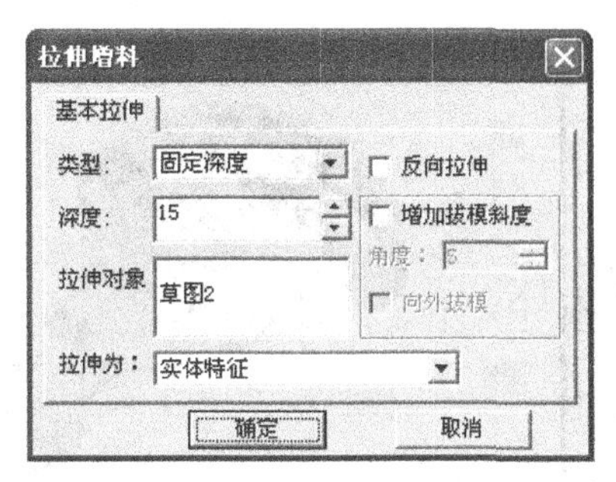

图 7-11 【拉伸增料】对话框

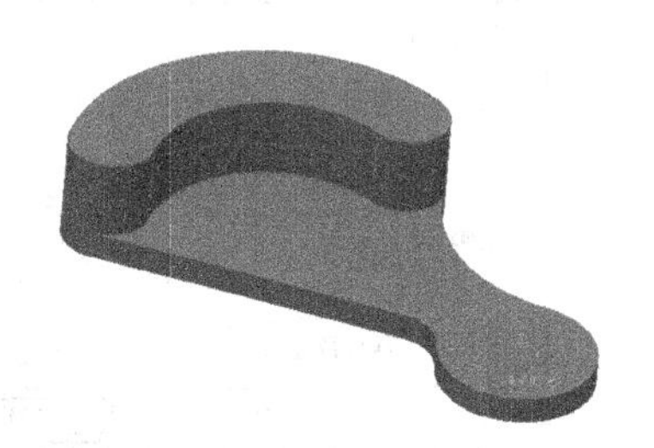

图 7-12　生成腰形凸台

4）单击过渡按钮进入圆角过渡命令，系统弹出【过渡】对话框，如图 7-13 所示。在【过渡】对话框中设置【半径】为“1”,【过渡方式】为【等半径】。根据系统状态栏提示，用鼠标选取图 7-12 的腰形凸台与异形底板上表面交线。单击【确定】按钮，完成过渡圆角特征点创建，如图 7-14 所示。

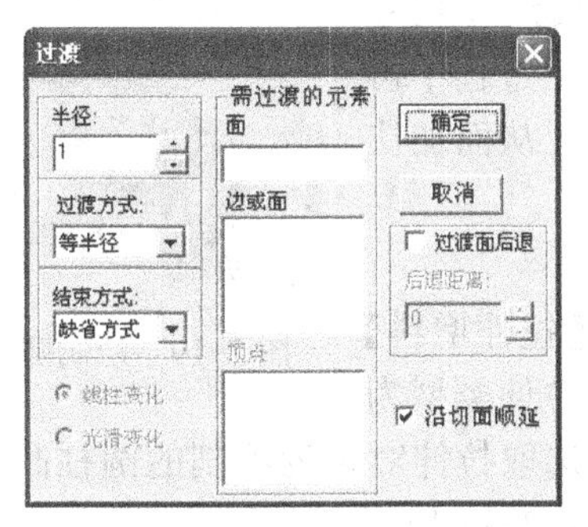

图 7-13　设置过渡命令参数

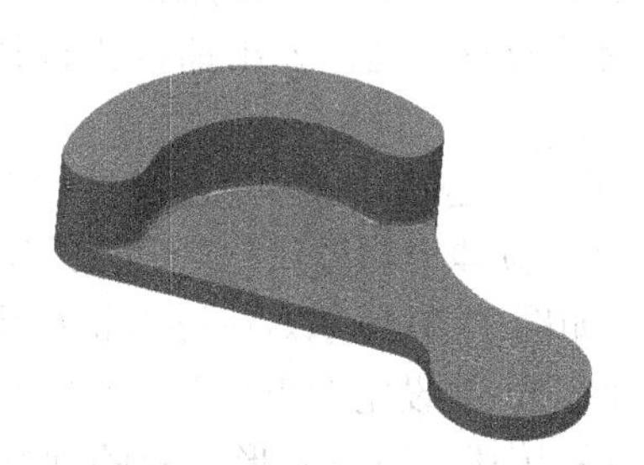

图 7-14　创建过渡圆角

5）在绘图区选取腰形凸台的上表面，然后单击按钮进入草图绘制环境。选择【造型】—【曲线生成】—【相贯线】菜单命令，然后选取图 7-15 所示的腰形凸台上表面边线，生成曲线。

6）选择【造型】—【曲线生成】—【等距线】菜单命令，设置等距距离为“3”，以【单个曲线】形式创建等距线，如图 7-16 所示。注意选取等距方向要一致。创建完毕后将参照曲线删除。

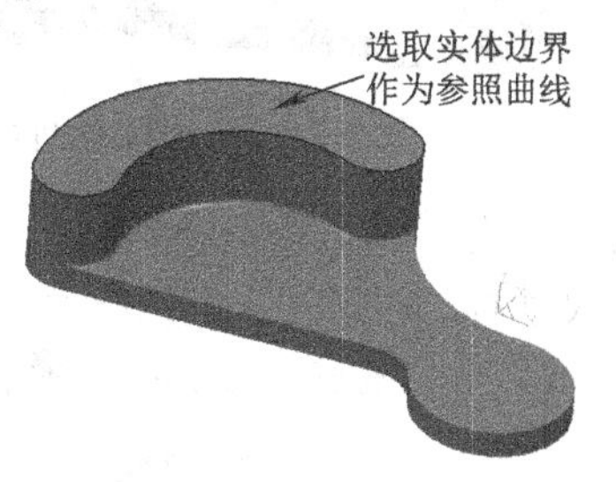

图 7-15　选取实体边界线

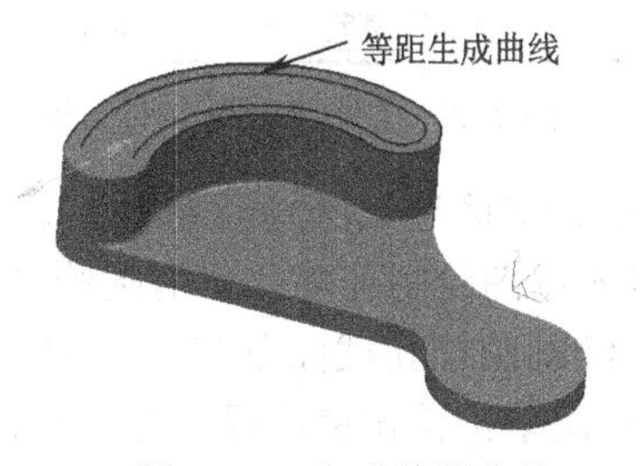

图 7-16　生成等距曲线

7）再次单击按钮，退出草图绘制环境。

8）单击拉伸除料按钮，此时系统弹出【拉伸除料】对话框，如图 7-17 所示。在该对话框中设定拉伸类型为【贯穿】，用鼠标选取拉伸对象为绘制的等距曲线。单击【确定】按钮，完成腰形环槽特征创建，如图 7-18 所示。

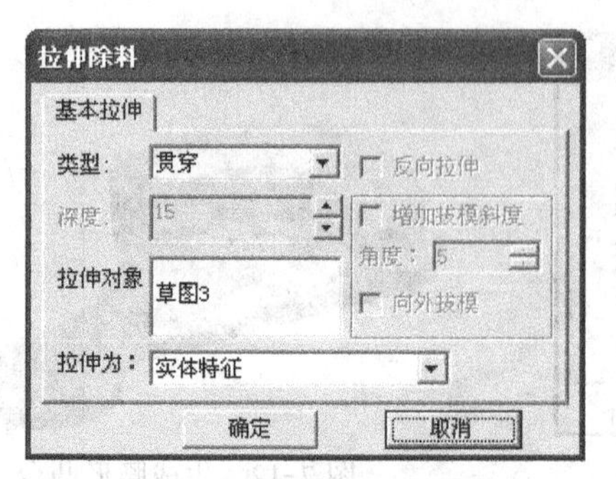

图 7-17 【拉伸除料】对话框

图 7-18 生成腰形环槽

7.1.4 生成圆柱凸台

1）在绘图区选取图 7-9 所示异形底板的上表面，然后单击按钮进入草图绘制环境。利用圆绘制命令、尺寸标注命令绘制图 7-19 所示的截面圆草图。绘图过程中可随时按键盘的空格键，弹出捕捉点快捷菜单，从而加快绘图速度。

2）再次单击按钮，退出草图绘制环境。

3）单击拉伸增料按钮，此时系统弹出【拉伸增料】对话框，如图 7-20 所示。在该对话框中设定拉伸类型为【固定深度】，并设定深度值为“5”，用鼠标选取拉伸对象为绘制的圆柱凸台截面草图。单击【确定】按钮，完成异形底板的创建，如图 7-21 所示。

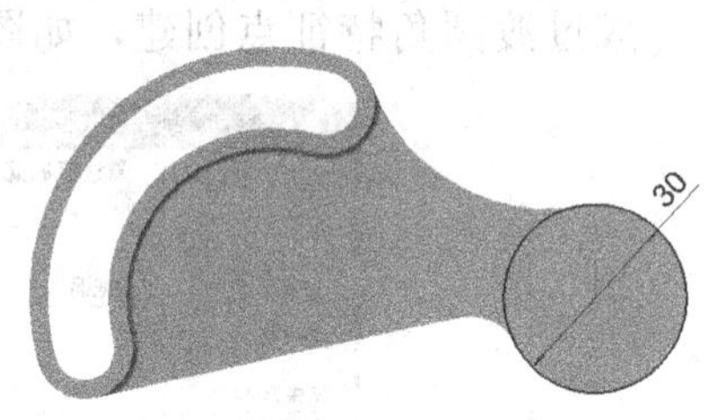

图 7-19 绘制圆柱凸台截面草图

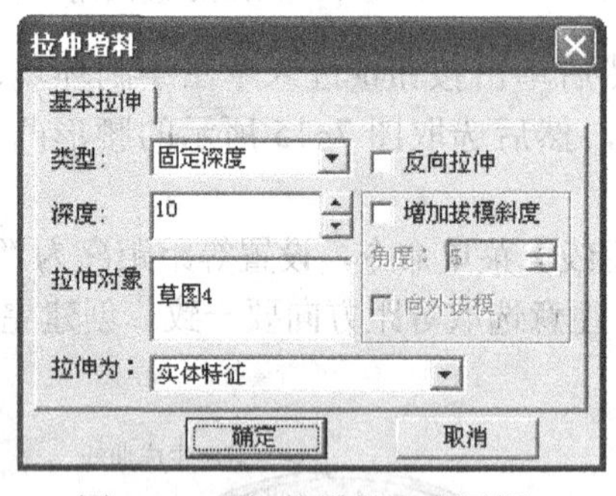

图 7-20 【拉伸增料】对话框

图 7-21 生成圆柱凸台

4）在绘图区选取圆柱凸台的上表面，然后单击按钮进入草图绘制环境。利用圆绘制命令、尺寸标注命令，绘制圆柱孔截面草图，如图 7-22 所示。

5）再次单击按钮，退出草图绘制环境。

6）单击拉伸除料按钮，此时系统弹出【拉伸除料】对话框，如图 7-23 所示。在该对话框中设定拉伸类型为【贯穿】，用鼠标选取拉伸对象为绘制的 Φ20 的圆。单击【确定】按钮，完成圆柱凸台的圆柱孔特征创建，如图 7-24 所示。

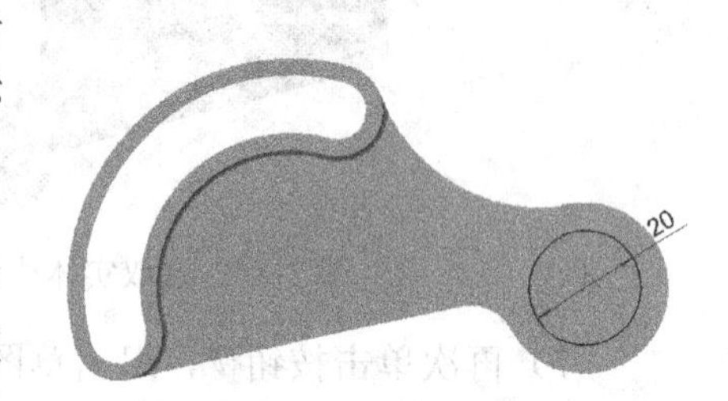

图 7-22 绘制圆柱孔截面草图

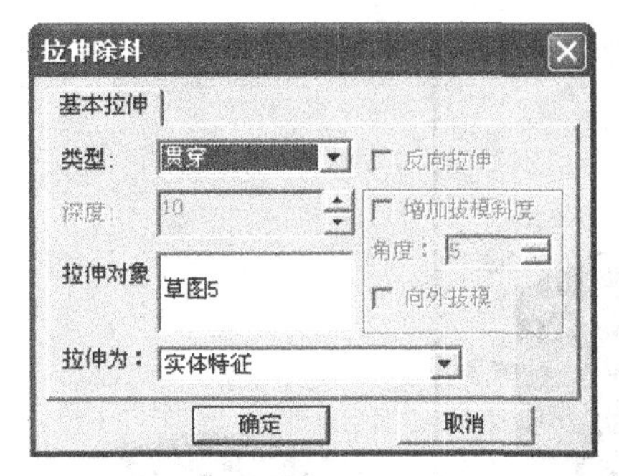

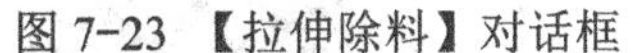

图 7-23 【拉伸除料】对话框　　图 7-24　生成圆柱凸台圆柱孔

7.1.5　添加过渡圆角

单击过渡按钮进入圆角过渡命令，系统弹出【过渡】对话框，如图 7-25 所示。在【过渡】对话框中设置【半径】为“1”，【过渡方式】为【等半径】。根据系统状态栏提示，用鼠标选取图 7-24 的圆柱凸台与异形底板上表面交线。单击【确定】按钮，完成过渡圆角特征点创建，如图 7-26 所示。

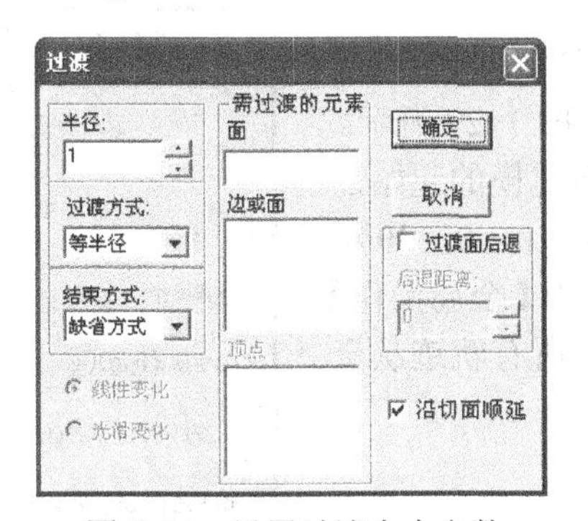

图 7-25　设置过渡命令参数

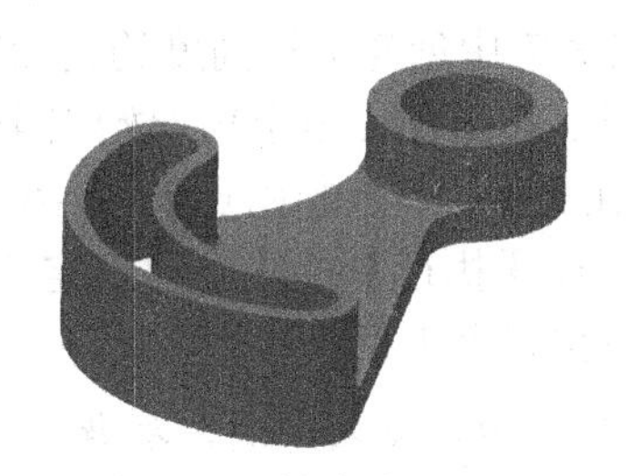

图 7-26　创建过渡圆角

由此完成连杆零件的三维实体造型操作。

7.1.6　数控加工思路解析

从图 7-1 可知，连杆的主体较为规则，在整体加工时可采用等高线粗加工、平面轮廓精加工的方法进行加工；而腰形环槽可以采用曲线式铣槽加工方法进行加工；最后采用笔式清根加工方法完成过渡圆角加工。

7.1.7　准备加工条件

1. 创建毛坯

1）在【轨迹管理】导航栏中，用鼠标双击【毛坯】，系统弹出【毛坯定义】对话框，如图 7-27 所示。在该对话框中单击【参照模型】按钮，系统即根据实际模型大小创建加工用的毛坯，如图 7-28 所示。

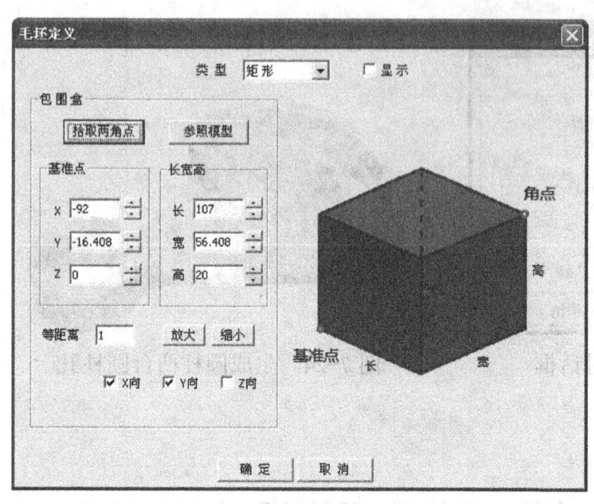

图 7-27 设定毛坯定义方式

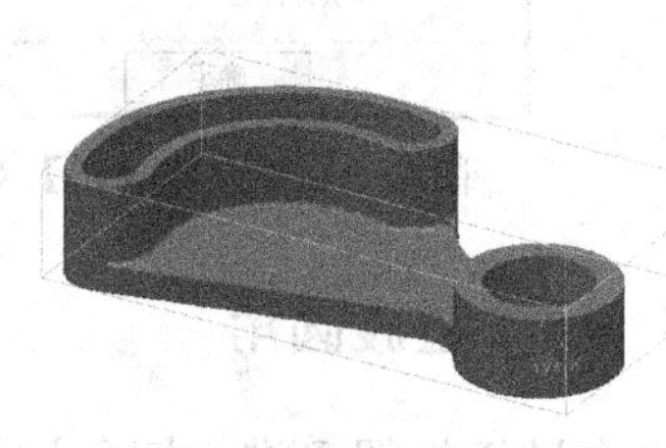

图 7-28 创建连杆毛坯

2）也可以选择通过单击【拾取两角点】按钮来创建毛坯，此时需要指定作为毛坯实体的边界点。这里不再赘述。

2. 定义加工起始点

1）在【轨迹管理】导航栏中，用鼠标双击【起始点】，系统弹出【全局轨迹起始点】对话框，如图 7-29 所示。由于图 7-27 中创建毛坯高度约为 20，而建模的起始点在坐标原点，因此设定全局起始点坐标为（0，0，30）。

2）在【全局轨迹起始点】对话框中单击【全局操作】栏的第一项【执行】按钮，即设定“改变所有轨迹从全局起始点出发并返回”。

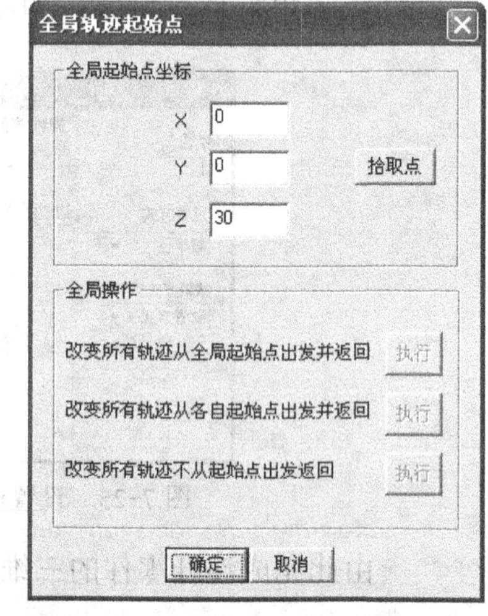

图 7-29 【全局轨迹起始点】对话框

3. 创建加工刀具并定义参数

1）在【轨迹管理】导航栏中，用鼠标双击【刀具库】，系统弹出【刀具库】对话框，如图 7-30 所示。可以选择当前加工需要使用的刀具，或者对特定的刀具库中的刀具进行管理和编辑。

刀具库

共11把　增加　清空　导入　导出

类型	名称	刀号	直径	刃长	全长	刀杆类型	刀杆直径	半径补偿号	长度补偿号
立铣刀	EdML_0	0	10.000	50.000	80.000	圆柱	10.000	0	0
立铣刀	EdML_0	1	10.000	50.000	100.000	圆柱+圆锥	10.000	1	1
圆角铣刀	BulML_0	2	10.000	50.000	80.000	圆柱	10.000	2	2
圆角铣刀	BulML_0	3	10.000	50.000	100.000	圆柱+圆锥	10.000	3	3
球头铣刀	SphML_0	4	10.000	50.000	80.000	圆柱	10.000	4	4
球头铣刀	SphML_0	5	12.000	50.000	100.000	圆柱+圆锥	10.000	5	5
燕尾铣刀	DvML_0	6	20.000	6.000	80.000	圆柱	20.000	6	6
燕尾铣刀	DvML_0	7	20.000	6.000	100.000	圆柱+圆锥	10.000	7	7
球形铣刀	LoML_0	8	12.000	12.000	80.000	圆柱	12.000	8	8
球形铣刀	LoML_1	9	10.000	10.000	100.000	圆柱+圆锥	10.000	9	9

确定　取消

图 7-30 【刀具库】对话框

2）单击【增加】按钮，系统弹出【刀具定义】对话框，如图 7-31 所示。在对话框中选择新增加的刀具类型为【立铣刀】，铣刀【刀具名称】为“D12”，并设定【刀具号】为“1”、【直径】为“12”，其他参数为默认。单击【确定】按钮，增加一个铣刀。

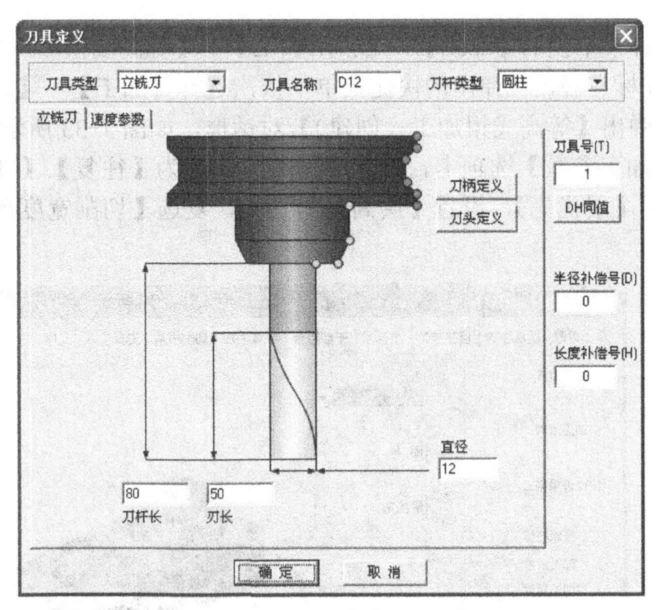

图 7-31 【刀具定义】对话框

注意：

刀具名称一般都是以铣刀的直径或刀角半径来表示，尽量和工厂中的用刀习惯一致。

3）此时在【刀具库】对话框可以看到创建的 D12 刀具。在列表框中双击创建的刀具，将再次打开【刀具定义】对话框，如图 7-32 所示。

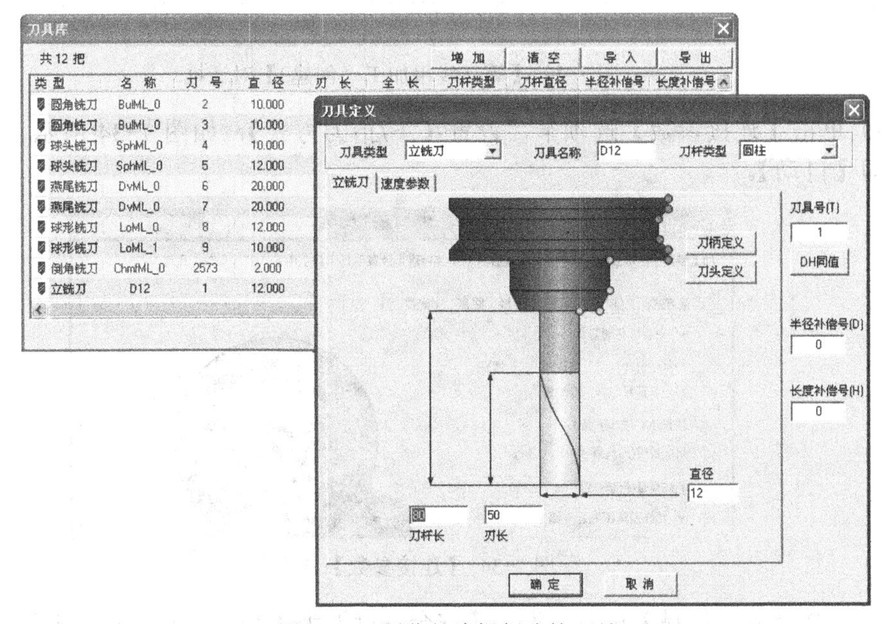

图 7-32　预览并编辑创建的刀具

4）用同样的方法创建一把D6的圆角刀具、D12的圆角铣刀。

7.1.8 等高线粗加工主体外形

1）依次选择菜单栏的【加工】—【常用加工】—【等高线粗加工】，或者在【轨迹管理】导航栏中单击鼠标右键，在弹出的快捷菜单中依次选择【加工】→【常用加工】→【等高线粗加工】，系统弹出【等高线粗加工（创建）】对话框，如图7-33所示。

2）选择【加工参数】选项卡，设定【加工方式】为【往复】、【加工方向】为【顺铣】、【行进策略】为【层优先】，设置【层高】为“3”，复选【切削宽度自适应】项，其余参数取默认值。

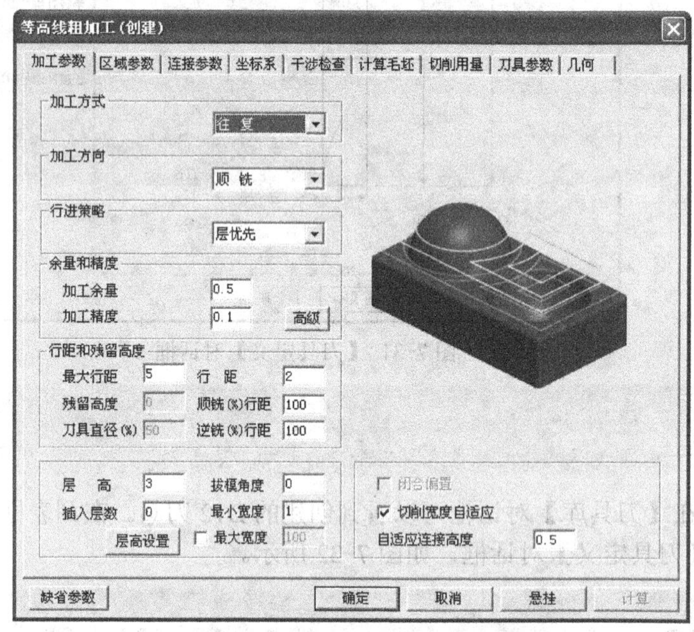

图7-33 【等高线粗加工（创建）】对话框

3）单击【连接参数】选项卡，设置【下/抬刀方式】，如图7-34所示。这里取默认值，即【自动】。

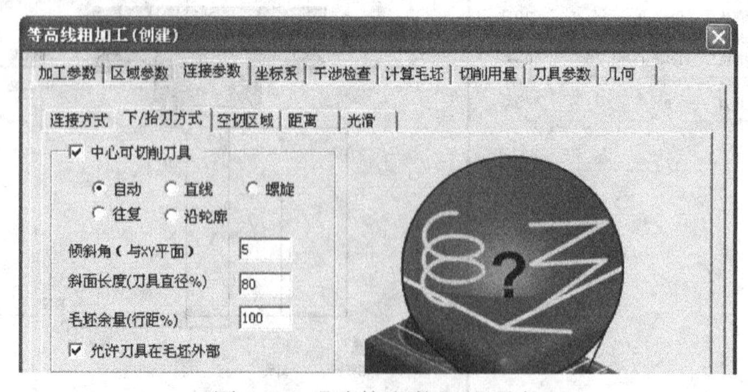

图7-34 【连接参数】选项卡

4）单击【空切区域】选项，设定【安全高度】为“30”，如图7-35所示。

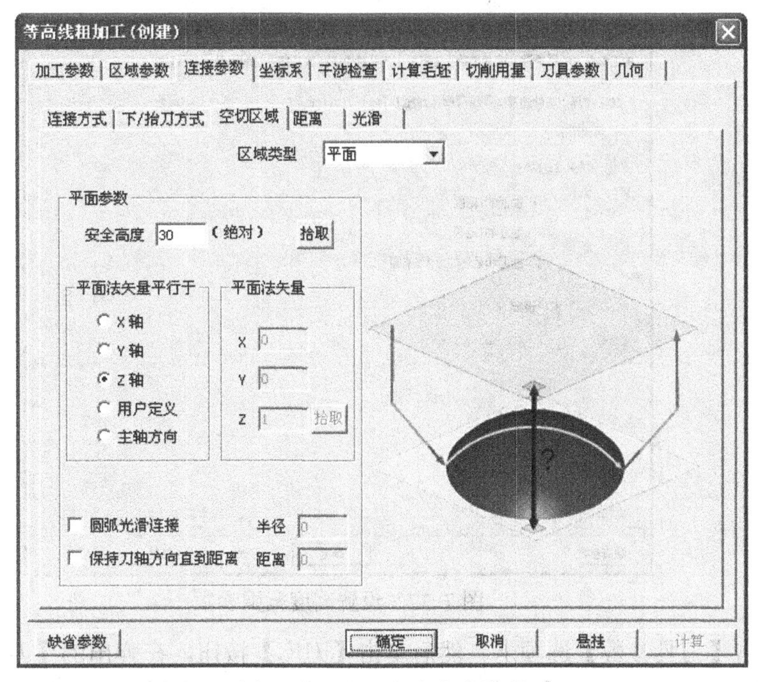

图 7-35　设置安全高度参数

5）单击【切削用量】选项卡，设置各个切削动作时的主轴转速，如图 7-36 所示。这里取默认值。

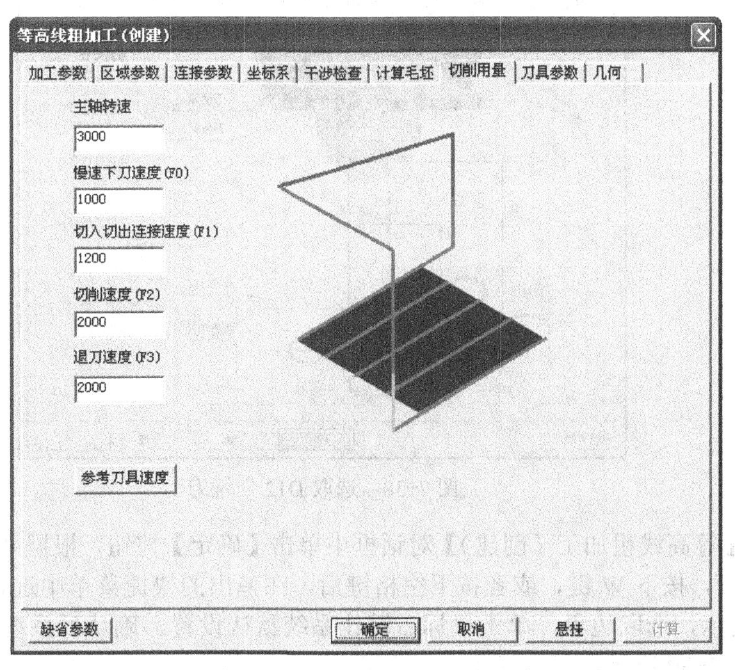

图 7-36 【切削用量】设置页面

6）单击【区域参数】选项卡的【高度范围】选项，设置 Z 轴运动的有效范围为【曲面的 Z 范围】。用户也可以自定义高度范围，如图 7-37 所示。

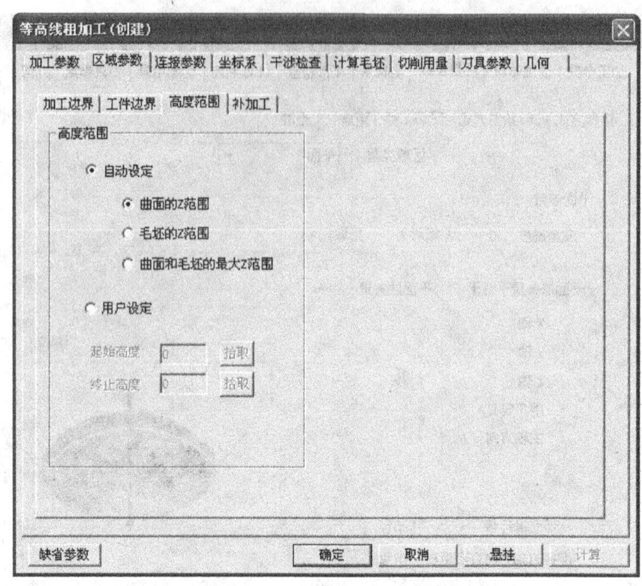

图 7-37　设置高度范围参数

7）单击【刀具参数】选项卡，然后单击【刀库】按钮，在弹出的【刀具库】对话框中选择D12立铣刀，单击【确定】按钮返回【等高线粗加工（创建）】对话框，如图7-38所示。

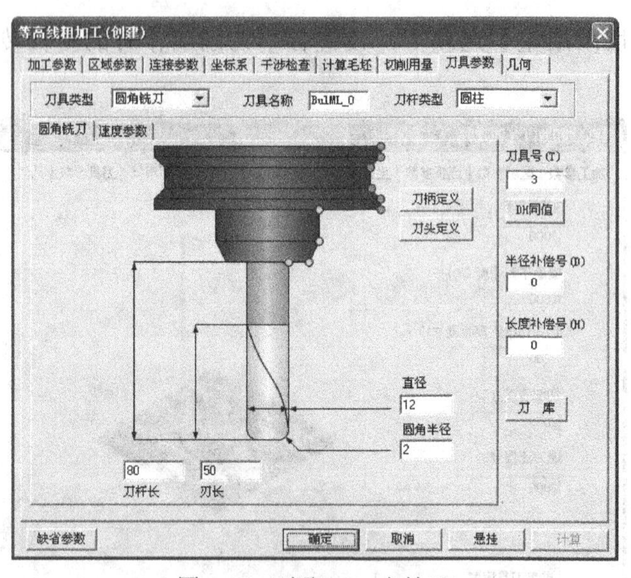

图 7-38　选取D12立铣刀

8）在【等高线粗加工（创建）】对话框中单击【确定】按钮，根据系统状态栏提示“拾取加工对象”，按下W键，或者按下空格键后，在弹出的快捷菜单中选择【拾取全部】；根据状态栏提示，选取边界，单击鼠标右键让系统默认设置，确认后系统开始自动计算生成轨迹，如图7-39所示。

9）在【轨迹管理】导航栏中，在【毛坯】上单击鼠标右键，在弹出的快捷菜单中选择【隐藏毛坯】；在【刀具轨迹】下面新创建的“等高线粗加工”轨迹上单击鼠标右键，在弹出的快捷菜单中选择【隐藏】，以便于后面观察生成的精加工轨迹。

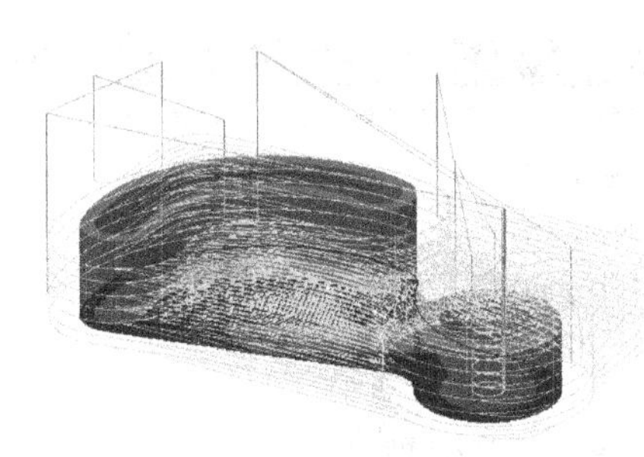

图 7-39　等高线粗加工轨迹

7.1.9　连杆外形平面轮廓精加工

下面将采用平面轮廓精加工方法，对连杆外轮廓进行精加工。

1）选择菜单命令【造型】—【曲线生成】—【相关线】，在【导航栏】中选择【实体边界】方式，选取连杆底板边线，生成曲线如图 7-40 所示。

图 7-40　生成底板边线

2）在【轨迹管理】导航栏中空白处单击鼠标右键，在弹出的菜单中依次选择【加工】—【常用加工】—【平面轮廓精加工】，系统弹出【平面轮廓精加工（创建）】对话框，如图 7-41 所示。

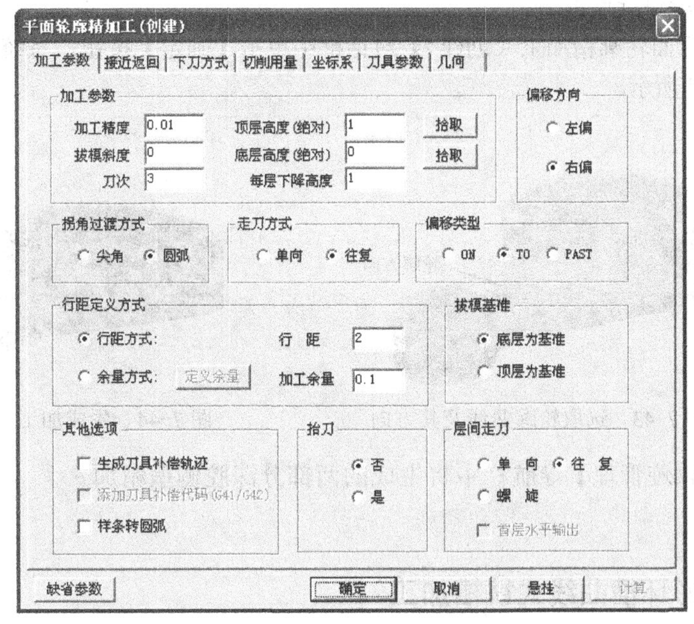

图 7-41　【平面轮廓精加工（创建）】对话框

3）在【加工参数】选项卡中设置【刀次】为“3”，【偏移方向】为【右偏】，【拐角过渡方式】为【圆弧】，【走刀方式】为【往复】，其他参数设置如图 7-41 所示。

4）在【下刀方式】选项卡中设置【安全高度】为“30”、【切入方式】为【垂直】，如图 7-42 所示。

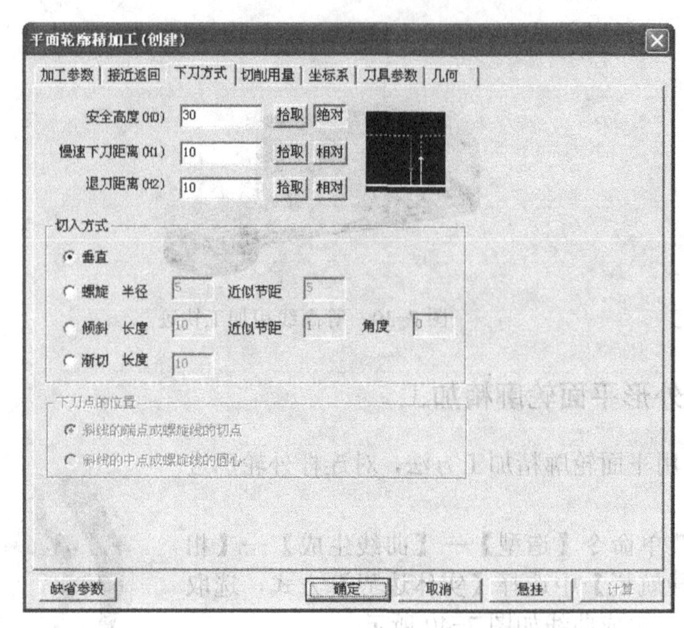

图 7-42 【下刀方式】设置页面

5）在【几何】选项卡中单击【轮廓曲线】按钮，根据系统提示选取图 7-43 所示的轮廓曲线及其方向。

6）在【刀具参数】选项卡中选取创建的 D12 立铣刀。其他加工参数采取默认，或者根据实际加工经验进行设置。

7）在【平面轮廓精加工（创建)】对话框中单击【确定】按钮，系统自动计算生成加工轨迹，如图 7-44 所示。

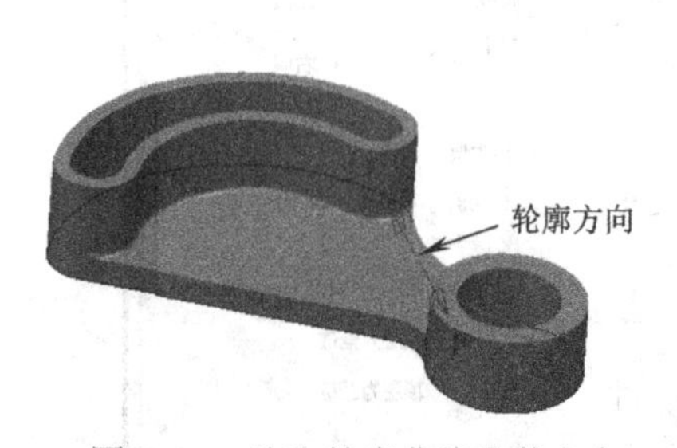

图 7-43 选取轮廓曲线及其方向

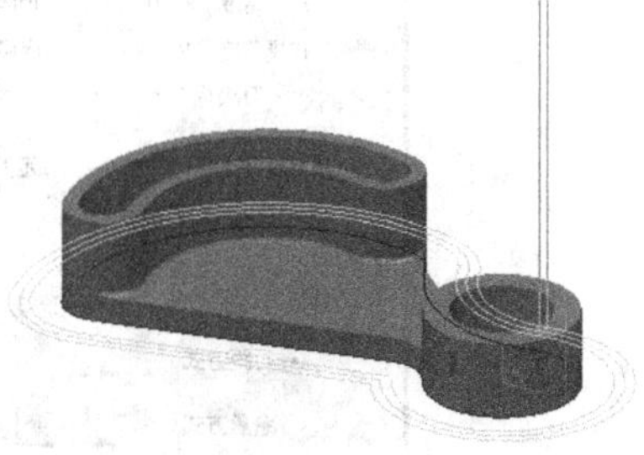

图 7-44 生成加工刀具轨迹

8）在【轨迹管理】导航栏中将生成的两部分深腔侧壁精加工轨迹隐藏。

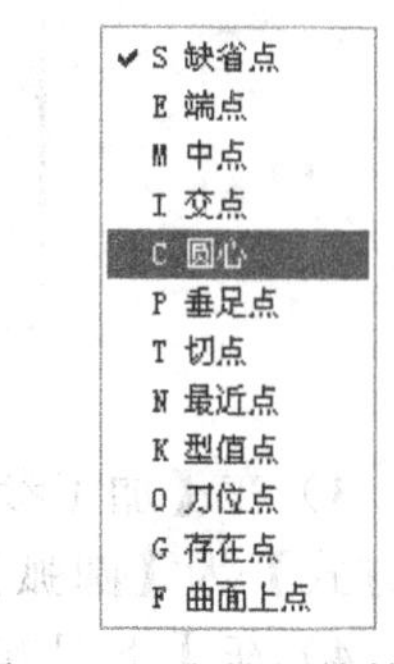

图 7-45 点捕捉快捷菜单

7.1.10 腰形环槽曲线式铣槽加工

1）单击绘图工具条上的圆弧绘制按钮，在导航栏选取【两点_半径】方式，然后按下空格键，在弹出的点捕捉快捷菜单中选【圆心】，如图 7-45 所示，即绘图时自动捕捉圆心点。绘制图 7-46 所示腰形环槽上表面一段圆弧，其中圆弧两个端点为腰形环槽截面草图圆心，半径为“32”。

2）选择菜单命令【造型】—【曲面生成】—【实体表面】，根据系统提示，选取异形底板的底面，单击鼠标右键，创建的曲面如图 7-47 所示。该曲面作为曲线式铣槽加工的参照。

3）在【轨迹管理】导航栏的空白处单击鼠标右键，在弹出的菜单中依次选择【加工】—【常用加工】—【曲线式铣槽加工】，系统弹出【曲线式铣槽加工（创建)】对话框，如图 7-48 所示。

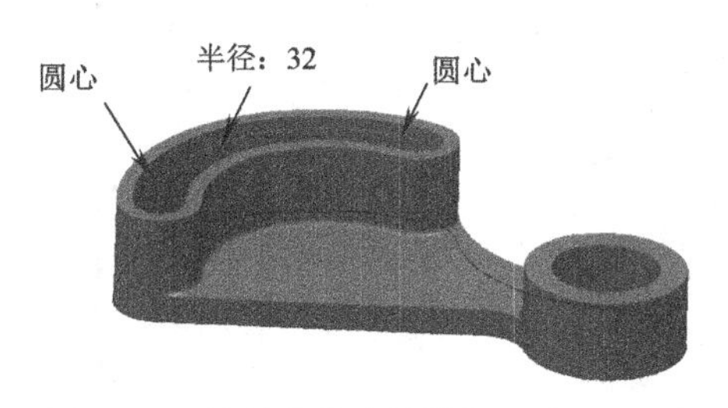

图 7-46　绘制曲线式铣槽加工参照圆弧

图 7-47　创建曲线式铣槽加工参照曲面

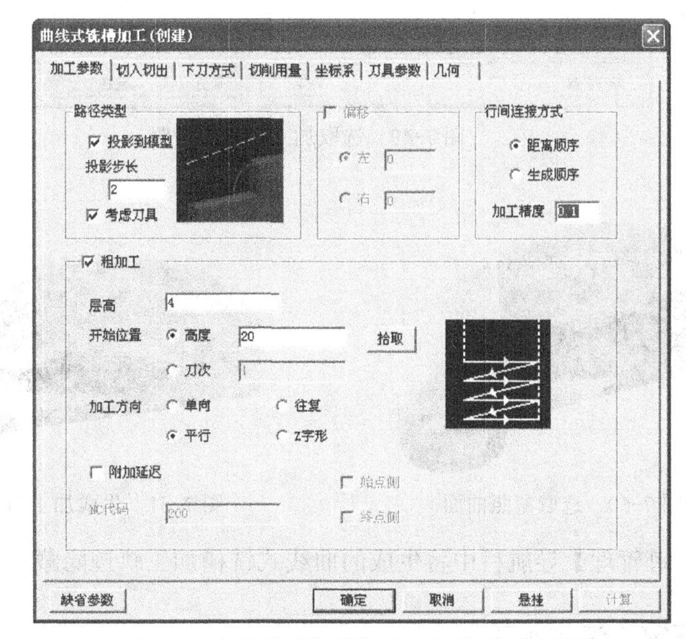

图 7-48 【曲线式铣槽加工（创建)】对话框

4）在【加工参数】选项卡中，复选【投影到模型】项，设置【投影步长】为“2”，复选【考虑刀具】项，设置【层高】为“4”、【加工方向】为【平行】，其他参数保持默认。

5）在【下刀方式】选项卡中，设置安全高度为“30”。在【刀具参数】选项卡中，通过刀具库选取定义的 D6 圆角铣刀。

6）如图 7-49 所示，在【几何】选项卡中，单击【曲线路径】按钮，选取图 7-46 绘制的圆弧作为曲线式铣槽的参照曲线，单击右键返回。再单击【加工曲面】按钮，根据状态栏提示，选取图 7-47 创建的曲面，调整加工方向如图 7-50 所示。

7）在【曲线式铣槽加工（创建)】对话框中单击【确定】按钮，系统自动计算生成加工轨迹，如图 7-51 所示。

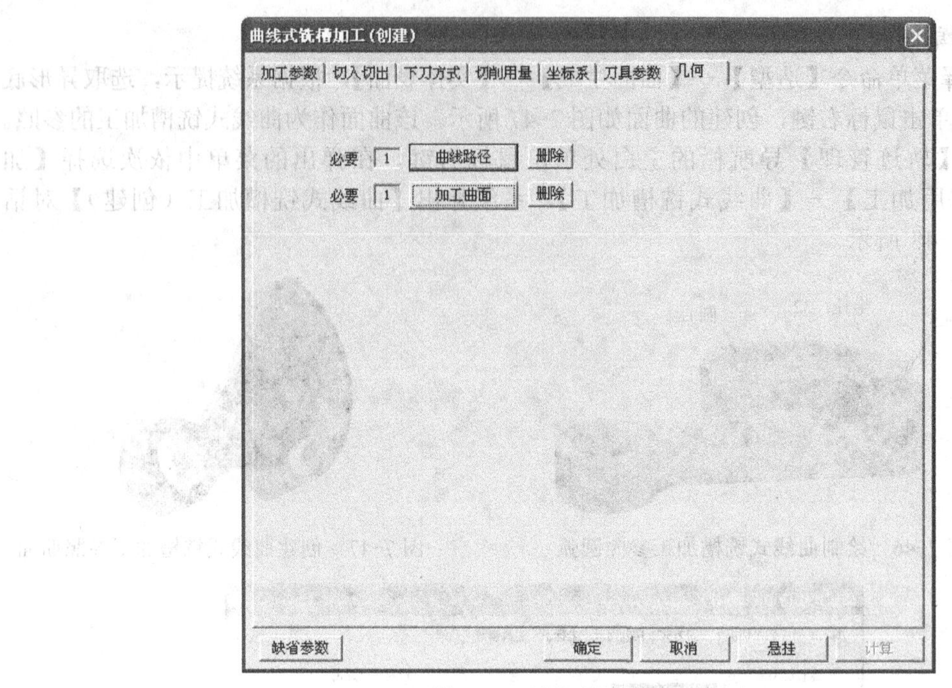

图 7-49 选取加工的几何参照

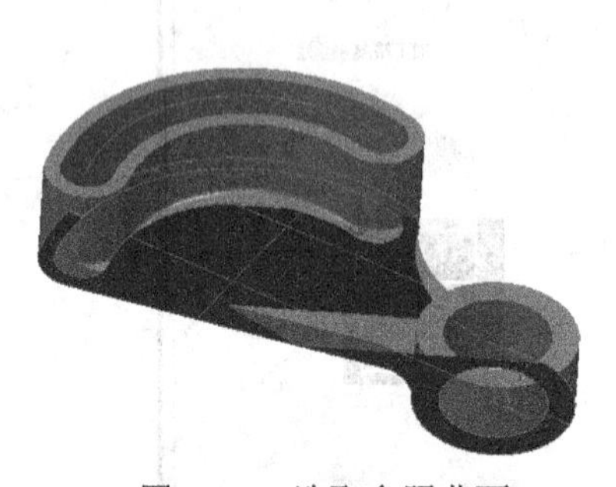

图 7-50 选取参照曲面

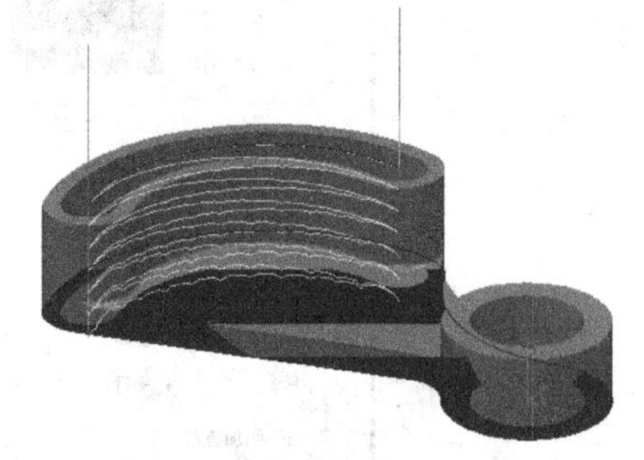

图 7-51 生成加工刀具轨迹

8）在【轨迹管理】导航栏中将生成的曲线式铣槽加工轨迹隐藏。

7.1.11 连杆笔式清根加工

1）在【轨迹管理】导航栏的空白处单击鼠标右键，在弹出的菜单中依次选择【加工】—【常用加工】—【笔式清根加工】，系统弹出【笔式清根加工（创建）】对话框，如图 7-52 所示。

2）在【加工参数】选项卡中，设置【加工方式】为【往复】，复选【多层清根】项，并设置【刀次】为“3”。

3）在【连接参数】选项卡的【空切区域】选项中，设置【安全高度】为“30”。

4）在【刀具参数】选项卡中，通过刀具库选取定义的 D6 圆角铣刀。

5）单击【确定】按钮，根据状态栏提示，按下 W 键选取整个模型为加工对象。单击鼠标右键，系统将自动计算生成加工轨迹，如图 7-53 所示。

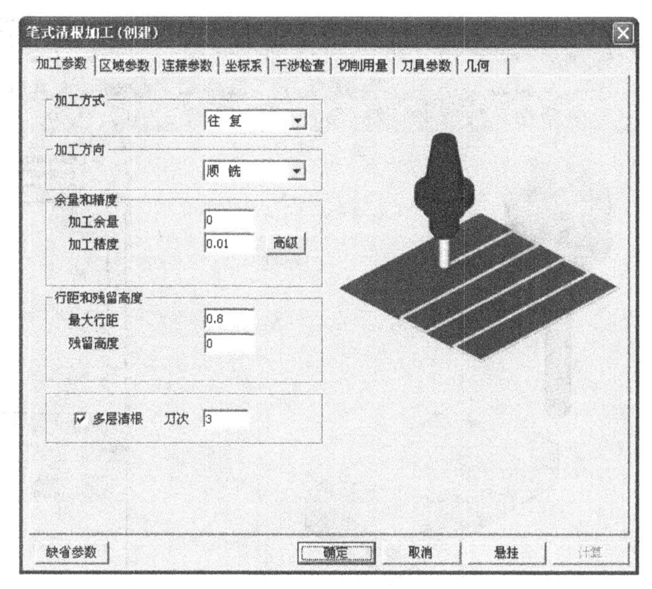

图 7-52 【笔式清根加工（创建）】对话框

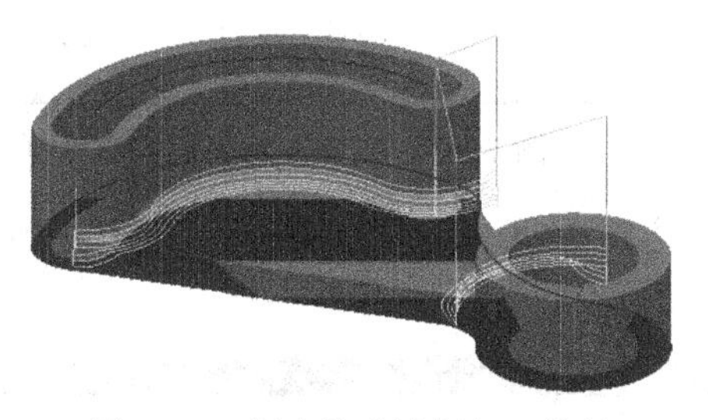

图 7-53 创建笔式清根加工轨迹

7.1.12 加工轨迹仿真

1）在【轨迹管理】导航栏的【刀具轨迹】上单击鼠标右键，在弹出的快捷菜单中选择【全部显示】，此时在图形窗口将显示所有生成的加工轨迹，如图 7-54 所示。

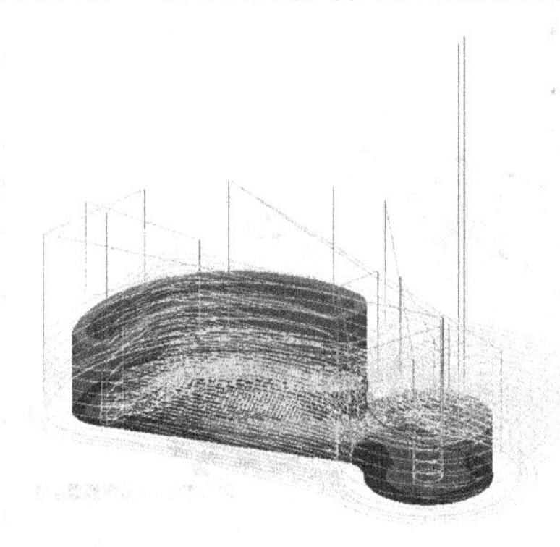

图 7-54 显示所有加工轨迹

2）在【刀具轨迹】上单击鼠标右键，在弹出的快捷菜单中选择【实体仿真】，系统弹出 CAXA 轨迹仿真对话框，如图 7-55 所示。

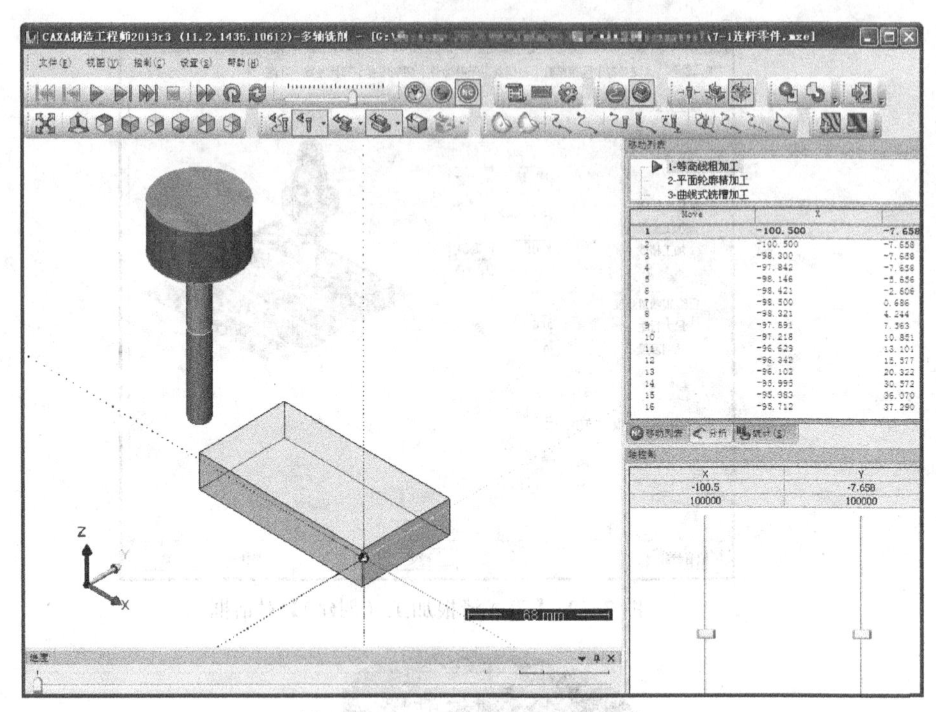

图 7-55　CAXA 轨迹仿真对话框

3）在工具栏上单击仿真按钮▷，系统即开始自动模拟加工过程。加工结束后的效果如图 7-56 所示。

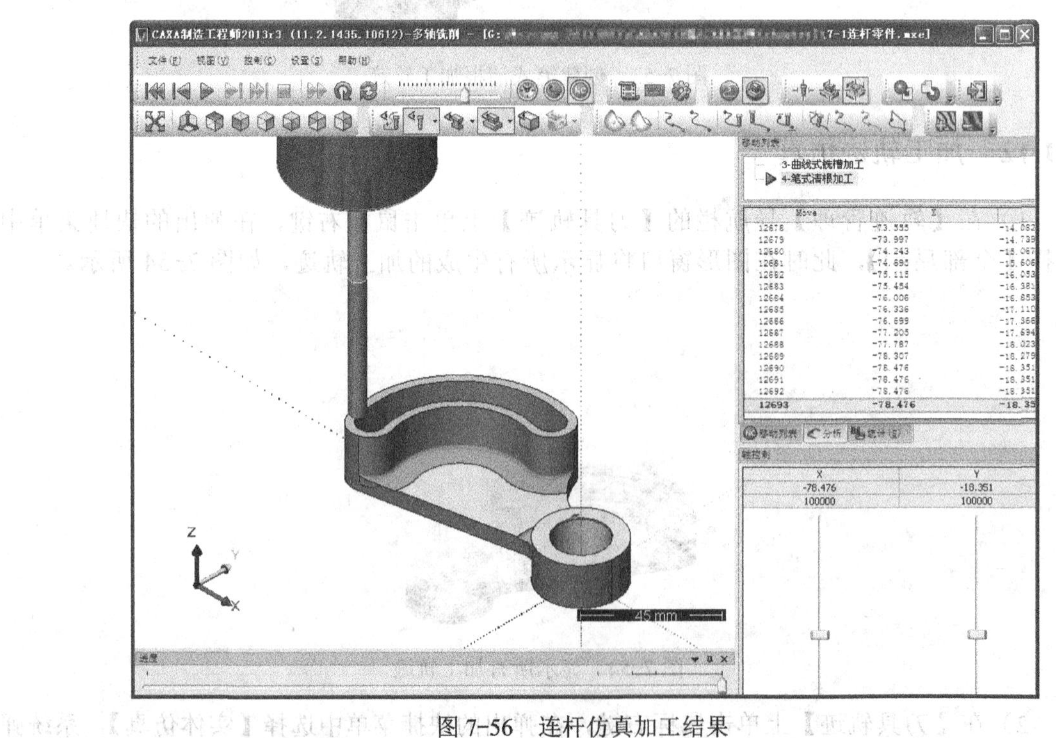

图 7-56　连杆仿真加工结果

4）如果只需要对某一个加工轨迹进行仿真，则只需在【轨迹管理】导航栏中相应的轨迹上单击鼠标右键，在弹出的快捷菜单中选择【实体仿真】，其余操作与步骤 2）、3）相同。

7.1.13　生成加工 G 代码

1）在【轨迹管理】导航栏的【刀具轨迹】上单击鼠标右键，在弹出的快捷菜单中选择【后置处理】—【生成 G 代码】，此时系统弹出【生成后置代码】对话框。在该对话框中输入 G 代码文件的名称，并选择保存路径，单击【保存】按钮将其保存。

2）在保存路径下双击生成的 G 代码文件，可以查看文件内容，如图 7-57 所示。

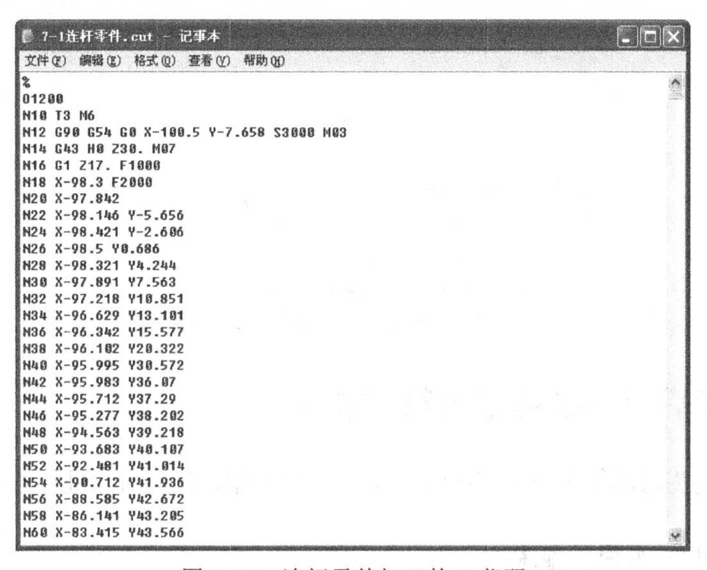


```
%
O1200
N10 T3 M6
N12 G90 G54 G0 X-100.5 Y-7.658 S3000 M03
N14 G43 H0 Z30. M07
N16 G1 Z17. F1000
N18 X-98.3 F2000
N20 X-97.842
N22 X-98.146 Y-5.656
N24 X-98.421 Y-2.606
N26 X-98.5 Y0.686
N28 X-98.321 Y4.244
N30 X-97.891 Y7.563
N32 X-97.218 Y10.851
N34 X-96.629 Y13.101
N36 X-96.342 Y15.577
N38 X-96.102 Y20.322
N40 X-95.995 Y30.572
N42 X-95.983 Y36.07
N44 X-95.712 Y37.29
N46 X-95.277 Y38.202
N48 X-94.563 Y39.218
N50 X-93.683 Y40.107
N52 X-92.481 Y41.014
N54 X-90.712 Y41.936
N56 X-88.585 Y42.672
N58 X-86.141 Y43.205
N60 X-83.415 Y43.566
```

图 7-57　连杆零件加工的 G 代码

7.1.14　生成加工工艺单

1）在【轨迹管理】导航栏的【刀具轨迹】上单击鼠标右键，在弹出的快捷菜单中选择【工艺清单】，此时系统弹出【工艺清单】对话框。在该对话框中输入工艺清单的相关说明参数，并选择保存路径，单击【确定】按钮将其保存，如图 7-58 所示。

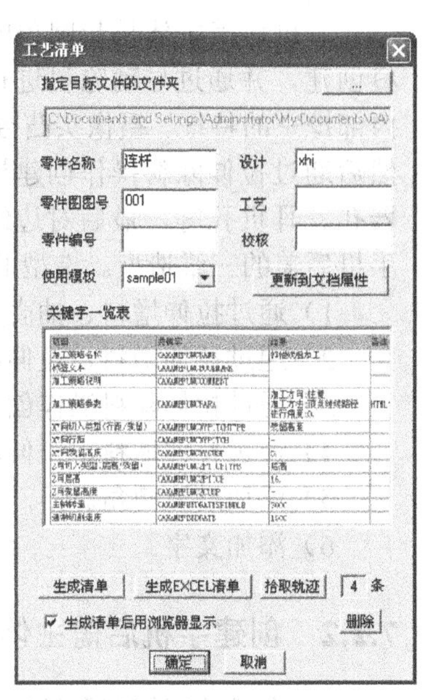

图 7-58　设定连杆工艺清单参数

2）在保存路径选择要查看的工艺清单，有明细表刀具、功能参数、刀具、刀具轨迹、NC 数据等。图 7-59 显示了工艺清单中的刀具轨迹内容。

至此，连杆零件的实体造型、生成加工轨迹、加工轨迹仿真、生成 G 代码程序、生成加工工艺单等工作已经全部完成。可以把加工工艺单和 G 代码程序通过工厂的局域网送到车间。车间在加工之前还可以通过 CAXA 制造工程师 2013 中的校核 G 代码功能，查看一下加工代码的轨迹形状。

关键字-刀具轨迹

项目	保留字	结果	备注
轨迹顺序编号	CAXAMEPATHNO	1	
轨迹名称	CAXAMEFUNCNAME	等高线粗加工	
轨迹示意图	CAXAMEPATHIMG		HTML代码
轨迹总加工时间(分)	CAXAMEPATHTIME	9.475	
轨迹总加工长度(mm)	CAXAMEPATHLEN	19326.299	
轨迹切削时间(分)	CAXAMEPATHCUTTINGTIME	9.015	

图 7-59　工艺清单的刀具轨迹明细

7.2　手机后盖三维造型与数控加工

本实例将先对图 7-60 所示手机后盖进行三维造型，然后对其进行数控加工。

7.2.1　造型操作思路解析

手机后盖主体是带圆角的矩形形状，可通过拉升增料创建，并通过导动除料进行修饰，然后通过抽壳实现内部挖空的特征。摄像头凸台可通过创建拉伸增料创建，然后通过拉伸除料操作创建摄像头孔、闪光灯孔、扬声器孔、耳机孔等。最后对边线进行过渡圆角处理，完成手机后盖的三维造型。造型的基本步骤为：

图 7-60　手机后盖三维实体

1）通过拉伸增料、抽壳操作创建主体。

2）通过拉伸增料、拉伸除料创建摄像头凸台及孔。

3）通过拉伸除料操作创建闪光灯孔、耳机孔。

4）通过拉伸增料、拉伸除料创建扬声器孔。

5）添加过渡圆角。

6）添加文字。

7.2.2　创建手机后盖主体

1）在【特征管理】导航栏中选择 XOY 平面，然后单击草图绘制按钮，进入草图绘制环境。

2）按 F5 键调整视图角度，将绘图平面切换到 XOY。

3）在【曲线生成栏】工具条中单击按钮、，用鼠标左键选取坐标原点作为图形中心，然后根据系统状态栏提示，绘制图 7-61 所示的矩形，并将其倒圆。

4）再次单击按钮，退出草图绘制环境。

5）单击拉伸增料按钮，此时系统弹出【拉伸增料】对话框，如图 7-62 所示。在该对话框中设定拉伸类型为【固定深度】，并设定深度值为“5”，用鼠标选取拉伸对象为绘制的截面草图。单击【确定】按钮，完成手机后盖底板的创建，如图 7-63 所示。

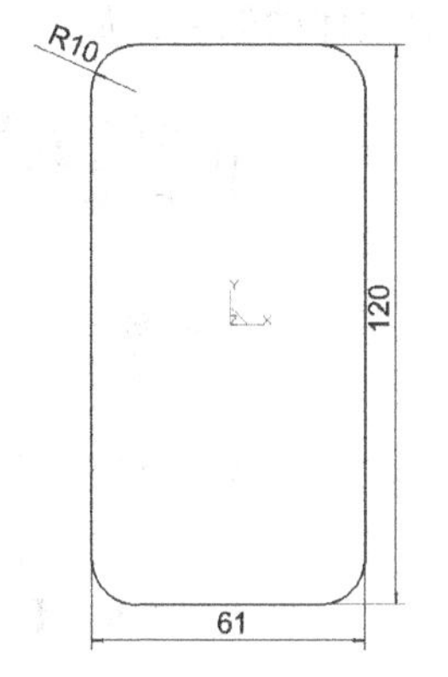

图 7-61　手机后盖主体截面草图

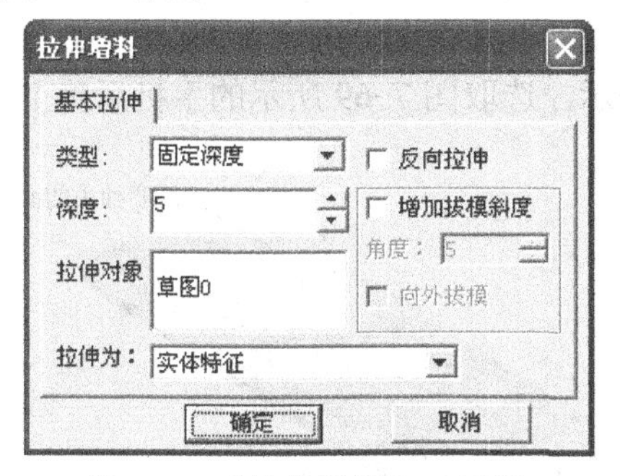

图 7-62　【拉伸增料】对话框

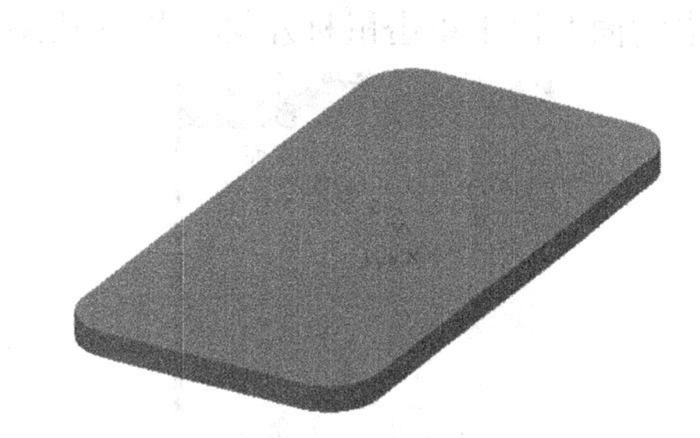
图 7-63　生成异形底板

6）选择菜单命令【造型】—【曲线生成】—【相关线】，在【导航栏】中选择【实体边界】方式，选取手机后盖下底面边线，生成曲线如图 7-64 所示。然后用【造型】—【曲线编辑】—【曲线打断】命令，将图中边线从中点处打断。

7）按 F5 键调整视图角度，将绘图平面切换到 XOZ。

8）在【曲线生成栏】工具条中单击按钮、，绘制图 7-65 所示的图形，圆弧右端点在图 7-64 打断点处。

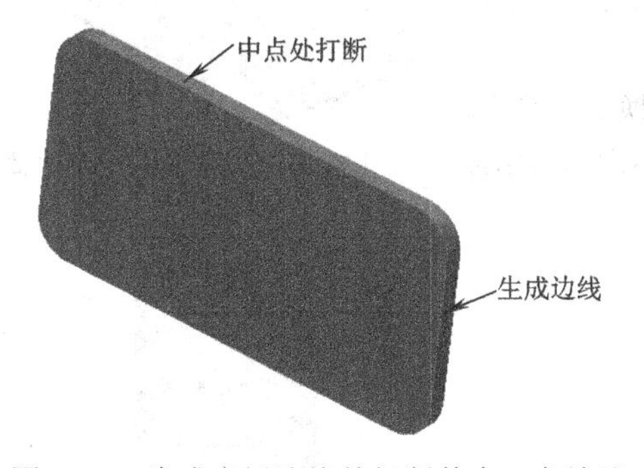

图 7-64　生成底板边线并打断其中一条边线

图 7-65　绘制截面草图

9）再次单击按钮，退出草图绘制环境。

10）单击导动除料按钮，此时系统弹出【导动】对话框，如图 7-66 所示。在该对话框中设定【选项控制】为【固接导动】，然后根据状态栏提示，拾取图 7-65 绘制的截面草图作为轮廓界面线，拾取图 7-64 所示的图形作为轨迹线。单击【确定】按钮，完成手机后盖主体的创建，如图 7-67 所示。

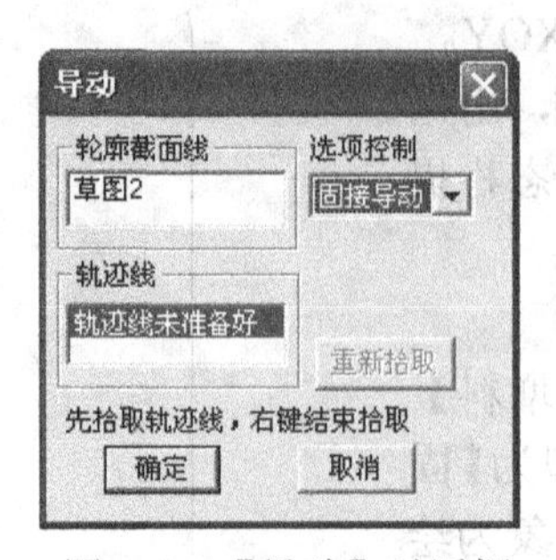

图 7-66 【导动】对话框

图 7-67 生成手机后盖主体

11）选择菜单命令【造型】—【特征生成】—【抽壳】，或者在工具栏上单击抽壳按钮，系统弹出【抽壳】对话框，如图 7-68 所示。在【厚度】栏输入抽壳厚度为“0.6”，然后在【需抽去的面】栏中单击鼠标左键，根据状态栏提示，选取图 7-69 所示的手机后盖主体下底面。

图 7-68 【抽壳】对话框

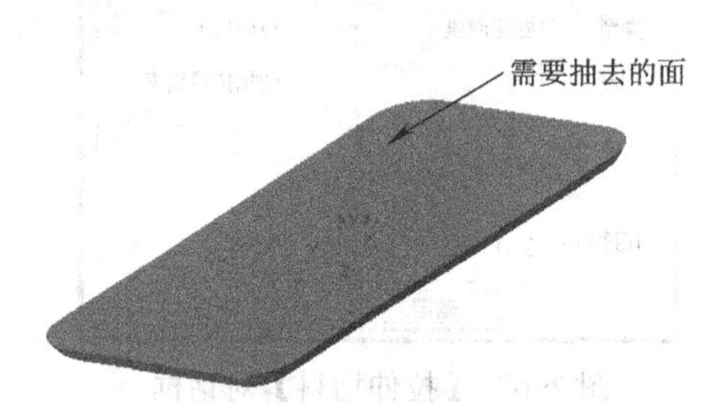

图 7-69 选取需要抽去的面

12）在【抽壳】对话框中单击【确定】按钮，生成手机抽壳特征如图 7-70 所示。

7.2.3 创建摄像头凸台及孔

1）在绘图区选取抽壳操作后的手机后盖主体上表面，如图 7-71 所示。然后单击草图绘制按钮，进入草图绘制环境。

2）按 F5 键调整视图角度，将绘图平面切换到 XOY。

3）在【曲线生成栏】工具条中单击矩形按钮，绘制图 7-72 所示的矩形。

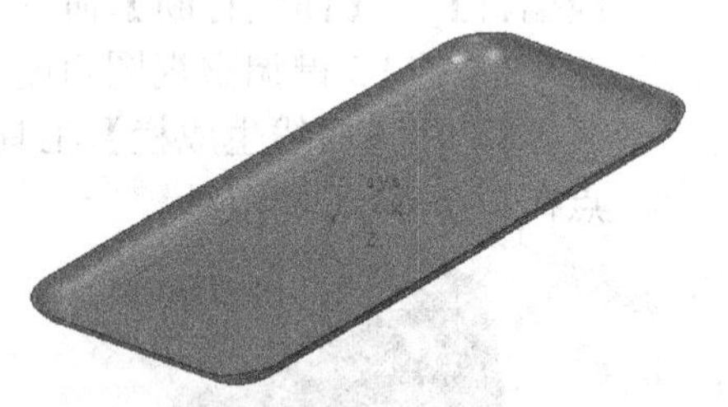

图 7-70 生成手机后盖主体抽壳

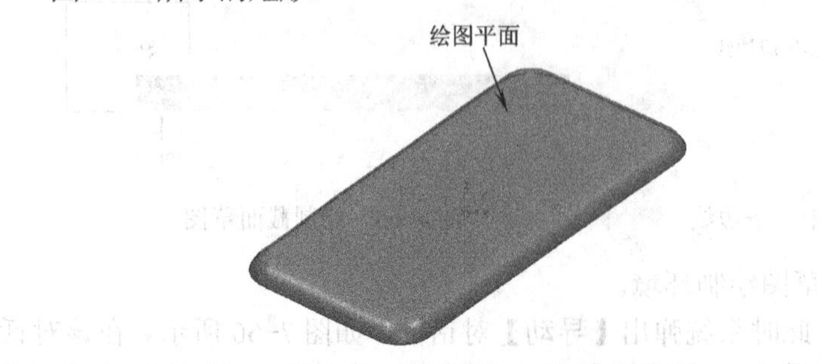

图 7-71 选取绘图平面

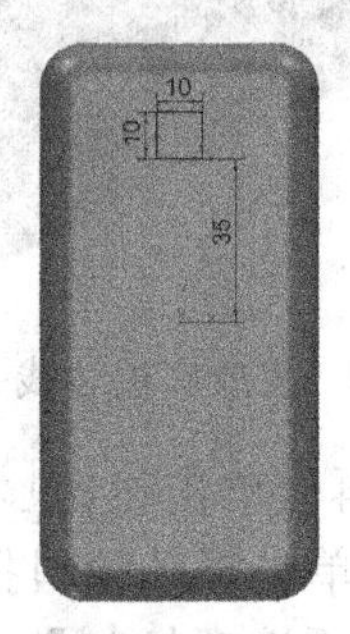

图 7-72 绘制摄像头凸台截面草图

4）再次单击按钮，退出草图绘制环境。

5）单击拉伸增料按钮，此时系统弹出【拉伸增料】对话框，如图 7-73 所示。在该对话框中设定拉伸类型为【固定深度】，并设定深度值为“1”，用鼠标选取拉伸对象为绘制的截面草图。单击【确定】按钮，完成摄像头凸台的创建，如图 7-74 所示。

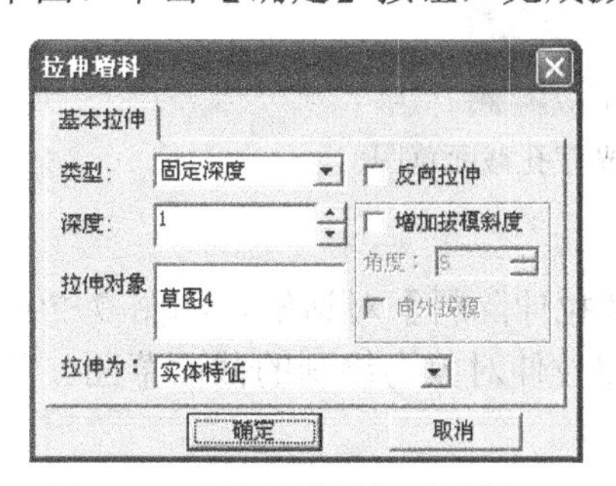

图 7-73 【拉伸增料】对话框

图 7-74　摄像头凸台

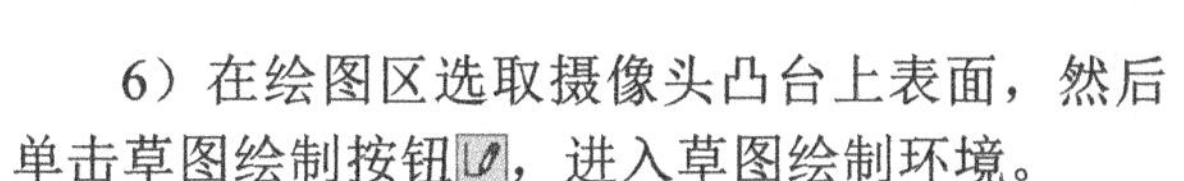

6）在绘图区选取摄像头凸台上表面，然后单击草图绘制按钮，进入草图绘制环境。

7）按 F5 键调整视图角度，将绘图平面切换到 XOY。

8）在【曲线生成栏】工具条中单击矩形按钮、过渡按钮，绘制图 7-75 所示的矩形，并将其倒圆。

9）再次单击按钮，退出草图绘制环境。

10）单击拉伸除料按钮，此时系统弹出【拉伸除料】对话框，如图 7-76 所示。在该对话框中设定拉伸类型为【贯穿】，用鼠标选取拉伸对象为绘制的截面草图。单击【确定】按钮，完成摄像头凸台孔的创建，如图 7-77 所示。

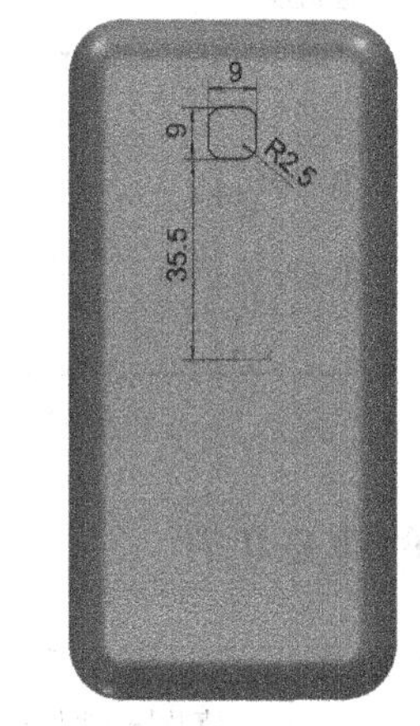

图 7-75　绘制摄像头凸台孔截面草图

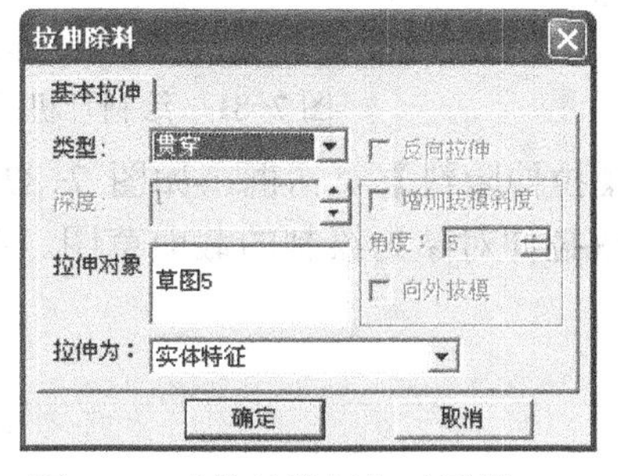

图 7-76 【拉伸除料】对话框

图 7-77　摄像头凸台孔

7.2.4　创建闪光灯孔

1）在绘图区选取图 7-71 所示的表面，然后单击草图绘制按钮，进入草图绘制环境。

2）按 F5 键调整视图角度，将绘图平面切换到 XOY。

3）在【曲线生成栏】工具条中单击矩形按钮，绘制图 7-78 所示的矩形。

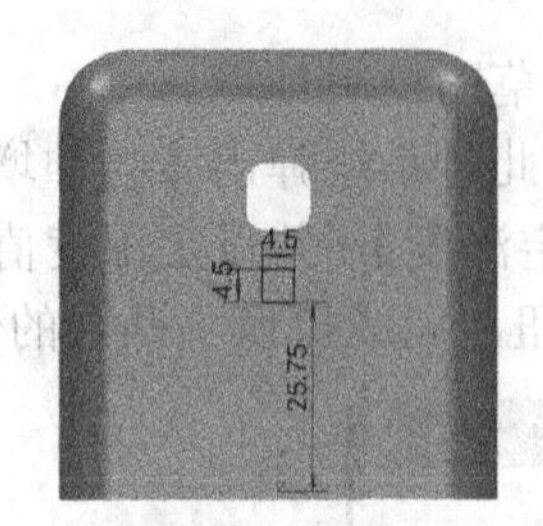

图 7-78　绘制闪光灯孔截面草图

4）再次单击按钮，退出草图绘制环境。

5）单击拉伸除料按钮，此时系统弹出【拉伸除料】对话框，如图 7-79 所示。在该对话框中设定拉伸类型为【贯穿】，用鼠标选取拉伸对象为绘制的截面草图。单击【确定】按钮，完成闪光灯孔的创建，如图 7-80 所示。

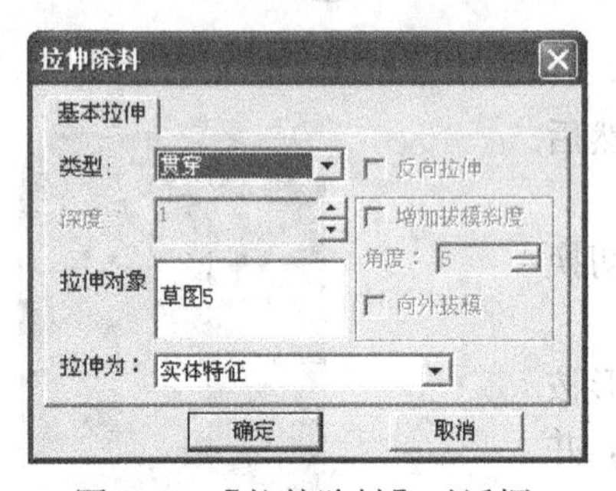

图 7-79 【拉伸除料】对话框

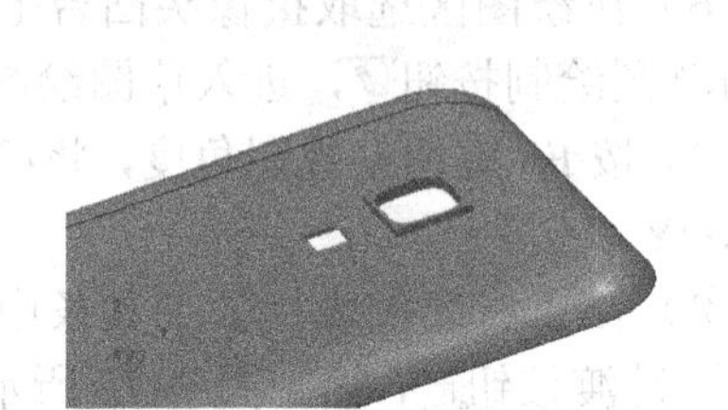

图 7-80　闪光灯孔

7.2.5　创建耳机孔

1）在绘图区选取图 7-71 所示的表面，然后单击草图绘制按钮，进入草图绘制环境。

2）按 F5 键调整视图角度，将绘图平面切换到 XOY。

3）在【曲线生成栏】工具条中单击圆按钮，绘制图 7-81 所示的圆，并标注相应尺寸。

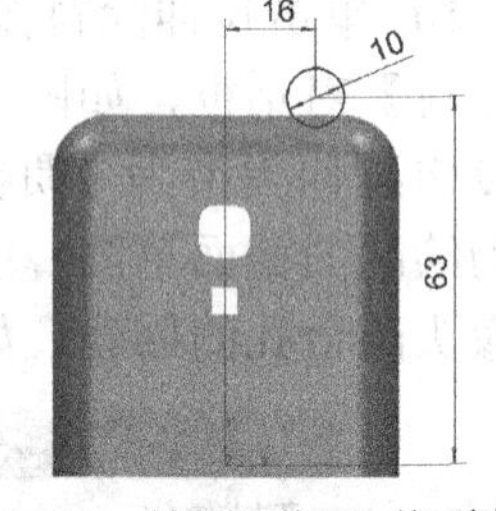

图 7-81　绘制耳机孔截面草图

4）再次单击按钮，退出草图绘制环境。

5）单击拉伸除料按钮，此时系统弹出【拉伸除料】对话框，如图 7-82 所示。在该对话框中设定拉伸类型为【贯穿】，用鼠标选取拉伸对象为绘制的截面草图。单击【确定】按钮，完成耳机孔的创建，如图 7-83 所示。

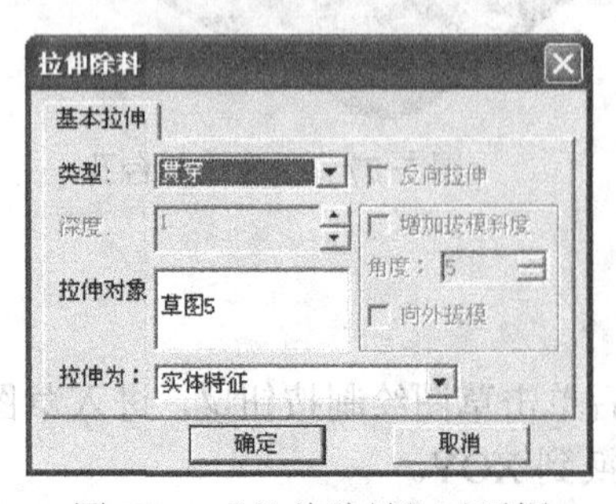

图 7-82 【拉伸除料】对话框

图 7-83　耳机孔

7.2.6 创建扬声器孔

1）在绘图区选取抽壳操作后的手机后盖主体上表面，然后单击草图绘制按钮，进入草图绘制环境。

2）按 F5 键调整视图角度，将绘图平面切换到 XOY。

3）在【曲线生成栏】工具条中单击矩形按钮、圆按钮，绘制图 7-84 所示的矩形。

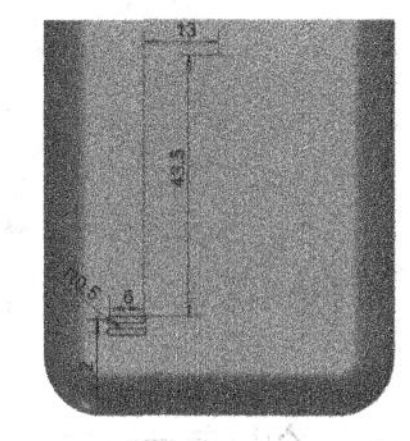

图 7-84 绘制扬声器孔截面草图

4）再次单击按钮，退出草图绘制环境。

5）单击拉伸除料按钮，此时系统弹出【拉伸除料】对话框，如图 7-85 所示。在该对话框中设定拉伸类型为【贯穿】，用鼠标选取拉伸对象为绘制的截面草图。单击【确定】按钮，完成扬声器孔的创建，如图 7-86 所示。

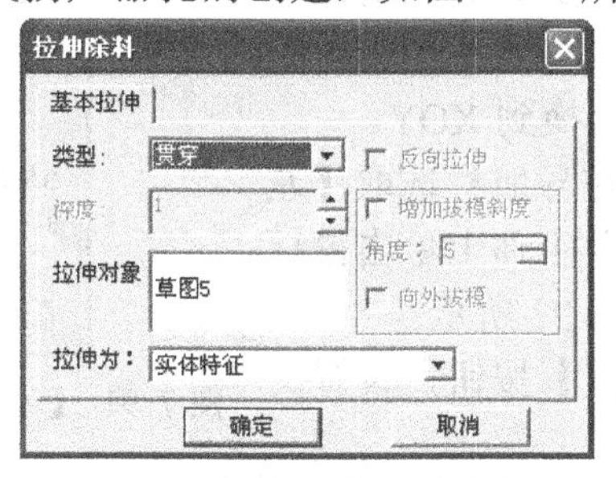

图 7-85 【拉伸除料】对话框

图 7-86 扬声器孔

7.2.7 创建过渡圆角

1）单击过渡按钮，系统弹出【过渡】对话框，如图 7-87 所示。在【过渡】对话框中，设置过渡圆角的【半径】为“3”，【过渡方式】为【等半径】，其他参数为默认。根据状态栏提示，用鼠标选取图 7-74 所示摄像头凸台边线，单击【确定】按钮，完成过渡圆角创建，如图 7-88 所示。

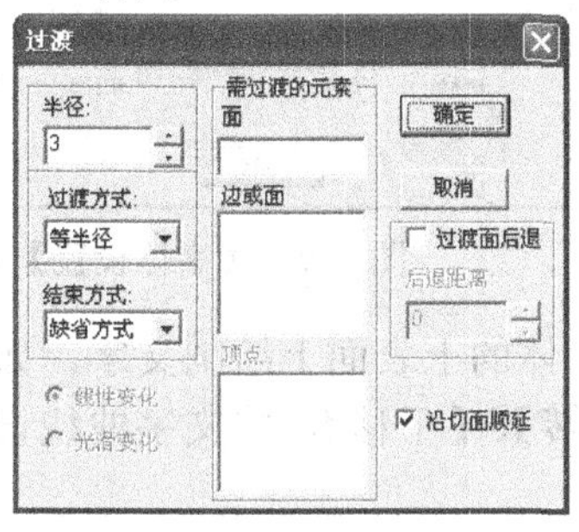

图 7-87 【过渡】对话框

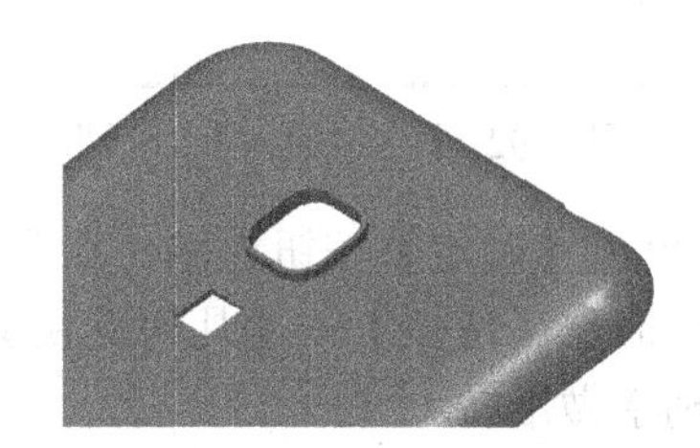

图 7-88 创建摄像头凸台过渡圆角 1

2）单击过渡按钮，在弹出的【过渡】对话框中设置与图 7-87 相同的参数。根据状态栏提示，用鼠标选取摄像头凸台与手机后盖主体上表面的交线。单击【确定】按钮，完成倒圆操作如图 7-89 所示。

3）单击过渡按钮，在弹出的【过渡】对话框中，设置过渡圆角的【半径】为“1.5”，其他参数为默认。根据状态栏提示，用鼠标选取闪光灯孔的边线。单击【确定】按钮，完成倒圆操作如图 7-90 所示。

图 7-89　创建摄像头凸台过渡圆角 2

图 7-90　创建闪光灯孔过渡圆角

7.2.8　创建文字

1）选择菜单命令【工具】—【坐标系】—【设定当前平面】，系统弹出【当前平面】对话框，如图 7-91 所示。在该对话框中选取【XY 平面】，设置的【当前高度】值为“5”，将当前激活的坐标平面移到手机后盖主体的上表面。

2）按 F5 键调整视图角度，将绘图平面切换到 XOY。

3）选择菜单命令【造型】—【文字】，在导航栏选取【左下角】作为文字定位方式。在绘图区手机后盖主体上单击鼠标左键，系统弹出【文字输入】对话框，如图 7-92 所示。

4）输入文字“CAXA2013”，单击【设置】按钮，设置文字参数如图 7-93 所示。

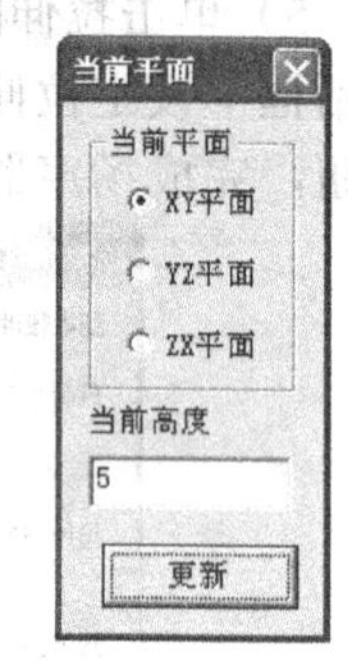

图 7-91　【当前平面】对话框

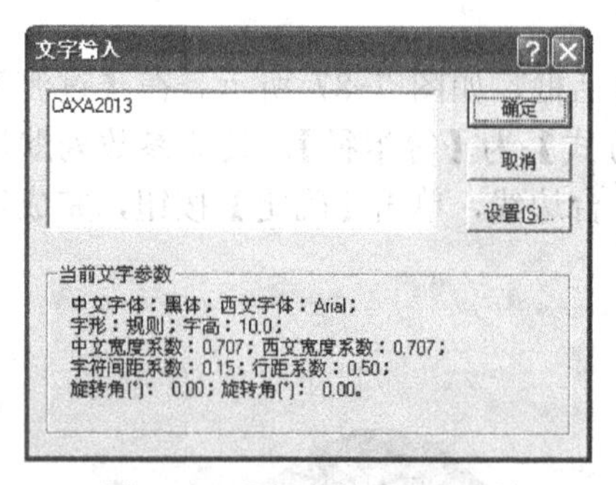

图 7-92　【文字输入】对话框

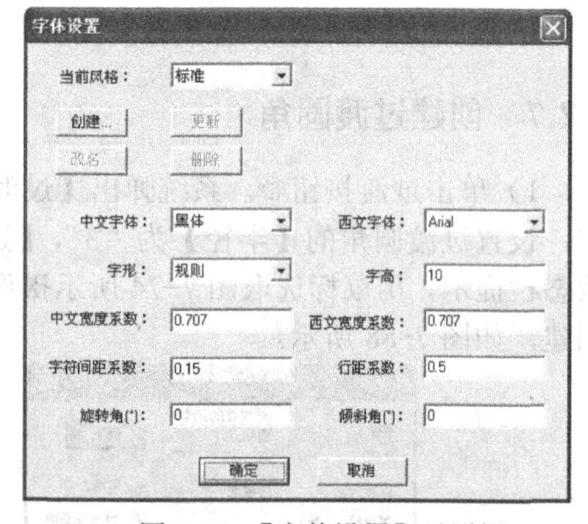

图 7-93　【字体设置】对话框

5）单击【确定】按钮返回，在手机后盖主体的上表面上绘制文字，如图 7-94 所示。采用菜单命令【造型】—【几何变换】—【旋转】、【平移】，将文字曲线设置为图 7-95 所示，为刻字做准备。

图 7-94　生成文字曲线

图 7-95　调整文字曲线位置

由此完成手机后盖零件的三维实体造型操作。

7.2.9　数控加工思路解析

从图 7-60 可知，手机后盖的主体较为规则，在整体加工时可采用等高线粗加工的方法进行加工；而各个孔可以采用区域曲面加工方法，提高加工效率；采用曲线投影加工在手机后盖上表面上刻字；最后采用笔式清根加工方法去除残余材料。

7.2.10　准备加工条件

1. 创建毛坯

1）在【轨迹管理】导航栏中，用鼠标双击【毛坯】，系统弹出【毛坯定义】对话框，如图 7-96 所示。在该对话框中选择【毛坯定义】类型为【矩形】，然后单击【参照模型】按钮，系统即根据实际模型大小创建加工用的毛坯，如图 7-97 所示。

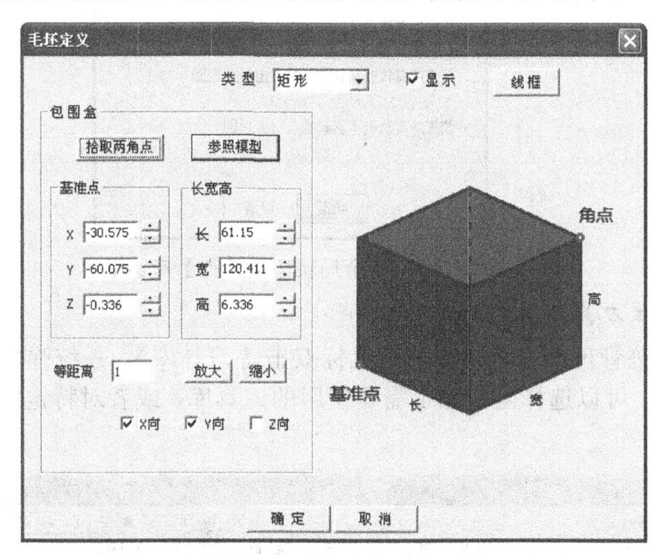

图 7-96 【毛坯定义】对话框

图 7-97　创建手机后盖毛坯

2）也可以选择通过【两点】或【三点】方式创建毛坯，此时需要指定作为毛坯实体的边界点。这里不再赘述。

3）在导航栏的【毛坯】上单击鼠标右键，在弹出的快捷菜单中选择【隐藏】，不显示毛坯边框，便于查看刀具轨迹。

2. 定义加工起始点

在【轨迹管理】导航栏中，用鼠标双击【起始点】，系统弹出【全局轨迹起始点】对话框，如图 7-98 所示。由于图 7-97 中创建毛坯高度约为 6.4，而建模的起始点在坐标原点，因此设定全局起始点坐标为（0，0，20）。

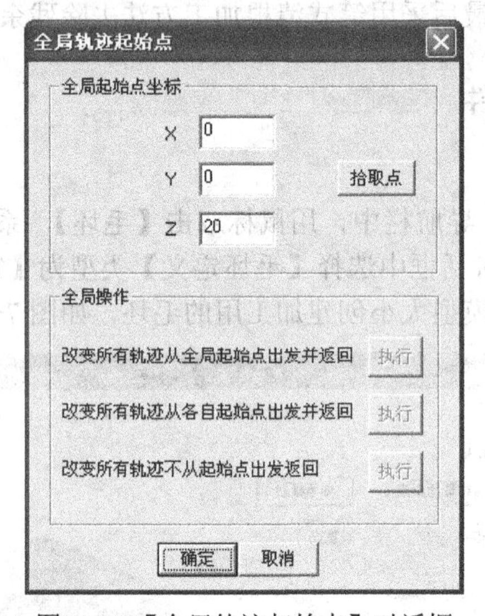

图 7-98 【全局轨迹起始点】对话框

3. 创建加工刀具并定义参数

1）在【轨迹管理】导航栏中，用鼠标双击【刀具库】，系统弹出【刀具库】对话框，如图 7-99 所示。可以选择当前加工需要使用的刀具库，或者对特定的刀具库中的刀具进行管理和编辑。

刀具库

共 11 把　增 加　清 空　导 入　导 出

类 型	名 称	刀 号	直 径	刃 长	全 长	刀杆类型	刀杆直径	半径补偿号	长度补偿号
立铣刀	EdML_0	0	10.000	50.000	80.000	圆柱	10.000	0	0
立铣刀	EdML_0	1	10.000	50.000	100.000	圆柱 + 圆锥	10.000	1	1
圆角铣刀	BulML_0	2	10.000	50.000	80.000	圆柱	10.000	2	2
圆角铣刀	BulML_0	3	10.000	50.000	100.000	圆柱 + 圆锥	10.000	3	3
球头铣刀	SphML_0	4	10.000	50.000	80.000	圆柱	10.000	4	4
球头铣刀	SphML_0	5	12.000	50.000	100.000	圆柱 + 圆锥	10.000	5	5
燕尾铣刀	DvML_0	6	20.000	6.000	80.000	圆柱	20.000	6	6
燕尾铣刀	DvML_0	7	20.000	6.000	100.000	圆柱 + 圆锥	10.000	7	7
球形铣刀	LoML_0	8	12.000	12.000	80.000	圆柱	12.000	8	8
球形铣刀	LoML_1	9	10.000	10.000	100.000	圆柱 + 圆锥	10.000	9	9

确 定　取 消

图 7-99 【刀具库】对话框

2）单击【增加】按钮，系统弹出【刀具定义】对话框，如图 7-100 所示。在对话框中选择新增加的刀具类型为【圆角铣刀】，铣刀【刀具名称】为“D8”，并设定【刀具号】为“4”、【直径】为“8”、【圆角半径】为“2”，其他参数为默认。单击【确定】按钮，增加一个圆角铣刀。

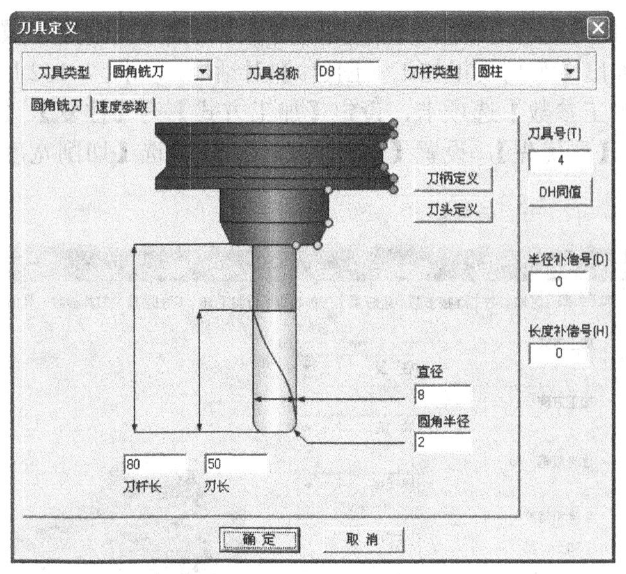

图 7-100 【刀具定义】对话框

3）此时在【刀具库】对话框可以看到创建的 D8 刀具。在列表框中双击创建的刀具，将再次打开【刀具定义】对话框，如图 7-101 所示。

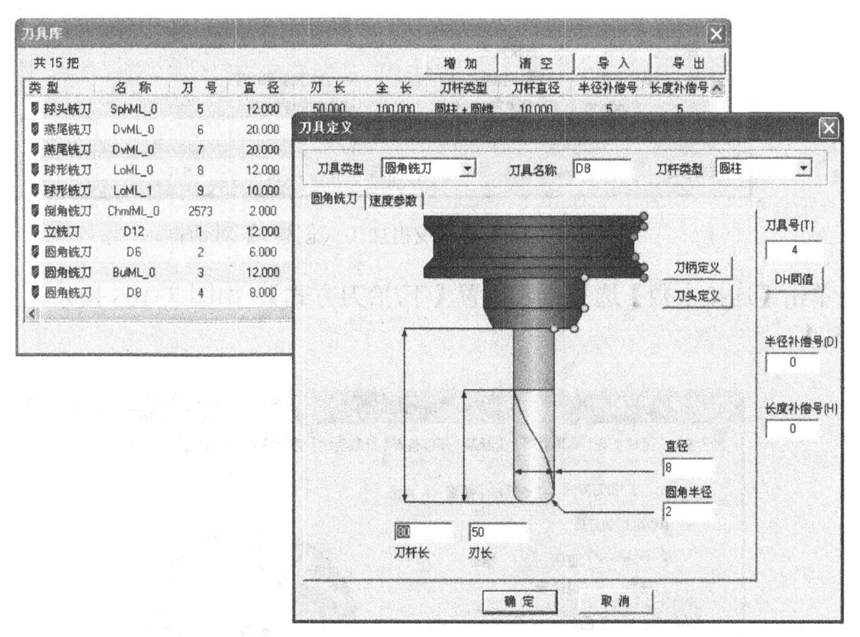

图 7-101　预览并编辑创建的刀具

4）用同样的方法创建一把 D6 的圆角刀具、D3 的圆角刀具、D1 的圆角铣刀、D6 的球头铣刀。

7.2.11　等高线粗加工手机后盖主体外形

1）依次选择菜单栏的【加工】—【常用加工】—【等高线粗加工】，或者在【轨迹管理】

导航栏中单击鼠标右键，在弹出的快捷菜单中依次选择【加工】→【常用加工】→【等高线粗加工】，系统弹出【等高线粗加工（创建）】对话框，如图 7-102 所示。

2）选择【加工参数】选项卡，设定【加工方式】为【往复】、【加工方向】为【顺铣】、【行进策略】为【层优先】，设置【层高】为“1”，复选【切削宽度自适应】项，其余参数取默认值。

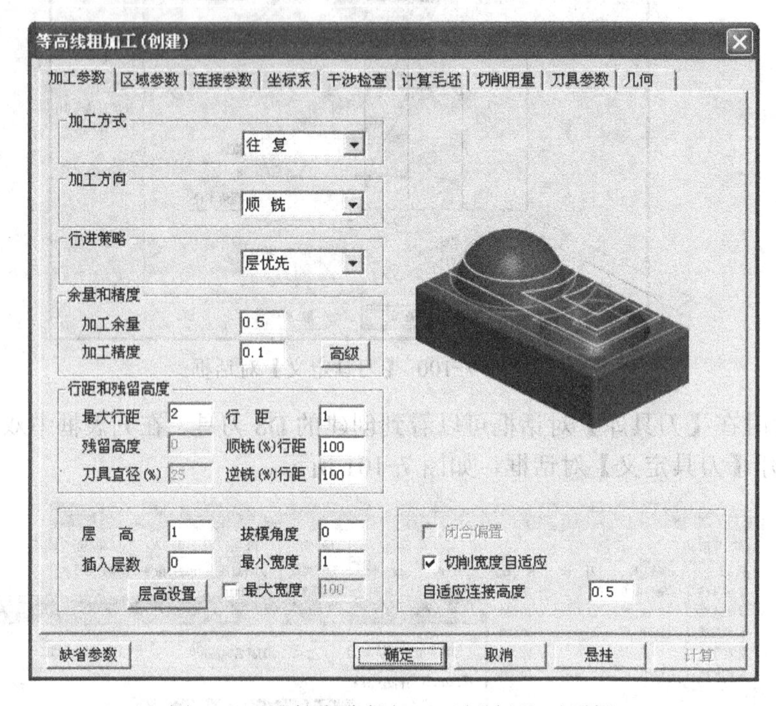

图 7-102 【等高线粗加工（创建）】对话框

3）单击【连接参数】选项卡，设置【下/抬刀方式】，如图 7-103 所示。这里取默认值，即【自动】。

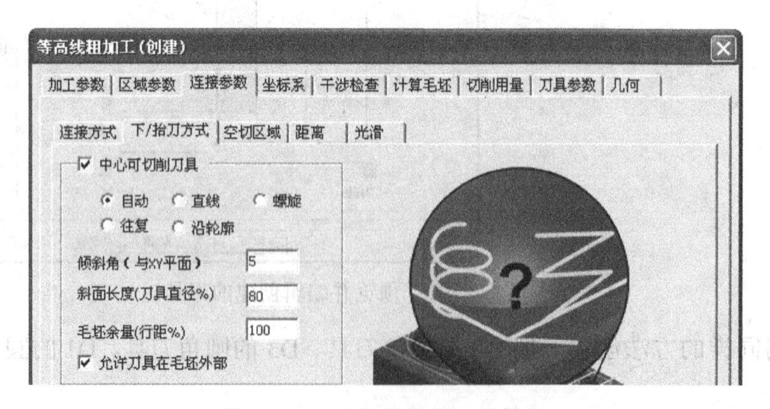

图 7-103 设置【下/抬刀方式】

4）单击【空切区域】选项，设定【安全高度】为“20”，如图 7-104 所示。

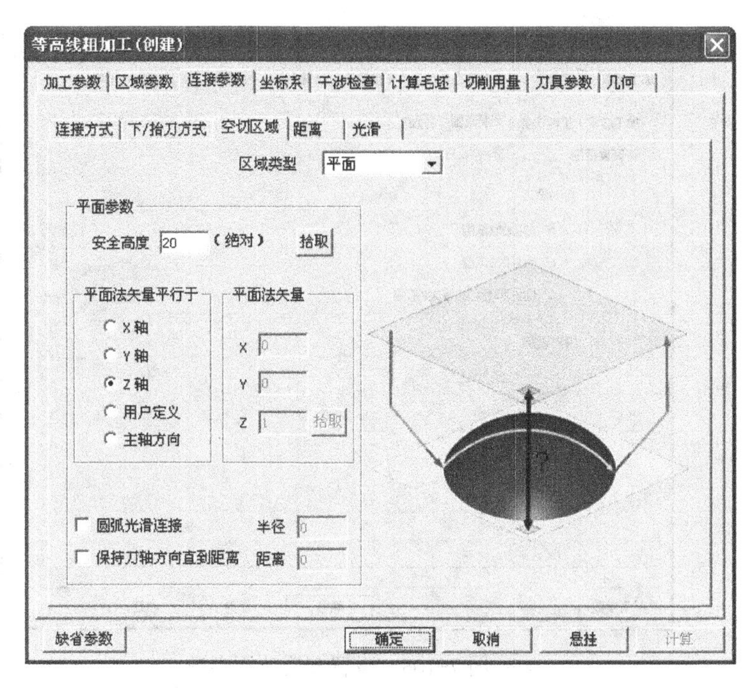

图 7-104　设置安全高度参数

5）单击【切削用量】选项卡，设置各个切削动作时的主轴转速，如图 7-105 所示。这里取默认值。

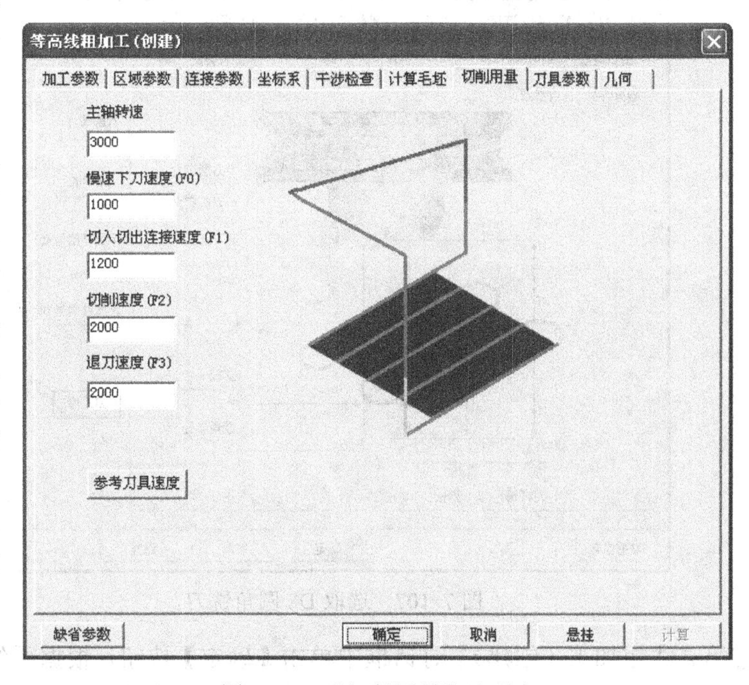

图 7-105　【切削用量】选项卡

6）单击【区域参数】选项卡的【高度范围】选项，设置 Z 轴运动的有效范围为【曲面的 Z 范围】。用户也可以自定义高度范围，如图 7-106 所示。

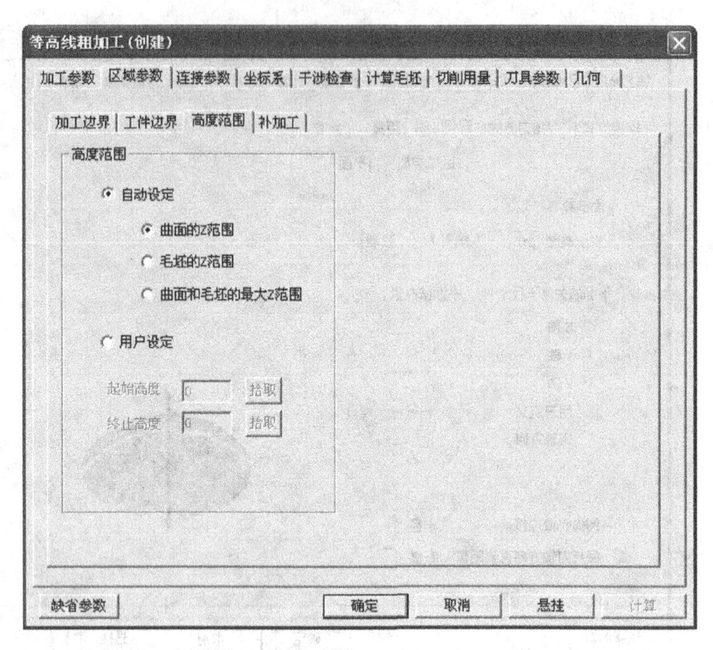

图 7-106　设置高度范围参数

7）单击【刀具参数】选项卡，然后单击【刀库】按钮，在弹出的【刀具库】对话框中选择D8 圆角铣刀，单击【确定】按钮返回【等高线粗加工（创建）】对话框，如图 7-107 所示。

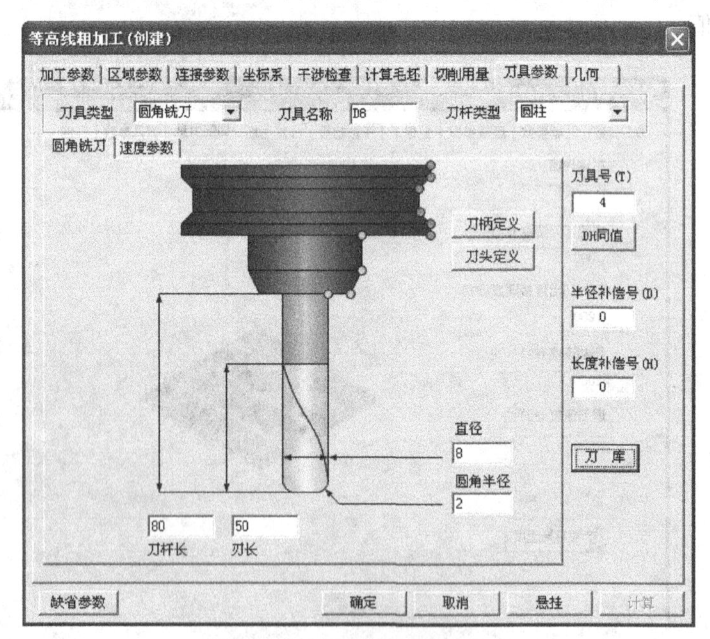

图 7-107　选取 D8 圆角铣刀

8）在【等高线粗加工（创建）】对话框中单击【确定】按钮，根据系统状态栏提示“拾取加工对象”，按下 W 键，或者按下空格键后，在弹出的快捷菜单中选择【拾取全部】；根据状态栏提示，选取边界，单击鼠标右键让系统默认设置，确认后系统开始自动计算生成轨迹，如图 7-108 所示。

图 7-108 等高线粗加工轨迹

9）在【轨迹管理】导航栏中，在【刀具轨迹】下面新创建的“等高线粗加工”轨迹上单击鼠标右键，在弹出的快捷菜单中选择【隐藏】，以便于后面观察生成的精加工轨迹。

7.2.12 三维偏置加工手机后盖主体外形

1）依次选择菜单栏的【加工】—【常用加工】—【三维偏置加工】，系统弹出【三维偏置加工（创建）】对话框，如图 7-109 所示。

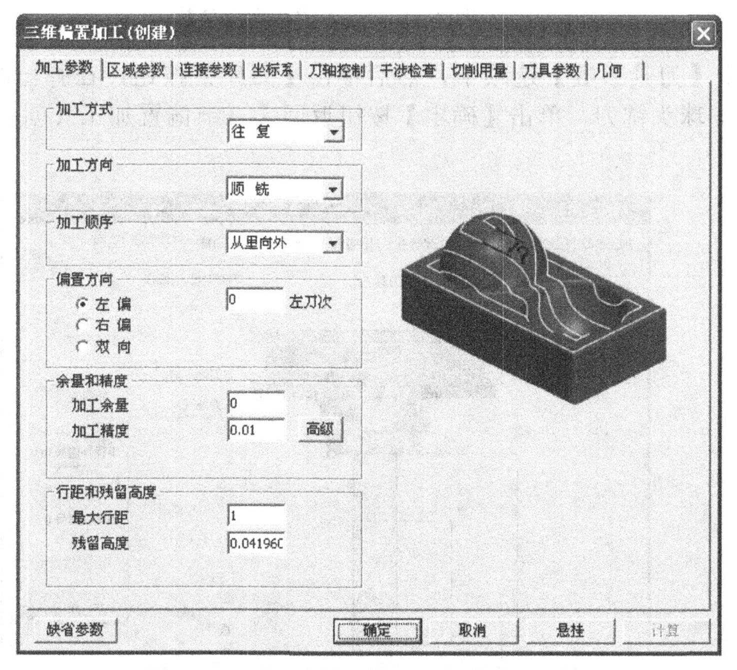

图 7-109 【三维偏置加工（创建）】对话框

2）选择【加工参数】选项卡，设定【加工方式】为【往复】、【加工方向】为【顺铣】、【加工顺序】为【从里向外】，设置【最大行距】为“1”，其余参数取默认值。

3）单击【连接参数】选项卡的【空切区域】选项，设定【安全高度】为“20”，如图 7-110 所示。

4）单击【切削用量】选项卡，设置各个切削动作时的主轴转速为默认值。

5）单击【区域参数】选项卡的【高度范围】选项，设置 Z 轴运动的有效范围为【曲面的 Z 范围】。用户也可以自定义高度范围。

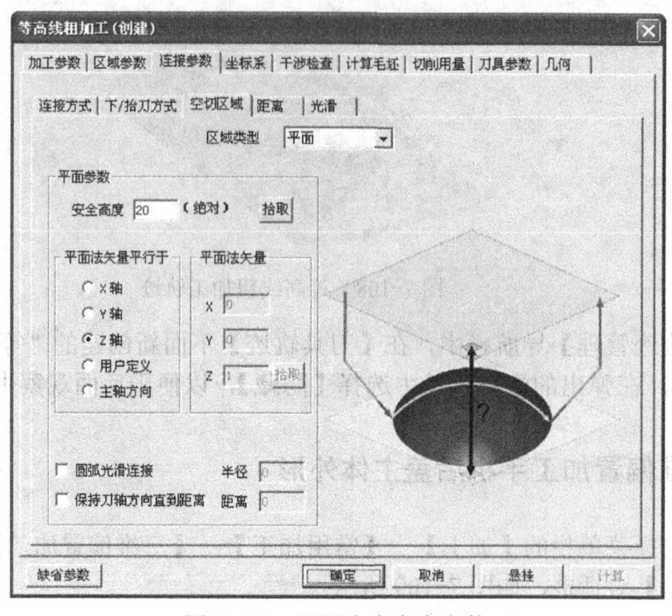

图 7-110　设置安全高度参数

6）单击【刀具参数】选项卡，然后单击【刀库】按钮，在弹出的【刀具库】对话框中选择D6球头铣刀，单击【确定】按钮返回【三维偏置加工（创建）】对话框，如图7-111所示。

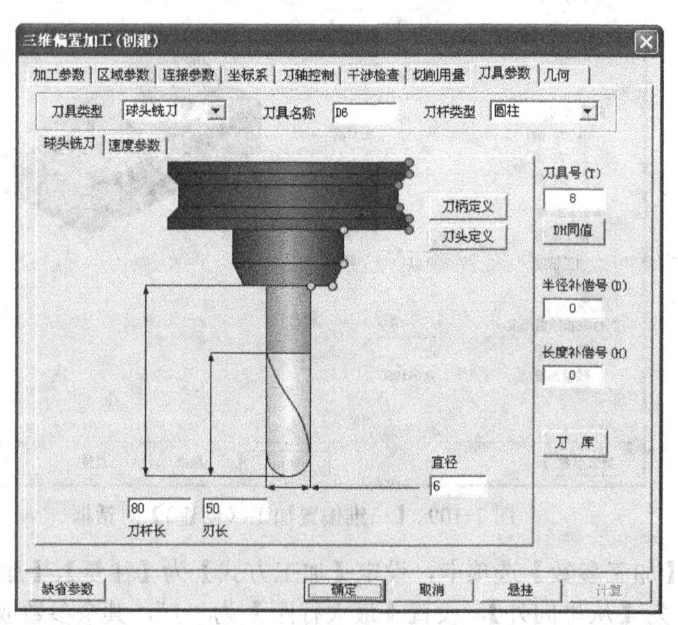

图 7-111　选取D6球头铣刀

7）在【三维偏置加工（创建）】对话框中单击【确定】按钮，根据系统状态栏提示“拾取加工对象”，按下W键，或者按下空格键后，在弹出的快捷菜单中选择【拾取全部】；根据状态栏提示，选取边界，单击鼠标右键让系统默认设置，确认后系统开始自动计算生成轨迹，如图7-112所示。

图 7-112　三维偏置加工刀具轨迹

8）在【轨迹管理】导航栏中，在【刀具轨迹】下面新创建的“三维偏置加工”轨迹上单击鼠标右键，在弹出的快捷菜单中选择【隐藏】，以便于后面观察生成的精加工轨迹。

7.2.13　曲面区域精加工摄像头孔和闪光灯孔

1）选择菜单命令【工具】—【坐标系】—【设定当前平面】，系统弹出【当前平面】对话框。在该对话框中选取【XY 平面】，设置【当前高度】值为“10”。

2）按 F5 键调整视图角度，将绘图平面切换到 XOY。

3）在【曲线生成栏】工具条中单击矩形按钮，绘制图 7-113 所示的矩形，作为曲面区域精加工的边界。

图 7-113　绘制加工边界线

4）依次选择菜单栏的【加工】—【常用加工】—【曲面区域精加工】，系统弹出【曲面区域精加工（创建）】对话框，如图 7-114 所示。

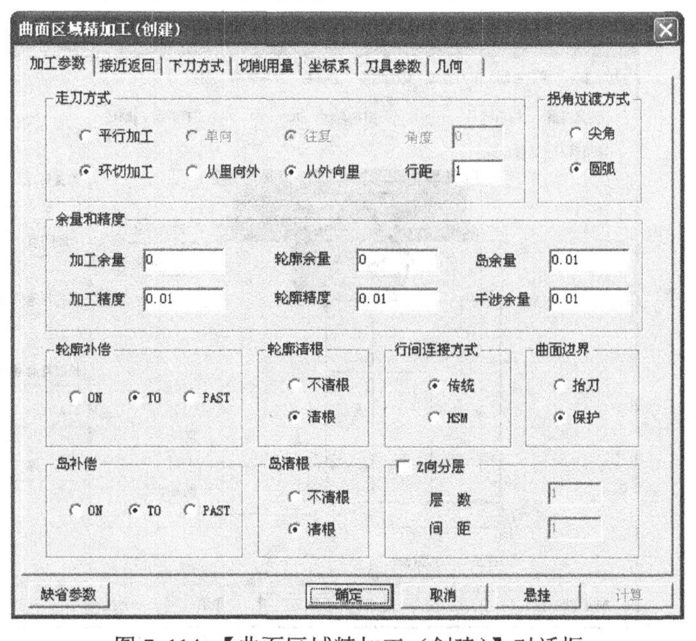

图 7-114 【曲面区域精加工（创建）】对话框

5）选择【加工参数】选项卡，设定【走刀方式】为【环切加工】、【拐角过渡方式】为【圆弧】、【加工余量】为“0”，其余参数取默认值。

6）单击【下刀方式】选项卡，设定【安全高度】为“20”，如图 7-115 所示。

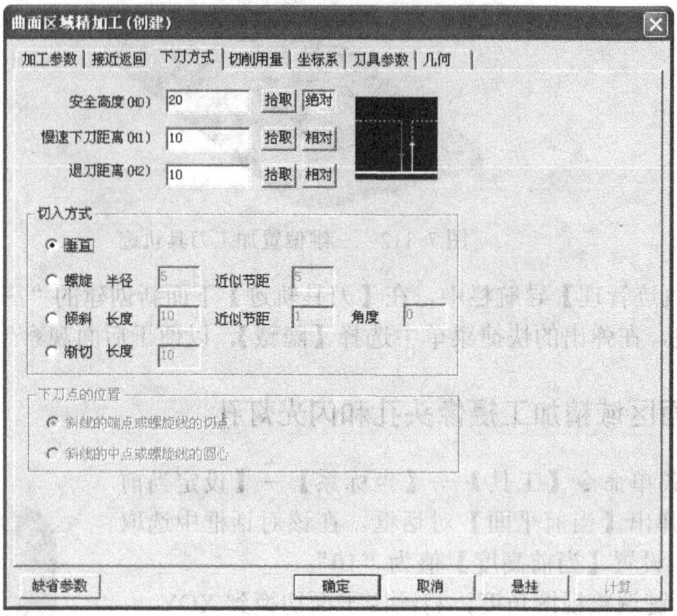

图 7-115　设置安全高度参数

7）单击【切削用量】选项卡，设置各个切削动作时的主轴转速为默认值。

8）单击【刀具参数】选项卡，然后单击【刀库】按钮，在弹出的【刀具库】对话框中选择 D3 圆角铣刀，单击【确定】按钮返回【曲面区域精加工（创建）】对话框，如图 7-116 所示。

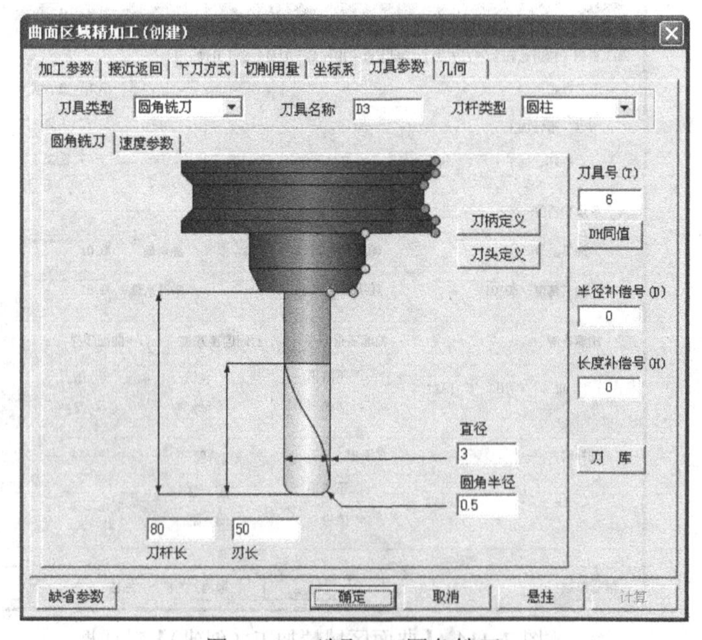

图 7-116　选取 D3 圆角铣刀

9）在【曲面区域精加工（创建）】对话框中单击【确定】按钮，根据系统状态栏提示“拾取加工对象”，按下 W 键，或者按下空格键后，在弹出的快捷菜单中选择【拾取全部】；

根据状态栏提示，选取边界，单击鼠标选取图 7-113 绘制的矩形。单击鼠标右键确认后系统开始自动计算生成轨迹，如图 7-117 所示。

10）在【轨迹管理】导航栏中，在【刀具轨迹】下面新创建的“曲面区域精加工”轨迹上单击鼠标右键，在弹出的快捷菜单中选择【隐藏】，以便于后面观察生成的精加工轨迹。

图 7-117　曲面区域精加工刀具轨迹

7.2.14　曲线式铣槽加工扬声器孔

1）单击绘图工具条上的直线按钮，在导航栏选取【两点线】方式，然后按下空格键，在弹出的点捕捉快捷菜单中选【圆心】，绘制图 7-118 所示扬声器孔内表面一段直线，其中直线两个端点为扬声器孔截面草图圆心。

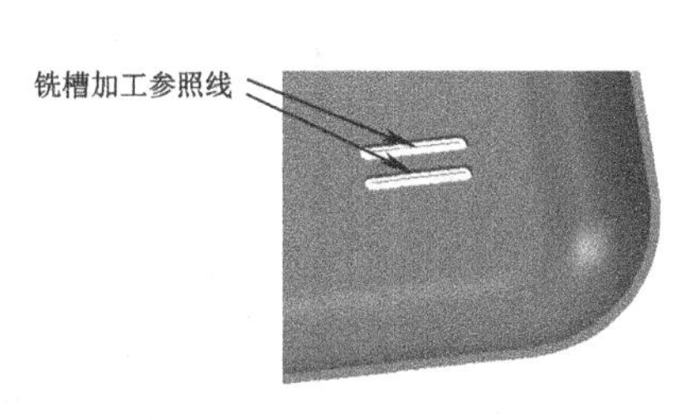

图 7-118　绘制曲线式铣槽加工参照线

2）在【轨迹管理】导航栏中空白处单击鼠标右键，在弹出的菜单中依次选择【加工】—【常用加工】—【曲线式铣槽加工】，系统弹出【曲线式铣槽加工（创建)】对话框，如图 7-119 所示。

3）在【加工参数】选项卡中，设置【层高】为“0.5”，【开始位置】的【高度】为“8”，【加工方向】为【平行】，其他参数保持默认。

4）在【下刀方式】选项卡中，设置【安全高度】为“20”。在【刀具参数】选项卡中，通过刀具库选取定义的 D1 圆角铣刀。

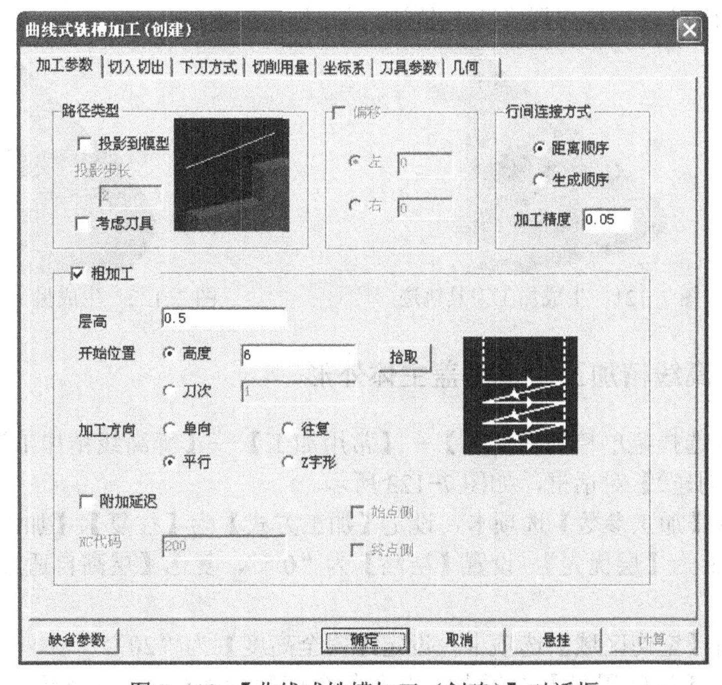

图 7-119 【曲线式铣槽加工（创建)】对话框

5）如图 7-120 所示，在【几何】选项卡中，单击【曲线路径】按钮，选取图 7-118 绘制的一条直线作为曲线式铣槽的参照曲线，单击右键返回。

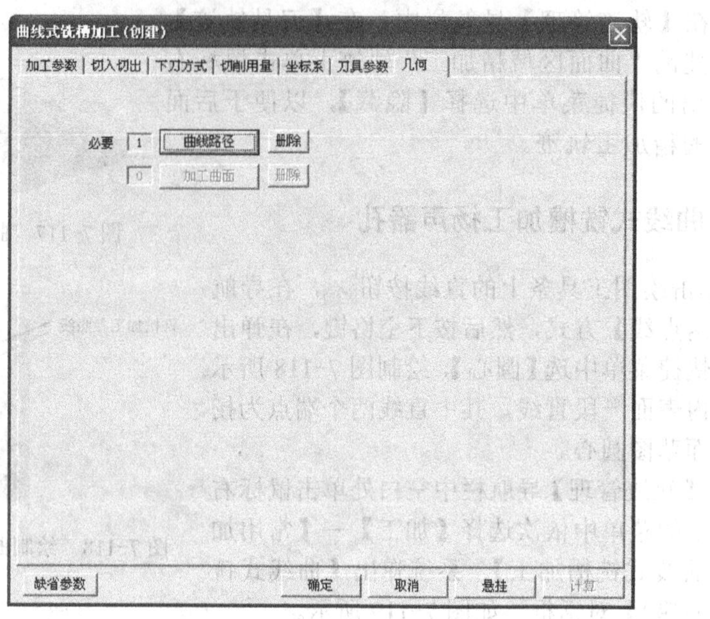

图 7-120　选取加工的几何参照

6）在【曲线式铣槽加工（创建）】对话框中单击【确定】按钮，系统自动计算生成加工轨迹。

7）在【轨迹管理】导航栏中将生成的曲线式铣槽加工轨迹隐藏，如图 7-121 所示。用相同方法生成另一个扬声器孔刀具轨迹，如图 7-122 所示。

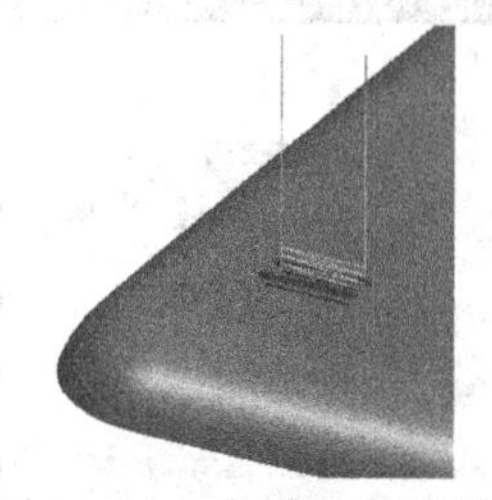

图 7-121　生成加工刀具轨迹

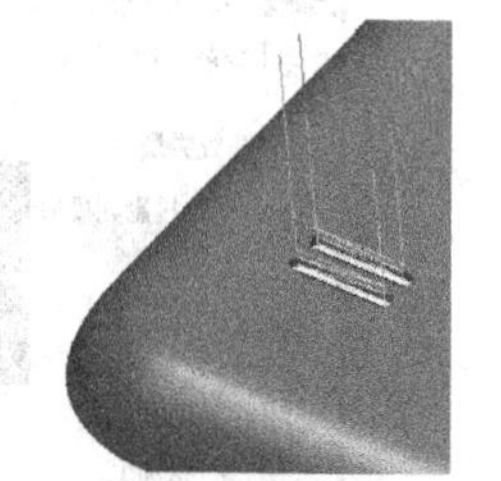

图 7-122　生成另一个加工轨迹

7.2.15　等高线精加工手机后盖主体外形

1）依次选择菜单栏的【加工】—【常用加工】—【等高线精加工】，系统弹出【等高线精加工（创建）】对话框，如图 7-123 所示。

2）选择【加工参数】选项卡，设定【加工方式】为【往复】、【加工方向】为【顺铣】、【行进策略】为【层优先】，设置【层高】为“0.5”，复选【层高自适应】项，其余参数取默认值。

3）单击【空切区域】选项卡，设定【安全高度】为“20”。

4）单击【切削用量】选项卡，设置各个切削动作时的主轴转速为默认值。

5）单击【区域参数】选项卡的【高度范围】选项，设置 Z 轴运动的有效范围为【曲面的 Z 范围】。用户也可以自定义高度范围。

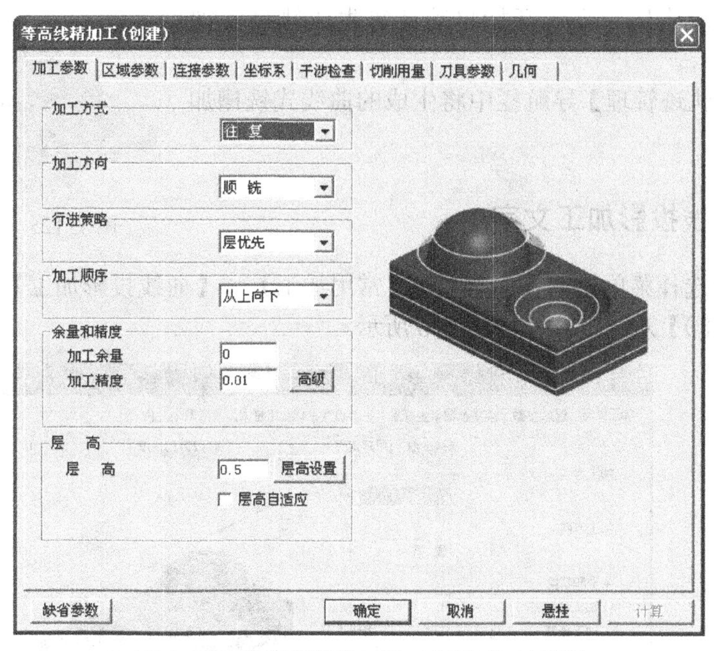

图 7-123　【等高线精加工（创建）】对话框

6）单击【刀具参数】选项卡，然后单击【刀库】按钮，在弹出的【刀具库】对话框中选择 D3 圆角铣刀，单击【确定】按钮返回【等高线精加工（创建）】对话框，如图 7-124 所示。

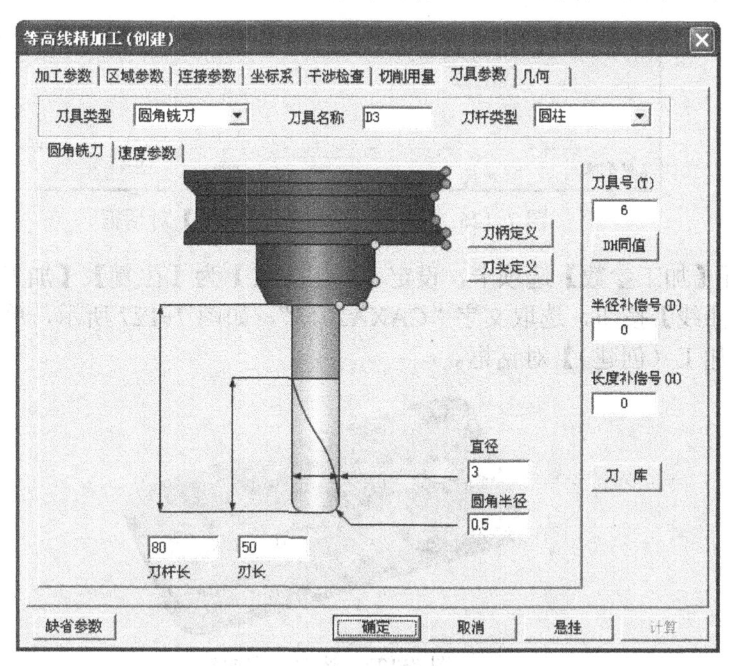

图 7-124　选取 D3 圆角铣刀

7）在【等高线精加工（创建）】对话框中单击【确定】按钮，根据系统状态栏提示“拾取加工对象”，按下 W 键，或者按下空格键后，在弹出的快捷菜单中选择【拾取全部】；根据状态栏提示，选取边界，单击鼠标右键让系统默认设置，确认后系统开始自动计算生成轨迹，如图 7-125 所示。

8）在【轨迹管理】导航栏中将生成的曲线式铣槽加工轨迹隐藏。

图 7-125 等高线精加工轨迹

7.2.16 曲线投影加工文字

1）依次选择菜单栏的【加工】—【常用加工】—【曲线投影加工】，系统弹出【曲线投影加工（创建)】对话框，如图 7-126 所示。

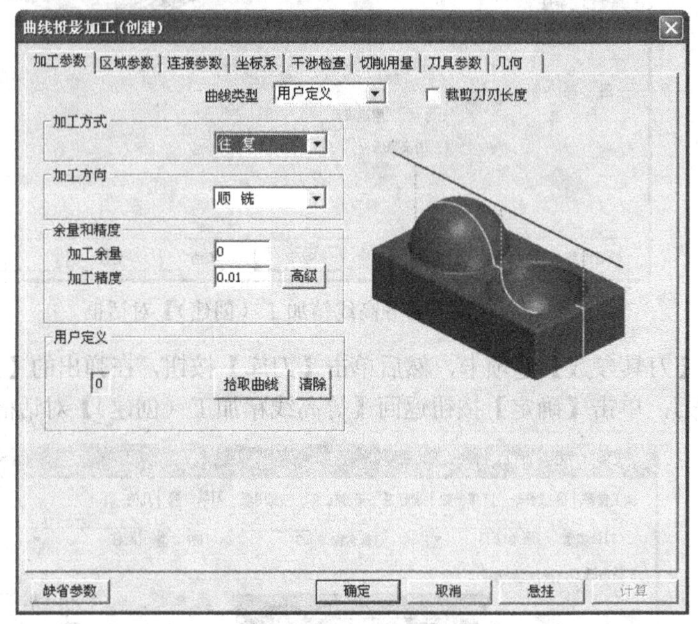

图 7-126 【曲线投影加工（创建)】对话框

2）选择【加工参数】选项卡，设定【加工方式】为【往复】、【加工方向】为【顺铣】，单击【拾取曲线】按钮，选取文字“CAXA2013”，如图 7-127 所示，单击鼠标右键返回到【曲线投影加工（创建)】对话框。

图 7-127 选取文字曲线

3）单击【区域参数】选项卡的【高度范围】选项，自定义【起始高度】为“5”，【终止高度】为“4.5”，如图 7-128 所示。

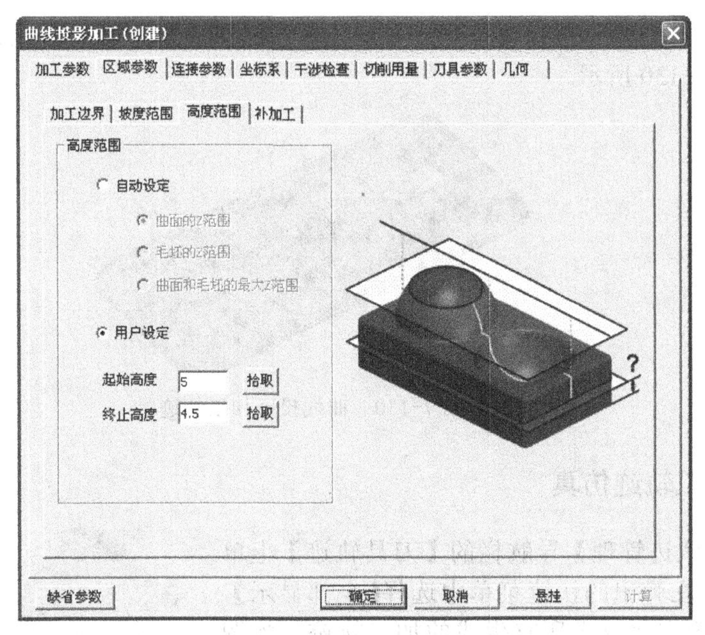

图 7-128　设定文字高度

4）单击【连接参数】的【空切区域】选项，设定【安全高度】为“20”。

5）单击【切削用量】选项卡，设置各个切削动作时的主轴转速为默认值。

6）单击【刀具参数】选项卡，然后单击【刀库】按钮，在弹出的【刀具库】对话框中选择 D1 圆角铣刀，单击【确定】按钮返回【曲线投影加工（创建）】对话框，如图 7-129 所示。

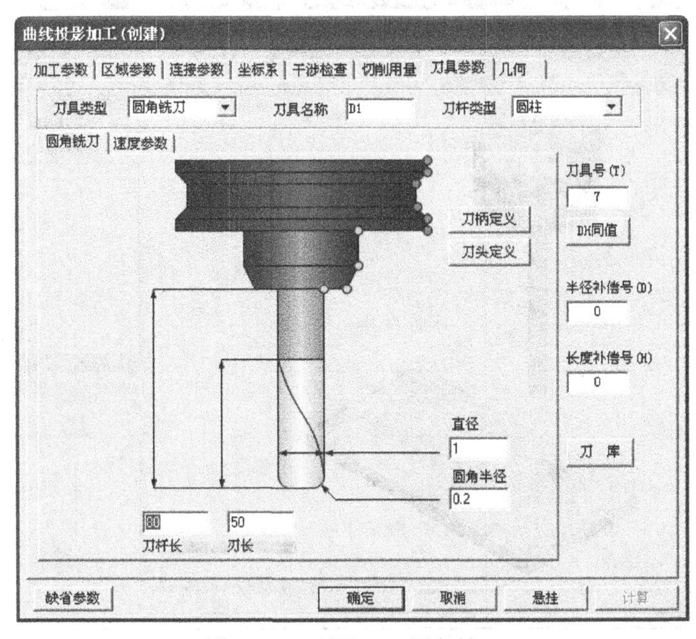

图 7-129　选取 D1 圆角铣刀

7）在【曲线投影加工（创建）】对话框中单击【确定】按钮，根据系统状态栏提示“拾取加工对象”，按下 W 键，或者按下空格键后，在弹出的快捷菜单中选择【拾取全部】；根据状态栏提示，选取边界，单击鼠标右键让系统默认设置，确认后系统开始自动计算生成轨迹，如图 7-130 所示。

图 7-130　曲线投影加工轨迹

7.2.17　加工轨迹仿真

1）在【轨迹管理】导航栏的【刀具轨迹】上单击鼠标右键，在弹出的快捷菜单中选择【全部显示】，此时在图形窗口将显示所有生成的加工轨迹，如图 7-131 所示。

图 7-131　显示所有加工轨迹

2）在【刀具轨迹】上单击鼠标右键，在弹出的快捷菜单中选择【实体仿真】，系统弹出 CAXA 轨迹仿真对话框，如图 7-132 所示。

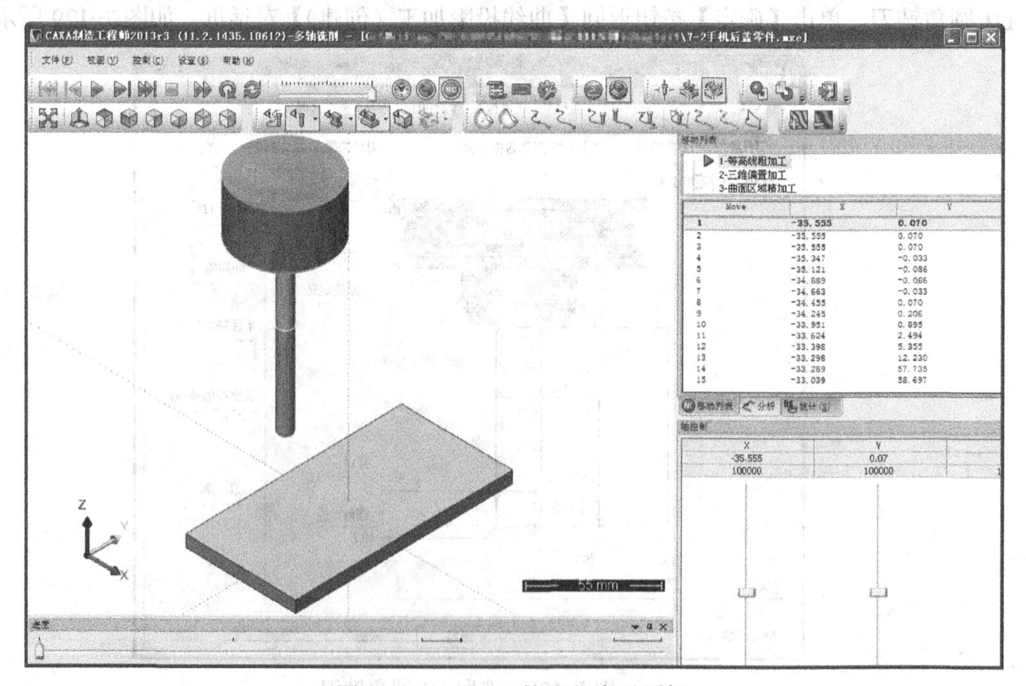

图 7-132　CAXA 轨迹仿真对话框

3）在工具栏上单击仿真按钮▷，系统即开始自动模拟加工过程。加工结束后的效果如图 7-133 所示。

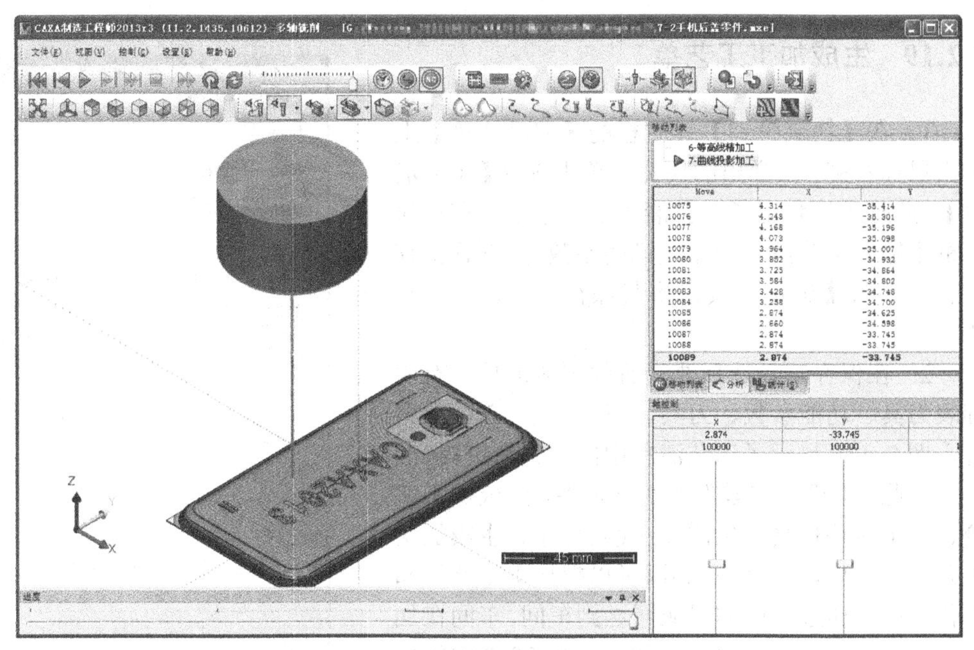

图 7-133　手机后盖仿真加工结果

4）如果只需要对某一个加工轨迹进行仿真，则只需在【轨迹管理】导航栏中相应的轨迹上单击鼠标右键，在弹出的快捷菜单中选择【实体仿真】，其余操作与步骤 2）、3）相同。

7.2.18　生成加工 G 代码

1）在【轨迹管理】导航栏的【刀具轨迹】上单击鼠标右键，在弹出的快捷菜单中选择【后置处理】—【生成 G 代码】，此时系统弹出【生成后置代码】对话框。在该对话框中输入 G 代码文件的名称，并选择保存路径，单击【保存】按钮将其保存。

2）在保存路径下双击生成的 G 代码文件，可以查看文件内容，如图 7-134 所示。

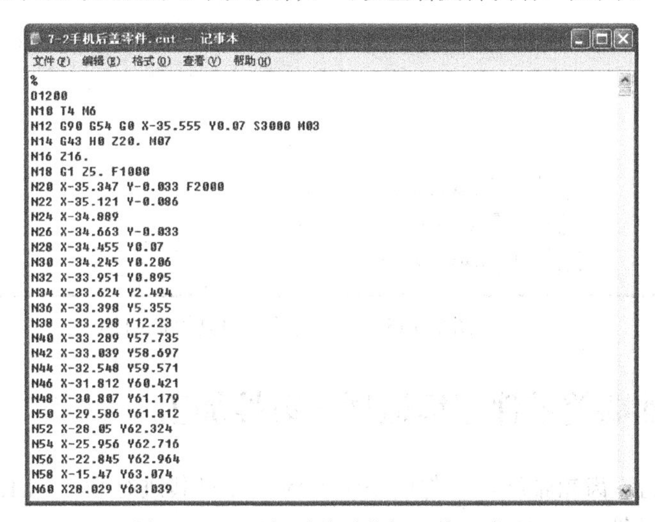


```
%
O1200
N10 T4 M6
N12 G90 G54 G0 X-35.555 Y0.07 S3000 M03
N14 G43 H0 Z20. M07
N16 Z16.
N18 G1 Z5. F1000
N20 X-35.347 Y-0.033 F2000
N22 X-35.121 Y-0.086
N24 X-34.889
N26 X-34.663 Y-0.033
N28 X-34.455 Y0.07
N30 X-34.245 Y0.206
N32 X-33.951 Y0.895
N34 X-33.624 Y2.494
N36 X-33.398 Y5.355
N38 X-33.298 Y12.23
N40 X-33.289 Y57.735
N42 X-33.039 Y58.697
N44 X-32.548 Y59.571
N46 X-31.812 Y60.421
N48 X-30.807 Y61.179
N50 X-29.586 Y61.812
N52 X-28.05 Y62.324
N54 X-25.956 Y62.716
N56 X-22.845 Y62.964
N58 X-15.47 Y63.074
N60 X20.029 Y63.039
```

图 7-134　手机后盖零件加工的 G 代码

7.2.19 生成加工工艺单

1）在【轨迹管理】导航栏的【刀具轨迹】上单击鼠标右键，在弹出的快捷菜单中选择【工艺清单】，此时系统弹出【工艺清单】对话框。在该对话框中输入工艺清单的相关说明参数，并选择保存路径，单击【确定】按钮将其保存，如图 7-135 所示。

2）在保存路径选择要查看的工艺清单，有明细表刀具、功能参数、刀具、刀具轨迹、NC 数据等。图 7-136 显示了工艺清单中的刀具轨迹内容。

至此，手机后盖零件的实体造型、生成加工轨迹、加工轨迹仿真、生成 G 代码程序、生成加工工艺单等工作已经全部完成。可以把加工工艺单和 G 代码程序通过工厂的局域网送到车间。车间在加工之前还可以通过 CAXA 制造工程师 2013 中的校核 G 代码功能，查看一下加工代码的轨迹形状。

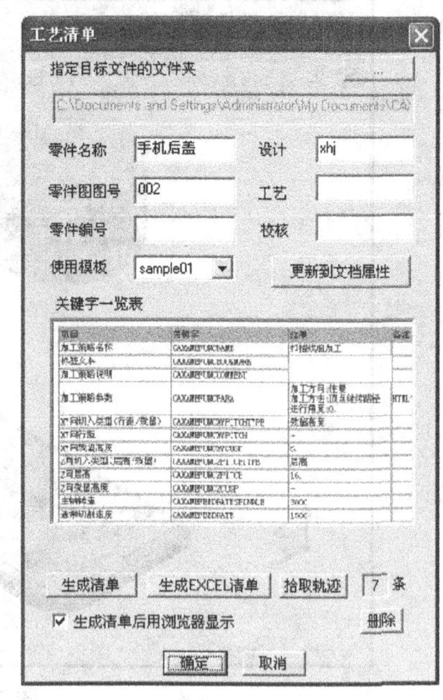

图 7-135 设定手机后盖工艺清单参数

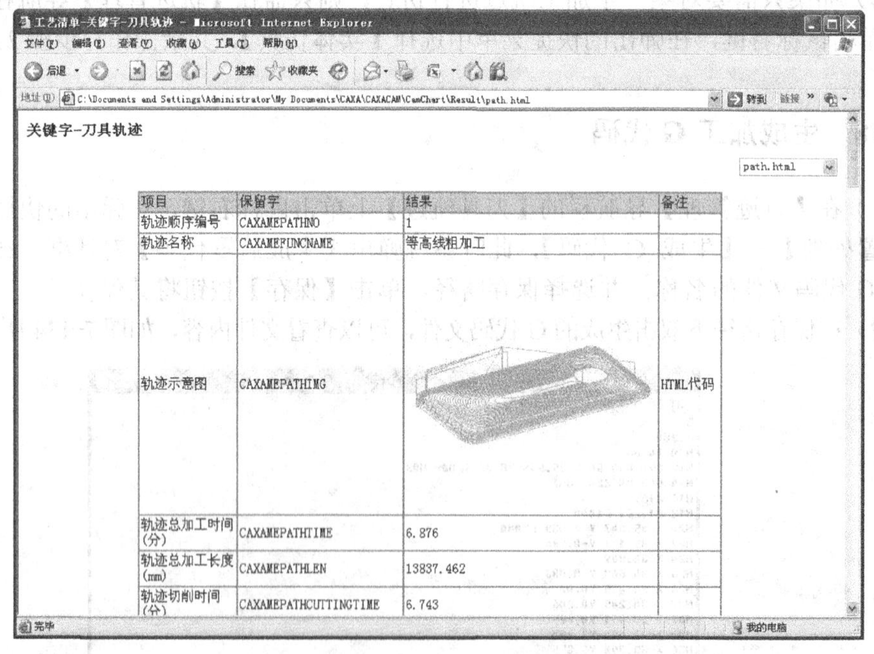

项目	保留字	结果	备注
轨迹顺序编号	CAXAMEPATHNO	1	
轨迹名称	CAXAMEFUNCNAME	等高线粗加工	
轨迹示意图	CAXAMEPATHIMG		HTML代码
轨迹总加工时间(分)	CAXAMEPATHTIME	6.876	
轨迹总加工长度(mm)	CAXAMEPATHLEN	13837.462	
轨迹切削时间(分)	CAXAMEPATHCUTTINGTIME	6.743	

图 7-136 工艺清单的刀具轨迹明细

7.3 齿轮轴端盖零件三维造型与数控加工

本实例将创建齿轮轴端盖零件的三维实体，并对其进行数控加工。图 7-137 为齿轮轴端盖零件的轴测图。

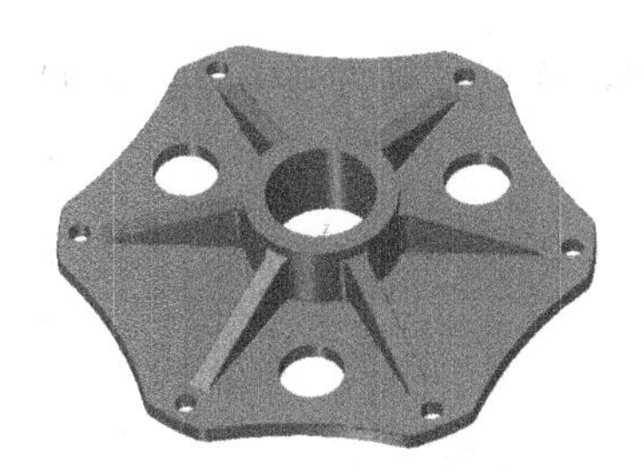

图 7-137　齿轮轴端盖的轴测图

7.3.1　造型操作思路解析

齿轮轴端盖主体是一个回转体，可通过旋转增料操作完成。主体周围均布有许多特征，如缺口、加强筋板、圆柱孔等，可通过创建其中一个特征，然后采用圆周阵列命令快速创建其他特征。主体底板的边缘处均匀分布有 6 个螺纹孔，可通过增加孔特征来完成。最后对边线进行过渡圆角处理，完成齿轮轴端盖的三维造型。造型的基本步骤为：

1）通过旋转增料创建主体。

2）通过拉伸除料创建主体底板边缘缺口，通过圆形阵列创建其他缺口。

3）通过筋板命令创建一个加强筋板，通过圆形阵列创建其他加强筋板。

4）通过拉伸除料创建一个圆柱孔，通过圆形阵列创建其他圆柱孔。

5）通过孔特征直接生成均布的六个孔。

6）添加过渡圆角。

7.3.2　创建齿轮轴端盖主体

1）按 F9 键将绘图平面切换到 XOZ 面，如图 7-138 所示。

2）在导航栏的【特征管理】栏选取【XZ 面】，单击草图绘制按钮，进入草图绘制环境。按 F5 键调整视图角度。**注意：进入草图环境后，系统总是默认标志绘图平面为 XOY 平面，退出草图环境后，该平面标志恢复为原有标志。**

3）在【曲线生成栏】工具条中单击直线按钮，绘制图 7-139 所示的图形。图 7-140 为退出草图环境后，所绘制的图形在 XOZ 平面内。

图 7-138　切换绘图平面到 XOZ

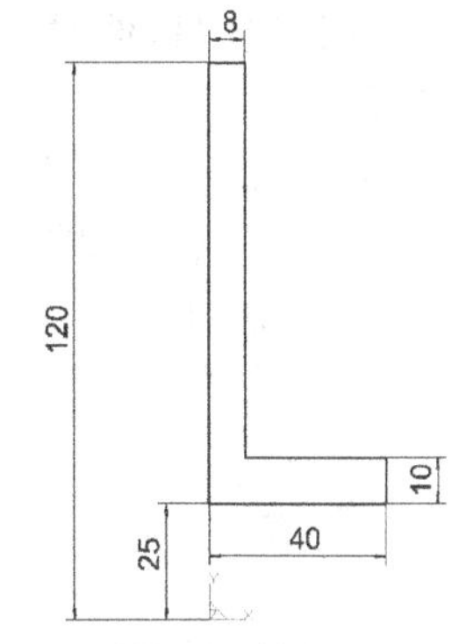

图 7-139　绘制截面草图

4）退出草图环境后，在【曲线生成栏】工具条中单击直线按钮，绘制一条空间直线，直线起点坐标为（0，0，0），终点坐标为（0，0，100），如图 7-141 所示。

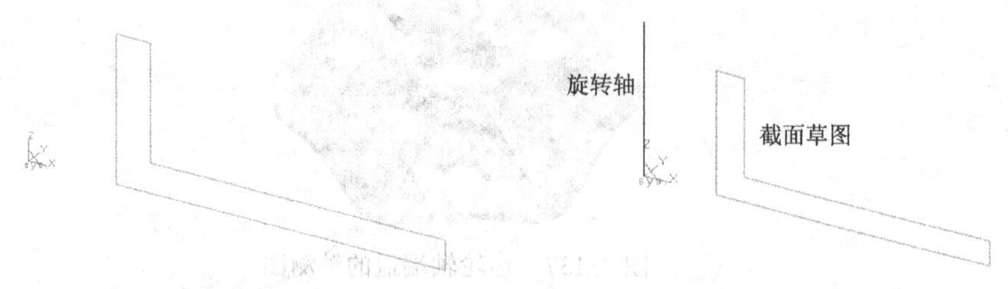

图 7-140　在机床坐标系下查看草图　　　　图 7-141　绘制旋转轴

5）单击旋转增料按钮，系统弹出【旋转】对话框，如图 7-142 所示。在【旋转】对话框中设定【类型】为【单向旋转】，设定【角度】为“360”，然后用鼠标选取图 7-141 绘制的截面草图，并选择绘制的空间直线作为旋转轴。单击【确定】按钮，完成旋转特征创建，如图 7-143 所示。

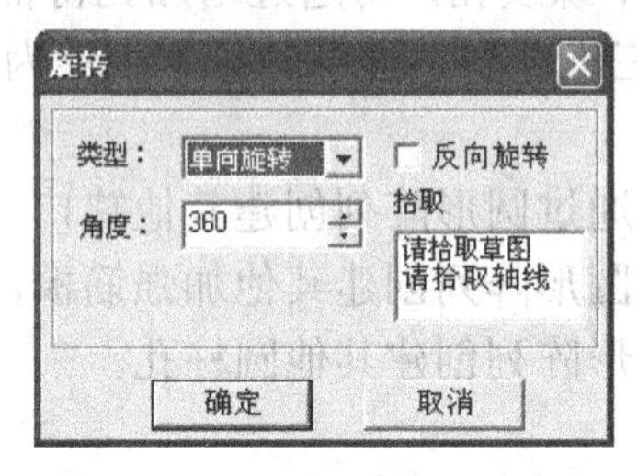

图 7-142　设置旋转命令参数

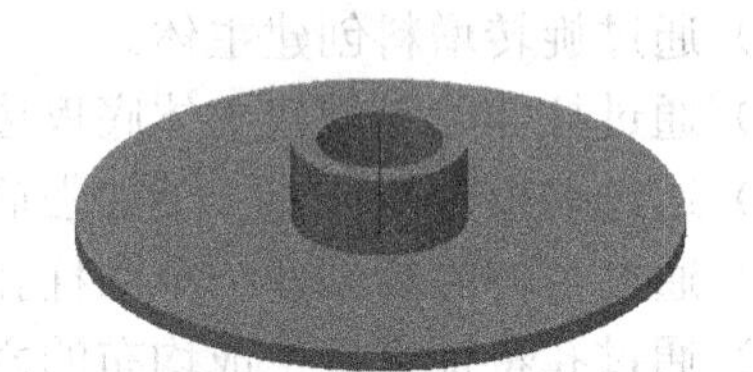

图 7-143　创建旋转特征

7.3.3　生成底板缺口

1）在绘图区选取图 7-143 所示的底板上表面，然后单击草图绘制按钮，进入草图绘制环境。

2）按 F5 键调整视图角度，将绘图平面切换到 XOY。

3）在【曲线生成栏】工具条中单击圆按钮，绘制图 7-144 所示的圆。再次单击按钮退出草图绘制环境。

4）单击拉伸除料按钮，此时系统弹出【拉伸除料】对话框。在该对话框中设定拉伸类型为【贯穿】，用鼠标选取拉伸对象为绘制的圆。单击【确定】按钮，完成地板缺口的创建，如图 7-145 所示。

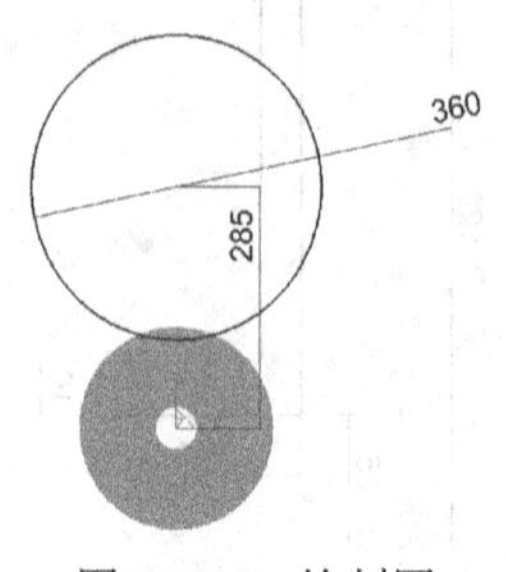

图 7-144　绘制圆

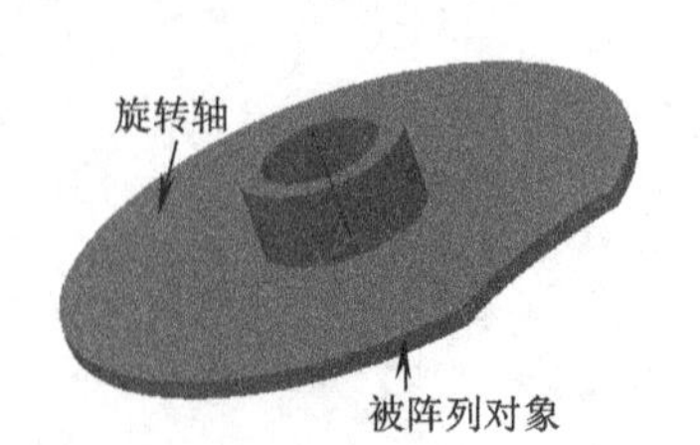

图 7-145　创建一个缺口特征

5）单击环形阵列按钮，系统弹出【环形阵列】对话框，如图 7-146 所示。在【环形阵列】对话框中，设置【角度】为“60”、【数目】为“6”，其他参数为默认。根据状态栏提示，用鼠标选取图 7-145 所示缺口，单击【确定】按钮，完成环形阵列操作，如图 7-147 所示。

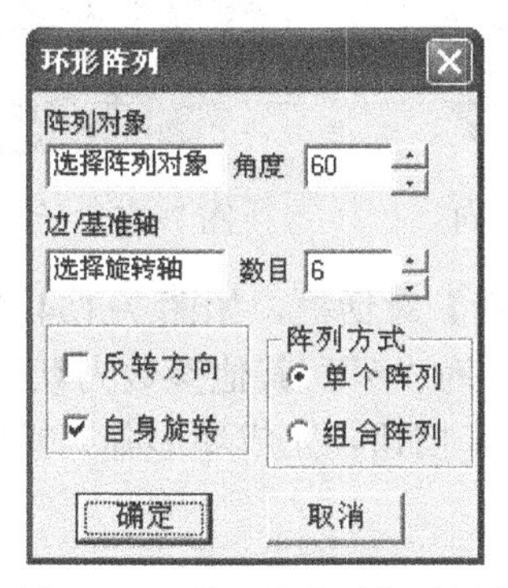

图 7-146 【环形阵列】对话框

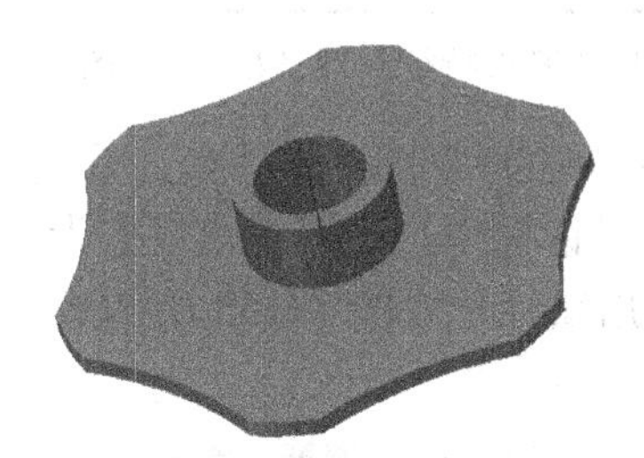

图 7-147　阵列缺口特征

6）单击过渡按钮，系统弹出【过渡】对话框，如图 7-148 所示。在【过渡】对话框中，设置过渡圆角的【半径】为“10”、【过渡方式】为【等半径】，其他参数为默认。根据状态栏提示，用鼠标选取所有缺口特征的边线，单击【确定】按钮，完成过渡圆角创建，如图 7-149 所示。

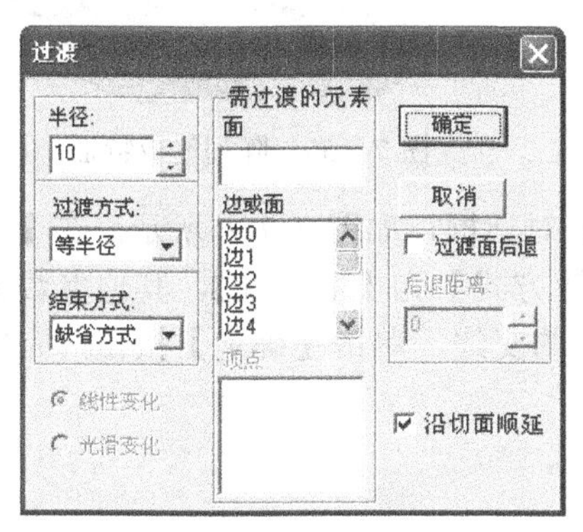

图 7-148 【过渡】对话框

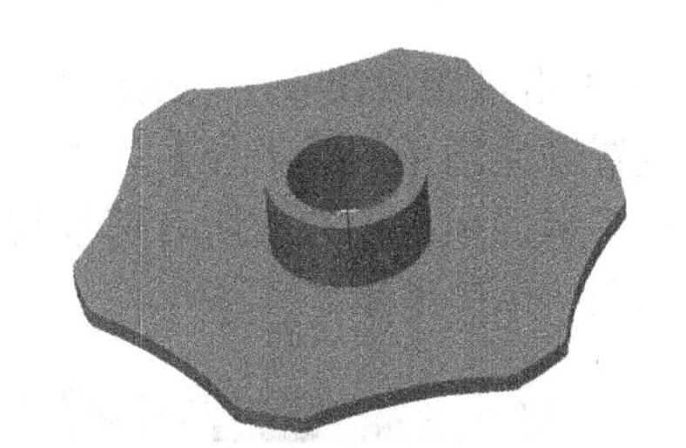

图 7-149　创建缺口过渡圆角

7.3.4　创建加强筋板

1）在导航栏的【特征管理】栏选取【XZ 面】，单击草图绘制按钮，进入草图绘制环境。按 F5 键调整视图角度，将绘图平面切换到 XOY。

2）在【曲线生成栏】工具条中单击直线按钮，绘制图 7-150 所示的直线。再次单击按钮退出草图绘制环境。

3）单击筋板按钮，此时系统弹出【筋板特征】对话框，如图 7-151 所示。在该对话框中通过【加固方向反向】项设置加强筋板方向，如图 7-152 所示，设置【厚度】为“10”，厚度方式为【双向加厚】。单击【确定】按钮，创建筋板如图 7-153 所示。

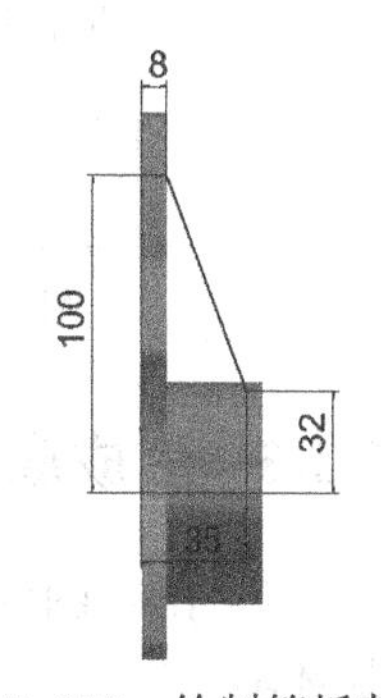

图 7-150　绘制筋板草图

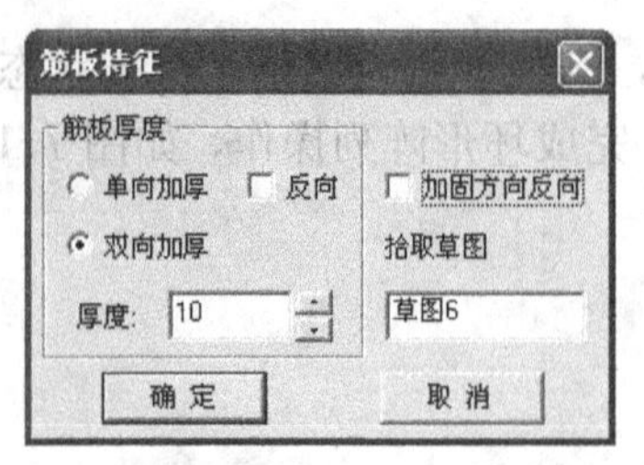

图 7-151 【筋板特征】对话框

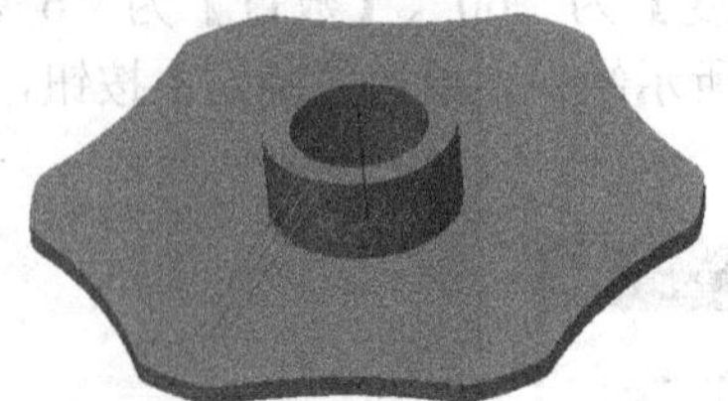
图 7-152 设置筋板方向

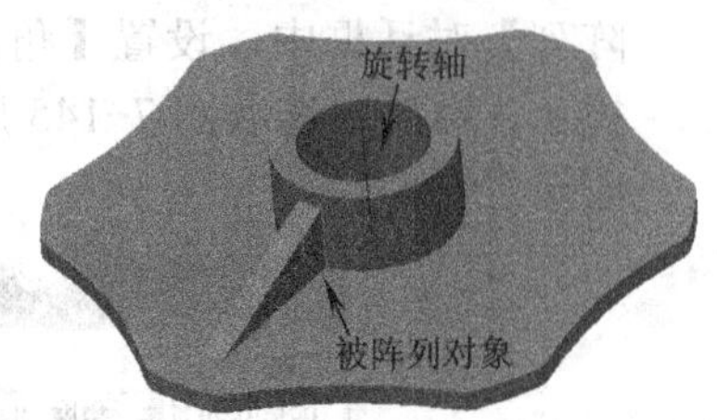

图 7-153 创建筋板

4）单击环形阵列按钮，系统弹出【环形阵列】对话框，如图 7-154 所示。在【环形阵列】对话框中，设置【角度】为“60”、【数目】为“6”，其他参数为默认。根据状态栏提示，用鼠标选取图 7-153 所示筋板，单击【确定】按钮，完成环形阵列操作，如图 7-155 所示。

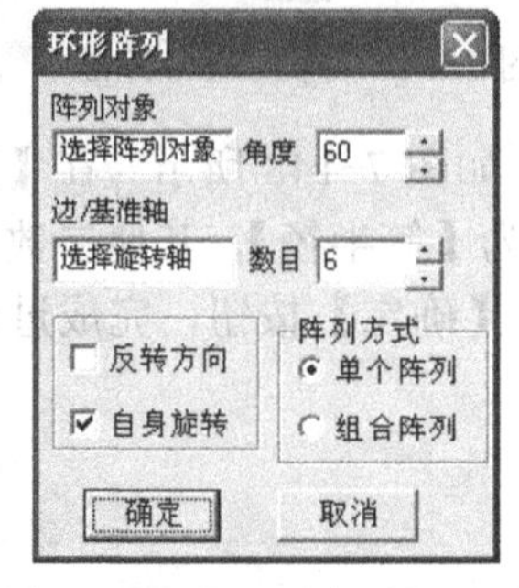

图 7-154 【环形阵列】对话框

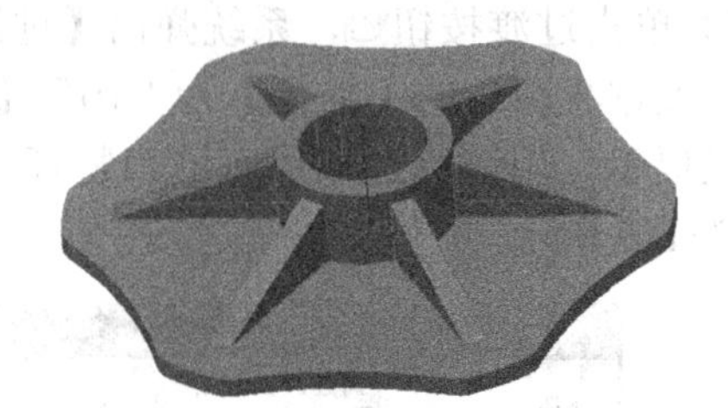
图 7-155 阵列筋板特征

5）单击过渡按钮，系统弹出【过渡】对话框，如图 7-156 所示。在【过渡】对话框中，设置过渡圆角的【半径】为“5”、【过渡方式】为【等半径】，其他参数为默认。根据状态栏提示，用鼠标选取所有筋板与圆柱面的交线，单击【确定】按钮，完成过渡圆角创建，如图 7-157 所示。

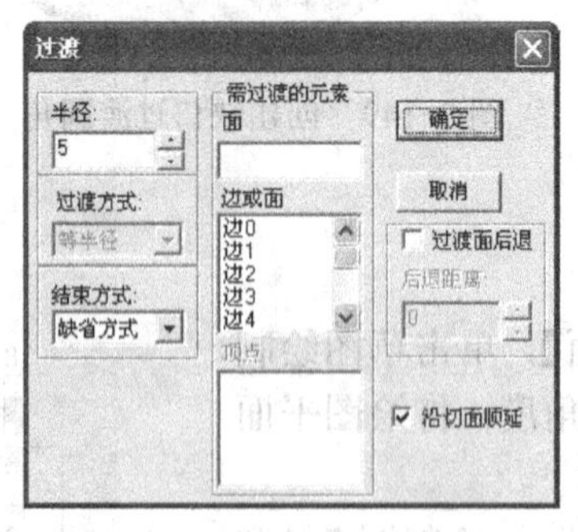

图 7-156 【过渡】对话框

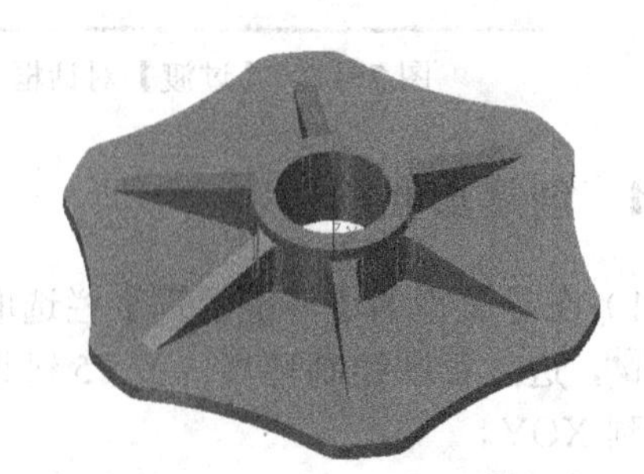
图 7-157 创建筋板过渡圆角

7.3.5 生成底板轴孔

1）在绘图区选取图 7-143 所示的底板上表面，然后单击草图绘制按钮，进入草图绘制环境。

2）按 F5 键调整视图角度，将绘图平面切换到 XOY。

3）在【曲线生成栏】工具条中单击圆按钮，绘制图 7-158 所示的圆。单击阵列按钮，在导航栏【命令行】栏，设置阵列方式为【圆形】、【均布】，设置【份数】为“3”。根据系统提示，选取绘制的圆作为待阵列对象，单击鼠标右键，系统提示“输入中心点”，用鼠标选取坐标原点作为圆形阵列中心点。完成后的阵列圆如图 7-159 所示。

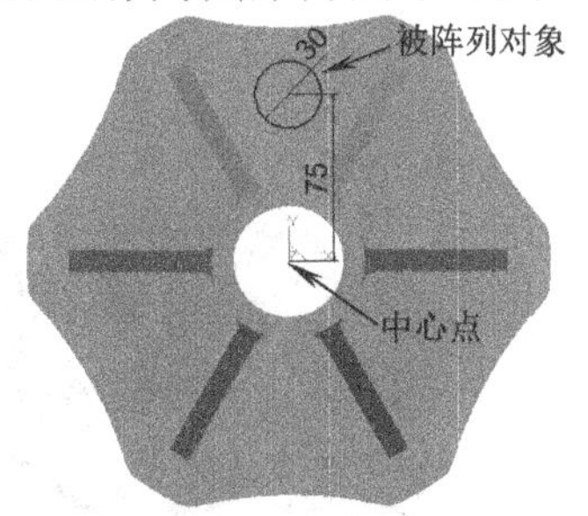

图 7-158　绘制圆

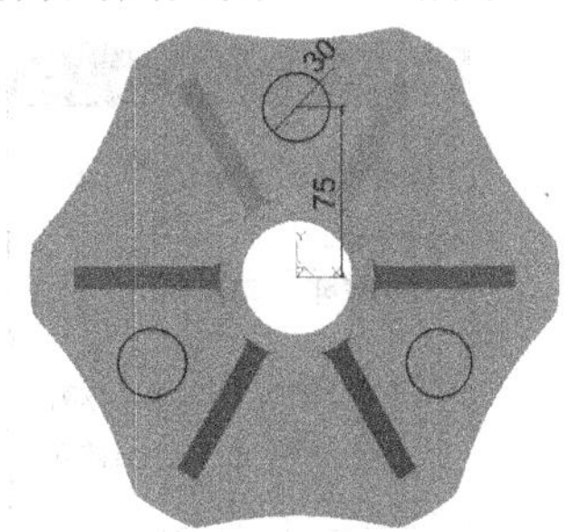

图 7-159　阵列圆

4) 再次单击按钮，退出草图绘制环境。

5）单击拉伸除料按钮，此时系统弹出【拉伸除料】对话框。在该对话框中设定拉伸类型为【贯穿】，用鼠标选取拉伸对象为绘制的圆。单击【确定】按钮，完成底板轴孔的创建，如图 7-160 所示。

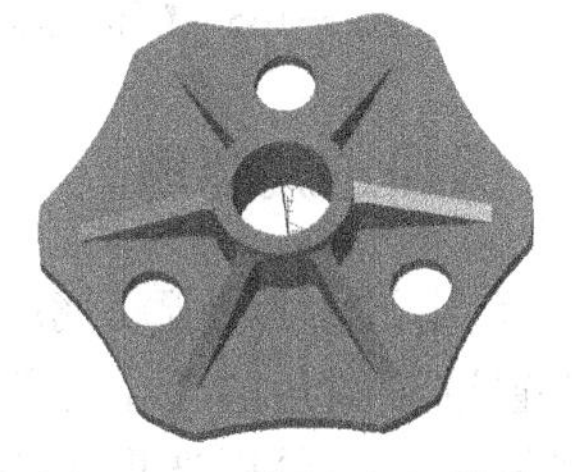
图 7-160　创建底板轴孔

7.3.6　创建安装孔

1）单击孔按钮，系统弹出【孔的类型】对话框，如图 7-161 所示。根据系统提示，在绘图区选取图 7-143 所示的底板上表面作为孔定位，系统提示选取孔的类型，在【孔的类型】对话框中选取孔，如图 7-162 所示。

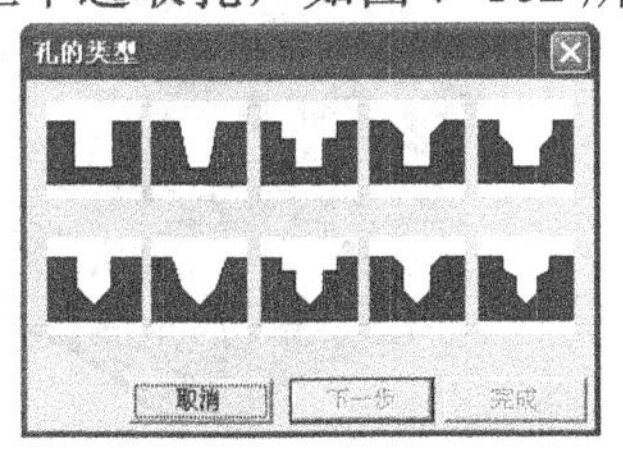

图 7-161 【孔的类型】对话框

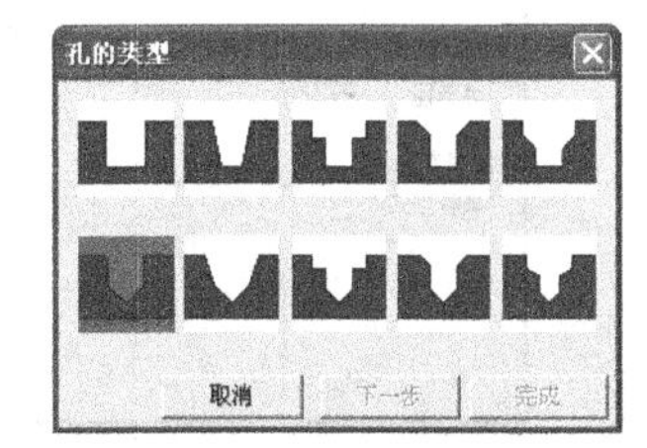

图 7-162　选取孔的类型

2）系统提示“指定孔的定位点”，按下回车键，在弹出的编辑框中输入孔的定位点坐标为（110,0,0），此时【孔的类型】对话框的【下一步】按钮、【确定】按钮激活。单击【下一步】按钮，在【孔的参数】对话框中设置直径为“10”，复选【通孔】项，如图 7-163 所示。单击【确定】按钮，创建孔如图 7-164 所示。

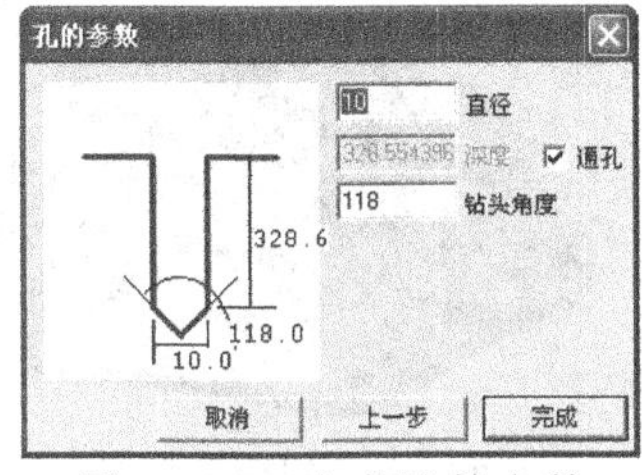

图 7-163　定义孔的参数

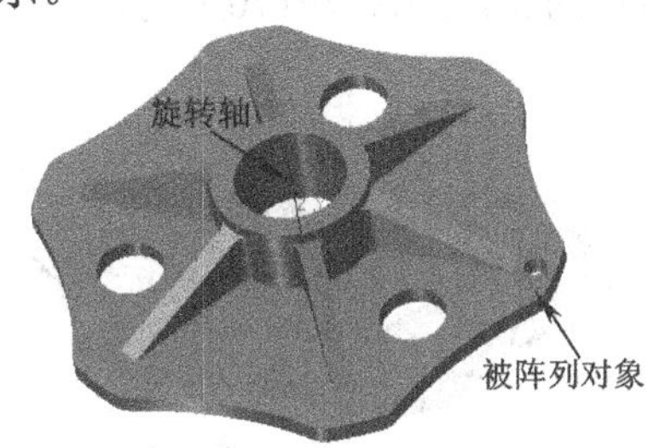

图 7-164　创建孔特征

3）单击环形阵列按钮，系统弹出【环形阵列】对话框，如图 7-165 所示。在【环形阵列】对话框中，设置【角度】为“60”、【数目】为“6”，其他参数为默认。根据状态栏提示，用鼠标选取图 7-164 所示安装螺纹孔，单击【确定】按钮，完成环形阵列操作，如图 7-166 所示。

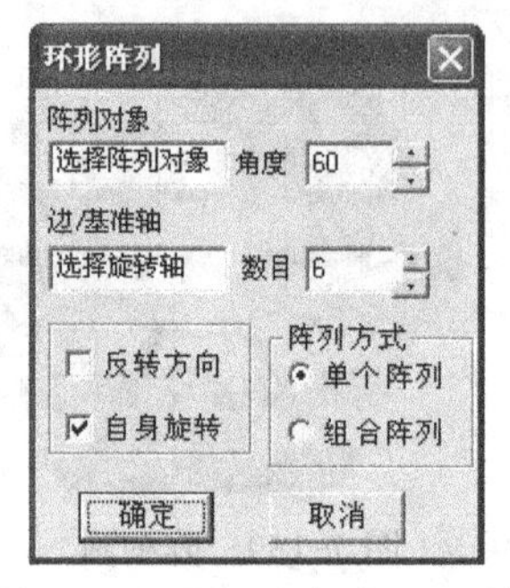

图 7-165 【环形阵列】对话框

图 7-166 阵列安装螺纹孔

7.3.7 添加过渡圆角

1）单击过渡按钮，系统弹出【过渡】对话框，如图 7-167 所示。在【过渡】对话框中，设置过渡圆角的【半径】为“1”、【过渡方式】为【等半径】，其他参数为默认。根据状态栏提示，用鼠标选取所有筋板与底板上表面的交线，单击【确定】按钮，完成过渡圆角创建，如图 7-168 所示。

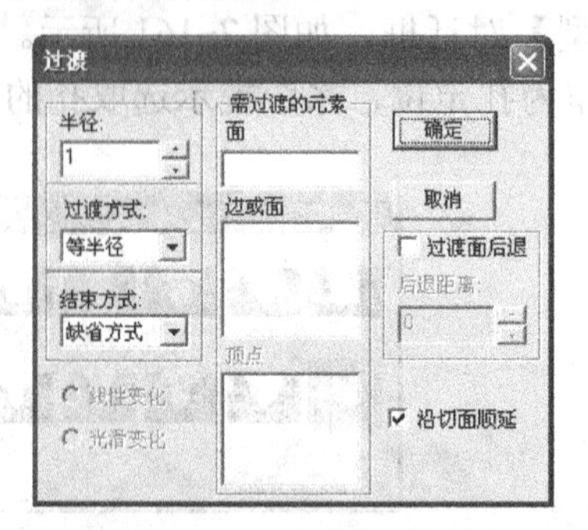

图 7-167 【过渡】对话框

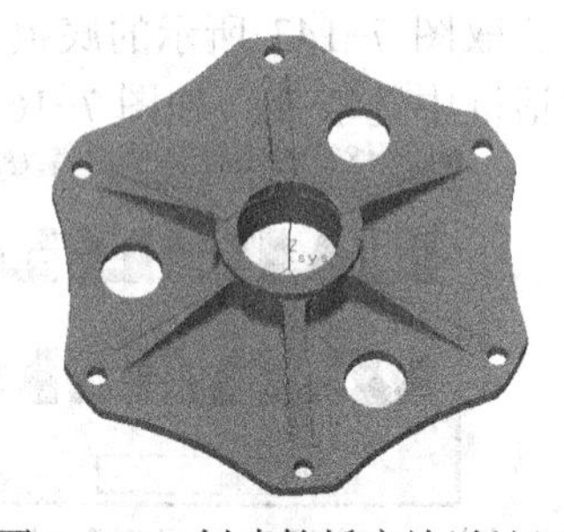

图 7-168 创建筋板底边过渡圆角

2）采用过渡命令，以半径“1”，用鼠标选取所有筋板斜面边线，单击【确定】按钮，完成过渡圆角创建，如图 7-169 所示。

3）采用过渡命令，以半径“1”，用鼠标选取底板上表面边线，单击【确定】按钮，完成过渡圆角创建，如图 7-170 所示。

图 7-169 创建筋板斜边圆角

图 7-170 创建筋板斜边圆角

由此完成齿轮轴端盖零件的三维实体造型操作。

7.3.8　数控加工思路解析

从图 7-137 可知，齿轮轴端盖零件的主体较为规则，在整体加工时可采用平面区域粗加工方法，分区域加工出底板外形、中心轴孔等特征。采用三维偏置加工方法加工出整个零件外形；采用平面区域粗加工方法加工出底板轴孔；采用平面轮廓精加工方法精加工底板轮廓；采用钻孔方法加工底板安装孔。

7.3.9　准备加工条件

1. 创建毛坯

1）在【轨迹管理】导航栏中，用鼠标双击【毛坯】，系统弹出【毛坯定义】对话框，如图 7-171 所示。在该对话框中选择【毛坯定义】类型为【矩形】，然后单击【参照模型】按钮，系统即根据实际模型大小创建加工用的毛坯，如图 7-172 所示。

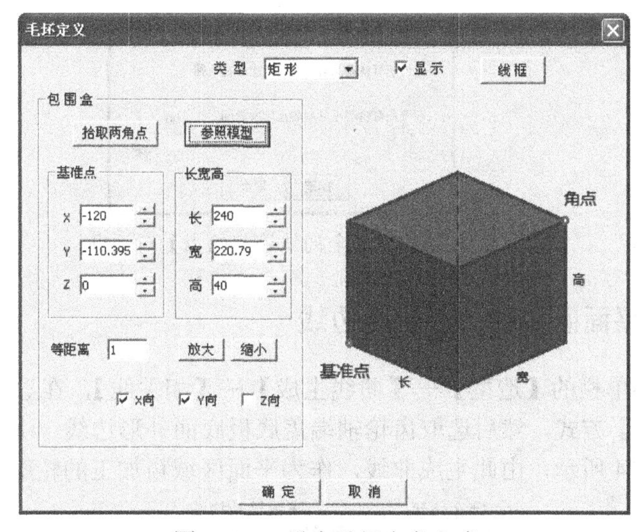

图 7-171　设定毛坯定义方式

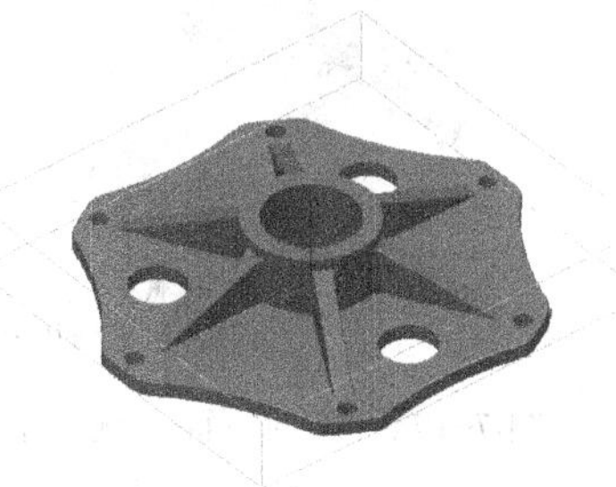

图 7-172　创建齿轮轴端盖毛坯

2）也可以选择通过【两点】或【三点】方式创建毛坯，此时需要指定作为毛坯实体的边界点。这里不再赘述。

3）在导航栏的【毛坯】上单击鼠标右键，在弹出的快捷菜单中选择【隐藏】，不显示毛坯边框，以便于查看刀具轨迹。

2. 定义加工起始点

在【轨迹管理】导航栏中，用鼠标双击【起始点】，系统弹出【全局轨迹起始点】对话框，如图 7-173 所示。由于图 7-172 中创建毛坯高度为 40，而建模的起始点在坐标原点，因此设定全局起始点坐标为（0，0，60）。

3. 创建加工刀具并定义参数

根据加工需要，创建 D10、D6 的圆角铣刀，D10 钻头。

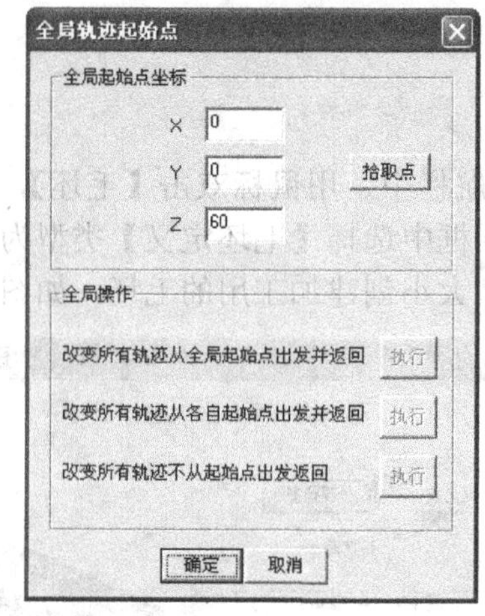

图 7-173 【全局轨迹起始点】对话框

7.3.10 生成平面区域粗加工轮廓边线

依次选择菜单栏的【造型】—【曲线生成】—【相关线】，在导航栏的【命令行】栏中选取【实体边界】方式，然后选取齿轮轴端盖底板底面外形边线、中心轴孔边线、底板轴孔边线，如图 7-174 所示，由此生成曲线，作为平面区域粗加工的轮廓参照。

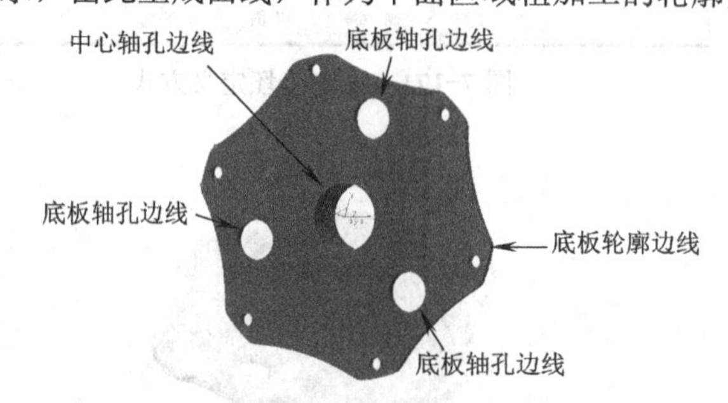

图 7-174 生成平面区域加工轮廓

7.3.11 三维偏置加工齿轮轴端盖外形

1）依次选择菜单栏的【加工】—【常用加工】—【三维偏置加工】，系统弹出【三维偏置加工（创建）】对话框，如图 7-175 所示。

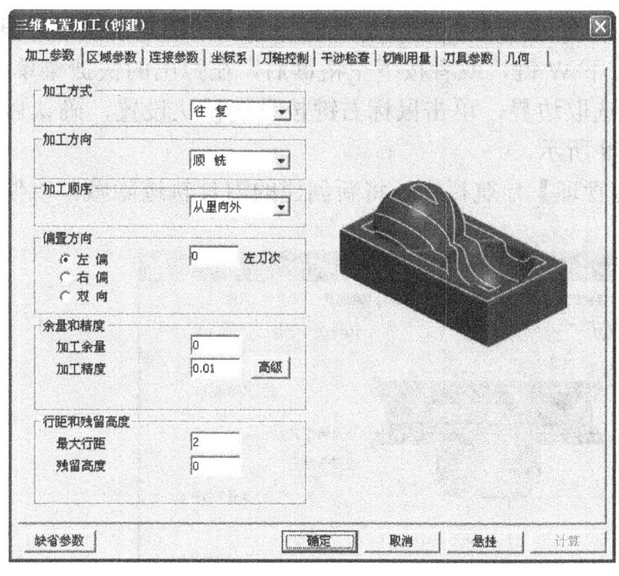

图 7-175 【三维偏置加工（创建）】对话框

2）选择【加工参数】选项卡，设定【加工方式】为【往复】、【加工方向】为【顺铣】、【加工顺序】为【从里向外】，设置【最大行距】为“2”，其余参数取默认值。

3）单击【连接参数】选项卡的【空切区域】选项，设定【安全高度】为“80”，如图 7-176 所示。

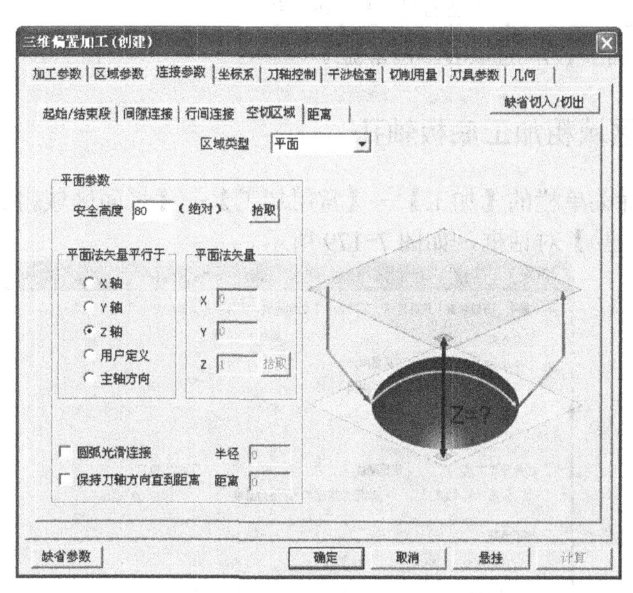

图 7-176　设置安全高度参数

4）单击【切削用量】选项卡，设置各个切削动作时的主轴转速为默认值。

5）单击【区域参数】选项卡的【高度范围】选项，设置 Z 轴运动的有效范围为【曲面的 Z 范围】。

6）单击【刀具参数】选项卡，然后单击【刀库】按钮，在弹出的【刀具库】对话框中选择 D10 圆角铣刀，单击【确定】按钮返回【三维偏置加工（创建）】对话框，如图 7-177 所示。

7）在【三维偏置加工（创建）】对话框中单击【确定】按钮，根据系统状态栏提示“拾取加工对象”，按下 W 键，或者按下空格键后，在弹出的快捷菜单中选择【拾取全部】；根据状态栏提示，选取边界，单击鼠标右键按系统默认设置，确认后系统开始自动计算生成轨迹，如图 7-178 所示。

8）在【轨迹管理】导航栏中，将新创建的刀具轨迹隐藏，以便于后面观察生成的加工轨迹。

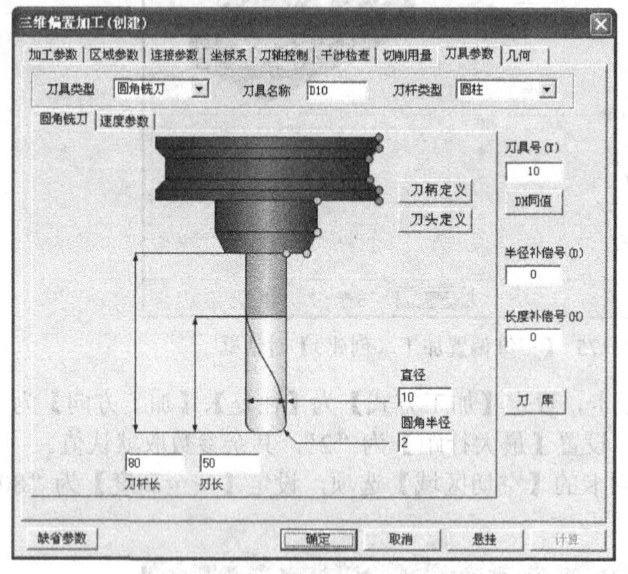

图 7-177　选取 D10 圆角铣刀

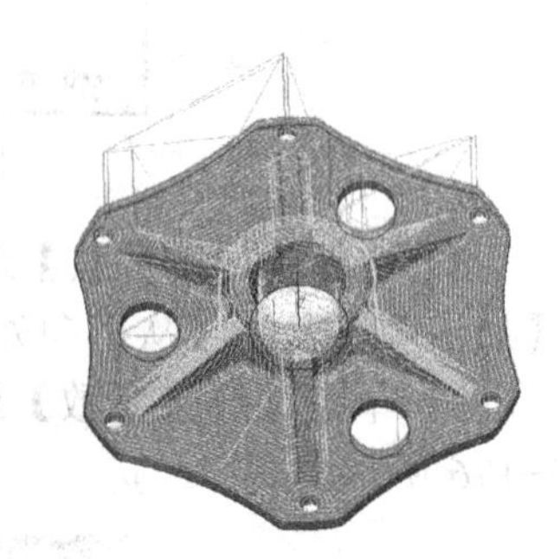

图 7-178　三维偏置加工刀具轨迹

7.3.12　平面区域粗加工底板轴孔

1）依次选择菜单栏的【加工】—【常用加工】—【平面区域粗加工】，系统弹出【平面区域粗加工（创建）】对话框，如图 7-179 所示。

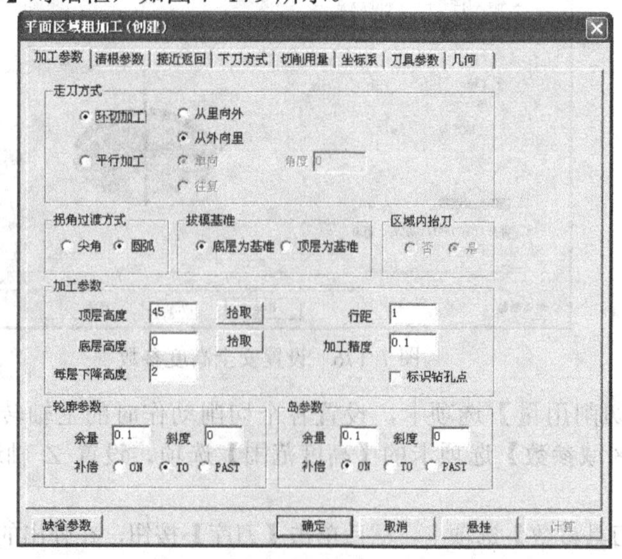

图 7-179【平面区域粗加工（创建）】对话框

2）选择【加工参数】选项卡，设定【走刀方式】为【环切加工】和【从外向里】、【拐角过渡方式】为【圆弧】、【顶层高度】为“45”、【行距】为“1”，其余参数取默认值。

3）单击【清根参数】选项卡，设置【轮廓清根】为【清根】，如图 7-180 所示。

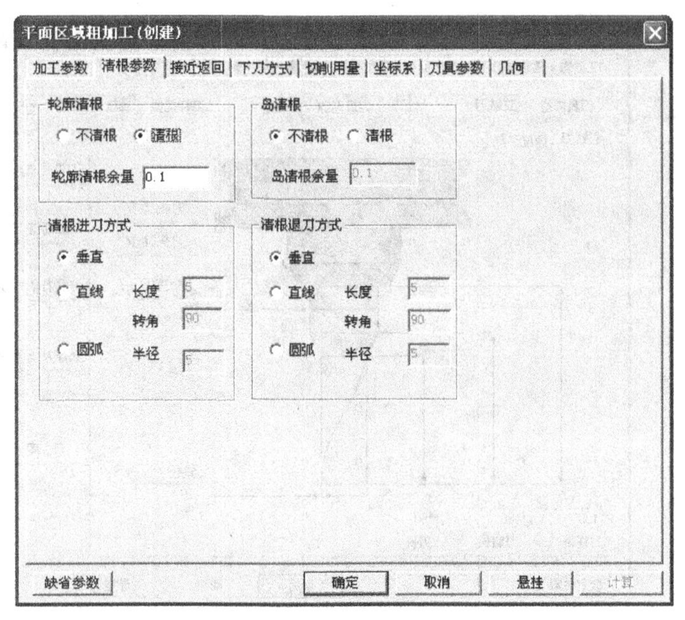

图 7-180　设置清根参数

4）单击【下刀方式】选项卡，设定【安全高度】为“50”，如图 7-181 所示。

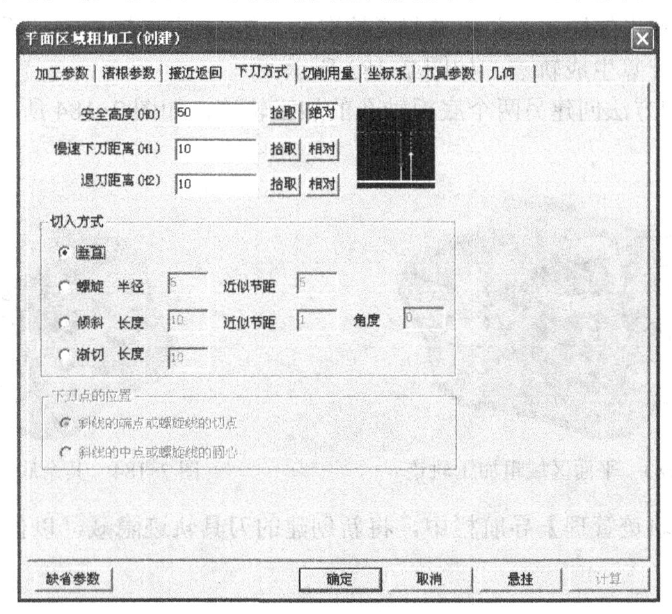

图 7-181　设置安全高度参数

5）单击【切削用量】选项卡，设置各个切削动作时的主轴转速为默认值。

6）单击【区域参数】选项卡的【高度范围】选项，设置 Z 轴运动的有效范围为【曲面的 Z 范围】。

7）单击【刀具参数】选项卡，然后单击【刀库】按钮，在弹出的【刀具库】对话框中选择D10立铣刀，单击【确定】按钮返回【平面区域粗加工（创建）】对话框，如图7-182所示。

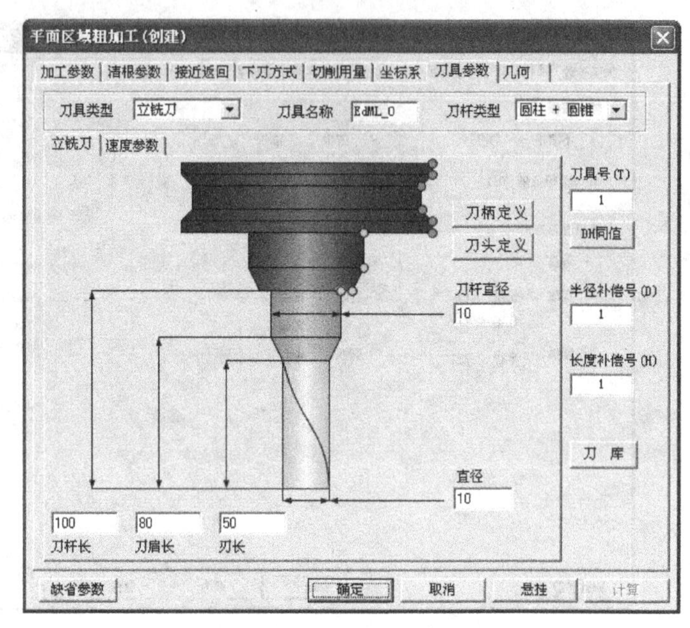

图7-182　选取D10立铣刀

8）单击【确定】按钮，根据系统状态栏提示“拾取加工对象”，按下W键，或者按下空格键后，在弹出的快捷菜单中选择【拾取全部】。单击鼠标右键按系统默认设置，确认后系统开始自动计算生成轨迹，如图7-183所示。

9）用相同方法创建另两个底板轴孔的加工轨迹，如图7-184所示。

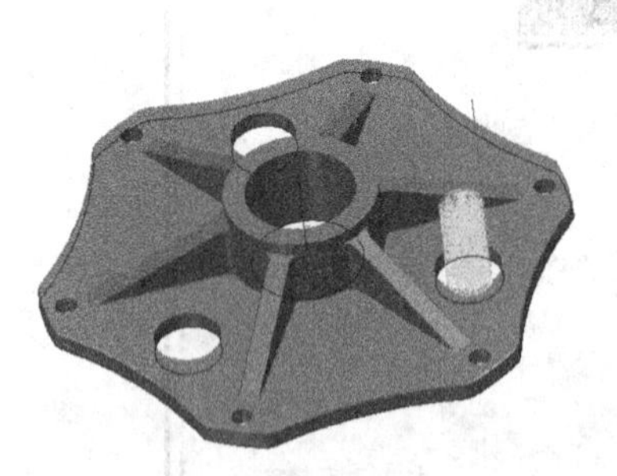

图7-183　平面区域粗加工轨迹

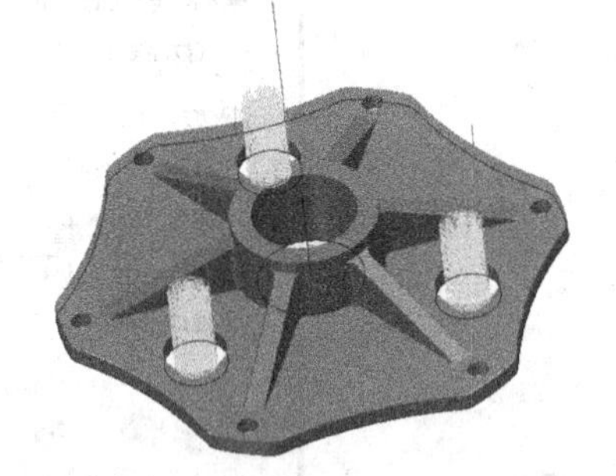

图7-184　其余底板轴孔的加工轨迹

10）在【轨迹管理】导航栏中，将新创建的刀具轨迹隐藏，以便于后面观察生成的加工轨迹。

7.3.13　平面轮廓精加工底板外形

1）依次选择菜单栏的【加工】—【常用加工】—【平面轮廓精加工】，系统弹出【平面轮廓精加工（创建）】对话框，如图7-185所示。

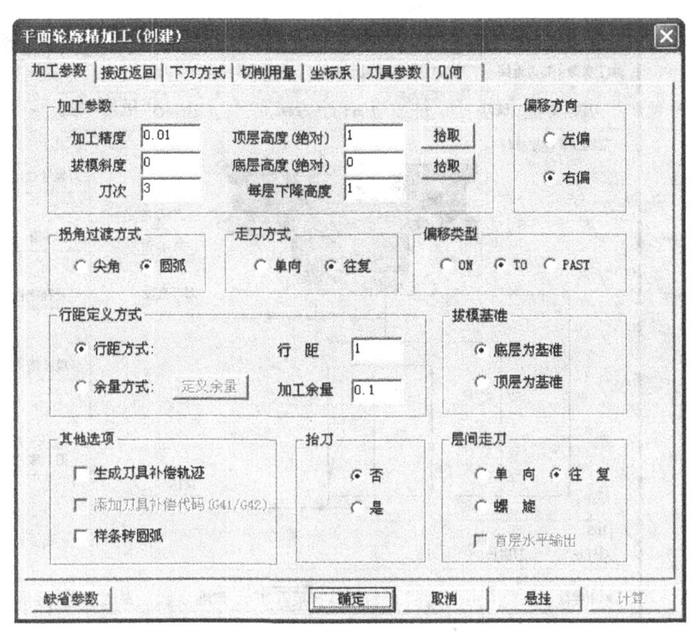

图 7-185 【平面轮廓精加工（创建）】对话框

2）选择【加工参数】选项卡，设定【刀次】为“3”、【每层下降高度】为“1”、【拐角过渡方式】为【圆弧】、【行距】为“1”，其余参数取默认值。

3）单击【下刀方式】选项卡，设定【安全高度】为“50”，如图 7-186 所示。

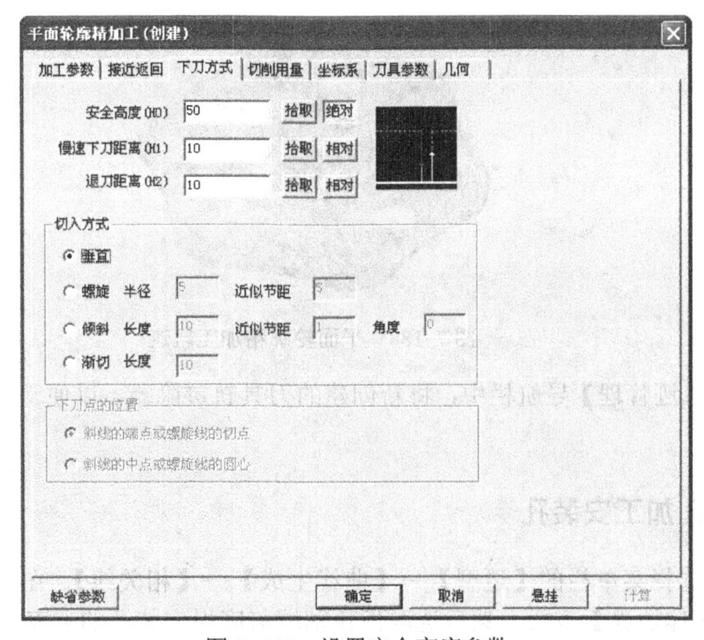

图 7-186　设置安全高度参数

4）单击【切削用量】选项卡，设置各个切削动作时的主轴转速为默认值。

5）单击【刀具参数】选项卡，然后单击【刀库】按钮，在弹出的【刀具库】对话框中选择 D10 立铣刀，单击【确定】按钮返回【三维偏置加工（创建）】对话框，如图 7-187 所示。

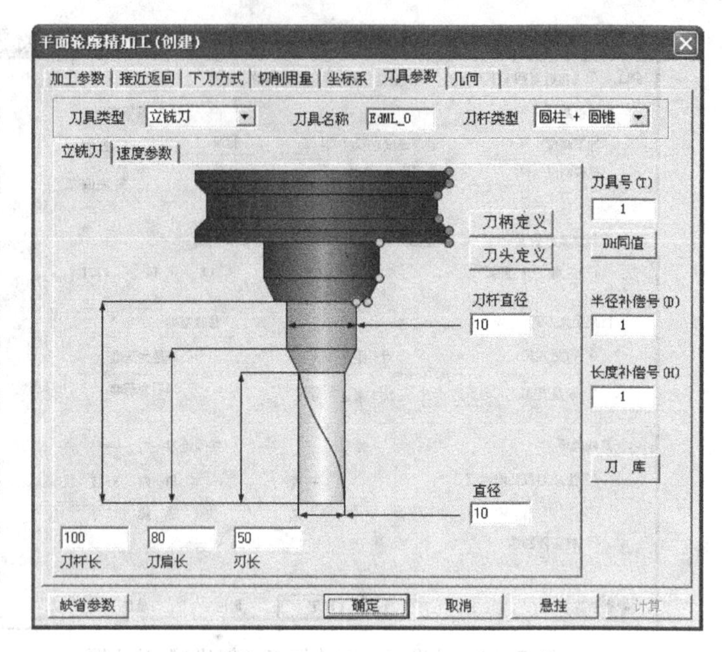

图 7-187　选取 D10 立铣刀

6）单击【确定】按钮，根据系统状态栏提示“拾取加工对象”，按下 W 键，或者按下空格键后，在弹出的快捷菜单中选择【拾取全部】。单击鼠标右键按系统默认设置，确认后系统开始自动计算生成轨迹，如图 7-188 所示。

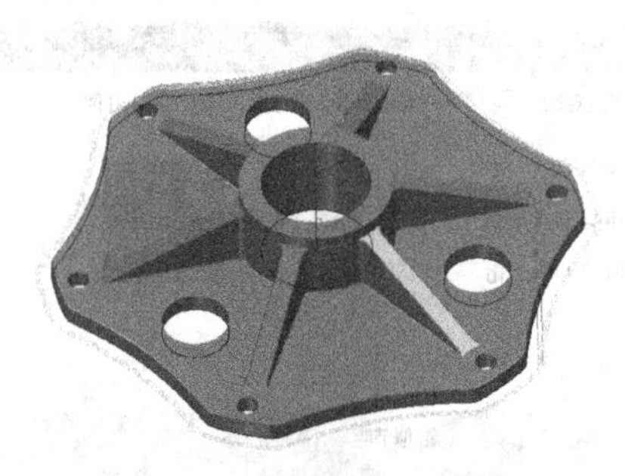

图 7-188　平面轮廓精加工轨迹

7）在【轨迹管理】导航栏中，将新创建的刀具轨迹隐藏，以便于后面观察生成的加工轨迹。

7.3.14　钻孔加工安装孔

1）依次选择菜单栏的【造型】—【曲线生成】—【相关线】，在导航栏的【命令行】栏中选取【实体边界】方式，然后选取齿轮轴端盖底板安装孔的上表面圆，如图 7-189 所示，由此生成曲线，作为钻孔定位参照。

2）依次选择菜单栏的【加工】—【其他加工】—【孔加工】，系统弹出【钻孔（创建）】对话框，选取【加工参数】选项卡，在该对话框中选取钻孔类型为【钻孔】，设置钻孔参数，如图 7-190 所示。

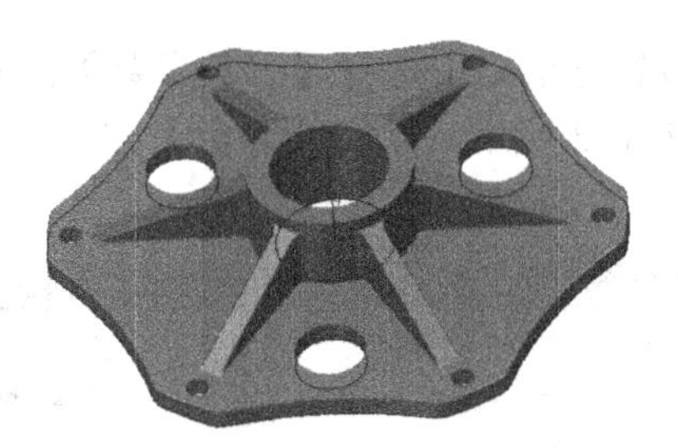

图 7-189　生成钻孔定位参照

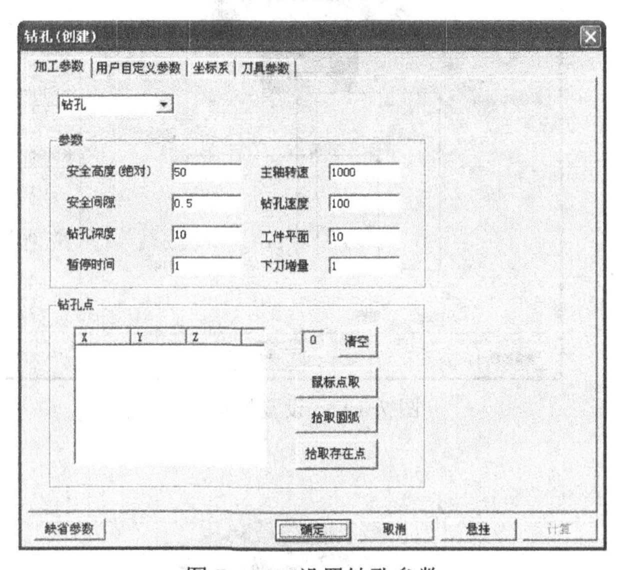

图 7-190　设置钻孔参数

3）在【钻孔点】栏单击【拾取圆弧】按钮，根据系统提示，选取图 7-189 创建的圆，单击鼠标右键，返回到【钻孔（创建）】对话框。在该对话框中选择【坐标系】选项卡，设置【起始高度】为“80”，如图 7-191 所示。

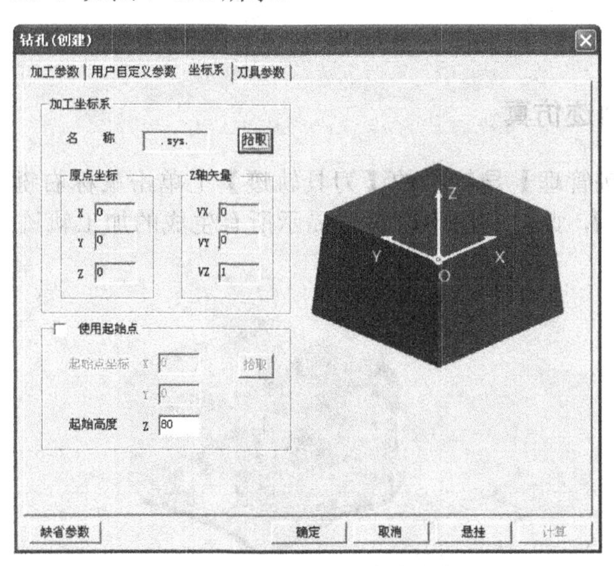

图 7-191　设置起始高度参数

4）在【钻孔（创建）】对话框中选择【刀具参数】选项卡，单击【刀库】按钮，选取定义的 D10 钻头，如图 7-192 所示。单击【确定】按钮，系统自动计算并创建刀具轨迹，如图 7-193 所示。

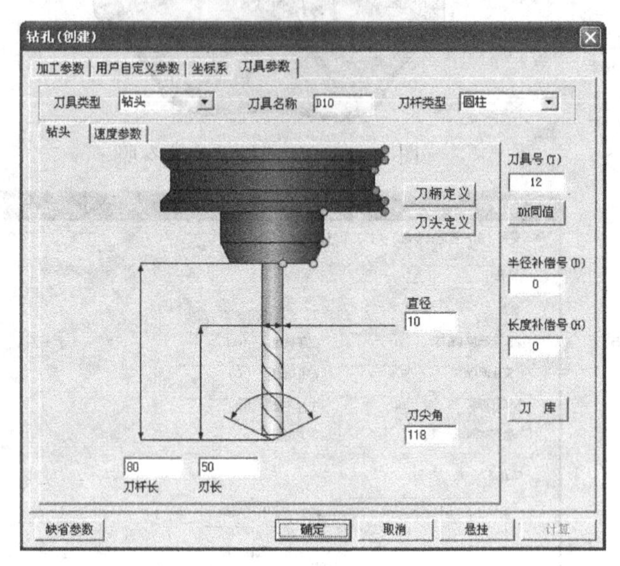

图 7-192　设置起始高度参数

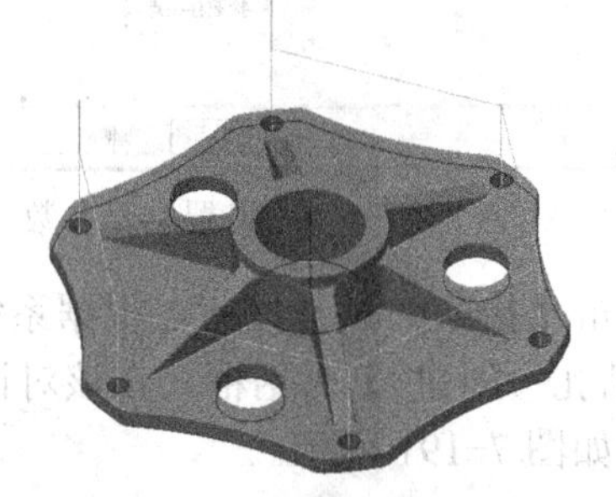

图 7-193　创建钻孔刀具路径

7.3.15　加工轨迹仿真

1）在【轨迹管理】导航栏的【刀具轨迹】上单击鼠标右键，在弹出的快捷菜单中选择【全部显示】，此时在图形窗口将显示所有生成的加工轨迹，如图 7-194 所示。

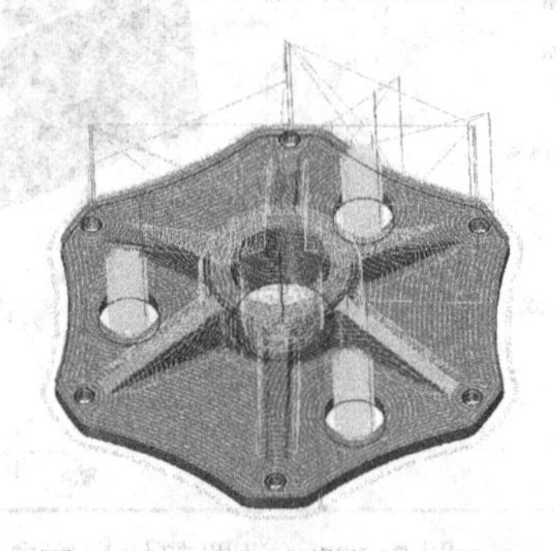

图 7-194　显示所有加工轨迹

2）在【刀具轨迹】上单击鼠标右键，在弹出的快捷菜单中选择【实体仿真】，系统弹出 CAXA 轨迹仿真对话框，如图 7-195 所示。

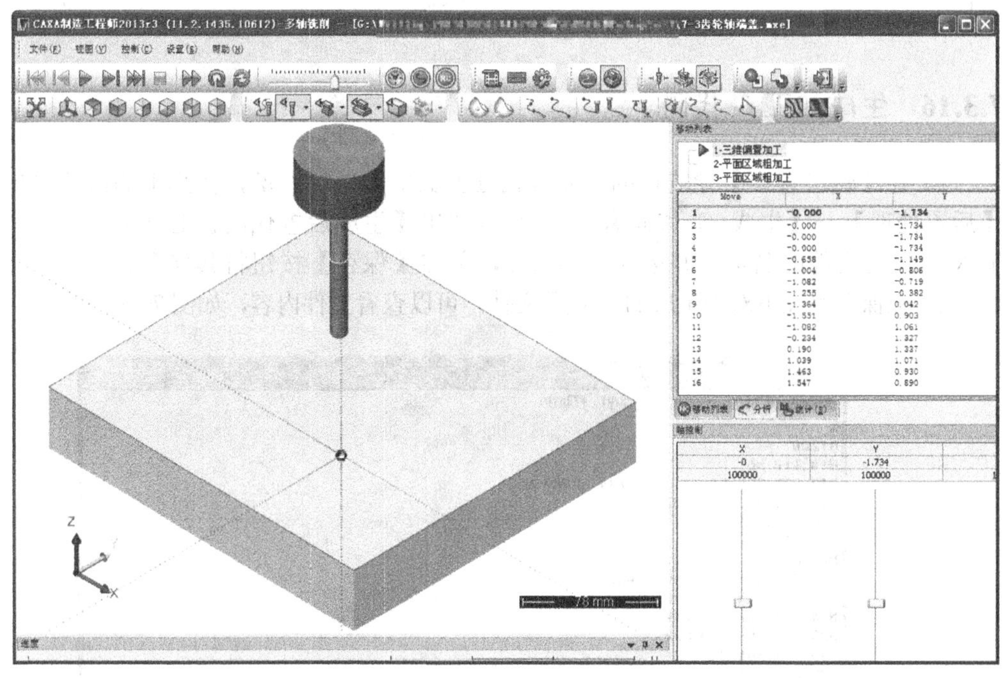

图 7-195　CAXA 轨迹仿真对话框

3）在工具栏上单击仿真按钮，系统即开始自动模拟加工过程。加工结束后的效果如图 7-196 所示。

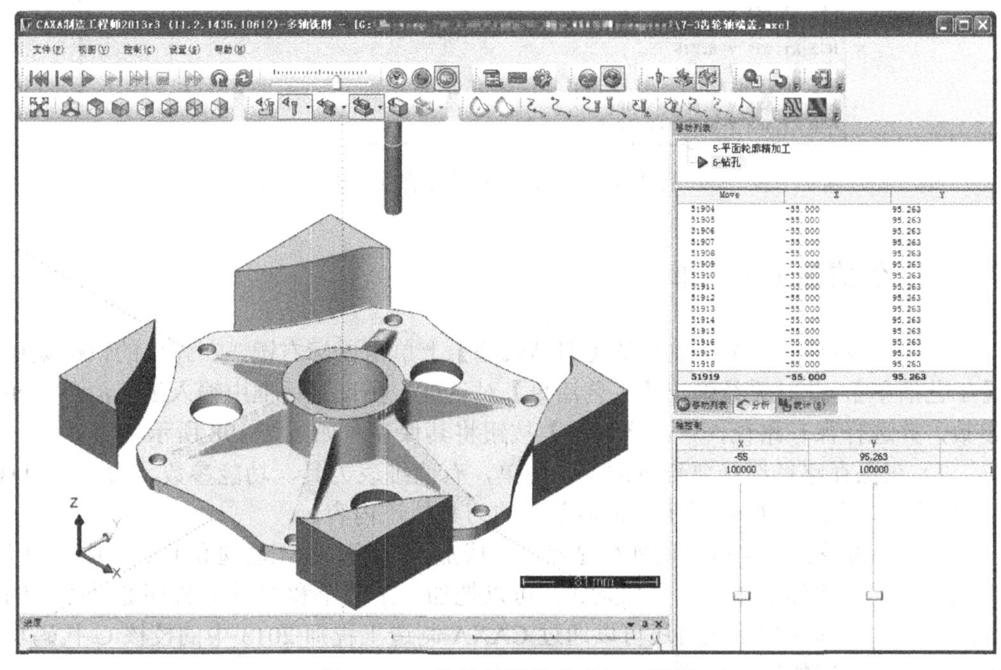

图 7-196　齿轮轴端盖仿真加工结果

4）如果只需要对某一个加工轨迹进行仿真，则只需在【轨迹管理】导航栏中相应的轨迹上单击鼠标右键，在弹出的快捷菜单中选择【实体仿真】，其余操作与步骤 2）、3）相同。

7.3.16 生成加工 G 代码

1）在【轨迹管理】导航栏的【刀具轨迹】上单击鼠标右键，在弹出的快捷菜单中选择【后置处理】—【生成 G 代码】，此时系统弹出【生成后置代码】对话框。在该对话框中输入 G 代码文件的名称，并选择保存路径，单击【保存】按钮将其保存。

2）在保存路径下双击生成的 G 代码文件，可以查看文件内容，如图 7-197 所示。

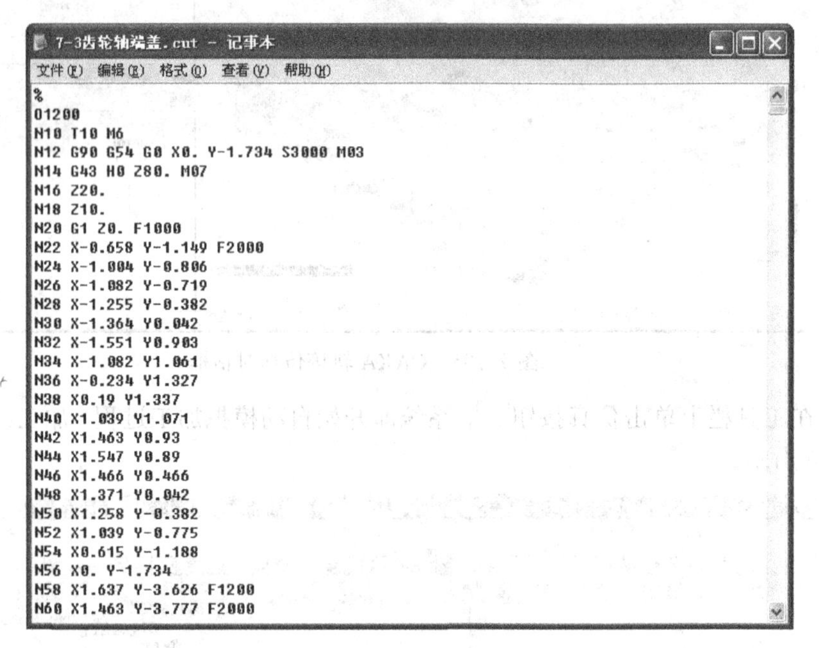

图 7-197 齿轮轴端盖零件加工的 G 代码

7.3.17 生成加工工艺单

1）在【轨迹管理】导航栏的【刀具轨迹】上单击鼠标右键，在弹出的快捷菜单中选择【工艺清单】，此时系统弹出【工艺清单】对话框。在该对话框中输入工艺清单的相关说明参数，并选择保存路径，单击【确定】按钮将其保存，如图 7-198 所示。

2）在保存路径选择要查看的工艺清单，有明细表刀具、功能参数、刀具、刀具轨迹、NC 数据等。图 7-199 显示了工艺清单中的刀具轨迹内容。

至此，齿轮轴端盖零件的实体造型、生成加工轨迹、加工轨迹仿真、生成 G 代码程序、生成加工工艺单等工作已经全部完成。可以把加工工艺单和 G 代码程序通过工厂的局域网送到车间。车间在加工之前还可以通过 CAXA 制造工程师 2013 中的校核 G 代码功能，查看一下加工代码的轨迹形状。

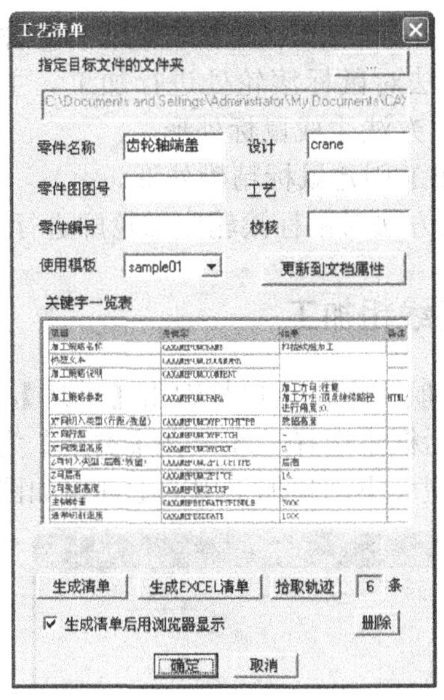

图 7-198　设定齿轮轴端盖工艺清单参数

关键字-刀具轨迹

项目	保留字	结果	备注
轨迹顺序编号	CAXAMEPATHNO	1	
轨迹名称	CAXAMEFUNCNAME	三维偏置加工	
轨迹示意图	CAXAMEPATHIMG		HTML代码
轨迹总加工时间(分)	CAXAMEPATHTIME	16.430	
轨迹总加工长度(mm)	CAXAMEPATHLEN	35095.494	
轨迹切削时间(分)	CAXAMEPATHCUTTINGTIME	15.211	

图 7-199　工艺清单的刀具轨迹明细

7.4　鼠标实体的数控加工

本实例将对图 7-200 所示的鼠标实体进行数控加工。

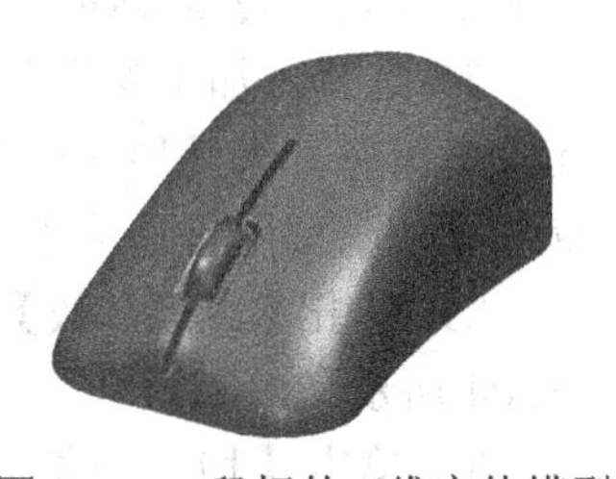

图 7-200　鼠标的三维实体模型

7.4.1　数控加工思路解析

根据图 7-200 所示的鼠标三维实体，可以首先采用轮廓偏置加工方法生成其外形轮廓，然后采用平面轮廓精加工方法创建鼠标精确外形，最后采用笔式清根加工方法对鼠标滚轮处进行加工。主要加工操作流程如下：

1）采用轮廓偏置加工方法生成鼠标外形。

2）采用平面轮廓精加工创建鼠标精确外形。

3）采用笔式清根加工方法对鼠标滚轮底部轮廓进行清根加工。

7.4.2 鼠标外形的等高线粗加工

1）在【轨迹管理】导航栏中，用鼠标双击【毛坯】，系统弹出【毛坯定义】对话框，如图 7-201 所示。在该对话框中选择毛坯定义【类型】为【矩形】，然后单击【参照模型】按钮，系统即根据实际模型大小创建加工用的毛坯，如图 7-202 所示。

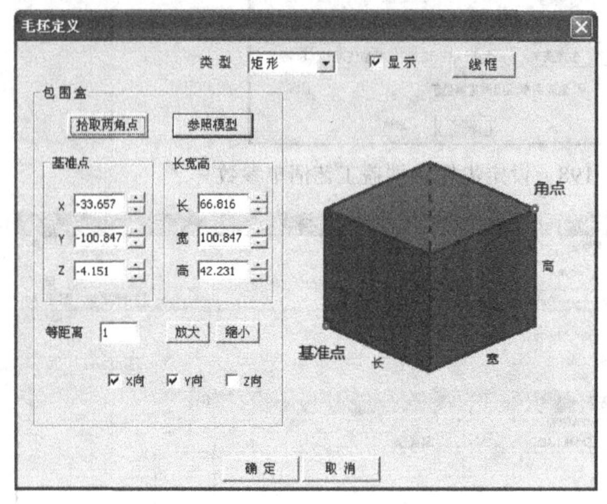

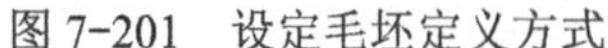
图 7-201　设定毛坯定义方式

图 7-202　创建鼠标毛坯

2）也可以选择通过【两点】或【三点】方式创建毛坯，此时需要指定作为毛坯实体的边界点。这里不再赘述。

3）在导航栏的【毛坯】上单击鼠标右键，在弹出的快捷菜单中选择【隐藏】，不显示毛坯边框，以便于查看刀具轨迹。

4）在【轨迹管理】导航栏中设置起始点的坐标为（0，0，100）。

5）在【刀具参数】选项卡中，通过【刀库】按钮创建 D8 的圆角铣刀、D6 的球头铣刀、D1 的球头铣刀、D6 的立铣刀。

6）依次选择菜单栏的【加工】—【常用加工】—【等高线粗加工】，系统弹出【等高线粗加工（创建）】对话框，如图 7-203 所示。

7）选择【加工参数】选项卡，设定【加工方式】为【往复】、【加工方向】为【顺铣】、【行进策略】为【层优先】，设置【最大行距】为“2”、【行距】为“1”、【层高】为“2”，复选【切削宽度自适应】项，其余参数取默认值。

8）单击【连接参数】选项卡的【空切区域】选项，设定【安全高度】为“80”，如图 7-204 所示。

9）单击【切削用量】选项卡，设置各个切削动作时的主轴转速为默认值。

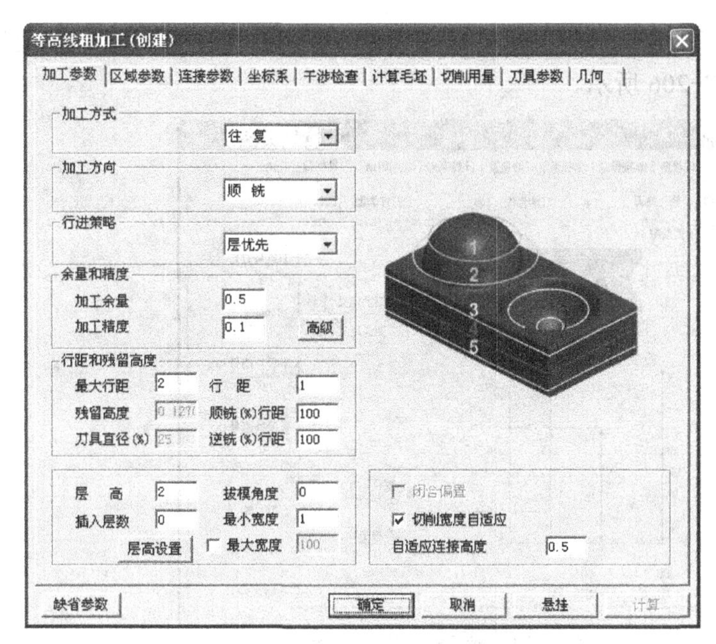

图 7-203　【等高线粗加工（创建）】对话框

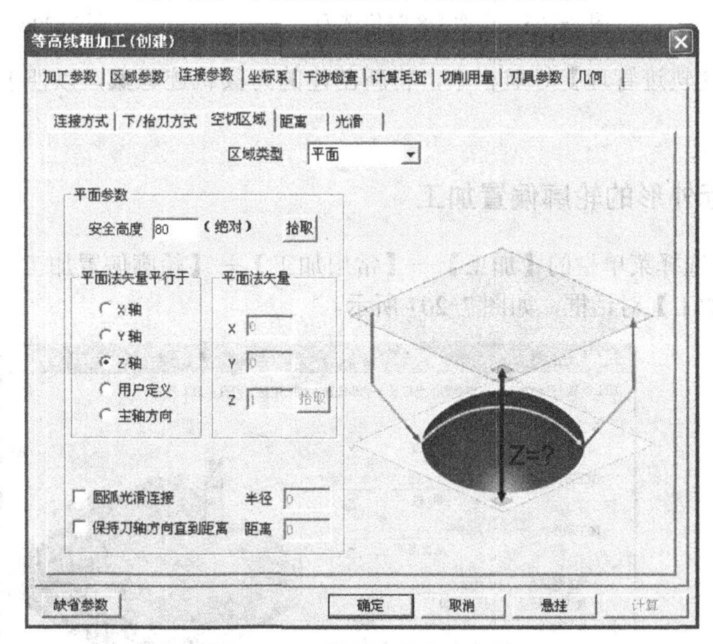

图 7-204　设置安全高度参数

10）单击【区域参数】选项卡的【高度范围】选项，设置 Z 轴运动的有效范围为【曲面的 Z 范围】。

11）单击【刀具参数】选项卡，然后单击【刀库】按钮，在弹出的【刀具库】对话框中选择 D8 圆角铣刀，单击【确定】按钮返回【等高线粗加工（创建）】对话框，如图 7-205 所示。

12）在【等高线粗加工（创建）】对话框中单击【确定】按钮，根据系统状态栏提示“拾取加工对象”，按下 W 键，或者按下空格键后，在弹出的快捷菜单中选择【拾取全部】；根据状态栏提示，选取边界，单击鼠标右键按系统默认设置，确认后系统开始自动计算生成轨迹，如图 7-206 所示。

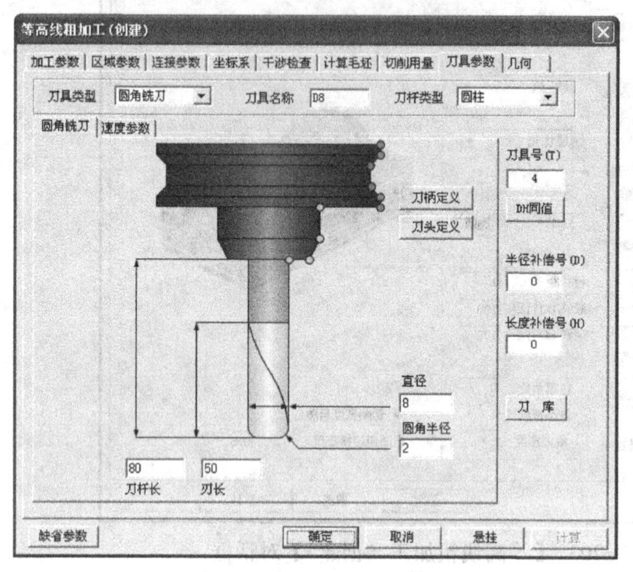

图 7-205　选取 D8 圆角铣刀

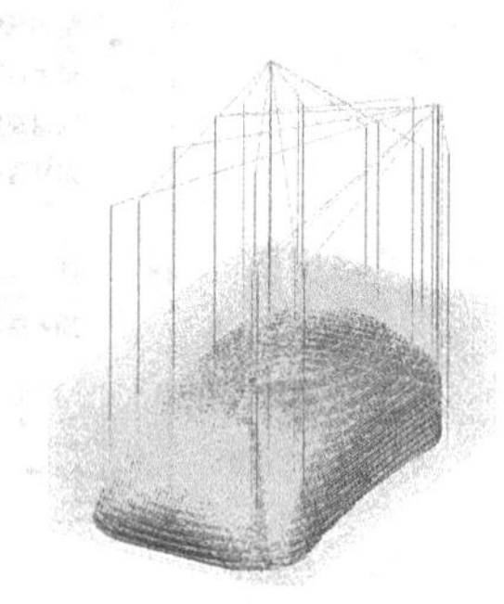

图 7-206　等高线粗加工轨迹

13）在【轨迹管理】导航栏中，将新创建的刀具轨迹隐藏，以便于后面观察生成的其他加工轨迹。

7.4.3　鼠标外形的轮廓偏置加工

1）依次选择菜单栏的【加工】—【常用加工】—【轮廓偏置加工（创建)】，系统弹出【轮廓偏置加工】对话框，如图 7-207 所示。

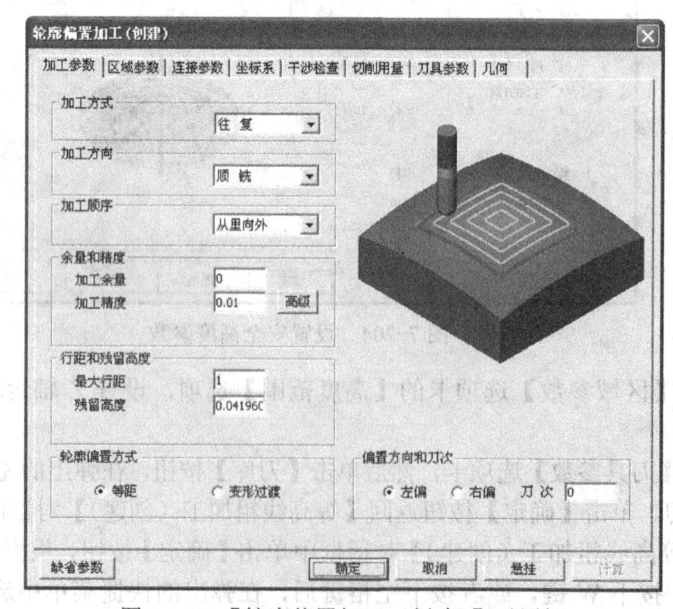

图 7-207 【轮廓偏置加工（创建)】对话框

2）选择【加工参数】选项卡，设定【加工方式】为【往复】、【加工方向】为【顺铣】、【加工顺序】为【从里向外】，设置【最大行距】为“1”，其余参数取默认值。

3）单击【连接参数】选项卡的【空切区域】选项，设定【安全高度】为“60”，如图 7-208 所示。

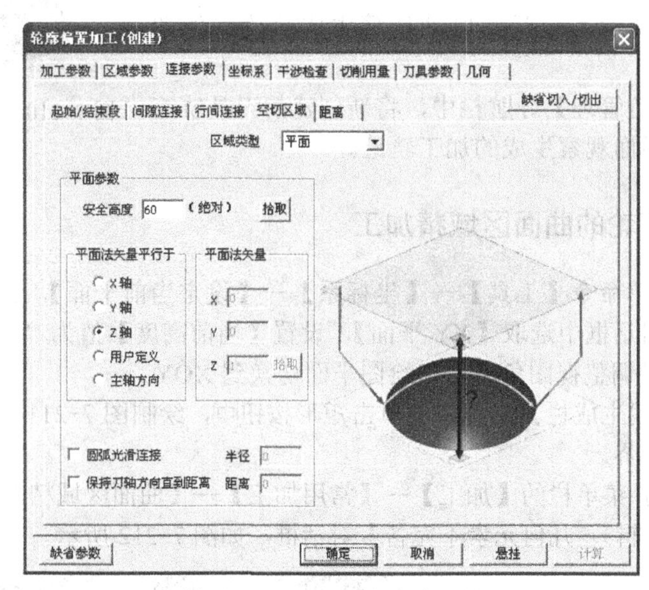

图 7-208 设置安全高度参数

4）单击【切削用量】选项卡，设置各个切削动作时的主轴转速为默认值。

5）单击【区域参数】选项卡的【高度范围】选项，设置 Z 轴运动的有效范围为【曲面的 Z 范围】。

6）单击【刀具参数】选项卡，然后单击【刀库】按钮，在弹出的【刀具库】对话框中选择 D6 球头铣刀，单击【确定】按钮返回【轮廓偏置加工（创建）】对话框，如图 7-209 所示。

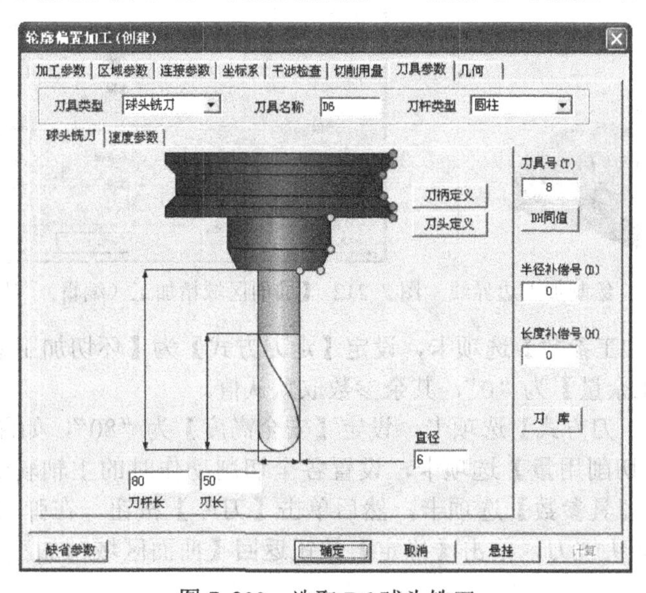

图 7-209 选取 D6 球头铣刀

7）在【轮廓偏置加工（创建）】对话框中单击【确定】按钮，根据系统状态栏提示“拾取加工对象”，按下 W 键，或者按下空格键后，在弹出的快捷菜单中选择【拾取全部】；根据状态栏提示，选取边界，单击鼠标右键按系统默认设置，确认后系统开始自动计算生成轨迹，如图 7-210 所示。

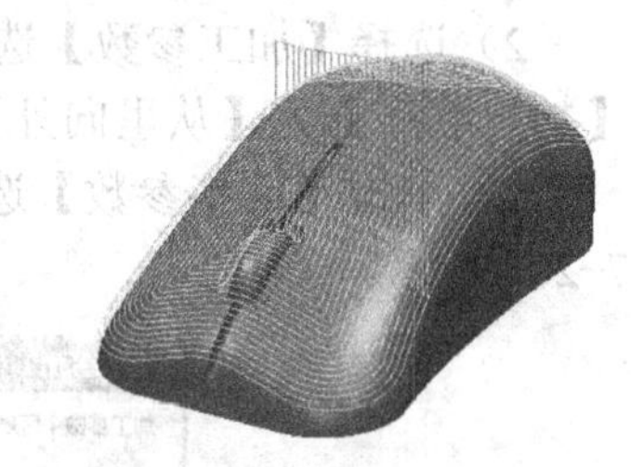

图 7-210　轮廓偏置加工刀具轨迹

8）在【轨迹管理】导航栏中，将新创建的刀具轨迹隐藏，以便于后面观察生成的加工轨迹。

7.4.4　鼠标滚轮的曲面区域精加工

1）选择菜单命令【工具】—【坐标系】—【设定当前平面】，系统弹出【当前平面】对话框。在该对话框中选取【XY 平面】，设置【当前高度】值为“50”。

2）按 F5 键调整视图角度，将绘图平面切换到 XOY。

3）在【曲线生成栏】工具条中单击矩形按钮□，绘制图 7-211 所示的矩形，作为曲面区域精加工的边界。

4）依次选择菜单栏的【加工】—【常用加工】—【曲面区域精加工】，系统弹出【曲面区域精加工（编辑）　几何元素不完备】对话框，如图 7-212 所示。

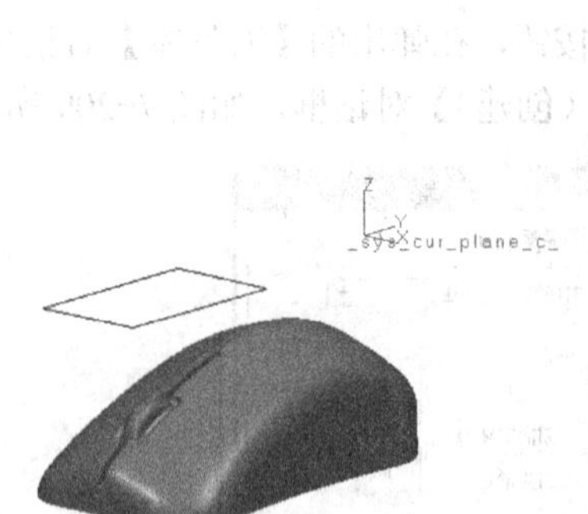

图 7-211　绘制加工边界线

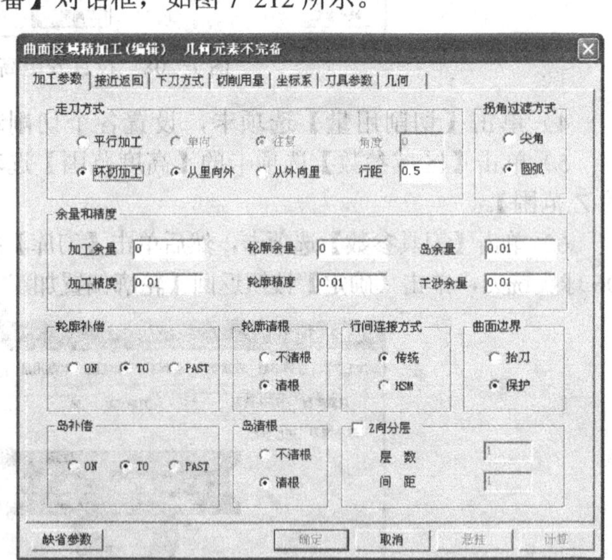

图 7-212　【曲面区域精加工（编辑）　几何元素不完备】对话框

5）选择【加工参数】选项卡，设定【走刀方式】为【环切加工】、【拐角过渡方式】为【圆弧】、【加工余量】为“0”，其余参数取默认值。

6）单击【下刀方式】选项卡，设定【安全高度】为“80”，如图 7-213 所示。

7）单击【切削用量】选项卡，设置各个切削动作时的主轴转速为默认值。

8）单击【刀具参数】选项卡，然后单击【刀库】按钮，在弹出的【刀具库】对话框中选择 D1 的球头铣刀，单击【确定】按钮返回【曲面区域精加工（创建）】对话框，如图 7-214 所示。

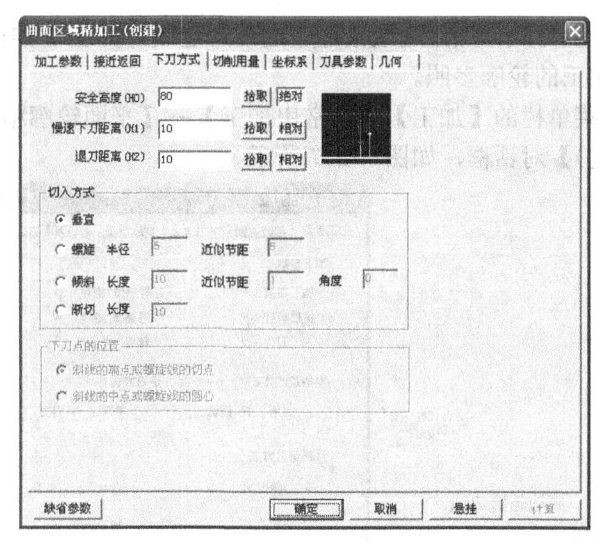

图 7-213　设置安全高度参数

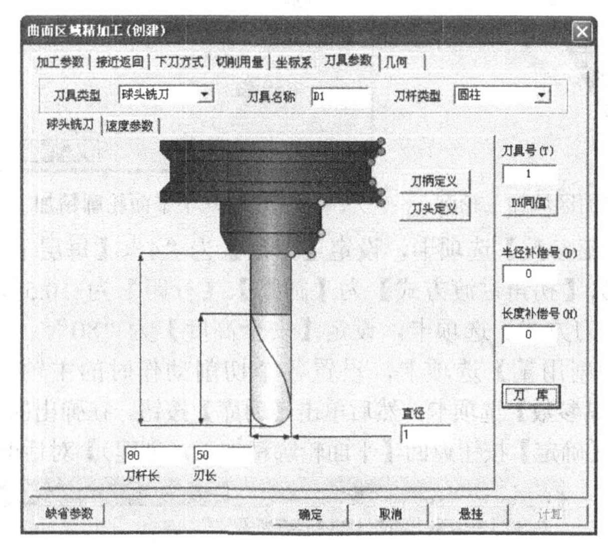

图 7-214　选取 D1 球头铣刀

9）在【曲面区域精加工（创建）】对话框中单击【确定】按钮，根据系统状态栏提示“拾取加工对象”，按下 W 键，或者按下空格键后，在弹出的快捷菜单中选择【拾取全部】；根据状态栏提示，选取边界，单击鼠标选取图 7-211 绘制的矩形。单击鼠标右键确认后系统开始自动计算生成轨迹，如图 7-215 所示。

10）在【轨迹管理】导航栏中，将新创建的刀具轨迹隐藏，以便于后面观察生成的精加工轨迹。

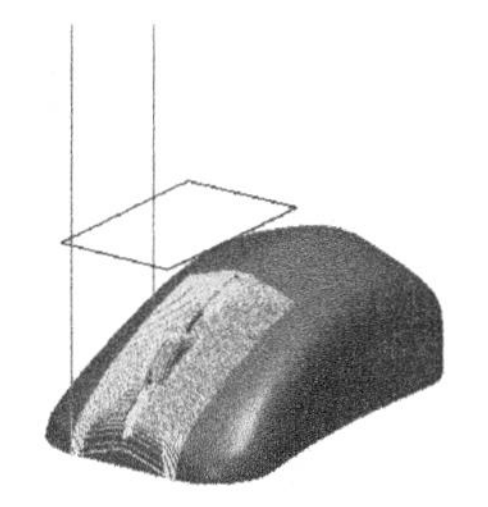

图 7-215　曲面区域精加工刀具轨迹

7.4.5　鼠标平面轮廓精加工

1）依次选择菜单栏的【造型】—【曲线生成】—【相关线】，在导航栏的【命令行】栏中选取【实体边界】方式，然后选取鼠标底面外形边线，如图 7-216 所示，由此生成曲线，作为平面轮廓精加工的轮廓参照。

2）依次选择菜单栏的【加工】—【常用加工】—【平面轮廓精加工】，系统弹出【平面轮廓精加工（创建）】对话框，如图 7-217 所示。

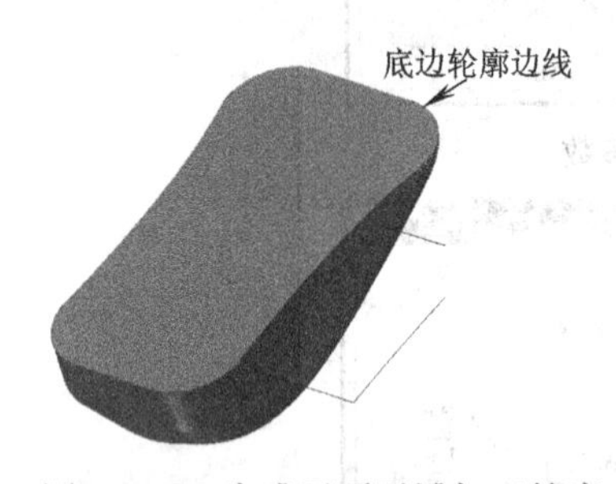

图 7-216　生成平面区域加工轮廓

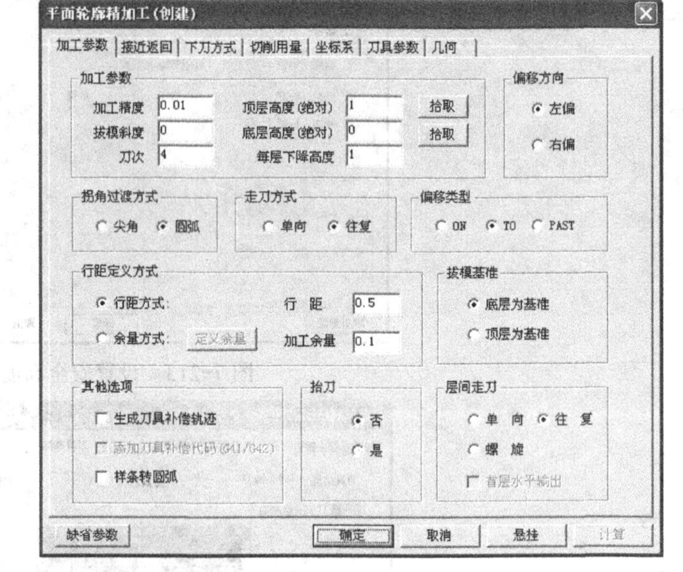

图 7-217　【平面轮廓精加工（创建）】对话框

3）选择【加工参数】选项卡，设定【刀次】为“4”、【每层下降高度】为“1”、【偏移方向】为【左偏】、【拐角过渡方式】为【圆弧】、【行距】为“0.5”，其余参数取默认值。

4）单击【下刀方式】选项卡，设定【安全高度】为“80”。

5）单击【切削用量】选项卡，设置各个切削动作时的主轴转速为默认值。

6）单击【刀具参数】选项卡，然后单击【刀库】按钮，在弹出的【刀具库】对话框中选择 D6 立铣刀，单击【确定】按钮返回【平面轮廓精加工（创建）】对话框，如图 7-218 所示。

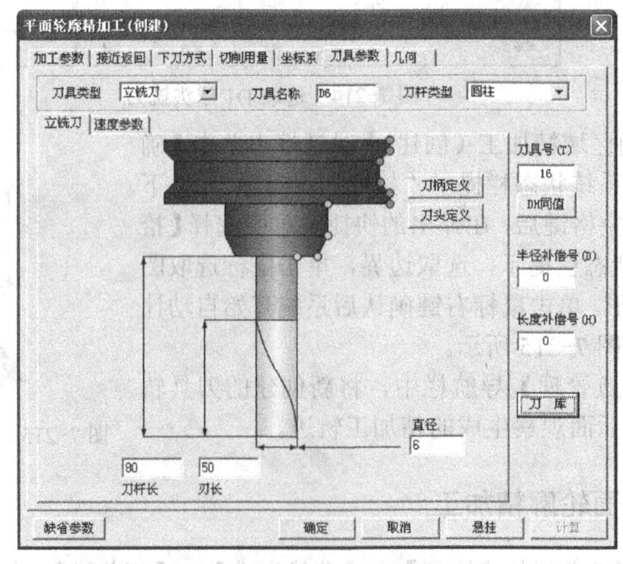

图 7-218　选取 D6 立铣刀

7）单击【确定】按钮，根据系统状态栏提示“拾取加工对象”，按下 W 键，或者按下空格键后，在弹出的快捷菜单中选择【拾取全部】。单击鼠标右键按系统默认设置，确认后系统开始自动计算生成轨迹，如图 7-219 所示。

8）在【轨迹管理】导航栏中，将新创建的刀具轨迹隐藏，以便于后面观察生成的加工轨迹。

图 7-219　平面轮廓精加工轨迹

7.4.6　加工轨迹仿真

1）在【轨迹管理】导航栏的【刀具轨迹】上单击鼠标右键，在弹出的快捷菜单中选择【全部显示】，此时在图形窗口将显示所有生成的加工轨迹，如图 7-220 所示。

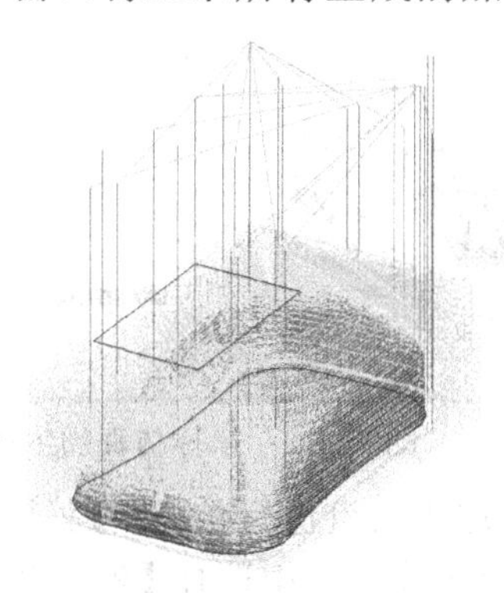

图 7-220　显示所有加工轨迹

2）在【刀具轨迹】上单击鼠标右键，在弹出的快捷菜单中选择【实体仿真】，系统弹出 CAXA 轨迹仿真对话框，如图 7-221 所示。

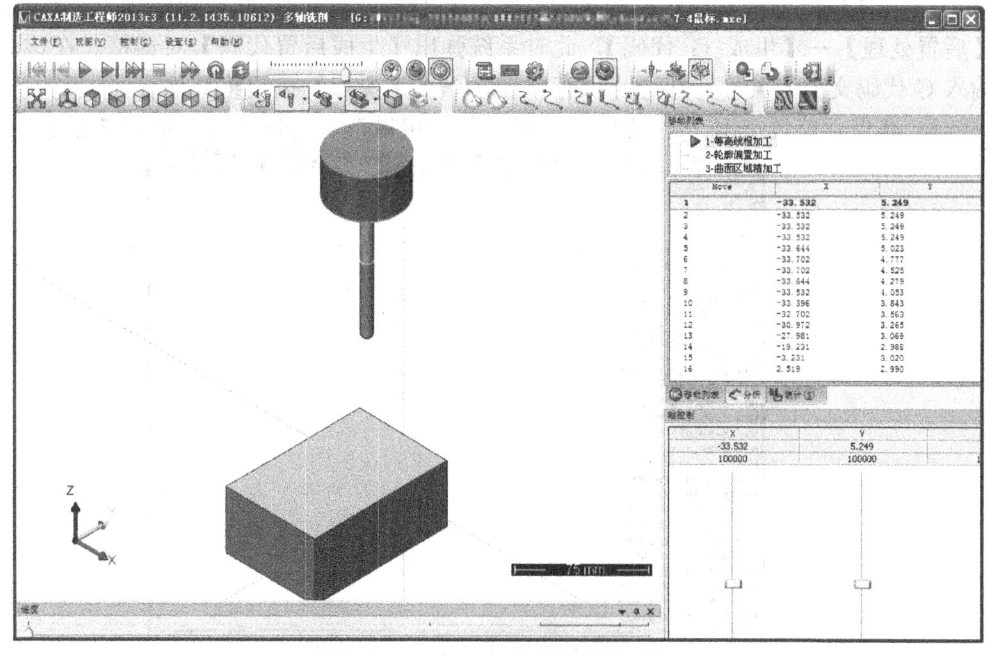

图 7-221　CAXA 轨迹仿真对话框

3）在工具栏上单击仿真按钮▷，系统即开始自动模拟加工过程。加工结束后的效果如图 7-222 所示。

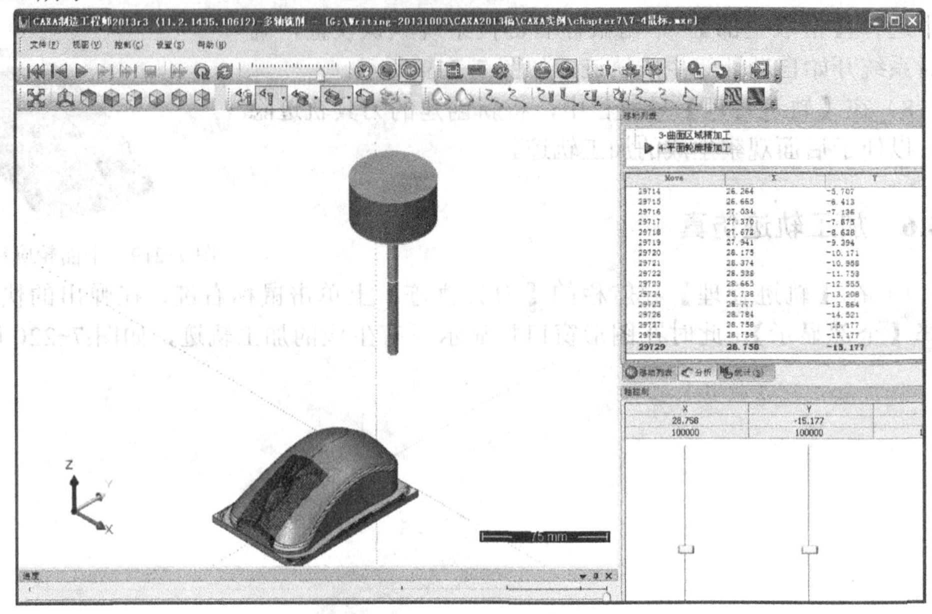

图 7-222　鼠标仿真加工结果

4）如果只需要对某一个加工轨迹进行仿真，则只需在【轨迹管理】导航栏中相应的轨迹上单击鼠标右键，在弹出的快捷菜单中选择【实体仿真】，其余操作与步骤 2）、3）相同。

7.4.7　生成加工 G 代码

1）在【轨迹管理】导航栏的【刀具轨迹】上单击鼠标右键，在弹出的快捷菜单中选择【后置处理】—【生成 G 代码】，此时系统弹出【生成后置代码】对话框。在该对话框中输入 G 代码文件的名称，并选择保存路径，单击【保存】按钮将其保存。

2）在保存路径下双击生成的 G 代码文件，可以查看文件内容，如图 7-223 所示。

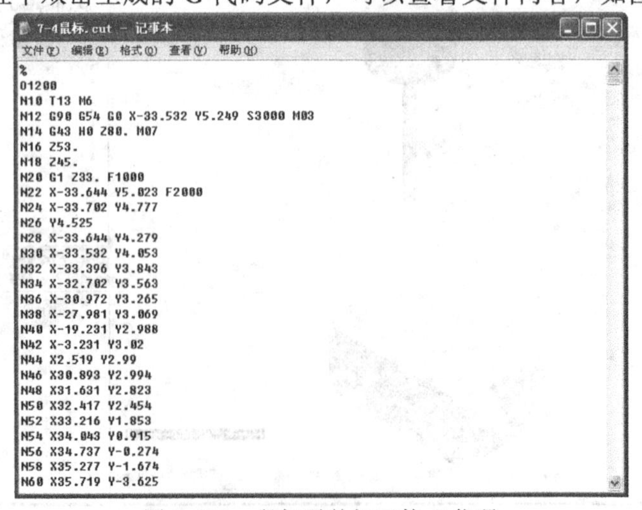

```
%
O1200
N10 T13 M6
N12 G90 G54 G0 X-33.532 Y5.249 S3000 M03
N14 G43 H0 Z80. M07
N16 Z53.
N18 Z45.
N20 G1 Z33. F1000
N22 X-33.644 Y5.023 F2000
N24 X-33.702 Y4.777
N26 Y4.525
N28 X-33.644 Y4.279
N30 X-33.532 Y4.053
N32 X-33.396 Y3.843
N34 X-32.702 Y3.563
N36 X-30.972 Y3.265
N38 X-27.981 Y3.069
N40 X-19.231 Y2.988
N42 X-3.231 Y3.02
N44 X2.519 Y2.99
N46 X30.893 Y2.994
N48 X31.631 Y2.823
N50 X32.417 Y2.454
N52 X33.216 Y1.853
N54 X34.043 Y0.915
N56 X34.737 Y-0.274
N58 X35.277 Y-1.674
N60 X35.719 Y-3.625
```

图 7-223　鼠标零件加工的 G 代码

7.4.8　生成加工工艺单

1）在【轨迹管理】导航栏的【刀具轨迹】上单击鼠标右键，在弹出的快捷菜单中选择【工艺清单】，此时系统弹出【工艺清单】对话框。在该对话框中输入工艺清单的相关说明参数，并选择保存路径，单击【确定】按钮将其保存，如图 7-224 所示。

2）在保存路径选择要查看的工艺清单，有明细表刀具、功能参数、刀具、刀具轨迹、NC 数据等。图 7-225 显示了工艺清单中的刀具轨迹内容。

至此，鼠标的实体造型、生成加工轨迹、加工轨迹仿真、生成 G 代码程序、生成加工工艺单等工作已经全部完成。可以把加工工艺单和 G 代码程序通过工厂的局域网送到车间。车间在加工之前还可以通过 CAXA 制造工程师 2013 中的校核 G 代码功能，查看一下加工代码的轨迹形状。

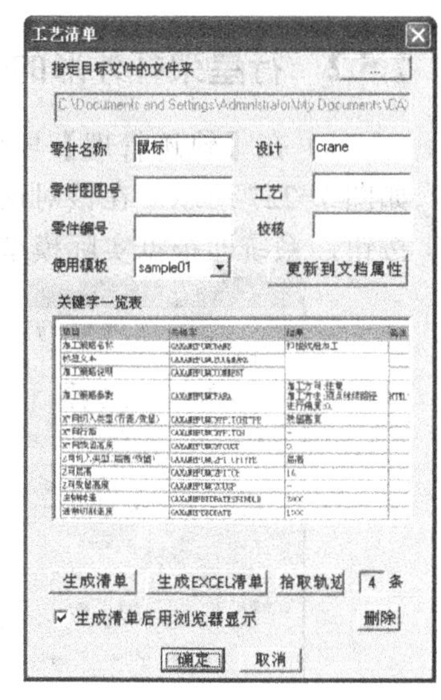

图 7-224　设定鼠标工艺清单参数

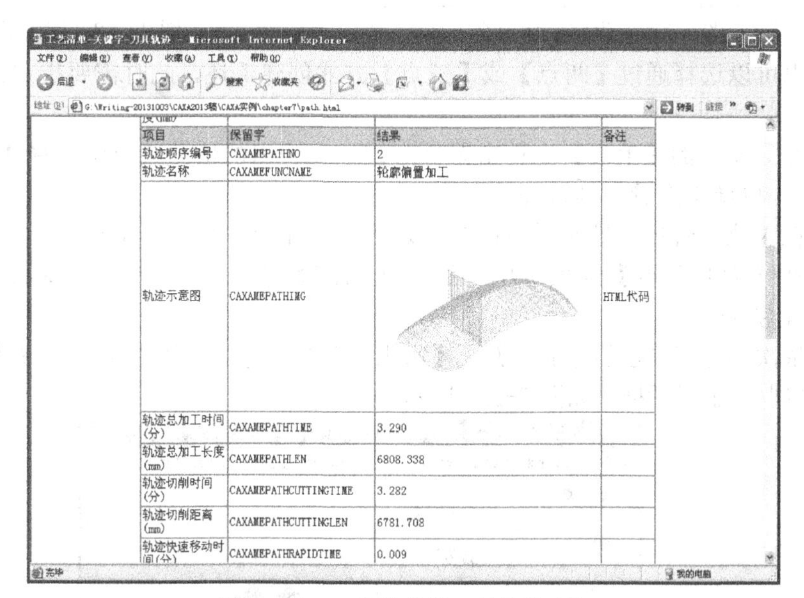

项目	保留字	结果	备注
轨迹顺序编号	CAXAMEPATHNO	2	
轨迹名称	CAXAMEFUNCNAME	轮廓偏置加工	
轨迹示意图	CAXAMEPATHIMG		HTML代码
轨迹总加工时间(分)	CAXAMEPATHTIME	3.290	
轨迹总加工长度(mm)	CAXAMEPATHLEN	6808.338	
轨迹切削时间(分)	CAXAMEPATHCUTTINGTIME	3.282	
轨迹切削距离(mm)	CAXAMEPATHCUTTINGLEN	6781.708	
轨迹快速移动时间(分)	CAXAMEPATHRAPIDTIME	0.009	

图 7-225　工艺清单的刀具轨迹明细

7.5　行星架杆实体的数控加工

本实例将对图 7-226 所示的行星架杆进行数控加工。

图 7-226　行星架杆实体模型

7.5.1　数控加工思路解析

行星架杆侧壁属于规则的突起柱曲面，可以采用等高线粗加工生成其大致轮廓，然后采用平面轮廓精加工方法生成精确外形轮廓，最后采用平面精加工方法创建不同高度的端面。

7.5.2 行星架杆外形的等高线粗加工

1）在【轨迹管理】导航栏中，用鼠标双击【毛坯】，系统弹出【毛坯定义】对话框，如图7-227所示。在该对话框中选择毛坯定义【类型】为【矩形】，然后单击【参照模型】按钮，系统即根据实际模型大小创建加工用的毛坯，如图7-228所示。

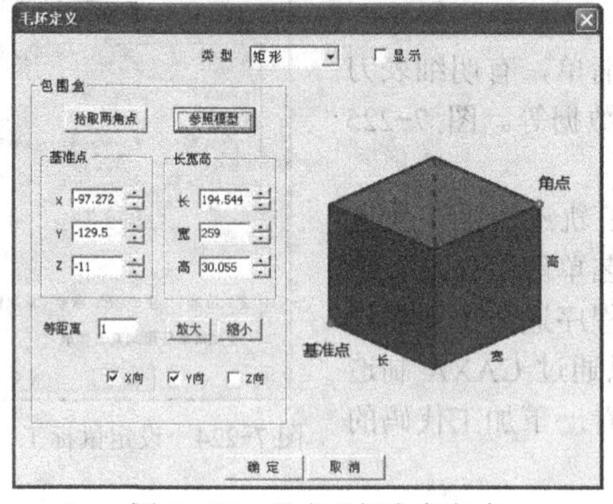

图7-227 设定毛坯定义方式

图7-228 创建鼠标毛坯

2）也可以选择通过【两点】或【三点】方式创建毛坯，此时需要指定作为毛坯实体的边界点。

3）在导航栏的【毛坯】上单击鼠标右键，在弹出的快捷菜单中选择【隐藏】，不显示毛坯边框，以便于查看刀具轨迹。

4）在【轨迹管理】导航栏中设置起始点的坐标为（0，0，80）。

5）在【刀具参数】选项卡中，通过【刀库】按钮创建D12、D8的立铣刀，D8、D6的圆角铣刀。

6）依次选择菜单栏的【加工】—【常用加工】—【等高线粗加工】，系统弹出【等高线粗加工（创建）】对话框，如图7-229所示。

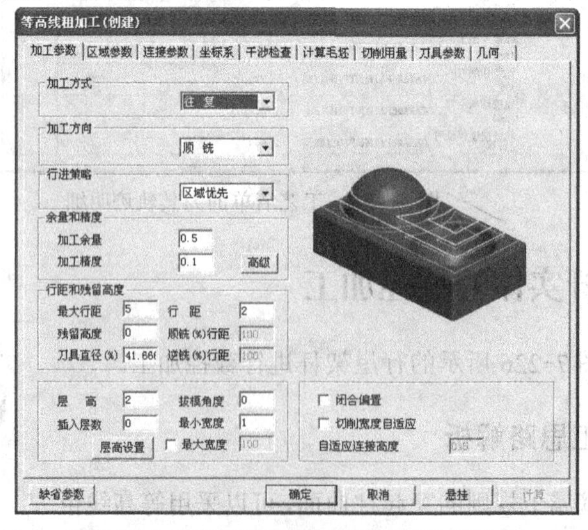

图7-229 【等高线粗加工（创建）】对话框

7）选择【加工参数】选项卡，设定【加工方式】为【往复】、【加工方向】为【顺铣】、【行进策略】为【区域优先】，设置【最大行距】为“5”、【行距】为“2”、【层高】为“2”，取消复选【切削宽度自适应】项，其余参数取默认值。

8）单击【连接参数】选项卡的【空切区域】选项，设定【安全高度】为“60”，如图 7-230 所示。

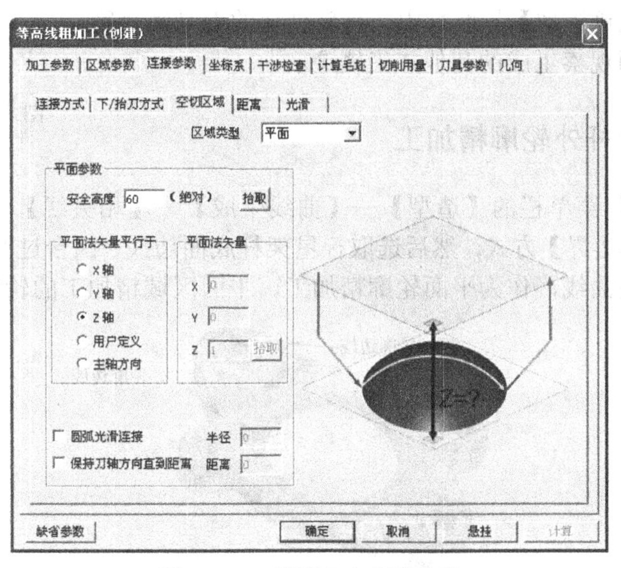

图 7-230　设置安全高度参数

9）单击【切削用量】选项卡，设置各个切削动作时的主轴转速为默认值。

10）单击【区域参数】选项卡的【高度范围】选项，设置 Z 轴运动的有效范围为【曲面的 Z 范围】。

11）单击【刀具参数】选项卡，然后单击【刀库】按钮，在弹出的【刀具库】对话框中选择 D12 立铣刀，单击【确定】按钮返回【等高线粗加工（创建）】对话框，如图 7-231 所示。

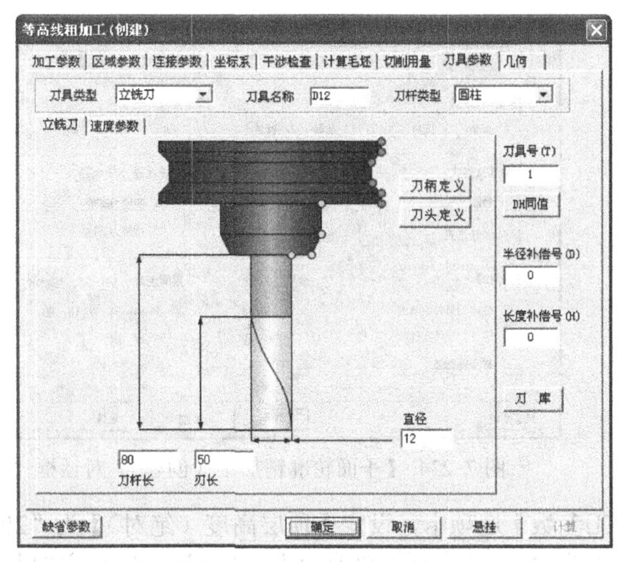

图 7-231　选取 D12 立铣刀

12）在【等高线粗加工（创建）】对话框中单击【确定】按钮，根据系统状态栏提示"拾取加工对象"，按下 W 键，或者按下空格键后，在弹出的快捷菜单中选择【拾取全部】；根据状态栏提示，选取边界，单击鼠标右键按系统默认设置，确认后系统开始自动计算生成轨迹，如图 7-232 所示。

13）在【轨迹管理】导航栏中，将新创建的刀具轨迹隐藏，以便于后面观察生成的其他加工轨迹。

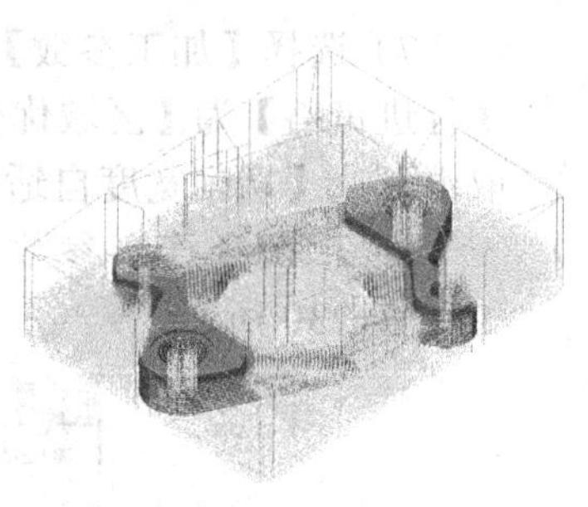

图 7-232　等高线粗加工轨迹

7.5.3　行星架杆外轮廓精加工

1）依次选择菜单栏的【造型】—【曲线生成】—【相关线】，在导航栏的【命令行】栏中选取【实体边界】方式，然后选取行星架杆底面边线、凸台过渡圆角边线，如图 7-233 所示，由此生成曲线，作为平面轮廓精加工、平面区域精加工的轮廓线。

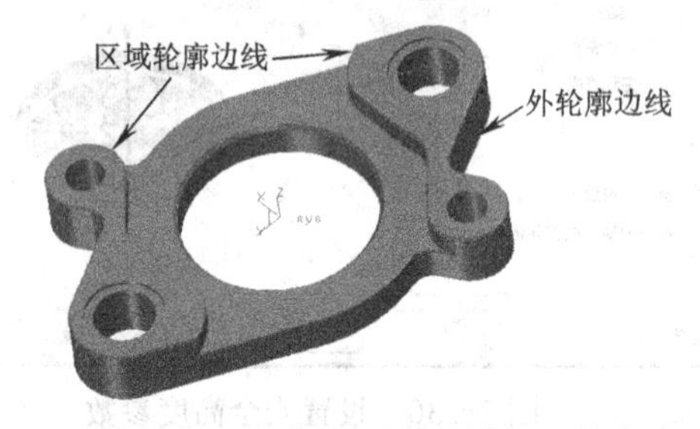

图 7-233　生成平面区域加工轮廓

2）依次选择菜单栏的【加工】—【常用加工】—【平面轮廓精加工】，系统弹出【平面轮廓精加工（创建）】对话框，如图 7-234 所示。

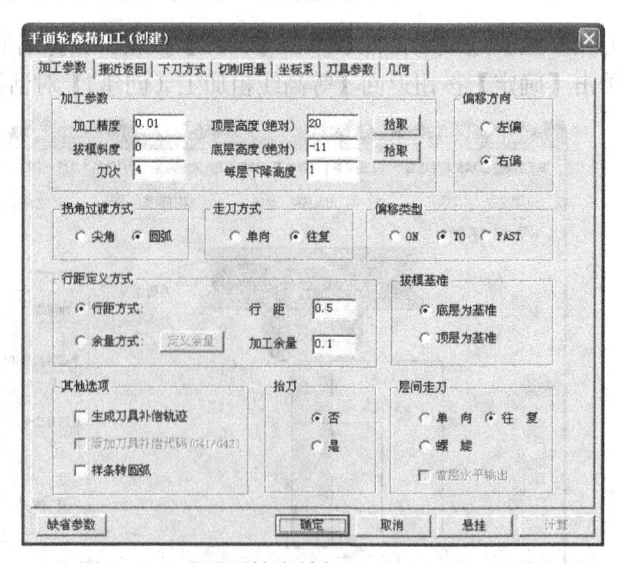

图 7-234　【平面轮廓精加工（创建）】对话框

3）选择【加工参数】选项卡，设定【顶层高度（绝对）】为"20"、【底层高度（绝对）】为"-11"、【刀次】为"4"、【每层下降高度】为"1"、【偏移方向】为【右偏】、【拐角过渡方式】为【圆弧】、【行距】为“0.5”，其余参数取默认值。

4）单击【下刀方式】选项卡，设定【安全高度】为“60”。

5）单击【切削用量】选项卡，设置各个切削动作时的主轴转速为默认值。

6）单击【刀具参数】选项卡，然后单击【刀库】按钮，在弹出的【刀具库】对话框中选择 D8 立铣刀，单击【确定】按钮返回【平面轮廓精加工（创建）】对话框，如图 7-235 所示。

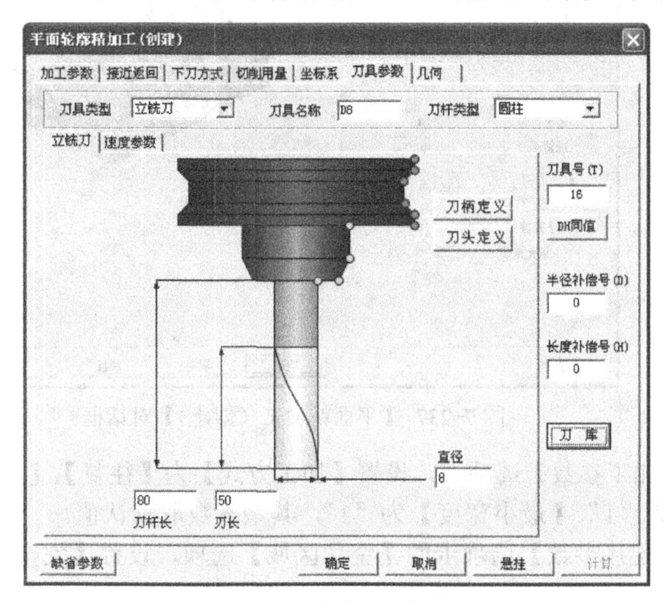

图 7-235　选取 D8 立铣刀

7）单击【确定】按钮，根据系统状态栏提示“拾取加工对象”，按下 W 键，或者按下空格键后，在弹出的快捷菜单中选择【拾取全部】。单击鼠标右键按系统默认设置，确认后系统开始自动计算生成轨迹，如图 7-236 所示。

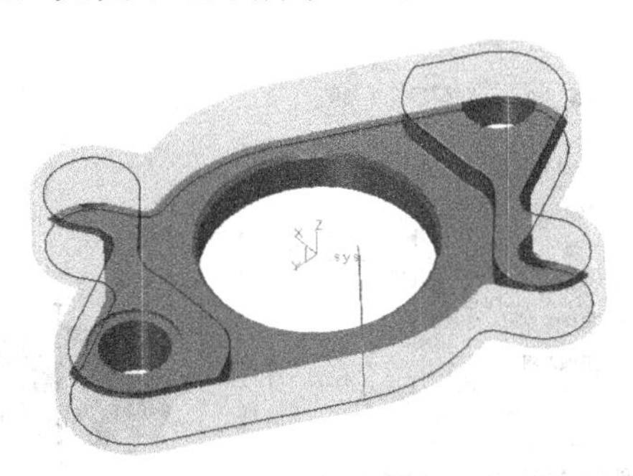

图 7-236　平面轮廓精加工轨迹

8）在【轨迹管理】导航栏中，将新创建的刀具轨迹隐藏，以便于后面观察生成的加工轨迹。

7.5.4　平面精加工行星架杆端面

1）依次选择菜单栏的【加工】—【常用加工】—【平面精加工】，系统弹出【平面精加工（创建）】对话框，如图 7-237 所示。

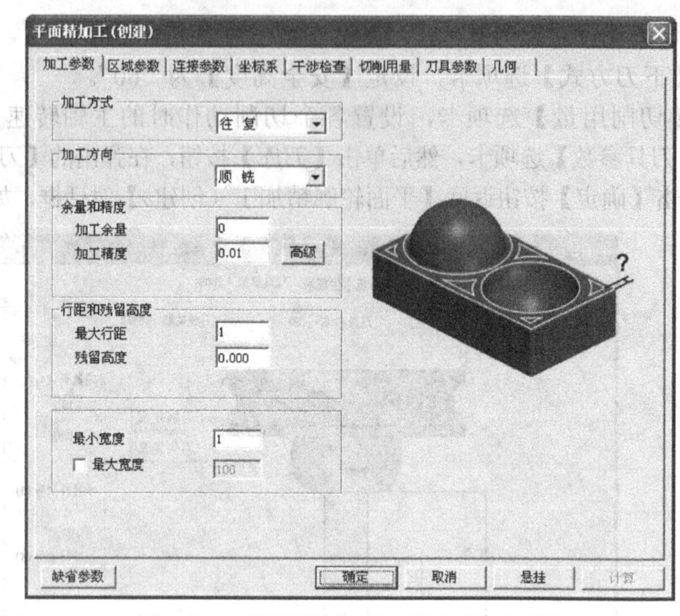

图 7-237 【平面精加工（创建)】对话框

2）选择【加工参数】选项卡，设置【加工方式】为【往复】、【加工方向】为【顺铣】、【最大行距】为“1”、【最小宽度】为“1”，其余参数取默认值。

3）单击【连接参数】选项卡的【空切区域】选项，设置【安全高度】为“60”，如图 7-238 所示。

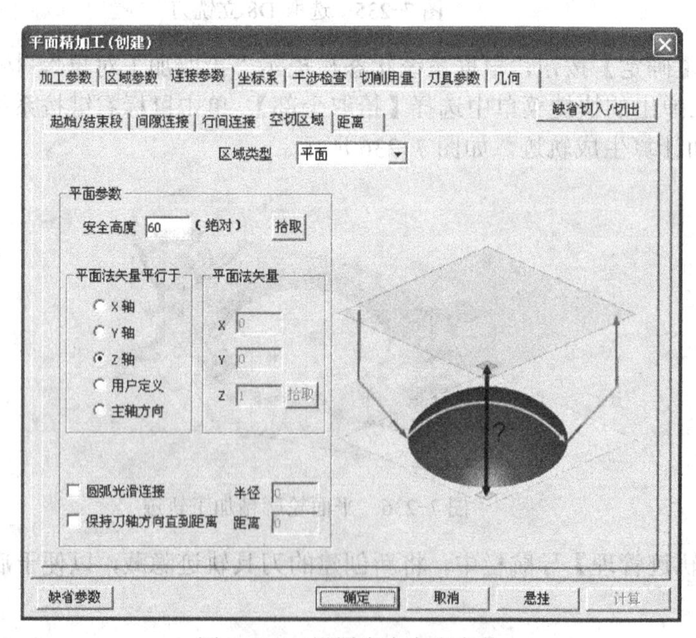

图 7-238 设置安全高度参数

4）单击【切削用量】选项卡，设置各个切削动作时的主轴转速为默认值。

5）单击【区域参数】选项卡的【高度范围】选项，设置 Z 轴运动的有效范围为【曲面的 Z 范围】。

6）单击【刀具参数】选项卡，然后单击【刀库】按钮，在弹出的【刀具库】对话框中选择 D8 圆角铣刀，单击【确定】按钮返回【平面精加工（创建）】对话框，如图 7-239 所示。

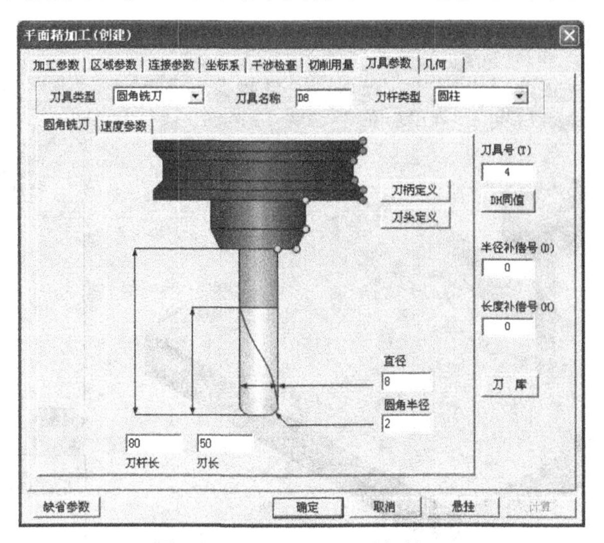

图 7-239　选取 D8 圆角铣刀

7）单击【确定】按钮，根据系统状态栏提示“拾取加工对象”，按下 W 键，或者按下空格键后，在弹出的快捷菜单中选择【拾取全部】。单击鼠标右键按系统默认设置，确认后系统开始自动计算生成轨迹，如图 7-240 所示。

图 7-240　平面精加工加工轨迹

7.5.5　加工轨迹仿真

1）在【轨迹管理】导航栏的【刀具轨迹】上单击鼠标右键，在弹出的快捷菜单中选择【全部显示】，此时在图形窗口将显示所有生成的加工轨迹，如图 7-241 所示。

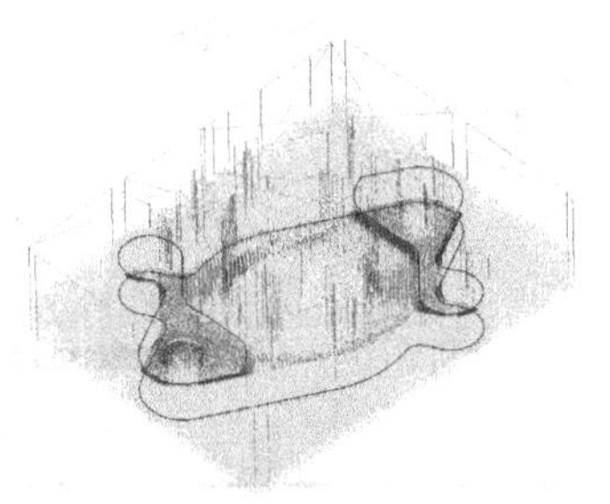

图 7-241　显示所有加工轨迹

2）在【刀具轨迹】上单击鼠标右键，在弹出的快捷菜单中选择【实体仿真】，系统弹出 CAXA 轨迹仿真对话框，如图 7-242 所示。

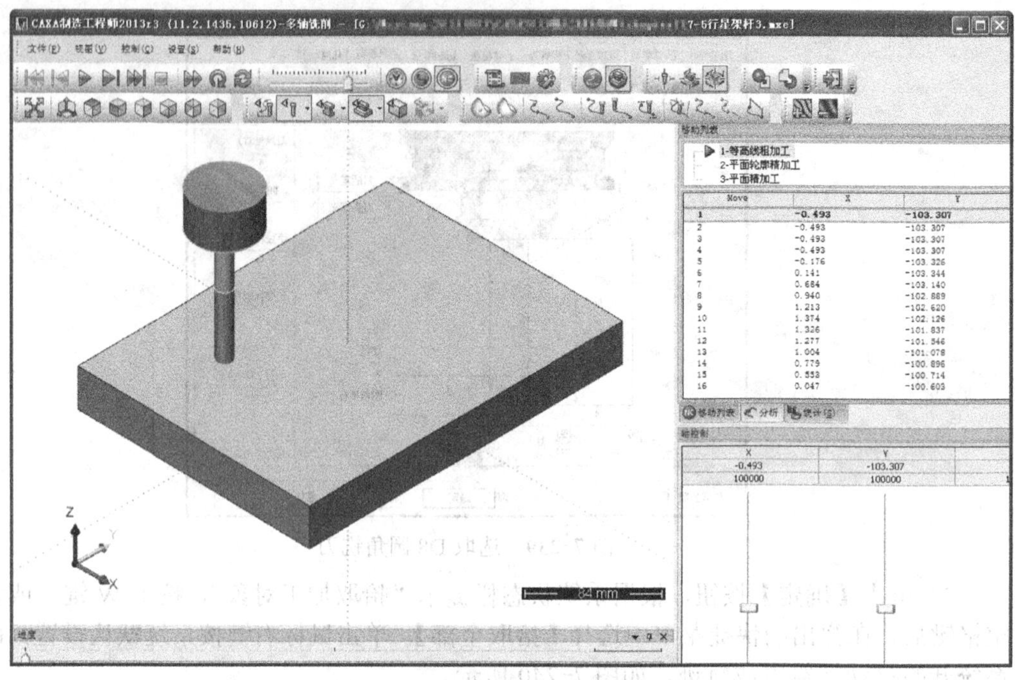

图 7-242　CAXA 轨迹仿真对话框

3）在工具栏上单击仿真按钮，系统即开始自动模拟加工过程。加工结束后的效果如图 7-243 所示。

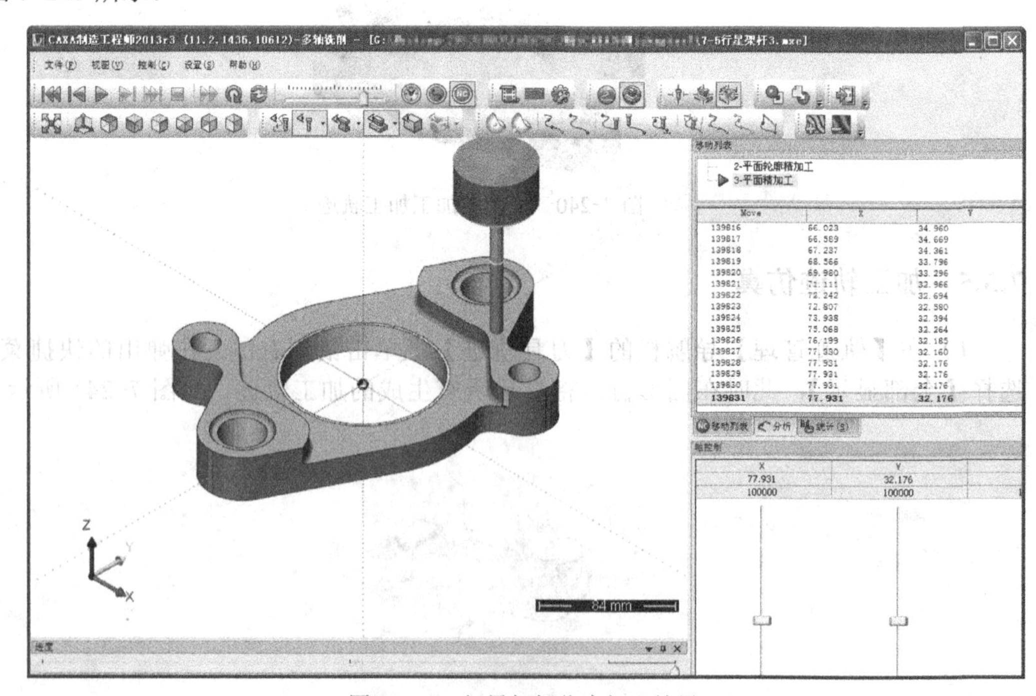

图 7-243　行星架杆仿真加工结果

4）如果只需要对某一个加工轨迹进行仿真，则只需在【轨迹管理】导航栏中相应的轨迹上单击鼠标右键，在弹出的快捷菜单中选择【实体仿真】，其余操作与步骤 2)、3）相同。

7.5.6　生成加工 G 代码

1）在【轨迹管理】导航栏的【刀具轨迹】上单击鼠标右键，在弹出的快捷菜单中选择【后置处理】—【生成 G 代码】，此时系统弹出【生成后置代码】对话框。在该对话框中输入 G 代码文件的名称，并选择保存路径，单击【保存】按钮将其保存。

2）在保存路径下双击生成的 G 代码文件，可以查看文件内容，如图 7-244 所示。

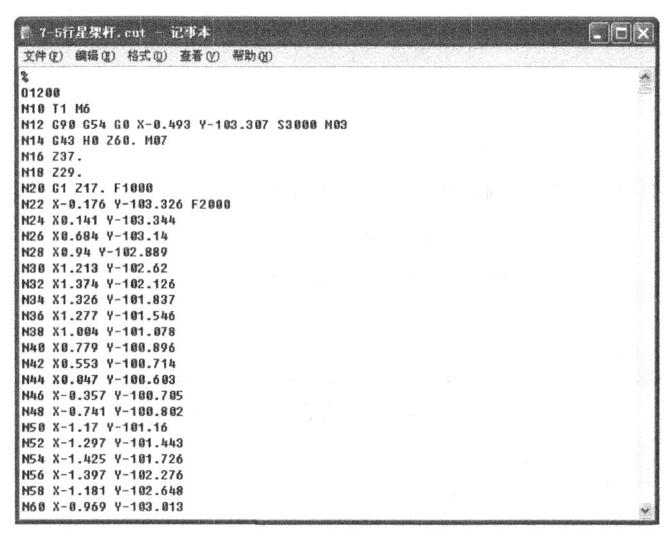

图 7-244　行星架杆零件加工的 G 代码

7.5.7　生成加工工艺单

1）在【轨迹管理】导航栏的【刀具轨迹】上单击鼠标右键，在弹出的快捷菜单中选择【工艺清单】，此时系统弹出【工艺清单】对话框。在该对话框中输入工艺清单的相关说明参数，并选择保存路径，单击【确定】按钮将其保存，如图 7-245 所示。

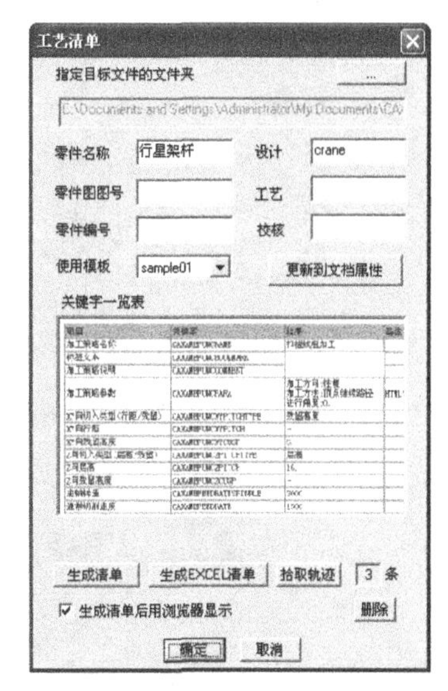

图 7-245　设定行星架杆工艺清单参数

2）在保存路径选择要查看的工艺清单，有明细表刀具、功能参数、刀具、刀具轨迹、NC 数据等。图 7-246 显示了工艺清单中的刀具轨迹内容。

至此，行星架杆的实体造型、生成加工轨迹、加工轨迹仿真、生成 G 代码程序、生成加工工艺单等工作已经全部完成。可以把加工工艺单和 G 代码程序通过工厂的局域网送到车间。车间在加工之前还可以通过 CAXA

制造工程师 2013 中的校核 G 代码功能，查看一下加工代码的轨迹形状。

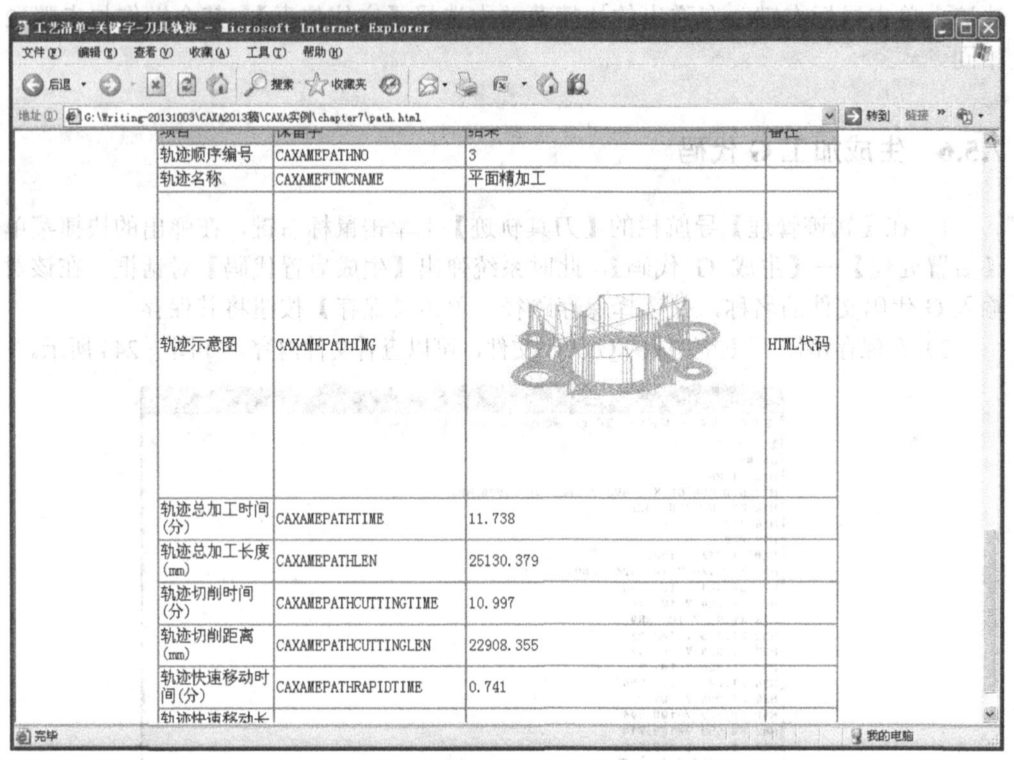

项目	关键字	结果	备注
轨迹顺序编号	CAXAMEPATHNO	3	
轨迹名称	CAXAMEFUNCNAME	平面精加工	
轨迹示意图	CAXAMEPATHIMG		HTML代码
轨迹总加工时间(分)	CAXAMEPATHTIME	11.738	
轨迹总加工长度(mm)	CAXAMEPATHLEN	25130.379	
轨迹切削时间(分)	CAXAMEPATHCUTTINGTIME	10.997	
轨迹切削距离(mm)	CAXAMEPATHCUTTINGLEN	22908.355	
轨迹快速移动时间(分)	CAXAMEPATHRAPIDTIME	0.741	

图 7-246　工艺清单的刀具轨迹明细

参 考 文 献

[1] 康亚鹏．CAXA 制造工程师 2008 数控加工自动编程[M]．北京：机械工业出版社，2011．
[2] 孙万龙．CAXA 制造工程师 2008 机械制造[M]．北京：人民邮电出版社，2009．
[3] 姬彦巧．CAXA 制造工程师 2011 实例教程[M]．北京：北京大学出版社，2012．
[4] 吴子敬．CAXA 制造工程师 2008 实用教程[M]．北京：北京航空航天大学出版社，2010．
[5] 周玉海，等．CAXA 基础教程：制造工程师 2008[M]．北京：人民邮电出版社，2009．
[6] 刘玉春．CAXA 制造工程师 2013 项目案例教程[M]．北京：机械工业出版社，2013．
[7] 康亚鹏，等．CAXA 制造工程师 2008 图层与颜色设置[M]．北京：机械工业出版社，2011．
[8] 冯荣坦．CAXA 制造工程师 2004 基础教程[M]．北京：机械工业出版社，2005．
[9] 刘颖．CAXA 制造工程师 2006 实例教程[M]．北京：清华大学出版社，2006．
[10] 鲁君尚，等．CAXA 制造工程师 3D 造型与数控编程基础及应用教程[M]．北京：北京航空航天大学出版社，2006．
[11] 李华志．数控加工工艺与装备[M]．北京：清华大学出版社，2005．
[12] 陈天祥．数控加工技术及编程实训[M]．北京：清华大学出版社，2005．
[13] 张建钢．数控技术[M]．武汉：华中科技大学出版社，2000．
[14] 明兴祖．数控加工技术[M]．北京：化学工业出版社，2003．
[15] 陈明，刘钢，钟敬文．CAXA 制造工程师——数控加工[M]．北京：北京航空航天大学出版社，2006．
[16] 彭志强，杜文杰，高秀艳．CAXA 制造工程师实用教程[M]．北京：化学工业出版社，2005．